学前儿童发展心理学

吴荔红 编著

海峡出版发行集团
THE STRAITS PUBLISHING & DISTRIBUTING GROUP
福建人民出版社

图书在版编目（CIP）数据

学前儿童发展心理学/吴荔红编著．--福州：福建人民出版社，2014.1（2020.3 重印）

ISBN 978-7-211-06885-2

Ⅰ.①学… Ⅱ.①吴… Ⅲ.①学前儿童一儿童心理学一发展心理学 Ⅳ.①B844.12

中国版本图书馆 CIP 数据核字（2013）第 319560 号

学前儿童发展心理学

XUEQIAN ERTONG FAZHAN XINLIXUE

编　　著：吴荔红

责任编辑：吴梅香

出版发行：福建人民出版社　　**电　　话：**0591-87533169（发行部）

网　　址：http://www.fjpph.com　　**电子邮箱：**fjpph7211@126.com

地　　址：福州市东水路 76 号　　**邮政编码：**350001

经　　销：福建新华发行（集团）有限责任公司

印　　刷：福建省天一屏山印务有限公司

地　　址：福州市闽侯县荆溪镇徐家村 166—1 号

开　　本：787 毫米×1092 毫米　1/16

印　　张：24

字　　数：378 千字

版　　次：2014 年 1 月第 2 版　　2020 年 3 月第 2 次印刷

书　　号：ISBN 978-7-211-06885-2

定　　价：35.00 元

本书如有印装质量问题，影响阅读，请直接向承印厂调换。

前　言

学前儿童发展心理学是研究 0～6 岁学龄前儿童心理发生发展规律和学前儿童心理发展基本理论的一门学科。这门学科是学前教育专业必修的核心课程。学前儿童发展心理学不仅是每一位学前教育工作者必需的教育素养，同时也是其专业成长的必备知识。教师的教育素养直接影响其教育行为。教师对儿童言行的诊断是否准确，直接关系到他们所使用的教育策略是否适当。曾经有一位幼儿教师和我交谈时谈到一个孩子的行为及其对这个孩子行为的判断，让我真切地感受到学前儿童发展心理学的重要性。她说："我的班上有一个 5 岁的男孩，经常喜欢摸老师的身体，非常流氓。"一个孩子喜欢摸老师的身体，这种行为被定性为"流氓行为"，那么，教师就自然而然地按教育"流氓行为"的措施来施教。在我们的现实生活中，类似这样的例子还很多。倘若我们想让教师正确施教，那么了解儿童、准确判断儿童的言行、解读儿童的需要是基本前提。因此，学习学前儿童发展心理学应成为每一位学前教育工作者的一个重要任务，掌握学前儿童发展心理学应成为学前教育工作者必备的核心素质。

本教材体系科学，内容全面，由学前儿童发展心理学的基本问题、学前儿童动作和语言的发展、学前儿童认知的发展、学前儿童情绪情感和社会性的发展和学前儿童个性的发展五个部分组成。为了提高学前教育专业学生解读学前儿童心理的能力，本教材在每章结尾都设计了实践题，以增强实践性。此外，在编写过程中，本教材吸收了近年来相关领域研究的新成果，以增强时代感。

本教材在编写过程中参阅和引用了大量的文献资料，在此对这些学者表示深深的谢意！教材在编写过程中得到了福建师范大学教育学院领导的鼓励和支持，得到了刘建榕、王海珊等同行的帮助，福建人民出版社的吴梅香、赵玮编辑在编辑过程中也提出了许多宝贵意见，在此一并表示衷心的感谢！

本教材的出版得到“福建师范大学教材建设基金”资助。

由于本人水平有限，书中难免存在不当之处，敬请同行和读者斧正。

吴荔红

2010年8月1日

目　　录

第一篇　学前儿童发展心理学的基本问题

第二篇　学前儿童动作和语言的发展

第三篇 学前儿童认知的发展

第四篇 学前儿童情绪情感和社会性的发展

第五篇 学前儿童个性的发展

第一篇　学前儿童发展心理学的基本问题

第一章　绪　论

学前期是一个人心理发展的开端时期，各种心理现象在这一阶段发生并有明显的发展。弄清什么是儿童、什么是发展以及什么是学前儿童发展心理学将有助于我们更好地了解学前儿童各种心理发生发展的规律。

第一节　对儿童的基本认识

儿童是我们研究的对象，也是我们教育的对象。儿童观作为对儿童总的看法与观点，是建构教育理论的基础，是进行教育实践的前提。对儿童的看法如何，直接关系到对儿童教育观念的形成，从而影响对儿童的教育行为。我们有必要从历史的角度加深对儿童观的认识，以便了解其历史发展的脉络，树立正确的儿童观。

一、儿童观的演变

与人类对自身的认识相伴随，人类对儿童的认识也经历了一个长期的演进过程。在历史发展的不同时期，受当时社会思想、文化和科学发展水平的制约，人们形成了不同的儿童观。

（一）中世纪的儿童观——预成说

中世纪时，人们对人生独立阶段之一的童年缺乏关注，“儿童”这个概念没有被分化出来。人们对儿童没有兴趣，也没有成人和儿童的区分，儿童只是作为成人的影子存在。“儿童是独特的，他们不同于青年和成人”这个今天为广大理论家所认可的观点在当时是耸人听闻的。相反，从婴儿时期起，儿童就被看成一个发育完成了的微型成人，这种看法被称为预成说，即人们普遍认为儿童就是小大人，是成人的缩小，与成人是完全一样的，没有本质的区别，儿童与成人的区别就是年龄和身材的差异。

这种观念在当时的艺术、日常生活和人们的语言中都有所反映。如果你仔细观察中世纪的绘画作品，就会发现画中所描绘的儿童在着装、表情方面都如同小型的成年人（见图1－1）。16世纪以前的玩具和游戏也是为所有人设计的，而不是为了逗乐儿童。至于年龄，这本来是现代人确认身份的一项重要内容，但在中世纪的风俗习惯中却显得无足轻重。人们每天的谈话中很少提到年龄。15和16世纪之前，家庭和市政记录中也无此项内容（Aries，1962）。可见，人们没有认识到儿童区别于成人的独特性，更不可能对儿童进行适当的教育。

图1－1 中世纪的绘画作品

把儿童看成是小大人，主要是由于当时落后的生产力发展水平在客观上不允许儿童长期依赖成人。成人要求儿童像成人一样做事情，早日独立生活。然而即便如此，“儿童是独特的”这一观念在中世纪已初见端倪。一些法律认为儿童需要来自成人的保护，而非虐待。医学著作认识到婴幼儿的软弱，并为对他们的护理提供了特别的提示。更为重要的是，一些先进的思想家已经开始意识到儿童期的存在。

早在古希腊，亚里士多德（Aristotle，公元前384～公元前322）就已经认识到个人发展有三个时期，而各个时期中，成长的某一个方面最为明显。第一是身体成长时期，第二是爱好至上时期，第三是理智占上风时期。他认为5岁之前，儿童应当通过娱乐来学习；5～7岁，应给他们看实物，并且有其他方式的口头说明。有人认为亚里士多德是“第一个多少理解小孩子需要的人”。①

《忏悔录》的作者奥古斯丁（A. Augustinus，354～430）也在该著作中回忆了自己的童年往事。在他对童年的不断回忆中，他发现了儿童的特殊生活。他在书中写道：“主啊，我既不缺乏记性，也不是没有能力（按照我们的年龄，您赋予我们的已是绰绰有余）。但是我们喜欢游戏，为此我们挨打，甚至于遭受那些自己也很爱玩的老师的责罚。大人懒散就要算做是正经事，而如

① 〔英〕伊丽莎白·劳伦斯著，纪晓林译：《现代教育的起源和发展》，北京语言学院出版社，1992年1月版，第11页。

果儿童懒散，那么这些大人们就要责罚儿童；可是儿童或者大人都得不到人们的怜悯。或许某个公正不阿的人认为我因为打球而挨打是咎由自取，理所当然。因为我还是个孩子，打球妨碍了学习。这样发展下去，在我长大成人的时候，就要不务正业，更加不成体统。可是现在打我的老师，过去就不打球，不做读书以外的事吗？他如果为了任何一点小事与同事争吵而被挫败，就会立刻比我打输球更加暴跳如雷，更加愤恨他的同事！”[①] 从上面这段话的控诉中，我们不难发现奥古斯丁认为儿童与成人之间是有差异的，儿童喜欢游戏。同时他揭露了当时大人不理解儿童喜欢游戏的特点，儿童玩游戏会被大人责打的社会事实。这充分表明了当时成人以自我为中心的态度来对待儿童，没有认识到游戏是儿童的基本生活内容和基本权利。

虽然当时个别有识之士已对儿童的稚嫩和特点有所认识，已朦胧地看到儿童期的存在，但从实际意义上来说仍未出现论述儿童独特性或将儿童视为一个独立发展时期的理论（Borstelmann，1983；Sommerville，1982），作为社会意识而存在的儿童观念尚未生成。

（二）宗教改革运动时期的儿童观——原罪说

16 世纪，宗教改革运动特别是基督教的信仰催生出了一种新的儿童观——原罪说。《旧约圣经》箴言篇第 23 章有专门讲“原罪”与“赎罪”的一段，说的是人类始祖亚当和夏娃由于听信了蛇的话，违背上帝的命令偷吃了禁果，罪及后世，致使后代子孙一生下来就有罪。

根据基督教教义，儿童是上帝创造的羸弱的生命，是带着原罪来到人世的，故生来就邪恶、固执。即使是刚出世就死去的婴儿，虽然还没有任何罪过，但因为与生俱来的原罪，所以仍是一个罪人。因此，教会会给刚出世的婴儿施洗礼，以后还要严格控制儿童的欲望，对其肉体不断进行惩罚和摧残，使其摆脱邪恶的引诱。这同我国古代封建的育儿观点“棒头下出孝子，不打不成器”有类似之处。

在基督教看来，儿童受教育的目的就是拯救他们的灵魂，学习上帝的旨意并按教会的原则生活。因此，当时的学校教育带有浓厚的宗教色彩，学校只是一个洗涤儿童原罪心灵的场所，根本没有儿童生长发展的概念。严厉、

---

① 华东师范大学教育系、浙江大学教育系：《西方古代教育论著选》，人民教育出版社，2001 年 1 月版，第 163 页。

约束式的儿童教养方式被奉为最有效的训导堕落儿童的良方。婴儿被包裹在襁褓中；儿童穿着僵硬不适的服装，使他们看上去老气横秋；不听话的学生会受到学校校长的体罚（Stone，1977）。而且，当时杀婴、弃婴现象很普遍，双亲和社会对婴儿有生杀大权。杀婴习俗的存在有着多方面的原因。第一是经济方面的原因，在生产力仅仅能够维持一定数量的社会成员生存的社会，控制人口的唯一方法就是杀婴；第二是宗教方面的原因，在科学不发达、人们对自然灾害成因一无所知的情况下，人们出于对神灵的畏惧、崇拜，常常牺牲儿童，把儿童当祭品；第三是传统生育观念方面的原因，在父权至上的社会，男孩担负着继承宗嗣、保家卫国的任务，而女孩则被看作是消耗口粮的累赘，这种重男轻女的习俗同样导致溺杀女婴的现象时有发生。

尽管以上现象反映了当时极普遍的育儿观念，但有必要指出，这些行为真正在教徒家庭的日常生活中是非常少见的。近来的历史证据表明，许多教徒父母出于对自己孩子的爱而不愿意对他们施行过多的约束（Moran & Vinovskis，1986）。基督教徒从英格兰移民美国时，也带去了这样的理念，即养育后代是他们最重要的使命之一。虽然他们依然认为儿童的灵魂受到了原罪的玷污，但却在努力提高其子女明辨是非、抵制诱惑的理性。部分教徒还为儿童编写了专门读物，在宗教和道德理想方面对他们进行指导。在培养儿童的自立与自控能力时，这些父母逐渐掌握了纪律与放任、严格与宽容之间的适当尺度（Pollock，1987）。

此外，在“儿童生来有罪，必须进行鞭策教训”观念盛行的同时，也有一些开明的传教士已经开始倡导要爱儿童，给儿童自由。如圣·巴西尔（St. Basil）主张责骂惩罚儿童要根据儿童自己活动行为产生的后果；阿尔克温（Alcuin）认为学生的天生气质并不一样，要根据他们的天赋来因材施教等。这些对儿童的见解在今天看来似乎无足轻重，但是在当时儿童有罪的观念成为整个社会意识形态的背景下就显得弥足珍贵。然而，它们毕竟不是广大人民普遍接受的观点，根本无法在全社会发挥作用，只能在一定范围内发挥着影响。

（三）启蒙运动时期的儿童观

17 世纪启蒙运动带来了新的理性思想，强调人的自尊和尊严。儿童的概念比过去的那些世纪显得更有人文意味。大批的时代巨人高举人性的大旗，尽情讴歌人的力量，肯定人的价值，他们倡导人权，反对神权，有力地抨击了关于儿童生来就有罪的观点。

1. 约翰·洛克——白板说

17 世纪，英国哲学家、教育家约翰·洛克（John Locke，1632～1704）将儿童视为蜡板（tabula rasa）。蜡板一词来自拉丁文，意为白板或白纸，洛克由此提出了白板说。这个学说认为，儿童并非生来就是罪恶的，他们天生什么都没有，其个性是在成长过程中由各种各样的经验塑造而成的。洛克将父母描绘成理性的教导者，通过精心指导、有效示范和对良好行为的奖励，他们可以按照任何方式塑造儿童。另外，洛克还向父母们推荐了一些教养儿童的实践经验，这些经验最终在 20 世纪的研究中得到了认可，可以说洛克走在了时代的前面。例如，他建议父母给予儿童赞扬与肯定，并以金钱或糖果作为奖励。此外，洛克还反对体罚，他说："在学校常常挨打的孩子在看到书本和老师时，往往会有一种害怕和愤怒的体验。"洛克的理念使人们对待儿童的态度由粗暴转向了亲切和热情。

洛克认为，发展是连续的。成人的行为模式是通过其父母持续、热心的言传身教的影响逐渐建立起来的。由此，洛克成了教育决定论者。他认为，环境的力量决定着儿童成为什么样的人：好人或坏人、聪明人或蠢人、无私的人或自私的人。他对后天教育的信念揭示了由后天经历带来的人的变化和发展模式多样化的可能性。

最后，在洛克的哲学思想里，儿童是被动的、无力把握自己的命运而受人摆布的。这种观念如今已经被抛弃了，取而代之的是所有当代理论都秉持的儿童观，即把儿童看成积极的、有自身目标的人，他们赋予自己的世界以意义，并在很大程度上把握着自己的发展。

2. 让·雅克·卢梭——天赋论

18 世纪，法国启蒙运动思想家让·雅克·卢梭（Jean Jacques Rousseau，1712～1778）提出了新的儿童理论。卢梭认为，儿童不是一块白板，也不是任由成人灌输东西的空空如也的容器。相反，他认为儿童具有天赋，生来就有是非观念和追求秩序与健康成长的需要。与洛克不同，卢梭认为儿童道德感的建立与独特的思想情感方式会因成人的训练而遭到损害。作为一个儿童中心论者，他认为，成年人应该在人生发展的四个阶段，即婴儿期、幼儿期、儿童期和青少年期满足他们的需求。

卢梭的理念包括现代教育理论中非常重要的两个概念。一个概念是阶段

(stage)，另一个概念是成熟（maturation）。如果你接受儿童发展是阶段发展的观念，那么他们就不是预先形成的小型成人，而是有别于成人的、独特的人，其发展由内在的天性决定。与洛克相反，卢梭认为儿童主宰着自己的命运。在发展的基本问题上，他所持有的立场与洛克截然不同。他把发展看成是非连续性的、阶段性的进程，并认为天性勾勒和指引着儿童成长的道路和进程。

卢梭的天赋论把儿童当作儿童来看待，把儿童看作教育中的一个积极因素，并认为教育要符合儿童天性的发展，保持儿童的天性。因此，卢梭强调，儿童教育应当遵循自然的原则，如应当让儿童充分使用大自然赋予他们的一切力量；考虑儿童的一切需要，包括智慧方面和体力方面的需要；只有当儿童真正需要帮助时，才去帮助他们；应当仔细研究儿童的语言和动作，真正辨别他们的欲望究竟是直接由自然产生的，还是从心里想出来的。以上这些原则的精神是："多给孩子以真正的自由，少让他们养成驾驭他人的思想，让他们自己多动手，少要别人替他们做事。"①

3. 达尔文——进化论

19世纪中期，英国生物学家、进化论的奠基人查理斯·达尔文（Charles Darwin，1809～1882）对化石、动植物进行了细致的考察。达尔文注意到物种的无限性。他还发现在一个物种内部没有两个个体是完全相同的。从这些观察中，他建立了震撼世界的进化论的基石。

该理论强调两个相关原则：自然选择和适者生存。达尔文解释道：某些物种经由自然选择在世界的一些地区生存下来，是因为他们拥有与环境相适应或适应环境的特点；另一些物种灭绝是由于它们不能很好地适应环境。物种内部最适应生存环境要求的个体有足够的时间去孕育后代，将它们的优点遗传给下一代。这些进化论的概念在重要的发展理论中找到了它们的位置，并对儿童发展研究产生了重大的影响。

在其探索中，达尔文发现许多物种出生前的早期发育有着惊人的相似性。这意味着包括人类在内的所有物种都起源于一些相同的祖先。另一些科学家根据达尔文的论述，推断人类儿童个体的发展也遵循人类种系演化所经历的相似过程，如霍尔的"复演论"。尽管这些观念最终被证实是错误的，但为了

---

① 梁志燊：《学前教育学》，北京师范大学出版社，2000年9月版，第63页。

找出儿童发展和人类进化之间的相关联系，研究者们对儿童行为的方方面面都进行了细致的观察。正是出于对这些儿童发展观点加以验证的第一次尝试，科学的儿童发展研究诞生了。

从此以后，一种全新的儿童观逐渐形成。人们开始注意到儿童甜蜜、纯洁、逗人喜爱的天性，并把儿童作为有个性的人来了解和抚爱了。

（四）20世纪的儿童观

进入20世纪，世界涌现出大量著名的儿童教育家，最具代表性的莫过于美国的杜威、意大利的蒙台梭利、瑞士的皮亚杰等等。他们都强调要尊重儿童，坚信儿童的特点和发展潜能。他们提出了新的儿童观，创立了各具特色的儿童发展理论，为科学认识儿童做出了巨大的贡献。

1. 杜威的儿童观

美国哲学家、心理学家和教育家约翰·杜威（John Dewey，1859～1952）认为儿童是未成熟的人、发展中的人。儿童和成人都处于不断生长和发展的过程中，常态的儿童和常态的成人都在不断生长，他们之间的区别不是生长和不生长的区别，而是各有适合于不同情况的不同生长方式。在他看来，儿童具有独特的生理结构和心理结构，儿童的能力、兴趣和习惯都建立在他原始本能的基础上，儿童的心理发展过程就是他本能发展的过程。如果没有促使儿童本能发展的潜在可能性，儿童就不可能生长和发展。那么，什么是人的本能呢？杜威认为，人的本能是潜藏在儿童身体内部的一种生来就有的能力。它“最初是自发的，而且是没有一定形式的；它是一种潜能，一种发展的能力。……它是一种独创的和创造性的东西；是在创造别种东西的过程中形成起来的东西”。它“是天然生来、不学而能的种种趋向、种种冲动”。[①] 他还进一步指出，儿童身上隐藏着四种本能，分别是语言和社交的本能、制作的本能、研究和探索的本能以及艺术的本能，这些本能就是儿童发展和教育的最根本的基础。

尽管如此，杜威还是承认人类的婴幼儿与动物的幼崽相比有很大的不同。动物生下来就具有相对的生存能力，靠本能可以适应环境，而人类的婴儿虽有本能，却是软弱无能的，要依靠成人的抚养才能独立生活。对于这种情况，杜威用进化的观点解释说，在进化的等级上，越下等的动物，其幼稚期越短，

---

① 单中惠：《西方现代儿童观发展初探》，《清华大学教育研究》，2003年第4期。

越高等的动物，其幼稚期越长，所以在儿童期，儿童生长的首要条件是“未成熟状态”。虽然儿童处于“未成熟状态”，但是他具有一种积极的、向前发展的能力。[①] 因此，杜威提出我们不能用成年期作为一个固定的标准来衡量儿童期，儿童有自己的生长和发展规律，儿童的生活就是儿童本能的生长、发展及经验改造的过程。

2. 蒙台梭利的儿童观

意大利幼儿教育家玛丽亚·蒙台梭利（Maria Montessori，1870～1952）大力提倡新的儿童观，推动了西方现代儿童观的发展。她认为“童年构成了人的一生中最重要的一部分”，儿童时期是人一生发展的最重要时期。

蒙台梭利认为儿童是独立的、不断发展着的完整个体。从生理上看，儿童身体内含有生气勃勃的冲动力，有着与生俱来的“内在潜力”。儿童身上这一自然发展的神奇力量促使他们不断发展，使他们的生命潜能不断彰显，犹如一幅不断展开的画卷。从心理上看，儿童在出生之前已经孕育了一种“心理胚胎”，也就是一幅心理发展的蓝图，它的发展必须依靠吸收其周围环境中的营养，犹如一颗种子在温暖阳光的照耀及充足水分、肥料的灌溉下破土，发芽，生长。可见，每一个儿童都有一种创造本能、一种积极的潜力，能依靠他的环境构筑一个精神世界。正是这种本能赋予儿童积极的生命力，促使他们不断发展。因而，儿童不是成人和教师灌注的容器，也不是可以任意塑造的蜡和泥，他们是具有生命力的、能动的、发展着的、活生生的人。成人需要设置一种适合儿童内在需要和兴趣的，能够诱发儿童自发学习、自动作业的环境，使他们的天赋能力在适宜环境中得到表现和发展。

此外，蒙台梭利也强调了儿童心理发展过程中会出现的各种“敏感期”。如感觉敏感期：从出生到5岁，这时的儿童不仅能有选择地注意周围的环境，而且开始建立并完善各种感觉功能；秩序敏感期：1岁到4岁，这期间的儿童能够理解事物的时间和空间关系并对物体进行分类；细节敏感期：1岁到2岁，这时的儿童注意力往往集中在事物的细枝末节上；行走敏感期：1岁左右，这时似乎有一种不可抗拒的冲动驱使幼儿去行走；语言敏感期：出生后8个星期到8岁，这个阶段的儿童首先对人的声音产生兴趣，然后对词、最后才对语言产生兴趣，并逐渐掌握复杂的人类语言。蒙台梭利认为，正是这种

---

① 单中惠：《西方现代儿童观发展初探》，《清华大学教育研究》，2003年第4期。

敏感期使儿童用一种特有的强烈程度去接触外部世界。在这时期，他们对一些事情容易学会，对一切充满了活力和激情，而人的智力发展正是建立在儿童敏感期所打下的基础之上。蒙台梭利的儿童观对今天的儿童教育仍具有深刻的启示意义。

3. 皮亚杰的儿童观

瑞士的让·皮亚杰（Jean Piaget，1896～1980）创立了著名的“发生认识论”，深刻揭示了儿童的心理是怎样形成和发展的。他认为儿童心理既不是起源于先天的成熟，也不是起源于后天的经验，而是起源于主体的动作。这种动作的本质是主体对客体的能动的适应，也是儿童心理发展的真正原因。而个体适应环境的两种机能就是同化和顺应。所谓同化，是指个体将其所遇到的外部信息直接纳入到自己的图式（认知结构）中，引起图式量的变化，认知结构本身并不改变。顺应则是指个体通过调整自己的图式（认知结构），去适应外界信息，在这个过程中，认知结构本身发生了变化，即图式发生了质变。皮亚杰认为，儿童的认知结构就是通过这种同化、顺应的手段不断地从平衡—不平衡—平衡的运动中获得发展的。

此外，皮亚杰认为儿童认知发展还具有阶段性特点。他将儿童认知发展划分为四个阶段：感知运动阶段、前运算阶段、具体运算阶段和形式运算阶段。每个阶段都具有独特的结构，标志着这个阶段的年龄特征。它既是前一阶段的延伸，又是形成下一个阶段的条件。每个阶段都是在新的水平上对前阶段进行改组，并以不断增长的程度超越前一阶段；但是前后两个阶段不是截然分开的，而是有一定的交叉。在同一发展阶段内，各种认知能力的发展水平是平衡的，即在不同的方面儿童所表现出来的能力是和谐的，水平是相当的，只是每个人的发展速率不同。每一个儿童都必然要经过这四个阶段，且毫无例外地按照固定的顺序从前一阶段过渡到后一阶段。因而教育者必须根据不同阶段的特点对儿童进行针对性的教育，才能更好地促进儿童的发展。

皮亚杰的认知发展学说使人们深刻地认识到儿童的认知结构同成人是不同的，这对科学认识儿童提供了重要的理论依据。

（五）当代儿童观

随着社会的进步和科技的发展，人们对儿童有了新的发现，儿童观也得到进一步的完善。

1. 儿童是社会的人，拥有基本的人权

权利是一个个体在社会生活的基本资格，儿童与成人一样是社会的人，应当享有基本的权利。今天，保护儿童权利的思想已成为世界各国的共识，各国出台了很多相关的法律来保护儿童的权益。如1925年国际儿童幸福促进会发表了《日内瓦儿童保护宣言》，其中明确写道：“第一，儿童应当享受物质与精神上的种种权利，以获得充分发展。第二，饥寒交迫的儿童应给以衣食，患病儿童应给以看护，品行不良的儿童应予以感化，发展落后的儿童应予以帮助，孤苦儿童应予以救济。第三，遇到危险，先救儿童。第四，使儿童获得谋生的必要能力，保护一切受虐待的儿童。第五，教育儿童，使其觉悟其服务社会的责任。”1989年11月在第44届联合国大会上通过的《儿童权利公约》也提出了四条原则：“1. 儿童利益优先原则：任何事情凡是涉及儿童，必须以儿童利益为重；2. 无歧视原则；3. 保障儿童生存、生命和发展的原则；4. 尊重儿童观点和意见的原则。”1990年世界儿童问题首脑会议上通过《儿童生存、保护和发展世界宣言》，该宣言承诺：“对儿童的权利、对他们的生存及对他们的保护和发展给予高度优先。”

这些法律的颁布意味着儿童权利不可侵犯，它是人权不可分割的一个组成部分；意味着儿童可以通过法律手段行使自己的权利，保卫自己的权利；意味着儿童与社会有着契约关系，社会有责任保护儿童的权利。总之，人们已经认识到儿童是社会的人，他们拥有基本的权利。

2. 儿童是正在发展的人，既要充分发挥其潜能，又要承认其个体差异

随着科学的发展，人们越来越坚信儿童是一个全方位不断发展的整体的人。实现全面发展与充分发展是每个儿童的权利，应尊重并满足儿童的各种发展需要。成人要多为儿童创造良好的学习环境和条件，不仅要保证他们身体的正常生长发育，还要给他们提供自由活动的空间和教育以满足其心理发展的需要，充分发挥其潜能。

20世纪90年代，哈佛大学发展心理学家霍华德·加德纳（Howard Gardner）教授提出了多元智能理论。该理论认为每个人身上都存在着相对独立的、与特定的认知领域和知识领域相联系的八种智能。这八种智能在每个人身上以不同方式、不同程度组合，使得每一个人的智能各具特点。

多元智能理论揭示了个体之间的差异，强调要尊重儿童的个体差异，促进儿童的全面发展，承认每个儿童都是处在成长与发展过程中的具有独立人格的人，尊重他们的生存状态、生命特征和生活方式，从多个角度欣赏每个

儿童所独有的个性特征、兴趣爱好、能力倾向、思考和解决问题的方式等，努力让每一个儿童能在自信、自尊、自强的学校生活中发掘潜力，健康快乐地成长。这一理论引起了世界的广泛关注，并成为近年来许多国家教育改革的指导思想之一。

“尊重儿童个体差异，促进儿童全面发展”的教育理念给我们提供了一个研究儿童、思考教学的崭新视角。它不断提醒人们，应该时刻清醒地认识到每个儿童身上都有多种以不同程度组合的智能。

3. 儿童是积极主动的人，在与环境相互作用中不断主动建构其知识

每个健康的儿童都本能地喜欢和需要探索学习，他们的认识结构和知识宝库是其自身在与客观环境交互作用的过程中自我建构的。实践证明，儿童能以自己的方式获得知识，他们是因需要而学，在行动中理解。例如，有研究发现 10 个月大的婴儿就能主动探究，哪怕他还不能用语言表达自己需要解决的问题。再如，4 岁的儿童不大可能理解成人告诉他们的关于蚯蚓的生长环境、再生能力等知识，然而却可以通过自己的探究行动来获得这些知识：在土里寻找，不小心把蚯蚓弄成两截却发现它仍是活的等。这种生动的学习方式反映了儿童同知识的关系。在儿童心里，知识并不是成人强硬给予“我”的东西，而是“我”正需要的东西。

儿童从一生下来就处在一种互动着的环境中，他们在与环境互动的过程中不断汲取着知识。由此可见，与儿童关系密切的知识，从一开始就不是死的、冷冰冰的概念或语言符号，而是带着儿童经验、情绪情感体验和对知识的态度的综合体，如发问的投入与天真、探究过程中的热切期待、发现的惊喜等都存在于知识之中。儿童获得的不再是那种倍感无聊的东西和无奈的心情，而是一种心理满足和长远发展所需的学习动力。因此儿童是一个积极主动的人，他们可以在与环境的相互作用中主动建构自己的知识，成人要做的便是尊重儿童的各种学习方式和学习特点，为他们创造相应的条件，使其能与环境充分作用，让儿童在探索过程中不断发现新问题，探索新方法，真正学会学习。

二、儿童期及其特点

关于儿童期的划分目前主要以生理发展、智力发展、个性发展、活动特点、生活事件、教育等为依据来划分。本书采用与现行学制一致的划分标准

对儿童期进行划分。

（一）儿童期的定义

儿童期是指一个人从出生到成熟这个时期，是一个人心理发生和形成的时期（0～18 岁）。心理学通常对儿童期作以下划分（见表 1－1）。

表 1－1 儿童年龄阶段划分

- 儿童期
  - 学前期
    - 婴儿期（0～3 岁）
      - 婴儿早期（0～1 岁）
      - 婴儿中期（1～2 岁）
      - 婴儿晚期（2～3 岁）
    - 幼儿期（3～6、7 岁）
      - 幼儿初期（3～4 岁）
      - 幼儿中期（4～5 岁）
      - 幼儿晚期（5～6、7 岁）
  - 学龄期
    - 学龄初期（6、7 岁～11、12 岁）
    - 学龄中期（11、12 岁～14、15 岁）
    - 学龄晚期（14、15 岁～18 岁）

从表中我们可以看出，在心理学上，儿童期的范围与日常生活中所谈的“儿童”的年龄范围有所不同。在心理学上，儿童期是指 0～18 岁，广义的学前期是指 0～6、7 岁，狭义的学前期是指 3～6、7 岁，即在幼儿园接受教育的时期，故又称其为“幼儿期”。

（二）儿童期的特点

儿童期作为人生发展中的一个重要而独特的阶段，具有以下特点。

第一，儿童与动物不同。他一开始就生活在特定的社会环境中，并向着人类社会成员的方向发展。在成人的长期抚养和教育下，儿童通过跟成人的交际与系统学习掌握人类已有的社会经验。随着儿童的日益成长，他们不但能适应社会生活，而且也能改造社会生活，这样，他就成为一个独立的社会成员。

第二，儿童跟成人不同。从人的社会性来说，儿童跟成人是基本相同的，但从发展的水平来说，他们之间却存在很大差别。例如，儿童的脑结构和机能还不成熟，儿童的思维方式与成人的思维方式存在差异，儿童的各种能力也跟成人不一样。

儿童时期是一个从不成熟到成熟、从不定型到定型的成长发育时期，是生长特别旺盛的时期，是可塑性最大的时期，也是受教育最好的时期。

第二节 对发展的基本认识

何谓发展?“发展是由一种新结构的获得或从一种旧结构向一种新结构的转化组成的过程”。① 可见，发展不是简单的数量上的增加，而是心理结构上的变化。目前对发展的认识主要围绕以下四个基本问题。

一、发展的连续性和阶段性

发展的连续性，是指心理发展是渐进式的连续的变化过程（从时间维度上看，心理发展曲线是一条平滑上升的曲线）。强调环境因素的理论，如行为主义、社会学习理论、信息加工理论，通常认为心理发展是一个连续的过程。在生命延续的过程中，它既没有一个绝对的起点，也没有一个绝对的终点。每一个心理过程的进步总是在先前的基础上发展起来的，而且这种发展是有机的、必然的，不是外加的、偶然的。发展的连续性体现着个体心理发展的总趋势。在发展心理学范畴中，个体心理的发展既包括早期的由低级到高级、由简单到复杂、由混沌到分化的上升过程，也包括后期的由健全到衰减、由灵活到呆板、由清晰到朦胧的下降过程。当然，儿童心理发展的总趋势是上升的。当代的信息加工心理学也承认，儿童信息加工的容量是不断扩大的，速度是逐步提高的。

发展的阶段性，是指个体心理发展的连续过程是由一个个具体的发展阶段组成的（从时间维度上看，心理发展曲线是一个阶梯状的非平滑折线）。阶段性观点认为心理发展是一个非连续的过程。每一个阶段都是从前一阶段中孕育、产生出来的，同时，又将加入到后一个阶段中去。不同的发展阶段不但表现为不同心理过程的质的差异，也表现为不同的主导活动和不同的心理能力，同时在具体行为上又表现为不同的行为特征。从发展的总趋势上讲，个体心理发展的阶段是有次序性的，是不可逾越的，也是不可倒退的。一个心理发展阶段体现着一种心理平衡，阶段与阶段之间的演变体现着个体心理发展由平衡经由不平衡再达到新的平衡的建构过程。

为了形象地认识连续性和阶段性，我们来打个比方：把连续性发展比作

① 〔美〕卢文格著，韦子木译：《自我的发展》，浙江教育出版社，1998 年 7 月版，第 31 页。

图 1-2 个体发展的连续性和阶段性

一个儿童在平缓的斜坡上不断地往高处行进，他的步伐平稳而连贯，步步升高；而阶段性发展则像一个儿童在台阶上攀登，每一步登高都是突发的，每登上一个新高度，就与先前的水平有质的不同（如图1—2所示）。

因此，发展的连续性和阶段性又涉及另一对范畴：量变和质变。连续性体现的是量变，而阶段性体现的是质变。一些理论家认为，人的发展是一个平稳而连续的过程。儿童逐渐增加属于同一类型的技能。另一些理论家认为，发展是突然发生的，由不连续的阶段构成。儿童每到一个新的发展阶段就发生快速的改变，而后又恢复常态。每一阶段，儿童的发展都表现出质的不同。

其实，发展的连续性和阶段性是不矛盾的。我们完全可以把它们的关系看作是对立统一的，即发展是一个有阶段的连续过程。这一模式可以用图 1—3 来表示。前一阶段是后一阶段的基础和前提，后一阶段则是前一阶段的完善和提高。在新阶段中，前一阶段并不会消失，而是被整合在其中（横虚线示之）。表面上新阶段是突发的，但实质上是从先前的阶段中衍生出来的（斜虚线示之）。各个发展阶段不是简单叠加，而是逐级包含的。新阶段的发展内涵（如认知结构）不仅仅是新的构建，还是对原有水平的重新塑造。所以，心理发展的阶段在内部是连贯的、有联系的，它们共同构成一个既没有绝对起点、又不是间断跳跃的不断建构的发展全过程。

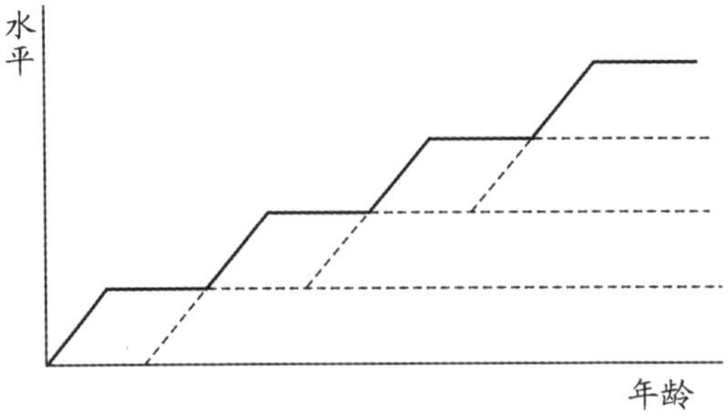

图 1—3 有阶段的连续发展模式

二、发展的普遍性和差异性

发展的普遍性，是指任何个体的心理发展都受遗传因素和环境因素的影响，在遗传因素、环境因素和个体自身心理因素的相互作用中得到发展，这是一个客观的过程。个体心理发展的总趋势和各个心理过程的具体发展都遵循着一定的客观规律。当前，有一些发展心理学家认为儿童心理的发展具有领域特殊性，即心理发展是具体的，因内容和对象而异，没有普遍适用的心理结构。这种观点不能否定发展的规律性。因为即使如此，领域特殊性本身也是一种规律性，体现了个体心理发展的普遍性。

发展的差异性，是指每个个体的心理发展都有自己的速率、特色、风格等特殊性和复杂性，它们一起构成了个体间心理发展的差异性。差异性是遗传因素、环境因素和个体自身心理因素三方面综合作用的结果。儿童心理学为我们揭示的儿童发展的普遍趋势，并不是儿童心理发展的目标，更不是儿童心理发展的标准，而只是一种理性的认识框架。事实上，现实的儿童要比理论描述的儿童更多样、更具体、更动人。

当代儿童心理学强调要尊重儿童发展的差异性。重视儿童心理发展的差异性，也就是承认发展的多元性，承认不同发展条件（包括不同生理条件）、不同社会环境、不同文化对儿童心理发展的合理性。这是学科人文文化的体现，也是社会认识进步的反映。

三、发展的生物性和社会性

发展的生物性和社会性是发展心理学的经典话题。

发展的生物性，强调了遗传因素对发展的决定作用。通常，遗传是儿童心理发展必要的物质前提，遗传信息既是千百年来人类进化的结晶，又是个体心理发展的先天基础。虽然遗传因素不能决定个体心理发展的过程和最后结果，但是它决定着个体心理发展的不可能性。近二三十年来，不少心理学家认为，遗传信息不仅决定着人的许多生理性状，而且对许多心理特征也具有重要作用。尤其是经过大脑的领域特殊性研究，越来越多的学者认为，儿童的许多心理机能是先天的，如数个月的婴儿就具有初步的数概念、力概念、生物概念等。这些成果为进一步证实遗传对发展的作用作出了新的贡献。

发展的社会性，是指个体的心理发展并不是脱离社会条件的空洞的、抽象的过程，而是受到社会条件制约的现实的、具体的过程。这种社会制约性不仅表现在个人赖以生存的条件离不开社会环境，还表现在个人心理的一切实际操作，尤其是高级的心理过程（如随意的知觉和注意、词的逻辑记忆、抽象思维、高级情感等）都离不开人类所具有的特定心理工具，即各种符号、记号，其中人类的语言和文字就是最抽象的符号。人类的语言和文字是社会生产劳动的产物，是社会交往的工具，它使个体的心理机能产生了全新的质的变化。语言和文字作为心理工具的运用，在本质上是人与人之间社会交往的体现。一切高级心理过程，无不是在人类社会中通过人与人的交往形成的。这种交往既包括一个人与另一个人（或人群）的外在的交往，也包括一个人与自己进行的内在的交往。通常我们所讲的意识，就是完整的高级心理机能的自我调节系统。可见，个体的心理发展受社会制约，心理的内容和个体行为的准则更离不开社会现实。

我们认为，个体心理发展的生物性和社会性是在人的活动中得到统一的。心理的发展不能简单地归结为先天程序的展开，也不能机械地归结为后天环境的复写。这里起决定性作用的是主体与客体之间的相互作用。相互作用就是主体对客体采取的一系列活动。这种活动包括向外和向内这两个不同方向。主客体相互作用的向外可以把人的认识对象加以组织，使这些外部对象与人的认识形成特定的关系。主客体相互作用的向内可以将人的动作加以组织，连接成头脑内部连贯的、概括的、简缩的智力活动。人的思维本质上也是一种内化的、抽象的反映活动。当前流行的信息加工理论把心理比拟为大脑对信息的加工过程，我们也可以将这个加工过程看作是一种活动。

四、发展的机械论和机体论

机械论把整个世界看作是一台运转的机器，也把人看作是内部静止的、必须由外部力量推动的机器。外部力量来自生活环境，心理的发展受制于力学的原则。儿童的发展受到环境尤其是成人意愿的塑造。例如，在前述的心理学史中有人把儿童看作一块白板，环境给予什么影响就会留下什么样的烙印，儿童就像海绵吸水一样被动地接受现实。

机体论则认为人并不是一台机器，而是一个整体，具有内在活动和自我调节的功能。这种观点反映在心理学上则表现为重视心理对环境的适应功能，把有机体看作能自主活动的系统。人在环境中不是被动地接受刺激，而是会过滤刺激，组织刺激，并有选择地做出反应。

20 世纪 80 年代以前，皮亚杰理论充分体现了机体论的观点，使之在学术界占据统治地位。但随着信息加工理论的推广，心理学界把人脑类比成计算机的观点逐渐风行，由此机械论又逐渐抬头。谢弗（Shaffer，2002）指出："信息加工理论所提供的计算机与心理的类比只是一种隐喻，而不是对现实的重复。事实上，类比本身能解释的问题，只是对人类信息加工或智力发展的很微小的一部分。"

在儿童心理学发展的进程中，人们时常会在儿童心理的研究重点和认识倾向中出现摇摆的现象。有的时期注重遗传，有的时期注重环境；有的时期强调质变，有的时期又强调量变；对机械论和机体论的支持也在相互交替。这些正是人类不懈追求真理的种种表现，人类的认识就是在这种不懈努力中不断逼近真理。

第三节　对学前儿童发展心理学的基本认识

学前儿童发展心理学是一门专门研究从出生到入学前（0～6、7 岁）儿童心理发生发展规律的科学，是发展心理学的重要分支之一。

一、学前儿童发展心理学的研究对象

（一）个体心理的发生

学前阶段是人生的早期阶段，各种心理活动都在这个阶段开始发生。儿童出生时，可以说没有心理，如果说有心理活动，那也只是最简单的感知活动，与生理活动难以区分。人类特有的心理活动，包括人类的知觉和注意、记忆、表象和想象、思维和语言、情感和意志以及个性心理特征，都是在出生后这个早期阶段发生的。因此，研究个体心理的发生，是学前儿童发展心理学的重要内容。

（二）学前时期儿童心理的发展

学前儿童心理的发展表现为各种心理过程的发展，以及个性的形成和发展。每一种心理过程和个性特征的发展虽然都服从儿童心理发展的一般规律，但又都有各自的特点和具体规律。分别研究这些特点和规律，也是学前儿童发展心理学的主要内容。

（三）学前儿童心理发展的一般规律

每个学前儿童心理发展的表现是不同的，其心理发展有早晚之别。但是，学前儿童心理发展的过程都是从简单、具体、被动、零乱朝着复杂、抽象、主动和成体系的方向发展，其发展趋势和顺序大致相同；相同年龄儿童的心理一般具有大致相似的特征。同时，儿童心理发展的过程并不是孤立进行的，它总是受到遗传、环境以及其他各种因素的影响；但是这些因素所起的作用也不是不可捉摸，而是有规可循的。这一切说明，学前儿童心理的发展受客观规律制约。这些规律包括制约学前儿童心理发展过程本身的规律，以及制约影响学前儿童心理发展各种因素的作用的规律。研究这些规律，是学前儿童发展心理学的另一重要内容。

二、学前儿童发展心理学的研究任务

（一）阐明学前儿童心理的特征和各种心理过程的发展趋势——基础性任务

0～6、7岁是人生的初始阶段，学前儿童的身心处于快速发展之中，他们有既不同于成人也不同于其他儿童期的心理特点。这些特点一方面具有阶段性，明显地反映出初始阶段的特点；另一方面又有持续性，对人的终身发展具有某种后效作用。这些研究能使我们认识学前儿童心理发展的整体性和连续性。

（二）揭示儿童心理发展变化的机制——本质性任务

这一任务要回答以下问题。

1. 关于遗传和环境在儿童心理发展中的关系；
2. 关于儿童心理发展的动力；
3. 关于儿童心理发展的量变与质变、连续性发展和阶段性发展的关系。

阐明发展趋势和揭示发展机制这两大任务是不可分割的。第一个任务是基础性的，第二个任务是本质性的。因为只有完成第一个任务，才能进一步真正掌握儿童心理发展的本质规律；而只有完成第二个任务，才能有效地促进和预测儿童心理和行为的变化。

三、学前儿童发展心理学与其他学科的关系

（一）与发展心理学的关系

发展心理学又称年龄心理学，它的研究对象是人的个体从出生到衰老整

个过程中心理的发生发展。广义的发展心理学又可分为动物心理学（又称比较心理学）、民族心理学和个体发展心理学。狭义的发展心理学就是指个体发展心理学，是关于人的个体从出生到衰老整个时期的心理发展的研究，包括儿童发展心理学、青年心理学、中年心理学和老年心理学。儿童发展心理学是研究个体从出生到成熟时期心理的发展，它是个体发展心理学中的一个最核心、最主要的部分。换句话说，发展心理学的对象主要是儿童心理的发展。对儿童心理发展各阶段的研究也可以分别独立成为一些学科，如学前儿童发展心理学、小学生心理学、青年心理学等等。

学前儿童发展心理学是发展心理学的一个分支，而且是内容最充实的分支。

（二）与普通心理学的关系

普通心理学研究人类心理活动的一般规律。儿童的心理活动，包括从初生到入学前儿童的心理活动，服从人类心理活动的一般规律。因此，我们在学习学前儿童发展心理学的时候，应该以普通心理学知识为基础。比如，只有确切掌握感觉、知觉等认识过程的基本概念和这些认识过程的一般规律，才能够理解和研究学前儿童认识发展的规律。反过来，学前儿童发展心理学的研究资料和成果又可以丰富和促进普通心理学的研究。

（三）与学前教育学的关系

学前教育学研究学前儿童教育的规律。学前儿童是在成人直接教育下成长的，他们的心理发展一步也不能离开教育。研究学前儿童心理的发生发展，必须了解学前教育学。同时，学前儿童发展心理学的研究又可以而且应该为学前教育学提供理论和实际资料的依据。

（四）与儿童解剖生理学的关系

儿童解剖生理学研究儿童身体结构和机能的发育。研究学前儿童心理的发生发展，必须了解儿童生长发育和成熟的规律。心理是脑的机能。研究学前儿童心理的发展，更是需要以儿童神经系统和高级神经活动发展的知识为依据。

（五）与辩证唯物主义哲学的关系

辩证唯物主义揭示自然、社会和思维现象的最普遍规律。学前儿童发展心理学的研究总是不能离开一定哲学思想的指导。科学的学前儿童发展心理学，应该以辩证唯物主义为指导。同时，学前儿童发展心理学又为辩证唯物主义提供科学根据。

四、学习学前儿童发展心理学的意义

（一）理论意义——探索学前儿童心理发生发展的规律，充实儿童心理发展的理论体系，促进心理科学的发展

儿童心理学自诞生以来，无数学者运用各种研究方法搜集儿童心理发展的基本事实，归纳和揭示了儿童期心理发展的基本规律，总结出各种儿童心理发展的理论，促进了儿童心理学本身的发展。由于理论和研究方法的制约，0～6、7岁学前儿童心理的研究一直是个薄弱环节。当代发展心理学的研究成果越来越清晰地表明，学前儿童具有出乎意料的心理能力，生命的最初阶段对今后的心理发展具有重要影响。因此，学习学前儿童发展心理学能使我们正确认识学前儿童的心理特点，从而帮助我们认识人类意识的起源。我们知道，宇宙、生命和意识是人类科学努力探索的三大主题。心理学是研究意识的重要学科之一。儿童心理的发生发展与人类心理的发生发展具有某种程度的相似性。恩格斯指出："正如母体内的人的胚胎发展史，仅仅是我们的动物祖先以蠕虫为开端的几百万年的躯体发展史的一个缩影一样，孩童的精神发展则是我们的动物祖先、至少是比较晚些时候的动物祖先的智力发展的一个缩影，只不过更加压缩了。"学前期是人一生中身心发展最快的阶段之一，研究学前儿童心理与脑、环境（包括教育）的关系，研究儿童动作发展和各种活动与思维发展之间的联系，充分认识学前儿童心理发生发展的过程和规律，显然对认识人类心理（或称意识）具有重要作用。

（二）实践意义——为一切有关学前儿童的实际工作提供科学依据

学前儿童发展心理学的研究成果对一切有关学前儿童的实际工作都具有指导作用。

1. 为学前教育提供心理学依据。学前儿童的身心发展具有特殊性，对他们进行保育和教育必须适应他们的水平和需要。因此，学前教育机构的环境创设、课程设置、一日生活时间安排、保教活动内容和方法等都应该以学前儿童的心理年龄特点为依据，为学前儿童提供科学的学前教育。

2. 为儿童心理健康、儿童医疗和保健提供必要的知识。这些知识有助于宣传、普及"优生优育"的先进理念，维护儿童心理健康发展；有助于评定

儿童心理发展水平，诊断和治疗儿童心理方面的疾病，尤其是儿童智力发育不全和儿童神经精神病的诊断和治疗。

3. 对儿童文学艺术的创作、儿童玩具的设计和制作、儿童服装的设计、儿童食品的开发和调配等具有广泛的指导意义。

随着研究的深入，学前儿童发展心理学必将对正确认识儿童的特点、保护儿童的合法权益、保护儿童的和谐发展、提高儿童的生命质量和推进社会文明进步作出应有的贡献。

本章思考题

1. 试述儿童期的特点。
2. 谈谈对儿童发展中“发展”的认识。
3. 简述学前儿童发展心理学的研究对象。
4. 试述学前儿童发展心理学与发展心理学的关系。
5. 试述当代儿童观对幼儿教育的启示。

本章实践题

观察记录某幼儿半日活动表现，初步了解该幼儿的心理特点。

第二章　研究学前儿童心理发展的主要方法

要揭示学前儿童心理发展的规律和特点，研究者必须坚持正确的基本原则，明确学前儿童心理发展的研究类型，并掌握科学的研究方法。

第一节　研究学前儿童心理的基本原则

学前儿童发展心理学的研究对象是0～6、7岁的婴幼儿，因此在研究设计、方法的实施上应该更多地考虑其特点。为保证研究结果的真实与可靠，研究者在进行研究时需遵循以下三个原则。

一、客观性原则

客观性原则是任何科学研究都必须遵循的一个基本原则。所谓客观性就是按照事物的本来面目去认识事物，也就是实事求是。在学前儿童心理研究中，客观性原则主要包括两个方面的含义。

第一，研究学前儿童的心理，必须考虑到儿童生活的客观条件。根据辩证唯物主义的观点，心理是客观显示在人脑中的能动反映。学前儿童的心理活动是由客观现实引起的，是通过神经系统，特别是脑的活动而实现的，并且表现在动作和活动中。因此研究学前儿童的心理，不能脱离儿童周围的社会生活条件和教育条件，以及儿童神经系统，特别是高级神经系统的发展状况，并且应该在儿童的活动中进行研究。

第二，任何结论都要以充分的事实材料为依据。研究学前儿童的心理，应尽可能广泛搜集材料，对所观察到的材料做客观、真实的记录，尽可能全面细致地分析所得到的全部事实材料，包括相互矛盾的材料，从中作出科学的抽象和概括，决不能随意取舍，附加任何臆测，或设法使之符合自己的设想。

二、发展性原则

发展性原则也是学前儿童心理研究中必须遵守的一条重要原则。所谓发展性原则是指在发展中研究人的心理现象。

客观世界处于永恒的运动和变化中，学前儿童作为反映的主体也在迅速成长中。因此，必须用发展的观点研究学前儿童，不仅要注意已经形成的心理特征和品质，还要考虑儿童的历史状况，更应注意那些刚刚萌芽的新特征和品质，这对于预测儿童心理的发展趋势和发展前景具有独特的重要意义。

三、教育性原则

教育性原则是学前儿童心理研究所必须遵守的另一条重要原则。所谓教育性原则就是指一切儿童心理的研究都必须符合教育的要求，不允许进行可能损害儿童身心健康的研究。

学前儿童处于身心迅速成长的时期，也是受教育时期，对学前儿童的研究应该有利于儿童的健康成长，有利于儿童教育。从设计研究方案、安排时间到研究者的举止行为，都必须考虑到对儿童心理可能产生的影响。这是研究者必须遵循的职业道德。

第二节　学前儿童心理研究的类型

学前儿童心理研究的类型有很多，从研究时间来划分，可以分为纵向研究和横断研究；从研究内容的范围来划分，可以分为整体研究和分析研究；从研究变量的关系来划分，可以分为差异研究、相关研究和因果研究。

一、纵向研究和横断研究

（一）纵向研究

纵向研究，又称追踪研究，是指研究者每隔一定的时间去考察同一组被试个体，以得到他们心理发展变化的连续性资料的一种研究方法。至于对个体追踪的时间需要多长，一般视研究目的而定。纵向研究是一种具有真正意义的发展心理研究，特别适合于追踪儿童发展过程中行为系统的连续性、渐进性的变化。为更好地说明，这里举两个较为典型的例子。

美国加州伯克利大学曾在 1928 年开始了一项著名的追踪研究并延续了好几十年。研究人员想了解处于个性气质特征两极端的儿童（一端是容易激怒、脾气暴躁，另一端是害羞、退缩）在长大成人后是否仍然保留这些气质特征；另外，是什么样的经验使它们保持稳定或发生变化；最后，从长期适应的角度看，这些两极端的个性气质特征的后果是什么（Caspi，Elder & Bem，1987，1988）。研究结果表明，这些两极端的个性气质特征随年龄增长具有中等程度的稳定性。在8～30岁，有相当多的被试仍保持童年期的气质特征，而另一部分人则发生了相当大的变化。稳定应归因于“滚雪球效应”（snowballing effect），即对于易怒和脾气暴躁的儿童，别人也会以同样的方式对待他，而对于那些害羞的儿童，别人倾向于不理他。也就是说，由于个体的气质不同，别人对待他们的方式也不同，从而保持和加强了他们原来的气质特点。研究结果也说明，保持极端的个性气质特点会影响成人对社会生活适应的方方面面。例如，脾气暴躁的男性经常和同事搞不好关系，和单位领导或老板闹矛盾，因此他们经常调换工作，甚至更改事业，这影响了他们的家庭经济收入；而脾气暴躁的女孩长大后成为急性子的妻子或母亲，她们的离婚率较高。但是，害羞这种气质特征的适应性后果却长期存在着性别差异。在儿童期表现为害羞、退缩的男孩，长大成人后结婚较迟，当父亲也较迟，但他们的职业比较稳定；由于女性腼腆、退缩的气质特征在社会中是可以接受的，因此性情害羞的女性对社会生活没有适应困难。

华中师范大学心理学院的周宗奎、赵冬梅等人于2002年6月进行了一项为期两年的关于儿童的同伴交往与孤独感的研究。该研究抽取武汉市某小学三、四年级的学生（平均年龄分别为9.1岁和10.1岁）为研究对象，用提名法和问卷法施测，2004年6月对这些儿童再次施测。该研究考察了同伴交往中积极提名、消极提名、互选朋友数、友谊质量、受同伴欺负、消极退缩等变量的稳定性，以及这些变量与孤独感的相互预测关系。结果发现：（1）在分别控制了前测的其他变量后，前测的积极提名、消极提名对后测的孤独感没有显著的预测效应。这可能是因为积极提名和消极提名与其他同伴交往变量之间有较强的共线性，可能相互间产生某种抑止作用，所以在控制了其他同伴交往变量的作用后，积极提名和消极提名对两年后的孤独感的预测作用也就不显著了。（2）前测的孤独感不能显著预测后测的积极提名和消极提名，即两年前孤独感的高低并不能显著影响两年后同伴群体对他的喜欢程度，以及他的社会能力和适应性的变化。（3）在控制了早期的孤独感和其他同伴交往变量的作用后，儿童早期的互选朋友数和友谊质量对两年后的孤独感都有独特的影响。可见，儿童获得的积极提名、消极提名、受同伴欺负、消极退缩、互选朋友数在两年之间仍然呈现出较高的稳定性；友谊质量和社交自我知觉也有一定的稳定性。这说明，同伴交往的特征一旦出现，将会一直稳定地持续下去，即同伴交往的稳定性主要是由它自身的特征维持的。①

由以上两个案例，我们不难发现纵向研究的优点。这种研究设计获取的是同组被试心理连续发展的资料，因此，它不仅能使研究者查明这一群体共同的发展模式，而且更为重要的是，能进一步考察发展的个别差异以及这些差异的稳定性。

然而，纵向研究也存在一定的局限性。首先，它要花费较多的人力、物力和时间，如果追踪的时间过长，被试容易丢失，从而影响样本的代表性，使研究者很难对研究发现作出概括性的结论。其次，对被试的重复测查，会使被试感到厌倦，令有些被试变成“测试桶”，从而影响研究结果的信度。最后，对儿童的追踪研究如果在入学前就终止，则持续的时间较短，但如果某项研究开始于儿童阶段，而持续的时间以年代计算，就可能出现“同层人效应”（cohort effect）。这是研究人员用以说明个体的发展受其生活的历史背景影响的一个专门术语。所谓同层人是指在同一年代出生和成长的一群人，他们受该年代特定的社会历史事件影响，在思想、观点、行为方式上有更大的相似性，而不同于另一年代出生和成长的人群。

（二）横断研究

横断研究是指研究者在大约相同的时间里考察不同年龄的多组被试群体，然后将研究结果在时间的维度上综合整理，以描绘有关的心理活动随年龄而发生的变化。这里同样举几个例子来说明。

1983 年，方富熹教授等人进行了一项学前儿童客体运动表象发展的横断研究。研究者随机抽取幼儿园 4 岁、5 岁、6 岁三个年龄组的儿童为被试样本，在大约相同的时间内分别让他们完成相同的客体运动表象作业任务，比较不同年龄儿童作业成绩的差异，从而探查学前儿童客体运动表征发展的年龄趋势。

---

① 周宗奎、赵冬梅、孙晓军、定险峰：《儿童的同伴交往与孤独感：一项 2 年纵向研究》，《心理学报》，2006 年第 5 期。

心理学家朱曼殊为了解儿童口语表达中句子的长度和含字量的比例是否随着年龄的变化而变化，以 2～6 岁儿童为被试研究了儿童句子的平均长度。结果发现，如表2－1所示，从 2 岁到 6 岁，他们所使用的句子的平均长度（以词为单位）有明显的增长趋势。①

表 2－1 2～6 岁儿童所使用的句子平均长度

年　龄	2 岁	2 岁半	3 岁	3 岁半	4 岁	5 岁	6 岁
平均句长（词数）	2.91	3.76	4.61	5.22	5.77	7.87	8.39

方格等人也采用横断研究法，研究了不同年龄段的儿童对日、周、年时序的认识。研究结果证实，对学前儿童来讲，循环周期愈短，儿童的认知成绩愈好，循环周期愈长，成绩愈差。这一事实可从图 2－1 中看到：5 岁、6 岁儿童对一周之内时序的认知成绩明显低于对一日之内的成绩，而对一年之内季节的认知成绩更加明显地低于其他两项成绩；儿童对日、周、年（季节）的认知发生显著变化的年龄也不同，一日之内为 4～5 岁，一周之内为 5～6 岁，一年之内为 6～7 岁，形成了一个难度逐渐增大的序列，这说明儿童对时间顺序的认知是由近及远、由短周期向长周期发展的，儿童年龄越大，对时序的认知发展越好。②

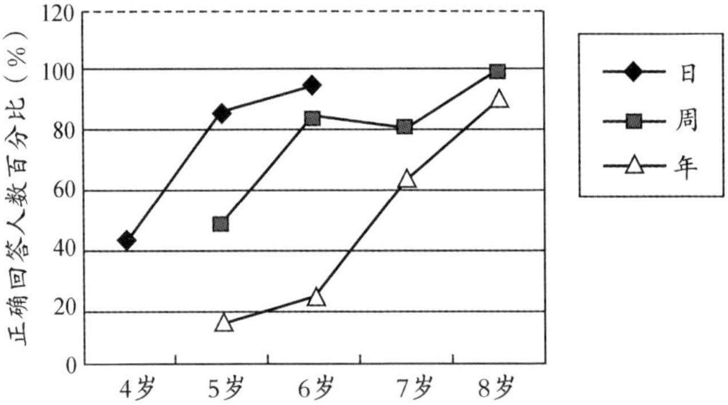

图 2－1 不同年龄段儿童对日、周、年时序的认识

由上述研究可知，横断设计的突出优点是省时、省力，效果较高，能较

① 方富熹、方格、林佩芬：《幼儿认知发展与教育》，北京师范大学出版社，2003 年 6 月版，第 229 页。

② 方富熹、方格、林佩芬：《幼儿认知发展与教育》，北京师范大学出版社，2003 年 6 月版，第 177 页。

快获得与年龄相联系的心理发展的资料。但它也有一定的局限性。首先，它获得的不是同一个体或群体的心理发展的连续资料，而是以平均数来代表不同年龄群体的心理发展水平，这样的研究结果只能代表一个实际上不存在的理想的“认知主体”的发展。也就是说，横断设计的研究结果只能说明随年龄而变化的心理发展的一般趋势，而不能说明发展的个别差异，更难以说明影响发展的各种有关事件的因果联系。其次，如果研究年龄取样时间跨度较长也会受“同层人效应”的影响，如以 10 岁、20 岁、30 岁和 40 岁的个体作为被试取样作横断设计的研究，由于这四个年龄组的被试是在不同年代出生、成长和受教育的，所以在大约相同的时间内对他们研究所得的结果可能并不能真正代表年龄变化的趋势，而可能只是反映了不同年代出生的被试群体与其生活的历史时期相联系的独特经验。

作为学前儿童心理研究中的两种基本研究类型，纵向研究与横断研究各有其优缺点。因此，在具体研究中要灵活运用纵向研究和横断研究，使其互相配合，相得益彰。例如要研究 0～6 岁儿童的情绪发展，可以取 0 岁、2 岁和 4 岁三个年龄段的样本，同时各追踪 2 年，如图 2－2 所示。此时，样本分别达到 2 岁、4 岁和 6 岁。这样，0～6 岁均已取样，而研究时间由原来需要的 6 年减为 2 年，既节省了时间又达到了研究目的。

图 2－2 综合纵向研究与横断研究的一种方案

二、整体研究和分析研究

（一）整体研究

整体研究又称系统研究，即把儿童心理的各个方面作为一个相互联系、相互影响的研究对象系统来进行研究。

对超常儿童发展过程的研究就是整体研究的一个典型例子。研究者收集了百余名超常儿童幼年—童年—少年—青年的整个发展过程的资料，进行深入分析，发现超常儿童的成长过程是不平衡的，最后总结概括出四种不同的类型，见表2—2。①

表2—2 超常儿童发展过程

类型	表现	原因分析
跃进式	幼年早慧*，提前入学或插班，此后稳步超常发展；或从小学、中学至大学有过一次或多次跳级，跳跃式前进	家庭、学校提供有利于他们发展的条件；本人求知欲旺盛，主动积极，具有良好的个性特征
V形前进式（或波浪式）	幼年早慧，提前入学或插班，在小学或中学阶段一度表现下降，与常态儿童无异，经采取措施后，逐渐回升，再次超常出众，稳步前进	在学校受挫折，积极性受到影响；贪玩，自控能力差，缺乏学习动机；出现某种行为问题；因病旷课过多，缺乏信心等
后起式	幼年或童年未有超常表现，小学或初中阶段由于某次竞赛或机遇，成绩突出，此后受到重视，稳步上升，发展优异**	幼年在农村跟老人生活，缺乏早教条件；由于某些原因“开窍”较晚
滑落式	幼年早慧，小学、初中阶段一帆风顺、名列前茅，是竞赛的优胜者，但在高中或大学，由于某种原因，成绩下降，情绪波动或崩溃，不能自拔，经帮助也无效，发展失去优势	在较复杂的环境中不能适应；遇逆境，不能正确认识自己，自我调控能力差，缺乏耐受力；由此引起神经衰弱等身体的不适应

【注】*幼年早慧，指经测试认知能力在同龄平均成绩两个标准差以上者；或经IQ测验，IQ在130以上者；或具有某方面的特殊才能，经鉴定为杰出者。**经鉴别考核达到超常儿童或少年的标准。

（二）分析研究

分析研究又称专题研究，是对儿童心理发展中某一个别的、局部的问题进行比较深入的研究。大多数的研究课题属于此类，如学前儿童因果思维发展的研究、儿童左右概念发展的研究等。

许政援等人于1990年所作的“幼儿抗拒引诱自控能力的发展”就属于分析研究。研究者让3～6岁幼儿在不同情境下从事同一种活动——在印有各种几何图形的纸上将圆形选出并打钩。实验一组的幼儿在其他幼儿在旁边玩玩具的情境下进行这一活动，实验二组的幼儿在其他幼儿在旁边玩更有诱惑力的玩具的情境下进行这一活动，实验三组的幼儿则在无任何干扰的安静情境下进行。研究结果发现，在完成任务的要求（正确选出圆形打钩）上，5～6

① 白学军：《智力心理学的研究进展》，浙江人民出版社，1996年12月版，第207页。

岁幼儿优于3～4岁幼儿，在每分钟内分心的平均次数和分心时间上，前者少于后者。这表明5～6岁幼儿已具有一定的动机作用，并初步具有抵制外界诱惑的能力，因而比3～4岁幼儿更能实现自控行为。该研究还着重探查了影响幼儿自控行为的两个重要因素——动机水平和紧张水平，并指出通过改变动机水平和紧张水平可以改善幼儿的自控表现。

虽然整体研究和分析研究各有各的研究重点和优势，但它们并非截然对立，而是相辅相成的。因为一种心理形式的产生，总是与其他心理活动相互影响，相互制约的。分析研究不能离开系统观点的指导，整体研究也往往需要在深入分析的基础上进行，才能达到高度科学的综合概括。

此外，纵向研究和横断研究也可以是整体研究或分析研究。纵向研究可以研究儿童心理发展的全貌，如陈鹤琴的《儿童心理之研究》；也可以研究某一个方面心理的发展，如吴天敏等对幼儿言语发生发展问题的研究。横断研究也可以是整体的，如《6岁儿童入学问题的心理研究》；也可以是专题的，如《关于幼儿数概念和运算能力发展的研究》。

三、差异研究、相关研究和因果研究

（一）差异研究

学前儿童发展心理学的课题较多集中于研究不同年龄儿童心理活动的区别，我们把这种类型的研究称为差异研究。通过这一类研究，我们可以探讨不同年龄儿童心理发展的趋势、各种心理现象发生的时间及发展的关键年龄等。这一类研究课题是目前我国学前儿童发展心理学中占比例最大的课题。例如刘兆吉等人的《3～6岁儿童语音发展水平调查研究》，表2－3便是这一课题的研究结果，该研究不仅探明了不同年龄段儿童语音发展水平的差异，

表2－3　3～6岁儿童语音发展的正确率

语音	城乡 \ 正确率（%） \ 年龄（岁）	3	4	5	6
声母	城	66.0	97.0	96.0	97.0
	乡	59.0	74.0	75.0	74.0
韵母	城	66.0	100.0	99.0	97.0
	乡	67.0	85.0	87.0	95.0

也探讨了城乡儿童在语音发展上的差异。[①]

（二）相关研究

相关在统计上是指两种因素在相互关系上的测量。通过相关研究，研究者能了解被试群体的已有经验或心理特征与他们的行为表现或心理发展之间的关系。学前儿童发展心理学的相关研究主要是研究儿童心理发展现象之间的关系，或心理现象与其他因素之间的关系，借以查明不同年龄儿童的心理结构，以及影响儿童心理发展的因素。

1972年，麦克利奥、阿特金和查菲（Mc Leod，Atkin & Chaffee）等人在六年级到十年级儿童的样本中收集了儿童攻击性行为的有关信息，并通过自我报告的形式调查样本中的每个儿童一般观看多少暴力节目。他们的研究目的在于弄清观看暴力电视和攻击性之间是否存在相关，即看暴力电视最多的儿童是否最具暴力倾向，进而了解电视暴力对儿童攻击性的可能影响。最后，他们的研究结果验证了两者之间存在相关。研究结果与最初的假设一致，儿童观看的暴力电视越多，攻击性越强。

麦克利奥等人的研究是相关研究的一个范例。我们之所以称其为相关研究，是因为实验者没有对自变量进行操纵。麦克利奥等人没有控制参与者所看的电视节目类型，也没有控制儿童表现出来的攻击性水平。研究者只是测量自然发生的这两种行为，看看这两个指标是否共变。这种相关可能是正相关，即一个分数随另一个分数的提高而提高；也可能是负相关，即一个分数随另一个分数的提高而降低。

然而相关研究只能说明两个变量之间的关系，并不能说明关系的性质，这也是相关研究的一大缺憾。

（三）因果研究

因果研究是研究两个变量之间的因果关系。通过研究验证假设的自变量和因变量，以查明心理发展内部诸因素间的相互作用，以及外部因素与内部因素之间的相互作用。

以上几种研究类型都需要依靠推论统计来进行，即结论是根据研究的样本推导出的。因此，必须注意防止取样偏差，并且在实践中检验研究结果的正确性。

---

① 方富熹、方格、林佩芬：《幼儿认知发展与教育》，北京师范大学出版社，2003年6月版，第223页。

四、跨文化研究

跨文化研究是指就同一问题通过对不同社会文化背景下的儿童进行研究，来探讨儿童心理发展的共同规律和不同社会生活条件对儿童心理发展的影响。儿童心理发展的跨文化研究的逐渐兴起，已成为研究方法上的一个新趋势。尽管跨文化的儿童心理研究已有一段很长的历史，但它只是在近20年来才开始获得较大的发展。越来越多的研究者开始认识到跨文化研究对于儿童心理发展研究的发展和完善具有特殊的价值和重要意义。跨文化研究可以检验、修正并完善现有的儿童心理发展理论。例如，有些发展理论所依据的只是研究者在本国进行的有限研究，而理论的完善性只有通过在世界不同地区进行严格的检验才能确定。例如皮亚杰的认知发展阶段理论，如果四个发展阶段的顺序在多种文化背景下是不变的（虽然每阶段达到的年龄有先后），那么生物因素的作用可以被肯定；如果不同文化背景的儿童的阶段顺序有颠倒变化，那么既说明阶段发展理论并不具有普遍性，也说明阶段的更替更多地为社会因素所左右。又如言语发生发展的一些规律及其理论，它们更需要通过不同民族、不同语种的跨文化研究加以验证，如婴儿期出现的双词句阶段的研究结果曾在6个国家的6个语种中得到全面的比较验证。另外，跨文化研究可以更好地概括规律，更好地确定哪些发展模式具有普遍意义，哪些发展模式只是特定文化因素的产物。比如，要考察从某一国度里得出的某些性别差异的研究结果是否具有普遍意义，就可以在那些男女地位相反的国家、民族中进行验证，检验其结果。

儿童心理发展跨文化研究的主要目的在于考察文化因素对儿童心理发生发展的影响，力图将普遍性和文化特殊性分离开来，即区分不同文化背景中心理现象发展的共同性和差异性。跨文化研究可以采用儿童心理发展研究的一般方法，如调查、访谈、问卷、实验（大多是现场实验）等，当然也有自身比较独特的研究方法，即心理人类学方法。心理人类学方法是从人类学中引入的，要求研究者选取不同文化或心理行为特征作为研究变量，然后根据一定的标准选取适当的文化或民族样本进行研究，最后加以统计分析，检验理论假设。这种研究方法可以揭示文化因素与心理发展的关系。

跨文化研究实质上是一种比较的方法。跨文化的可比性在方法学上占有中心地位，可比性的必要前提是文化对等性，即从不同文化中收集到的数据资料及处理方法具有文化的等值性。莫尔帕斯（Malpass，1930）等人曾区分出三种文化等值性：（1）机能等值，指不同文化背景下的个体对同一问题作出反应时产生的行为具有基本相同的心理机能；（2）概念等值，即不同文化背景下的个体对特定刺激物的意义有共同的理解；（3）测量等值，即从不同文化中获得的数据资料的心理测量特征呈现出一种可比较的模式。济慈（Keats）和方富熹（1991）认为，跨文化研究的可比性可以从以下几个方面考察：研究现象的对等性、比较对象使用的分类系统的机能对等性、样本的可比性、测验和任务的可比性、程序的可比性、动机的可比性、言语的可比性等。研究者在研究中必须特别注意那些可能影响不同文化间可比性的变量。

总之，跨文化研究为儿童心理发展研究提供了一种有效的研究方法，并已经取得了大量有价值的研究成果。

第三节　研究学前儿童心理的主要方法

学前儿童心理发展的研究方法与发展心理学的一般研究方法基本上是相同的，最主要的方法有四种，即观察法、实验法、测验法和调查法。

一、观察法

观察的具体方法很多，在学前儿童心理研究中较为常用的主要有日记描述法、轶事记录法、时间取样法 、事件取样法以及行为核查法。

（一）日记描述法

日记描述法，又称儿童传记法，是对儿童研究的最古老的方法，即通过对一个或一组儿童的长期跟踪与反复观察，以日记的形式描述性地记录儿童的行为表现的一种方法。一般来说日记描述可分为两种类型：一是综合性日记，主要记录儿童各方面发展过程中新出现的动作或行为现象；二是主题日记，主要记录儿童语言、认知、社会情绪等特定的某一方面的新进展。

日记描述法在学前儿童发展心理学研究中起着非常重要的作用。裴斯泰洛齐的《一个父亲的日记》一书就是使用日记描述法写成的。我国著名幼儿教育专家陈鹤琴也用日记描述法详细记录了他的儿子陈一鸣从出生到808天的发展状况，最终完成了中国幼儿心理学的扛鼎之作——《儿童心理之研究》一书。以下是陈鹤琴众多日记中的一个片段。

第 89 星期（第 619 天）

与人表积极同情：近来他吃饭的时候，不喜欢披围巾。今天他看见他父亲剪发的时候，围了一块大白布，他就用手指着，并拉着叫他父亲拿开，他父亲就把布拿开。后来剪发的人又把白布放在他父亲的颈上，他看见了就哭，一定要叫他父亲拿开，他父亲拿下来给他，他就掷在地上，不哭了。这里有几点要注意的：①他自己不愿意披围巾，他也不愿意他父亲披，就是与人表积极同情的意思。②他自己觉得不舒服的，他以为别人也不舒服。[①]

日记描述法能记录详细而长期的资料，方便易行，主要用于个案研究和生态学研究。但是，日记描述法只能说明少数儿童的特点与情况，缺乏代表性，而且运用日记描述法比较费时费力，效率不高。

（二）轶事记录法

除了日记描述法，观察法中还有一种比较常用的方法是轶事记录法。这种方法不仅可以记录儿童显著的新行为或言语反映，还可以记录观察者认为有价值、有意义的任何可表现儿童个性或某方面发展的行为情景。因此，教师经常使用该方法来观察记录每个儿童的典型行为或异常行为，帮助自己分析儿童的心理和个性特征，以便有针对性地进行教育干预。以下是一位幼儿园教师的轶事记录实例。

区域活动时，雨晓选择了科学区，进行磁铁赛车游戏。进入科学区时，她先拿笔进行登记，这时，另一个小朋友抢她的笔，她刚开始跟他抢，并且大声叫，想向老师求救，可是没有得到老师的帮助。于是，她就放弃了，让那个小男孩先登记了。后来，又有一个小男孩要抢她的笔，这时她自信大声地对他说："我先来！"写完后才把笔递给他写。在科学区时，她自己单独玩，过了一会儿，她对另一个小朋友说："这个我们一起玩。"然后她们就进行了磁铁赛车。大约五分钟后，她离开科学区，我问她："现在你要到哪里去玩啊？"她说："数学区。"其实她是走到美工区的，我问她："你为什么要到这里玩啊？"她说："我要跟×××小朋友一起玩。"进入美工区后，她没有先登记，直接拿起了一张图纸，还没有

① 北京市科学教育研究所：《陈鹤琴教育文集（上卷）》，北京出版社，1983 年 12 月版，第 93 页。

开始玩时，她看到别人在登记，她也跟着登记，登记完后，只是拿起了几张图纸，没有跟其他小朋友交流，很少说话。

轶事记录法无需专门的编码制表，只需在发现值得记录的行为、轶事时随时记录下来，简单又方便。但要注意的是，在记录时应尽量做到及时、准确、具体。

（三）时间取样法

时间取样法是指在统一的时间内，按一定的时间段观察预先确定好的行为，主要记录行为是否出现、发生的次数以及持续的时间。

帕顿通过儿童游戏研究儿童社会性发展问题是运用时间取样法的典型范例，他于1926年10月到1927年6月观察了2～5岁儿童的游戏活动。根据儿童在游戏中的社会参与程度，他总结和概括出6种游戏类型（见表2－4），并给出了每种游戏类型的操作定义。①

表2－4 儿童参与群体活动的6种游戏类型的操作定义

游戏类型	操作定义
无所事事	儿童没有做游戏，只是碰巧观望暂时引起他们兴趣的事情，如没有可注视的就玩弄自己的身体，或走来走去，爬上爬下，东张西望
旁观	儿童基本上观看其他儿童游戏，有时凑上去与正在做游戏的儿童说话，提问题，出主意，但自己并没有直接参加游戏
个体	儿童独自一人游戏，只专注于自己的活动，根本不注意别人在干什么
平行	儿童能在同一处玩，但各自玩各自的游戏，既不影响他人，也不受他人影响，互不干涉
联系	儿童在一起玩同样或类似的游戏，相互追随，但没有组织与分工，每人做自己想做的事
合作	儿童为某种目的组织在一起进行游戏，有领导、有组织、有分工，每个儿童承担一定的角色任务

使用时间取样法前要求研究者先做大量的计划工作，如确定观察对象、内容、时间等，因此，观察过程具有可控制性。在一定程度上，它可以摆脱观察者的主观选择性和主观判断，使观察到的行为具有客观性和代表性。另外，时间取样法使观察过程本身变得简化，可对搜集到的频率行为资料进行定量分析。

① 杨丽珠：《教育科学研究方法》，辽宁师范大学出版社，1995年1月版，第123页。

当然，时间取样观察也存在一些局限。时间取样法只适用于观察经常发生或出现、且易被观察到的一些外显行为，而不适用于观察思维、想象等内隐行为，因此研究者较为被动。而且，时间取样法所获得的材料往往只能说明行为的某种特性（如频率），而难以得到关于环境、背景的资料，难以考察行为的相互关系和连续性，因而很难揭示因果关系。

（四）事件取样法

事件取样法是指观察某些特定行为或事件的完整过程的一种方法。一般来说，事件取样法所选取的事件是与研究目的直接联系的、有代表性的一些行为。例如对幼儿助人行为的观察，以下是研究者设计的记录表格。①

表 2－5　幼儿助人行为观察表

幼儿姓名	性　别	发生背景	指向对象	动　作	语　言	效　果

此外，海伦·大卫（Helen Dawe）对学前儿童争执事件的研究也是事件取样法的经典研究。1931 年 10 月 19 日至 1932 年 2 月 17 日期间，海伦·大卫对保育学校 25～60 个月的 40 名儿童（男孩 19 人，女孩 21 人）在每天的自由游戏时间中发生的争执事件进行观察。只要儿童争执事件一发生，他就按照记录表一一进行观察记录。从争执开始发生到结束，都详细记录。观察一直持续了 4 个月，在学前儿童争执发生的原因、频率、年龄、性别差异以及终止争执的有效条件等方面获得了较全面的有价值的资料。下面是海伦·大卫研究报告的一部分内容。

在 40 名幼儿中间，每小时要发生 3～4 次争执，这些争执都很短暂，平均不超过 24 秒钟。在 200 次争执中，只有 13 次超过了 1 分钟。室内的争执比室外的短，而且都被教师及时地制止了。与男孩相比，女孩很少卷入争执，攻击性水平也较低。争执常常发生在不同年龄、相同性别的幼儿之间。然而，一旦男女幼儿之间发生争执，却只有三分之一能够像相同性别幼儿间争执那样取得和平解决。随着年龄的增长，争执行为的出现有所降低，而攻击性行为的程度和报复倾向都有所增长。在大多数

① 白爱宝：《幼儿发展评价手册》，教育科学出版社，1999 年 10 月版，第 19 页。

的争执中，都有为了占有某种物品而发生的争执，几乎所有的争执都伴有动作，诸如冲击、推拉等。尽管有时在争执中也会出现哭泣和阻止等有声的情况，但无声的争执占主要地位。大部分争执是由参与者自行解决的，往往是年幼的幼儿被迫服从年长的幼儿，或是年长些的幼儿自愿退出争执。在四分之三的情况下，幼儿在争执发生后，能迅速复原，很快就显得很兴奋，而不是不满。①

（五）行为核查法

行为核查法是研究者用事先设计好的行为检查表来核查某种行为是否发生或出现的一种方法。使用行为核查法有助于观察目的的具体化，使观察活动更具有针对性。因此，在众多观察法中，它是普遍采用的观察方法或观察策略之一。下面是一个为了解 5 岁儿童数学技能的发展水平而编制的行为核查表（见表 2—6）。表格包括了该研究的观察目标：（1）确定儿童是否具备初步的数学预备技能；（2）记录技能发展出现的时间先后顺序。②

表 2—6 幼儿数学预备技能核查表

儿童姓名： 观察日期：

任务	能	否	第一次出现时间
①能否根据名称指出相应的图形			
圆	______	______	______
正方形	______	______	______
三角形	______	______	______
长方形	______	______	______
②能否从 1 数到 10	______	______	______
③能否给下列图形命名			
圆	______	______	______
正方形	______	______	______
三角形	______	______	______
长方形	______	______	______

① 张燕、邢利娅：《学前教育科学研究方法》，北京师范大学出版社，1999 年 1 月版，第 92 页。

② 董奇：《心理与教育研究方法》，北京师范大学出版社，2004 年 11 月版，第 171、172 页。

续表

任　　务	能	否	第一次出现时间
④能否举例说明下述关系概念			
大于	______	______	______
小于	______	______	______
长于	______	______	______
短于	______	______	______
⑤能否进行逐个匹配			
两个物体	______	______	______
三个物体	______	______	______
五个物体	______	______	______
十个物体	______	______	______
十个以上物体	______	______	______
⑥能否在指导下理解下述概念			
最先	______	______	______
中间	______	______	______
最后	______	______	______
⑦能否举例说明			
多于	______	______	______
少于	______	______	______

行为核查表省时省力、简便易行，结果易于分析，因此既适合专业研究人员使用，也适合幼儿园教师使用。但是，它也有不足之处，如不能提供有关行为频率、行为持续时间，特别是行为性质、特征方面的信息。

二、实验法

实验法是根据研究目的，在观察和调查的基础上改变或控制学前儿童的活动条件，以引起其心理活动的有规律的变化，从而揭示特定条件与心理活动之间关系的方法。

学前儿童发展心理学常用的实验法有两种：实验室实验法和自然实验法。

（一）实验室实验法

实验室实验法是在具有特殊装备的实验室内，利用专门的仪器设备进行心理研究的一种方法。实验研究要操纵和控制变量，其基本目的在于揭示变量间的因果关系。实验研究有严格的研究设计，包括被试选择、研究的材料和工具、实验程序、设计分析方法等，其广泛运用于婴儿心理现象的研究。视觉偏好实验便是实验室实验法的一个典型案例。

在视觉偏好实验中，研究者设计一种专门的装置，让婴儿躺在装置里，装置的上部有两个孔，通过这两个孔向婴儿呈现一对刺激。一种专门的仪器能准确地记录婴儿眼球运动的轨迹和对某一刺激注视的时间，从而确定婴儿对哪一个刺激更感兴趣——视觉偏好。通过这一装置，研究者发现婴儿对人脸有特殊的偏好。

实验室实验法最主要的优点有三个。一是能严格控制实验条件，可以重复进行，可以通过特定的仪器设备探测一些不易观察到的情况，取得有价值的科学资料，如利用微电极技术研究新生儿（即出生到一个月的婴儿）对语音和其他声音刺激的辨别能力。二是实验法不仅仅限于研究简单、低级的心理过程、行为活动和心理现象，还可以研究复杂的社会行为及更高级的心理过程和教育现象。三是实验法的发展使实验的内部效度和外部效度有了较大的提高，减少了实验中人为性对实验结果的影响，提高了实验研究结果的推广使用价值。

尽管实验室实验法优点很多，但其也有一定的局限。比如，儿童在实验室环境内往往产生不自然的心理状态，由此导致所得实验结果有一定的偏差。特别是一些复杂的心理现象，研究起来比较困难。再如，实验对无关变量虽采取平衡、消除等方法加以严格的控制，但仍无法排除所有无关变量的干扰。

（二）自然实验法

自然实验法是在儿童的日常生活、游戏、学习和劳动等正常活动中，有目的、有计划地控制或改变某些条件，以引起并研究儿童心理变化的方法。例如，研究不同年龄儿童观察力的发展，可以采取正常的教学形式，向不同年龄班的儿童提供相同的实物或图片，请他们讲述，然后根据记录分析整理，从中找出各年龄阶段儿童观察力的基本特点，发现儿童观察力的发展趋势。

自然实验法由于实验整体情境是自然的，因此儿童在实验过程中往往可以保持正常的心理状态，实验获得的结果也比较真实，这与观察法相同。其与观察法的不同之处在于，研究者可以对某些条件进行控制，避免研究者处于被动的地位。所以说，运用自然实验法，研究者不仅可以保持情境的自然，与观察法接近，又可以控制儿童心理产生的条件，接近实验方法，兼具二者的优点。

然而，自然实验法由于强调在自然的活动条件下进行实验，所以难免出现各种不易控制的因素。而且，一般来说，自然活动环境不如实验室那样有各种仪器设备，因而对实验自变量的控制和记录条件不及实验室实验。

三、测验法

测验法是通过测验量表来研究儿童心理发展规律的一种方法，即采用客观的标准化了的程序，以量表的形式来测量儿童的某种行为，收集数据资料的方法。测验是遵循一定的标准和程序进行的，它测量的是人的某种行为。测验法应用于学前儿童的心理学研究，主要用于查明儿童心理发展的个别差异，也可用于了解不同年龄儿童心理发展的差异。

国际上已有一些较好的儿童发展测验量表，如“韦克斯勒学前和小学智力量表”(1967)；中国也修订了一些量表，如“中国比内测验”“麦卡锡幼儿智能量表中国修订版”。这里简单介绍一下“麦卡锡幼儿智能量表中国修订版”。

“麦卡锡幼儿智能量表中国修订版”的适用对象为2.5～8.5岁儿童。该量表主要由五个分量表构成，分别是：言语分量表、知觉—操作分量表、数量分量表、记忆分量表和运动分量表。每个分量表下又有相关的几个测验，如言语分量表由图画记忆、词语知识（看图回答、说话）、词语记忆（复述由单词组成的序列或语句、复述主试即时讲过的故事）、词语流畅以及反义类推五个项目组成；知觉—操作分量表又由积木、拼图、连续敲击、左右方向、图形临摹、画人以及概括归类七个项目组成。

从“麦卡锡幼儿智能量表中国修订版”这一量表中，我们不难发现测验法的四个优点。第一，测验法的量表编制十分严谨，操作上有一整套标准化的程序，效果准确可靠。施测也比较容易控制，结果处理方便。第二，测验法方便省力。研究者可以根据研究的具体需要选择测验量表，一般不用自己去编制，在这一点上测验法的优点是其他方法所难以比拟的。第三，测验法一般有现成的常模，可以直接进行对比研究。第四，在计算机得到普及的今天，测验法更是一种非常有效的方法，它可以迅速、准确而有效地收集到大量的数据资料，为科学研究服务。总的来说，测验法的优点就是比较简便，在较短时间内就能够粗略了解儿童的发展状况。

但是，测验法也有自己的弊端，尤其是对学前儿童来说。第一，测验所得往往只是被试完成任务的结果，不能说明达到结果的过程。第二，测验仅进行量的分析，缺乏质的研究；测验题目很难同时适用于不同生活背景的各种儿童等。目前对测验法的争议仍然较大。

因此，测验法和儿童心理研究的其他方法一样，只能作为了解儿童心理的方法之一，还应与其他方法配合使用。下面是测验法使用过程中应注意的几个事项。

1. 由于学前儿童的独立工作能力差，模仿性强，对学前儿童的测验都是用个别测验，不宜用团体测验。

2. 测验人员必须经过专门训练，不仅要掌握测验技术，还应掌握面对学前儿童的工作技巧，以取得幼小儿童的合作，使其在测验中表现出真实的水平。

3. 学前儿童的心理尚不成熟，其心理活动的稳定性差。因此，切不可仅以任何一次测验的结果作为判断某个儿童发展水平的依据。一般来说，几次测验成绩好的被测儿童的发展水平较高，而成绩差的则可能是发展水平较差或者是受测验当时其他因素的干扰。

四、调查法

调查法是通过问卷或访谈等方法手段，对儿童心理发展现象进行有计划、系统的间接了解和考察，并对所收集到的资料进行统计分析或理论分析的一种研究方法。研究者在进行调查研究时，主要有问卷法和访谈法两种具体的实施方法。

（一）问卷法

问卷法是研究者用统一、严格设计的问卷来收集研究对象有关的心理特征和行为数据资料的一种研究方法。它是通过把要调查研究的主题分为详细的纲目，拟成简明易答的一系列问题，编制成标准化的问卷，然后根据收回的答案，进行统计处理，得出结论的方法。

按照不同的标准，问卷法可以分为几种不同的类型。

1. 根据问卷中问题的结构程度来分，可分为结构问卷和无结构问卷。结构问卷中，每一个问题都有几个可能的答案，被试可以根据自己的情况选择一个恰当的答案，这种问卷属于限制式问卷。无结构问卷中并未列出任何选择答案，被试根据自己的情况进行自由回答。

2. 根据问卷的传递方式来分，可分为发送问卷、访问问卷和邮寄问卷。发送问卷由研究者将问卷送到研究对象手中；访问问卷是研究者当面向研究者提出问题，然后将研究对象的口头回答填在问卷中；邮寄问卷是研究者通过邮局向一定范围内的研究对象寄发问卷。

问卷法最大的优点是可以在较短时间内获得大量资料，所得资料便于统计，较易作出结论。但是编制问卷表并非易事，题目的信度、效度要经过考验。即使是较好的问卷表，也容易流于简单化，其题目可能被回答者误解。研究学前儿童心理的问卷对象往往是儿童家长或一般教师。其中许多人缺乏有关知识和训练，不善于掌握回答的标准，往往会影响回答的质量，而且儿童心理的复杂情况有时难以从一些问卷题目上充分反映出来。因此，不能高估由此得出的统计结论。

值得注意的是，由于幼儿不识字、理解力弱，年龄较少的幼儿不适宜用问卷法，但是年龄较大的幼儿可以采用比较简单的问卷。对幼儿的问卷可以采取口头问答的方式。卡塔尔（R. B. Cattell，1974）等人编制了学前儿童人格问卷。问题用 AB 选择式，如“你喜欢（A）听好听的音乐还是（B）看两只狗打架?”。问卷的内容更多是属于个性方面的，用同样的问题要求被试回答，报告其在某种情况下的感受或看法，也可以说是一种公式化的谈话。

（二）访谈法

访谈法是研究者通过与研究对象进行口头交谈的方式来收集对方有关心理特征和行为资料的一种研究方法。通常用于研究儿童的个性，探索其行为表现的根源，了解家庭情况、家长对儿童的态度、教养方式等。

对于年龄较小、缺乏书面语言能力的调查对象，访谈法具有独特的优越性。比如一个 5 岁儿童做了这么一道计算题：15－8＝13。仅从字面上看，无法知道这是怎样做出来的，研究者通过访谈，才了解其思维过程。原来，这个儿童认为“5 比 8 小，没法减，用 8 减去 5，再加上 10，就得 13”。

对儿童进行访谈时，要充分考虑儿童的发展水平。儿童的言语水平较低，词汇有限，形象思维占主导地位，对抽象概念的理解较差，因此所提问题应具体、形象，使儿童易于理解。谈话时态度应亲切，使儿童感到舒适，并能引起儿童的兴趣。对胆小的儿童要给予鼓励，但对正式反应不应有暗示和偏向。一般来说，儿童的回答较真实、可靠，很少掩饰或作假。因此，通过访谈来获得有关儿童心理的资料不失为一种好方法。

按照不同的标准，访谈法也可分为几种不同的类型。

1. 根据访谈过程有无统一的设计要求和一定的结构来分，可分为结构性访谈和非结构性访谈。结构性访谈按照一定结构的问卷而进行访谈，提问的问题、方式、顺序有统一的要求。非结构性访谈只是按粗线条的访谈提纲进行。

2. 根据是否借助中介物来分，可分为直接访谈和间接访谈。直接访谈指访谈者与被访谈者进行面对面的交流。间接访谈的主要方式是电话访谈。

3. 根据访谈对象的特点来分，可分为一般访谈和特殊访谈。一般访谈是指对一般的访谈对象进行的访谈。特殊访谈是指对特殊的访谈对象所进行的访谈。

4. 根据参加访谈的人数来分，可分为个人访谈和集体访谈。个人访谈是指对每位访谈对象逐一进行的访谈。集体访谈指同时对一组对象进行的访谈。

访谈法最大的优点是灵活性较高，研究者与受访者直接交往，有利于较全面地收集资料，并且可通过追问和引导获取新的、深层次的信息。访谈的方式简单易行，适用面较广，获得资料比较真实可靠，尤其适合于学前儿童。访谈法以口头交谈方式进行，适用范围广，有利于对学前儿童的心理和教育问题进行深入、广泛的研究。

然而，在实际操作过程中，访谈较为耗时费力。一般来说，访谈样本较小，不适合大范围的调查。访谈结果的处理和分析较复杂，由于标准化程度低，难以作定量分析。另外，访谈所获资料的有效性、科学性往往取决于访谈者的研究素质和访谈技能，容易受主观性影响。因此，在运用访谈法进行研究时，应与采用其他方法收集的资料加以比较，以便做出准确判断。

总之，在研究学前儿童心理的过程中，我们不必拘泥于某一种研究方法，而可以采取综合方法，根据不同的研究目的和课题，以及研究的具体条件，对各种方法加以灵活运用。

本章思考题

1. 阅读一篇研究报告，了解并分析它的研究方法。
2. 试述观察法的种类以及运用观察法进行研究时的注意事项。
3. 举例说明纵向研究和横断研究的优势和不足。
4. 运用标准测验工具，学习测验一个幼儿，分析测验法的优缺点。
5. 简述儿童心理发展跨文化研究的主要目的。

本章实践题

运用观察法，观察记录某幼儿在幼儿园半日活动中的言行。

第三章　儿童心理发展的基本理论

发展是儿童心理成长的核心体现。儿童心理发展有其客观规律，表现出该年龄阶段的心理特征，并受遗传、环境因素的影响。

第一节　儿童心理发展的趋势

儿童心理发展历程的一般趋势为：从简单到复杂，从具体到抽象，从被动到主动，从零乱到成体系。

一、从简单到复杂

儿童最初的心理活动，只是非常简单的反射活动，以后越来越复杂。这种发展趋势又表现在以下两个方面。

（一）从不齐全到齐全

我们知道，人的各种心理过程在出生的时候并非已经齐全，而是在发展过程中先后形成。比如，一般来说，4～5 个月的儿童还不会认人，4～5 个月之后的儿童就开始认人了；1 岁之前的儿童不能掌握语言，1 岁之后才开始逐渐掌握语言，与此同时，儿童的想象和思维也逐渐出现。

（二）从笼统到分化

儿童最初的心理活动是笼统、弥漫的。无论是认识活动还是情绪，发展趋势都是从混沌或暧昧到分化和明确。也可以说，最初是简单和单一的，后来逐渐复杂和多样化。例如，婴儿只能分辨颜色的鲜明和灰暗，到了 3 岁左右才能辨别各种基本颜色。又如，婴儿最初的情绪只有笼统的喜怒之别，以后几年才逐渐分化出愉快、喜爱、惊奇、厌恶以及妒忌等各种各样的情绪。

二、从具体到抽象

儿童的心理活动最初是非常具体的，以后越来越抽象和概括。儿童思维的发展过程就典型地反映了这一趋势。幼小儿童对事物的理解是非常具体形象的。比如，他认为儿子总是小孩，他无法理解“长了胡子的叔叔”为什么会是儿子。

成人典型的思维方式——抽象逻辑思维在学前末期才开始萌芽发展。

三、从被动到主动

儿童心理活动最初是被动的，心理活动的主动性到后来才发展起来，并逐渐提高，直到成人所具有的极大的主观能动性。儿童心理发展的这种趋势主要表现在以下两个方面。

（一）从无意向有意发展

儿童心理活动是由无意向有意发展的。新生儿的原始反射是本能活动，是对外界刺激的直接反应，完全是无意识的。比如，新生儿会紧紧抓住放在他手心的物体，这种抓握动作完全是无意识的，是一种本能活动。随着年龄的增长，儿童逐渐开始出现自己能意识到的、有明确目的的心理活动，然后发展到不仅意识到活动目的，还能够意识到自己心理活动进行的情况和过程。比如，大班儿童不仅能知道自己要记住什么，而且知道自己是用什么方法记住的，这就是有意记忆。

（二）从主要受生理制约向自己主动调节发展

幼小儿童的心理活动在很大程度上受生理的局限，随着生理的成熟，其心理活动的主动性也逐渐增长。比如，两三岁的儿童注意力不集中，主要是由于生理上的不成熟。随着生理的成熟，心理活动的主动性逐渐增长，四五岁的儿童在有的活动中注意力集中，而在有的活动中注意力很容易分散，表现出个体的主动选择与调节。

四、从零乱到成体系

儿童的心理活动最初是零散杂乱的，心理活动之间缺乏有机的联系，而且非常容易变化。比如，幼小儿童一会儿哭，一会儿笑，一会儿说东，一会儿说西，都是心理活动没有形成体系的表现。随着年龄的增长，儿童的心理活动逐渐组织起来，有了系统性，形成了整体，有了稳定的倾向，于是出现每个人特有的个性。

第二节　儿童心理发展的年龄特征

年龄特征是同一年龄阶段的人所表现出的典型特征。通常所说的儿童年龄特征，包括儿童生理的年龄特征和心理的年龄特征。所谓儿童心理发展的年龄特征，是指儿童在每个年龄阶段形成并表现出来的一般的、典型的、本质的心理特征。

一、儿童心理年龄特征的内涵

儿童心理年龄特征包含以下几方面内涵。

第一，儿童心理年龄特征是在一定的社会和教育条件下形成和发展起来的。儿童心理的年龄特征并不是随着年龄的增长而自发出现的。儿童所生活的外界条件，对儿童心理发展的年龄阶段特征的形成起着非常重要的作用。因为儿童心理是对外界环境的反映，所以儿童所生活的时代，儿童所接触的社会环境，特别是儿童所受的教育，都是儿童心理发展的年龄特征的基础。

第二，儿童心理年龄特征的形成和儿童生理年龄特征、儿童的经验积累有着密不可分的关系。

一方面，儿童生理年龄特征是儿童心理年龄特征形成的自然前提。一般说来，儿童年龄较小，生理年龄特征对儿童心理发展的制约性就相对较大。反之，儿童年龄较大，生理年龄特征对儿童心理发展的制约性就相对较小。因此，儿童生理年龄特征对心理年龄特征具有一定的作用，但不能将二者混同起来。

另一方面，儿童心理是在成人的教育影响下，在儿童自己的活动中，通过掌握社会知识经验、技能技巧来发展的。正是在一定的时间进程中，儿童和周围人进行交往，积累各种经验，形成了心理发展的新特征，从而保证了从一个发展阶段向另一个发展阶段的过渡。

因此，年龄本身不能决定儿童心理发展的特征。不能把儿童心理年龄特征和儿童的实际年龄完全对应起来。儿童的心理年龄和实足年龄常常会有所出入。

第三，儿童心理年龄特征是指儿童心理在一定年龄阶段中的那些一般的、典型的、本质的特征，是从许多个别儿童的心理特征中概括出来的。它只能代表这一年龄阶段儿童心理发展的一般趋势和典型特点，而不能代表这一年龄阶段中每一个儿童所有的心理特点。正如前面所说的，儿童心理发展具有不均衡性，每个儿童心理发展的特征有个别差异。但是，从总的方面说，心理年龄特征代表该年龄一般儿童的本质的心理特征，而同龄儿童之间的个别差异往往在于非本质的特征。

在年龄特征问题上，要争取处理一般性与个别性、典型性与多样性、本质与非本质特征的辩证关系，不能用一般性否定个别性，用典型性否定多样性，用本质特征否定非本质特征。更不能反过来，用个别性否定一般性，用多样性否定典型性，用非本质特征来否定本质特征。大家知道，智力测验或行为量表往往以“常模”代表某个年龄阶段儿童的发展水平。事实上，“常模”有助于说明群体的行为，了解儿童心理发展的大体速度和特征，但不完全适用于每一个个体。

二、儿童心理年龄特征的稳定性和可变性

（一）儿童心理年龄特征的稳定性

一般来说，儿童心理年龄特征具有一定的稳定性。如阶段的顺序、每一阶段变化的过程和速度，大体上都是稳定的、共同的。儿童心理年龄特征具有稳定性的原因，在于它受下列因素制约。

1. 儿童脑结构和机能的发展具有大致稳定的顺序和阶段。在头脑中建立神经联系是有一定次序的。

2. 人类知识经验本身是有一定顺序性的，儿童掌握人类知识经验也必须遵循这一顺序。

3. 儿童从掌握知识到心理机能发生变化，也要经过一个大体相同的、不断量变和质变的过程。

（二）儿童心理年龄特征的可变性

儿童心理年龄特征受外界条件，主要是社会和教育条件的制约，而社会和教育条件是经常在变化的，这就构成了儿童心理年龄特征的可变性。国外的一些研究表明：随着社会的发展和进步，20 世纪 70 年代儿童的智龄比 60 年代普遍提高了 6 个月，而当代儿童在心理上较 30 年前的儿童早熟 2 年。

儿童心理年龄特征具有可变性，其主要原因如下。

1. 社会条件不同，儿童心理年龄特征不完全相同。例如，解放后我国社会条件发生了翻天覆地的变化，广大儿童的心理从被摧残变成具备了优越的发展条件，儿童心理年龄特征也随着产生一些重要的变化。

2. 教育条件不同，儿童心理年龄特征也不完全相同。许多事实说明，在不同的教育制度、教材、教师和教学方法的影响下，儿童心理的发展有显著

的差异。如果教材、教法既符合科学本身的规律，又符合儿童的学习规律，对儿童各种活动的组织能够充分调动儿童的积极性和能动性，那么儿童就能较快、较有效地获得知识，形成技能、技巧和习惯，其心理也能在一定幅度内较快地发展。反之，在教育组织混乱、教材内容零碎的教育条件下，儿童可能得不到什么有益的知识和技能，其心理发展也相对较为迟缓。

（三）儿童心理年龄特征的稳定性和可变性的辩证统一

儿童心理年龄特征的稳定性和可变性是相对的，表现在儿童心理年龄特征只是在一定范围内可以变化，其变化是有限度的。正因为年龄特征有稳定性，所以不同时期和不同文化背景的儿童的心理发展有共同的年龄特征。正因为有可变性，所以教育改革能够促进儿童心理年龄特征的变化。

在处理儿童心理年龄特征的稳定性和可变性问题上，要反对两种片面性。在实际工作中过分强调儿童心理年龄特征的稳定性，就容易忽视社会条件和教育工作对儿童心理发展的作用；而过分强调儿童心理年龄特征的可变性，则容易过分夸大社会条件和教育工作的影响。只有全面、辩证地理解儿童心理年龄特征的稳定性和可变性的相互关系，才能够真正把握住儿童心理年龄特征的实质。

第三节　影响儿童心理发展的因素

影响儿童心理发展的因素是多种多样的，主要可以分为两大类：一是属于遗传方面的因素，二是属于环境方面的因素。自科学心理学创建以来，研究者对遗传与环境在个体心理发展中所起作用的问题从未停止过争论。

一、遗传与环境对心理发展作用的学说

总的来说，关于遗传与环境对心理发展作用的问题大体经历了三个时期：20 世纪初叶，问题的提法是一种非此即彼的绝对二分法，即“是谁起决定作用”；20 世纪中叶，研究者开始注意到遗传和环境二者都是必不可少的条件，开始研究分析各自的作用，即“各起多少作用”；到了当代，随着研究的深入，二者显示出的关系愈发复杂，研究者开始探究二者是“如何起作用”的，并分析二者的相互制约关系。

(一) 第一个时期——遗传和环境“是谁起决定作用”的观点

在第一个时期，遗传与环境对心理发展作用的学说主要为两个极端的理论——遗传决定论和环境决定论。

1. 遗传决定论

遗传决定论的代表人物是优生学的创始人——英国的高尔顿（Francis Galton，1822～1911）。该理论强调遗传在心理发展中的作用，认为个体的发展及其个性品质早在生殖细胞的基因中就确定了，发展只是这些内在因素的自然展开，环境和教育仅起一个引发的作用。

高尔顿曾在《天才的遗传》一书中写道：“一个人的能力乃由遗传得来，其受遗传决定的程度如同机体的形态和组织之受遗传决定一样。”他从大量的名人传记和家谱考查中得出，名人家族中出名人的比率大大地超过了一般人，从而认为这就是能力受遗传决定的证据。高尔顿的名人家谱调查是从英国的名人（包括政治家、法官、军官、文学家、科学家和艺术家等）中选出 977 人，调查他们的亲属（有血缘关系）中有多少人与他们同样著名。结果是：他们的父子兄弟中有 332 人也同样出名。而另一个对照组，即所谓的一般的平常人（人数相等），结果在他们的父子兄弟中只有 1 个名人。高尔顿认为这两组名人的比率有显著的差别就是能力受遗传决定的证明。

与此相类似的，当时还有一个关于智力落后者的家谱调查，这是由哥达（H. Goddard）于 1912 年发表的 Kallikak 家族的调查。K 氏有两个不同的世系，一是 K 氏与一个正常女子的合法婚姻所生的后代，一是 K 氏以前曾与一个低能的酒吧间女子的不正当关系所生的后代。通过对两个世系各近 500 人的调查，发现后者中低能与道德败坏等的比率大大超过前者。

虽然，高尔顿等人的家谱调查在一定程度上可以说明遗传在心理发展当中的重要作用，但是他们用家谱调查来作为遗传决定论的证据是有许多缺点的。比如，有些经过几代间接了解到的资料不甚可靠，特别是未对调查对象的环境因素进行认真的分析，如高尔顿调查的名人家藏书量就比非名人家多好几倍，这就很难排除环境因素对天才名人成长的影响。不过高尔顿随后又做了一个对比研究，即名人之子和教皇养子成名的比较研究。结果是教皇养子成名的不如名人之子多。他认为教皇是有地位的人物，其养子的环境条件同其他名人之子相仿，而养子的遗传往往不如其他名人，因此名人之子成名者比教皇养子多，其原因不在环境而在遗传。

遗传决定论强调儿童心理发展是由先天的、不变的遗传因素所决定的，儿童的智力和个性品质在生殖细胞的基因中就已经被决定了，环境的作用仅在于引发、促进或延缓先天素质的自我展开，而并不能改变其本质。它过分夸大了先天遗传的作用，忽视了后天环境和教育在儿童心理发展中的影响，这正是其观点的致命之处。

2. 环境决定论

随着时间的推移，遗传决定论越来越受到人们的怀疑，人们把探索的目光转向了自然生物因素之外的环境，于是出现了环境决定论。环境决定论者否定遗传生物因素在儿童发展中的决定性作用，认为在儿童的发展中起着绝对影响作用的力量是儿童生活环境和后天所获得的教育引导。

环境决定论的代表人物是英国教育家洛克和美国心理学家华生（John Broadus Watson，1878～1958）。洛克主张“教育万能”，他在《教育漫话》中指出，儿童犹如一块“白板”，到他们长大成人后，是好还是坏，有用还是无用，感到幸福还是痛苦，主要是由他们所受的教育决定的。“人类之所以千差万别，就是由于教育之故”。

华生注重对儿童行为产生过程的探索，从刺激—反应机制形成过程的研究中，他发现了外界刺激的性质对儿童行为影响的重要意义，提出了环境决定儿童发展的观点。华生在他的著作《行为主义》中有一段著名的论点可以说明他极端的环境决定论思想：“给我一打健全的儿童，并在我自己的特殊天地里培养他们成长，我保证他们中任何一个都能训练成我所选择的任何一类专家：医生、律师、艺术家或巨商，甚至乞丐和小偷，无论他的天资、爱好、脾气以及他祖先的才能、职业和种族。”在华生的眼中，儿童生活于其中的环境就像一个模具，儿童个体的发展完全取决于这个模具的形状。而这一模具的形状，则取决于提供给儿童的、完全可被控制的学习与训练内容。

环境决定论否定人的生物遗传素质在儿童发展中起决定作用，确信在儿童发展过程中是其后天的生活经历和环境影响在起决定的作用，因而环境决定论又被称为养育论。不可否认，环境决定论关注儿童生长的环境条件、后天教养内容和教育方法在儿童成长与发展中的重要影响作用，就这一点而言，与遗传决定论相比较，它发现了对儿童发展影响力更大的一项变量。因此，环境决定论对儿童教育实践的影响也远远大于遗传决定论。在某些时候，环境决定论甚至成了教育对儿童发展进行影响与控制的唯一合理、合法性的依据。

然而，环境决定论的盛行直接导致了传统教育实践具有重视教师权威、书本知识和学校纪律等特点。其目的就是希望通过控制儿童学习活动的环境、内容和方式来达到控制儿童发展的目的。“严师出高徒”“棍棒底下出孝子”等谚语在我国广为流传，就是环境决定论对人们教育方式选择的潜移默化的影响结果。环境决定论在肯定了儿童发展的可塑性的同时，也将儿童个体在发展过程中的地位牢牢地固定在失去自主性的被塑造地位上。

（二）第二时期——遗传和环境“各起多少作用”的观点

这个时期主要以斯腾等人的“会合论”和格赛尔的“成熟论”为代表。

1. 斯腾的“会合论”

“会合论”认为发展是由遗传和环境两个因素共同决定的。德国心理学家斯腾在《早期儿童心理学》一书中提到：“心理的发展并非单纯是天赋本能的渐次显现，也非单纯由于受外界影响，而是内在本性和外在条件辐合的结果。”“两种因素同为发展的不可缺少的成分，虽然其所占比重可因事而异。”图 3－1 是他说明遗传和环境双重作用的示意图。

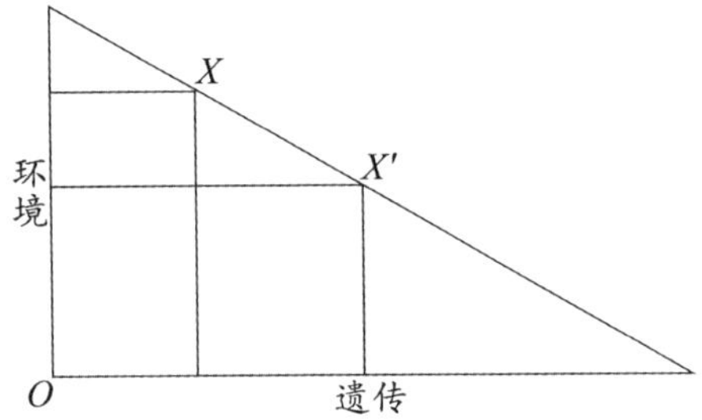

图 3－1 斯腾的遗传和环境双重作用示意图

这里 X、X’代表不同的具体机能，它们在不同程度上受遗传和环境的影响。从图可见，X 机能受环境影响较大，而 X’机能则受遗传影响较大。

2. 格赛尔的“成熟论”

美国心理学家格赛尔的“成熟论”虽然本质上也是一种遗传决定论，但他并不否认发展需要环境的促进。他认为在某机能的生理结构成熟之前，学习训练是不能进行的，只有在达到足以使某一行为模式出现发育状态（“成熟状态”）时，训练才能奏效。他认为支配儿童心理发展的因素有二：成熟与学习。他用“同卵双生子学习爬梯实验”来论证“成熟论”的观点。

双生子爬梯实验：双生子之一（甲）在46周时开始训练学爬特制小梯6周（每日10分钟），双生子之一（乙）比甲迟6周开始训练，也就是在第53周开始接受同样的训练，2周后其爬梯的速度就赶上甲的水平，说明成熟程度未到，虽提早训练但效果不大。

格赛尔并不完全否认学习、环境的作用，他认为：评价成长的特点时，我们不应忽视环境影响——文化背景、同胞、父母、营养、疾病、教育等等，但必须把上述这些与最初的素质构成因素联系起来考虑，因为素质构成因素最终决定所谓“环境”的反应程度乃至反应方式。机体始终参与着对它所处环境的创造活动，而儿童的成长特征实际上是内在因素和外在因素之间相互作用的最后产物的表现。

（三）第三个时期——遗传和环境“相互作用”的观点

随着心理学研究的不断深入，人们开始用辩证的角度来思考个体发展的问题，逐渐认识到遗传和环境在个体心理发展当中共同发挥着作用。我们称这个时期的观点为相互作用论。这种观点的基本思想是：第一，遗传和环境两种因素之间是相互依存的关系，即任何一种因素作用的大小、性质都依赖于另一种因素，它们之间不是简单的相加或会合，也就是说遗传对心理发展作用的大小依赖于环境的变化，而环境作用的发挥也受到遗传因素的制约。第二，遗传和环境两种因素之间是相互转化和渗透的关系，即当前对环境刺激作出某种行为反应的有机体是它的基因和过去环境相互作用的产物。相互作用论是当前比较流行并得到普遍认可的思想，代表人物有瑞士的皮亚杰和美国的杜威等。

1. 皮亚杰的观点

皮亚杰在其1968年出版的《结构主义》和1970年出版的《发生认识论原理》等著作中，以儿童认识能力的发展为基本线索，探讨了儿童发展过程中遗传、环境和儿童自身作用的关系问题，得出了颇具说服力的结论。皮亚杰认为，儿童的发展是以发展主体的自我调节为机制的自我演变过程。这一自我调节过程得以产生的基础是儿童健全的神经系统。但这种遗传素质只是儿童发展的必要条件，而不是发展得以产生的动因，更不能预定儿童的发展结果。而且遗传素质在儿童发展中的重要性，也会随着儿童生理的不断成熟而降低。儿童发展的环境因素是儿童发展的重要条件，但是环境因素是客观存在的，不能自动对儿童的发展产生影响。环境因素对儿童的作用，只能通过儿童主体与环境的相互作用产生。换句话说，只有儿童把环境因素选作自己的反应对象，借此来构造或改变自己的认识结构和反应方式时，环境因素对儿童发展才是有意义的。在遗传、环境和儿童主体活动这三者之间，唯有儿童的活动才是其发展的真正起因。因此，在皮亚杰看来，儿童的发展是一个不断演变的建构过程，在这一过程中，儿童主体的活动是第一性的，是发展的根本原因，遗传与环境因素只是儿童发展的必要条件。可见，皮亚杰非常重视儿童自主能动的自我调节功能在儿童发展中的关键作用，并清楚地阐述了遗传因素、环境因素和儿童活动三者的关系及其各自在儿童发展中的意义。

2. 杜威的观点

杜威认为在儿童的发展过程中，作为发展的主体，儿童对教育活动的参与和体验是影响其发展尤其是社会性发展的最为重要的因素。因为儿童的发展，不只是作为生物体的各种能力水平和活动效率的提高，更重要的是受社会文化影响的社会性特点的形成与发展。这种发展，不是自然成熟和强迫灌输与训练所能奏效的，必须依赖儿童的自我参与和自我体验。谈到儿童的发展，他曾写道："即便在教室中，我们亦开始认识到：在仅是教科书和教师才有发言权的时候，那发展智慧和性格的学习便不会发生；不管学生的经验背景在某一时期是如何贫乏和微薄的，只有当他有机会从其经验中作出一点贡献的时候，他才真正受到教育。"从强调儿童的主体性地位出发，杜威提出了"教育即生长"的著名论断。认为教育的根本点在于儿童的成长与发展，教育就是要尊重儿童的个性，围绕儿童的兴趣、需要等进行组织，让儿童成为活动的主体，处于教育活动的中心地位。唯有如此，儿童才能真正地从教育中形成自己的感受和经验，才能从这些感受和经验的积累、变化中进行比较、判断和选择，把某些经验内化到自己的知识、行为结构中，形成自身的发展。杜威把儿童的发展看做是其经验的改组和改造过程，认为儿童的发展取决于儿童与外在环境的相互作用，主张让儿童从实际参与的活动中学习，即"做中学"，教育要不断地为儿童的活动创造条件，调动儿童活动的积极性和创造性。可见，在杜威看来，真正对儿童发展有益的教育，是能为儿童提供良好经验和连续性经验的活动。

二、遗传和环境作用的实验研究

个体的生物遗传因素规定了发展的潜在可能范围，而个体的环境和教育条件确定了发展的现实水平。很多心理学家分别对此进行了大量的研究。

（一）遗传作用的研究

1. 动物行为遗传学的研究

动物行为遗传学的研究主要用来探讨行为的遗传问题。白鼠是常被选中的实验对象。最普遍用的手段是将适合于实验要求的白鼠进行选择性繁殖，即将具有某种行为特征（或一定水平）的白鼠进行自交，然后观测其后代有无显示亲代的特征。例如屈赖恩（R. C. Tryon，1940）、汤普森（1954）等人都曾先后拿白鼠学走迷宫的行为来研究这种学习能力有无遗传影响的问题。结果显示，从未曾经过选择的亲代中选取学走迷宫最“聪明”和最“愚笨”的两端白鼠进行各自交配，产生第二代（F_2），F_2 分布开始显现双峰现象，但不明显。然后再从 F_2 中同样选择两端的进行自交，产生第三代，如此继续至第八代（F_8），分布越来越呈双峰现象。这说明经选择繁殖所形成的两个新群体充分表现出各自亲代的行为特征：一为“聪明”的走迷宫能力，一为“愚笨”的走迷宫能力。这些实验证明这种学习能力与遗传基因有密切联系。但这不能说明从亲代获得的经验或能力可以传递到下一代，而只能说明某种与学习走迷宫有联系的遗传基因或素质可以代代相传。

2. 家谱分析

家谱分析是对某一个“标志对象”（即具有某一特征或某种异常行为的典型个案）的家庭历史、亲属关系的调查，分析这种特征在这个家系中出现的频率的研究。前面引过的高尔顿的名人家谱调查和哥达的 K 氏家族的调查都属于这一类。如果“名人”和“低能”出现的频率在“标志对象”的家系中比在一般家系中的高，则可以说明血统的遗传因素在此特征上有一定的作用。

3. 血缘关系研究

血缘关系研究是从人们血统亲疏远近的关系上去研究某特征或行为出现的一致性程度（比率或相关系数）的研究。例如许多关于智力的遗传因子的研究就是采用这种方法。一个关于不同血缘关系亲属间 IQ 的综合资料（Jenson，1969）表明，人们的血亲关系越密切，则 IQ 分数越接近（见表 3—1）。这些相关系数的大小与血统的亲疏程度成正比，可见在智力这个特征上存在着遗传因子的效应。①

---

① 李丹：《儿童发展心理学》，华东师范大学出版社，1987 年 6 月版，第 55 页。

表 3－1 血缘关系与智商的相关

血缘关系			IQ 相关（r 中数）
无血亲关系	无关系儿童	分养	－.01
		合养	.23
	养父母与养子女		.20
旁系血亲	堂、表兄弟姐妹		.16
	堂、表叔侄、舅甥		.26
	姨侄、舅甥		.34
	同胞	分养	.47
		合养	.55
直系血亲	异卵双生子	不同性别	.49
		同性别	.56
	同卵双生子	分养	.75
		合养	.87
	祖父母与孙子		.27
	父母与子女		.50
	父母（儿时）与子女		.56

家谱、血缘分析虽有一定的价值，但困难的是家族不仅在遗传上有联系，而且在相对长的时期中共处于相同的环境，所以由此就作出遗传因素对该特征的决定作用似乎太绝对。只有当亲属间的这些关联不能从其他方面（环境因素）得到解释时，方可作出归因于遗传的结论。为此，双生子分养的研究，寄养子女与养父母、亲父母的研究就开始兴起。

4. 双生子对比研究

双生子对比研究的基本假设是：一对同卵双生子由于他们是同出于一个基因型，所以他们之间的差异必须归因于环境的影响；而异卵双生子在基因型上的差别如同一般同胞之间的差别，所以他们在某特征上的差异可从环境与遗传两方面去考虑。当双生子对偶（无论是同卵或异卵）在一起抚养时，理论上可以假设他们偶内的环境差异是相等的，也就是环境因子得到了控制。这样，我们就可以通过对比同卵双生子与异卵双生子偶内行为差异来分析该行为的遗传因子效应。大量的相关研究有比较一致的结果：在一起抚养的同卵双生子的相似程度如同一个人在不同情境下所进行的两次测验；而异卵双生子的相似程度如同一般同胞兄弟姊妹间的相似程度。例如上述关于智力的遗传性研究显示，同卵双生子偶内 IQ 相关都大于异卵双生子。这说明在智力上遗传因子的制约作用是存在的。

以上都是说明智力发展中遗传因子的效应，且遗传的比重还稍大于环境。当然，许多研究者都指出，遗传力的测定也不是固定不变的数值，常因地区、年龄及量表的不同而有差别，所以这只能说明在特定条件下特定人口中所获得的结果。

另外一些双生子对比研究还表明，人的体征的遗传制约性比行为能力大，而其中以指纹、发色、眼色为尤。身高又比体重有更大的遗传制约性。一些研究还指出，不同的能力受遗传制约的程度也是不同的，如言语、空间、数等能力的遗传力一般大于记忆、推理能力。在性格特征的研究上也发现，同卵双生子比异卵双生子在内外向性格上更为相似，说明在某些性格特征上也存在遗传因子的效应（S. G. Vandenberg，1966，1967）。

5. 生理成熟与最佳学习期的研究

这方面的研究一般在于探讨婴儿早期动作、言语发展中成熟与学习的相互关系，前面提到的格塞尔的婴儿学爬梯的实验等都说明某些行为的训练要在成熟的基础上进行才是最有效的。我国医务工作者李惠桐的一个研究也正是从这个角度来探讨对小儿动作发展进行训练的最佳学习期。训练的项目是小儿的抬头、翻身、坐、爬、站、走等动作，训练的方式是“新生儿保健操”。结果表明，将“成熟早期”（指 10%的小儿在自然条件下达到该项动作的年龄）作为该项动作早期训练的开始年龄是最适当的。作操组（实验组）与不作操组（控制组）比较，前者动作发展一般提前 2～3 月。因为这时期的小儿在生理和心理上已具备学习该项动作的条件，或者说为其作好了准备。至于到“成熟中期”（指 50%的小儿在自然条件下达到该项动作的年龄）开始学习，训练效果虽不如早期，但比晚期（即 90%的小儿在自然条件下达到该项动作的年龄）开始要好。“成熟晚期”开始学习，训练效果虽不如早、中期，但总比不学习要好。总之，从这项研究来看，错过成熟的关键期再来学习，其结果与成熟前就开始训练效果一样差，而学习训练总是有一个最佳的学习时期，那就是在成熟出现的早期。这一原则对于学习语言，训练适应性行为、个人—社会行为等也是适用的。

有关这方面的研究还有不少，仅就上述几方面的资料已可察见遗传因子在心理发展的各个方面都有显著的效应。至于遗传因子是如何发生作用，它与环境的作用有什么关联，还待进一步探讨。特别要指出的是，论证了遗传作用的存在，并不是说明环境的影响就不存在或不重要了。

（二）环境作用的研究

1. 胎儿时期环境影响的研究

人们以前总认为环境对儿童发展的作用是在出生之后才开始的，把“与生俱来”的一律视为遗传素质。事实上，人从受精卵起就受到环境的影响。在婴儿出生前，外界环境是通过母亲的各种渠道而影响胎儿的。近年来许多研究证明，母亲的年龄、营养、疾病、情绪以及药物、烟酒等都会对胎儿发育发生作用。例如，有研究证明，怀孕期间孕妇的营养对胎儿大脑发育以及智力发展存在影响，特别是胎儿出生前后一段时间孕妇机体的营养水平，这个时期是胎儿脑细胞发育接近完成的时期，是从细胞数目增加发展到细胞体积增大的阶段。胎儿时期营养不足则影响到脑细胞数目的正常发展，从而导致智力发展迟滞。在这项研究中，研究者将孕妇分成两组，一组作为实验组提供充分的饮食补充，另一组作为对照组仅给予安慰剂。事后，当她们的孩子长大到 3～4 岁时，测定他们的智力，结果证明实验组的孩子 IQ 显著地高于对照组。这种研究大多数是在一些不发达国家的贫穷地区做的，她们的营养往往在最低需要线以下，因此，为她们适当增加营养会对孩子智力产生显著效果。然而，对于那些已达足够营养水平的孕妇，再增加营养则对孩子智力的提高没有显著效果。

英国在 1991 年也做了一项类似研究。该研究选取了 7 个国家近 2000 位妇女，且这些妇女都在之前生过患有神经管疾病的孩子。随机抽取其中的一半妇女在她们怀孕时进行叶酸进补，而另一半妇女则进行其他类维生素的进补或者不进行任何进补，如图3－2所示，叶酸进补组所生孩子患神经管疾病的比例比维生素进补或没有进补组要低 72％。①

2. 早期经验的研究

关于早期经验在整个发展中的重要意义的研究首先来自研究动物行为的习性学家。如劳伦兹（K. Z. Lorenz）的幼雏“尾随反应”的研究、哈洛（H. F. Harlow）的罗猴早期被剥夺的研究都说明，动物有机体在早期生命中

---

① 〔美〕拉劳・E. 贝克著，吴颖等译：《儿童发展》，江苏教育出版社，2002 年 12 月版，第 141 页。

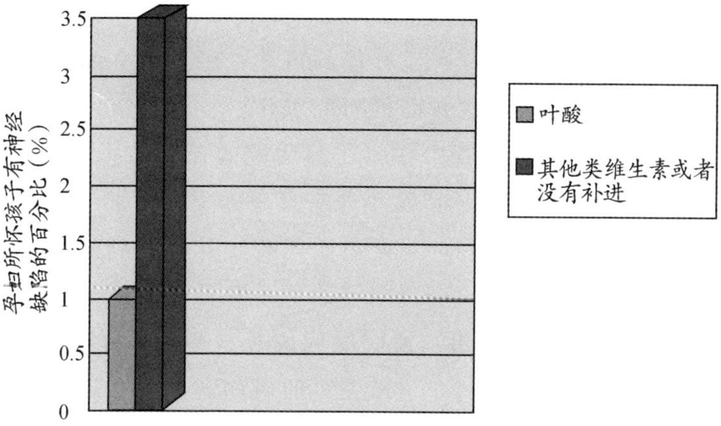

图 3－2　进补叶酸的妇女与进补其他类维生素或没有进补的妇女所怀的孩子患有神经管缺陷的百分比对照

有一个很短暂的时间对某一特定刺激或对象可以形成一种永久性的铭记，这个时期被称为关键期。

哈洛等人（1970）把刚出生的罗猴隔离在一间特制的房子中，这里一切光线、气温等都得到控制和调节，食物与水是自动供应的，即罗猴所有的物质需要都能得到满足，但其在早期发展过程中被剥夺了与其他任何动物的接触机会。经过半年或一年后，这些猴子被放出来与其他正常条件下饲养的猴子在一起时，显得特别恐惧、畏缩，对攻击不能自卫，在它们身上也看不到任何“社会性游戏”。

这些动物研究虽然不能直接应用于人类，但为我们探讨人类行为发展提供了启示：在人类有机体的早期发展中是否也可假定有某些关键期，在这些时期，某类经验的缺乏将对后期生命中的多种行为产生显著而不可逆转的后果。

对人类早期经验的研究多是在自然环境下进行调查分析的。例如，许多关于孤儿院孤儿的早期被剥夺的研究证明，在儿童早期抚养中社会交往因素对儿童智力、情感发展有重要作用。其中，婴儿早期所感受的母爱、社会交往更具有深远的影响。一些被孤儿院收养的孤儿，虽然他们的物质生活条件不一定比其他儿童差，但由于缺乏人们的抚爱、交际，心理情绪都表现不正常。有的表现出社交冷淡，缺乏依恋的动机与能力，社交识别能力也很差，熟悉的人如同陌生人；有的则相反，表现出一种情感“饥饿”状态，十分贪求别人关注他、抚爱他。前者过度退缩，后者过度活动。这些孤儿智力发展迟缓，语言及抽象概括能力差。

至于对早期被剥夺的儿童有无补偿的可能，国外这方面的研究及教育计划有不少，我国也开展了这方面的研究工作。上海市第六人民医院卢世英、朱月姝等在一个发育调查中指出，福利院的孤儿被个别家庭领养后，发展商（DQ）或智商（IQ）比留院小儿有显著的提高，虽然领养家庭的物质条件与福利院没有什么差别，只是由于留院小儿得不到情感上、精神上的满足，而被领养的小儿由于得到更多的母爱和社会交往，因此在智力方面发展较好。调查报告还指出，留院时间越长（即被领走时的年龄越大）智商的改进就越小，说明被剥夺“母爱”的时间越长，心理受害越深，以后的发展越困难。有人将此种现象称为“机构综合症”（institutional syndrome）。

国外一些关于早期被剥夺的研究报道说明，一些失去母爱的孤儿如能在两岁前及早得到补救，其发展并不是绝对不可逆转的。如一些被孤儿院收养的孤儿在两岁前被转移到一个收容所里由一些低能姑娘或孤老照料，尽管照料他们的人本身也是智力落后的，但只要得到一定的社会交往，如带他们散散步、玩耍、交谈，或给他们喂食，那么这些孤儿在智力上（原来 IQ 都在低能边缘）就会比一般留在孤儿院由集体抚养的孤儿改进得快。

这些研究都表明，对早期儿童的抚爱和个别交往在很大程度上弥补了儿童被剥夺母爱后出现的心理缺失。

3. 家庭变量的研究

儿童早期接触最多的是家庭环境，过去研究得较多的是家庭社会经济地位或家长职业与子女智力、行为的关系。例如表 3－2 是不同职业的父亲，其子女在韦克斯勒智力量表上的平均分。可以察见，分数最高的为专业与半专业工作人员的子女（IQ 为 110），最低的为农业工人、工头和工人的子女（IQ 为 94），相差约 15 分。但这种分数只是表明不同职业家长的子女 IQ 高低的事实，而很难得出这种差异是归因于环境还是遗传因子，因为正如前述的用家谱调查说明天才的遗传一样，它并没有对环境因子进行严格的控制，所以它只能作为研究环境影响的初步调查资料，不能作为已被确认的证据。①

① 李丹：《儿童发展心理学》，华东师范大学出版社，1987 年 6 月版，第 62 页。

表 3－2 不同职业的父亲，其子女在韦克斯勒智力量表上的平均分

职业类别	平均智商		
	言语 IQ	操作 IQ	全量表 IQ
专业与半专业工作人员	110.9	107.8	110.3
业主、经理和公职人员	105.9	105.3	106.2
办事员、售货员和类似人员	105.2	104.3	105.2
手艺工人、工头和类似工人	100.8	101.6	101.3
技工和类似工人	98.9	99.5	99.1
家庭用人、防护人员和其他服务工人	97.6	96.9	97.0
农民和农场经理	96.8	98.6	97.4
农业工人、工头和工人	94.6	94.9	94.2

另外一些研究方法能比较确切地说明环境因子的效应。如一个研究，先将一批 8 个月的婴儿以婴儿智能量表进行测量，然后将评定为低分的婴儿按家庭经济水平分为两组，到 4 岁时再测量他们的智力。研究结果发现，生活在经济水平低的家庭的儿童仍为低分，而生活在经济水平高的家庭的儿童得分高于平均成绩，而且前者在 4 岁时的低智商（IQ 在 70 以下）概率是后者的 7 倍。因为这两组儿童原来都是低智商，所以这个研究至少可以说明一点，即这些儿童后来智商差异的扩大是由于家庭经济水平的差异。

家庭环境中特别重要的是母亲给儿童刺激的数量与质量，所以目前有更多关于亲子关系的研究。例如杭齐克（Honzik）等人的“伯克莱指导研究”（Berkley Guidance Study）报告说，儿童在 2 岁前的家庭情感气氛（母子之间、父母之间）与其 18 岁时的 IQ（特别是言语 IQ）有重要相关，小时候家庭情感得分为正的，大时 IQ 就高，否则就低。杭齐克的研究还指出，个体中年时的操作 IQ 高与其 2 岁时母亲生动活泼、精力旺盛的性格有关联，这可能是由于一个精力旺盛的母亲能有较多的机会与儿童交往、对儿童的活动经常作出反应。

根据以上所引的研究资料，我们不可否认遗传或环境在个体发展中各自所起的作用，但任何一种因素效应的论证都不能排除另一种因素效应的存在。遗传和环境的多样性可以说是无穷的，人类正是在这种惊人的多样性中表现他们遗传和环境因素的相互作用。

三、儿童心理发展是遗传和环境相互作用的产物

在传统儿童心理学中，把某一因素（或条件）看作是决定因素的提法并不是辩证的发展观，它既忽视了另一因素的制约作用，同时又不顾时间和性质的变化孤立、静止地看待某一因素的作用。而相互作用论却反映了有机体发展中遗传与环境相互依存、相互渗透的事实，它代表着当代的一种先进思想。归纳起来，它可以从以下几方面论证遗传与环境的相互作用。

（一）遗传与环境对心理发展的作用是相互制约、相互依存的

遗传与环境二者之间，一因素的作用大小、性质依赖于另一因素。环境对于某种特性或行为的发生发展能否起作用、起多大的作用，往往依赖于这种特性或行为的遗传基础。如精神分裂症这种遗传潜在势力的发作依赖于环境中的一定压力，但是如果遗传的潜在势力不存在，缺少这种易感性，即使最大的环境压力也不会导致精神分裂症的发作。又如一个迟钝的儿童与一个聪慧的儿童在同样的环境里成长，发展却不一样。环境不是泛指所有的环境，而是指主体能对之发生作用的那些环境。由于心理发展的内部条件（遗传基础、成熟水平）不同，环境的效应也就不同。一种严格、高要求的学习环境对于一个智力潜能较高的儿童来说可能使他的潜能得到充分发挥，然而同样的要求若施于一个中下智力水平的儿童，则可能会抑制他的潜能。这也就是“外因要通过内因起作用”的规律的体现。

同理，遗传作用的大小也依赖于环境的变化，虽然遗传所提供的潜能有一定的范围，或者说有它的上限，但在此范围内，反应的高低依赖于环境的变量。现代生物学中关于基因型（决定一个生物体的结构和功能的全部遗传特征）发展为表现型（具有特定基因型的个体在一定环境下所表现出来的性状特征的总和）时的反应范围（the range of reaction）的研究有助于解释发展变异中遗传与环境的依存关系。所谓“反应范围”是指某种基因型在不同环境影响下个体某种能力或特性可能变化的范围。这里以智力的“反应范围”（智力测验的成绩）为例，详见图 3－3。①

假设有三种不同潜力的基因型的儿童（A、B、C 代表智力从低到高的三种基因型），他们在不同的环境作用下所表现的智力反应范围表明：（1）

---

① 李丹：《儿童发展心理学》，华东师范大学出版社，1987 年 6 月版，第 64 页。

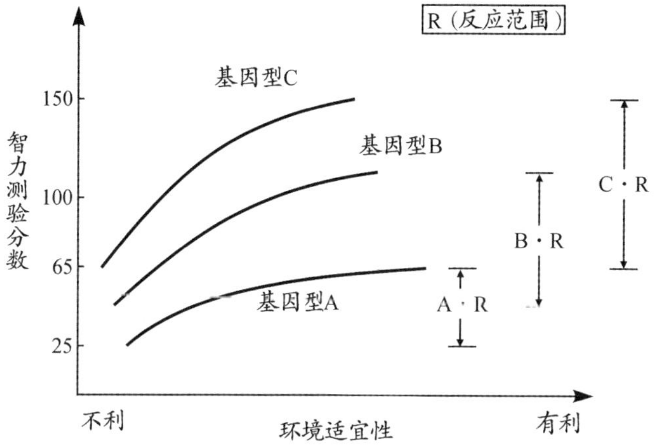

图 3－3　三种基因型在不同环境作用下的智力反应范围

在相同的环境作用下，基因型 C 儿童（智力潜能最大者）总是比 A、B 二型成绩高；(2) 基因型 C 儿童有一个较广阔的反应范围，在最有利的环境作用下，他可以达到相当高的上限，但在最不利的环境作用下可以低到基因型 A 儿童（智力潜能最小者）的范围中；而基因型 A 儿童则只能有一个较低而且较有限的反应范围，即使是在最有利的环境下变化也是很小的。以上说明基因型潜能越大，环境变量对它影响也越大；而潜能小的基因型，环境变量对其所起的作用也小。此外，同一环境对不同基因型的效应是不同的。

（二）遗传与环境对心理发展的作用是相互渗透、相互转化的

首先，这有两层意思：一是指遗传可以影响环境，环境可以影响遗传；一是说遗传中有环境，环境中有遗传。从生物种群来看，某些遗传特性不过是有机体与环境长期相互作用后在种系发展过程中以机能结构的形式巩固下来的外界影响。所以遗传本身就包含着对环境适应性的要求。从个体发展来看，最初的遗传基础一经外界影响，它的内部状态就包含有外部影响的因素，也就是说“外部条件为遗传所同化”。所以，能重新对环境作出反应的有机体是它的遗传基因和过去环境的合作产物。例如，每个儿童都有一个范围相当广阔的智慧潜能，这个范围的上、下限是由遗传决定的，而智慧的实际表现则是被多种多样的内部或外部环境因素以更复杂的形式促成的。比如，虽然 A 比 B 具有更高的智慧潜能，但其智慧的实际表现却可能落在 B 的后面，因为，由于某种环境的存在，B 的潜能得到充分的表现，因而 B 的智慧表现比

A 更接近于自己潜能的上限（见图 3—4）。

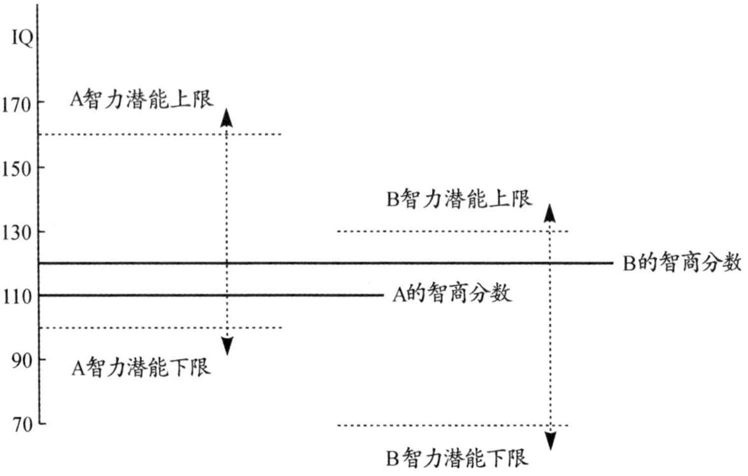

图 3—4 智力发展潜能与实际表现的关系示意图

再者，遗传与环境的影响是互相选择的，即具有某种素质的个体是从他所处的环境中有选择地吸取某种要素的；反之，从环境方面来说，环境的力量是根据遗传素质的具体要求而发生作用的。例如，一个新生儿总是带着各自不同的气质（神经类型）来到人间，环境教养就要适应他的气质要求，顺之则善，逆之则败。婴儿最初反应的差异决定着成人对他们的不同态度。可以说是婴儿在塑造他父母的行为，反过来父母的行为又塑造着婴儿的行为。这就是说，环境（成人的教养方式）中反映着婴儿本身的遗传（气质）要求。

（三）遗传与环境对心理发展的相对作用是动态的

遗传与环境的相对作用在不同发展阶段、不同水平、不同性质的心理机能上是有所不同的。在发展的低级阶段，一些较简单的初级心理机能（如感知、动作以及初级言语）受遗传、成熟的制约性较大；而一些较复杂的高级心理机能（如抽象思维能力、高级情感）则更多地受环境、教育所制约。

就早期的动作，如坐、走、抓等的发展来看，对于一个健全的正常儿童来说，即使没有专门的学习训练，也不影响这些动作的自然成熟。例如，印第安人的婴儿一出生就被捆在大人背上，很少有练习站、走的腿部动作的机会，但其到了一定年龄（大约 1 岁左右），放下来就能站和走了。另外，早期口头言语发展受生物遗传因素的制约性比后期言语发展显著。例如婴儿的牙牙学语现象，即使是生下来就耳聋、听不到自己或周围人的语音的婴儿也照样会出现这一现象。以上说明早期的动作或说话机能更多地受人类共同的生物因素所制约。但我们不能以初级阶段一些简单机能的发展受生物因素制约较大这一点来推论人类高级阶段的复杂机能。

苏联心理学家鲁利亚的研究表明，在不同发展阶段和不同心理机能上，遗传和环境的相对作用不是固定的。当然这不是说在发展早期环境因素不如遗传因素重要，或者发展后期遗传因素的作用不重要。恰巧相反，根据一些早期经验的研究，在发展早期，特别是发展的关键时期，经验的重要性往往带有决定性意义，这时期如果环境的丰富性或社会交往被剥夺，后果往往是不可逆的。而发展后期也不都是环境影响起决定作用，许多后期才出现的机能具有很大的遗传性。例如，精神分裂症一般在成年期才发作，虽有一定的环境刺激，但总是有一定的遗传因素与之相互作用才会发生。

（四）主体和客体之间存在着作用与反作用的动力关系

主体应被看作是具有一定动作格式或认知结构的内在机制的个体。主体是从环境那里获益，而不是消极、被动地等待客体环境的“恩赐”。环境也不应理解为静止不变的环境，而是发展着的人对之发生作用的环境，是由主体引发的有应答性变化的环境。正如皮亚杰所指出的那样，数理逻辑经验是来自主客体的相互作用，是来自主体对客体的动作。这点也正是相互作用论与会合论不同的地方。

总的说来，遗传与环境、生物因素与社会因素对心理发展的相互作用可以理解为发展的可能性与发展的现实性之间的辩证关系。个体的生物遗传因素规定了发展的潜在可能范围，而个体的环境教育条件则确定他在此可能范围内的现实水平。可能性并不等于现实性，潜在可能性在转化为现实性时总是离不开环境条件。当环境条件有利时（当然是指与遗传相适应的环境），潜在可能性则得到充分实现，达到可能范围的上限；反之，潜在可能性只能在最低限度上实现。在一般情况下，一个正常、健康的儿童发展的潜在可能性是相当广阔的。因此，从这个意义上说，环境条件的有利与否对个体发展的现实水平起了决定性的作用，即环境在遗传提供的可能范围内决定个体发展的现实水平。

儿童教育工作者必须认真考虑发展的生物学基础及其客观规律，为儿童心理发展提供最优、最有利的环境影响，以最大限度地发挥每个人的潜能。

第四节 有关儿童心理发展的几个基本概念

转折期、危机期、关键期、敏感期或最佳期以及最近发展区是儿童心理发展中的几个基本概念，了解这些概念有助于我们更好地认识儿童心理发展的特点。

一、转折期与危机期

在儿童心理发展的两个阶段之间，有时会出现心理发展在短时期内急剧变化的情况，称为儿童心理发展的转折期。儿童在心理发展的转折期，往往容易产生强烈的情绪表现，也可能出现儿童和成人关系的突然恶化。3 岁儿童常常表现出反抗行为或执拗现象，常常对成人的任何指令都说“不”“偏不”，以示反对。

由于儿童心理发展的转折期常常出现对成人的反抗行为，或各种不符合社会行为准则的表现，因此也有人把转折期称为危机期。

儿童心理发展的转折期，并非一定出现“危机”。转折期是儿童心理发展过程中必然出现的，但“危机”却不是必然出现的。“危机”往往是由于儿童心理发展迅速，而导致心理发展上的不适应。如果成人在掌握儿童心理发展规律的情况下，正确引导儿童心理的发展，化解其一时产生的尖锐矛盾，“危机”就会在不知不觉中度过，或者说，“危机期”可以不出现。

二、关键期

关键期这一概念最早是从动物心理的实验研究中提出的。著名的生态学家劳伦兹在研究小动物发育的过程中首先提出了所谓印刻的概念。

印刻现象是指小动物在出生后一个短时期内具有很容易形成的一种本能反应。这种反应包括：(1) 出生后最先看见或听见的对象似乎能印入它的感觉中，因而对该对象产生追随的反应；(2) 不但偏好追随该对象，而且喜欢接近它；(3) 在印刻的对象消失后，发出悲鸣；当它重新出现时，发出满意的叫声。印刻仅在极为短暂的一个时期内发生，劳伦兹把这段时间称为“关键期”，错过了这个时期尾随反应则不能发生。

关键期的概念引入儿童心理发展，是指儿童在某个时期最容易学习某种知识技能或形成某种心理特征，一旦过了这个时期，发展的障碍就难以弥补。

儿童心理发展的关键期主要表现在语言和感知觉发展方面。例如有资料表明，学前期是人学习口语的关键期，如果错过了这个时期，就难以学会人类的语言。印度曾有一个被狼哺育长大的儿童卡玛拉，在 7 岁后才获救回到人类社会，开始学习人类的语言，但始终不能学会说话。

三、敏感期或最佳期

所谓敏感期，也称最佳期，是指特定能力和行为发展的最佳时期。在这种时期儿童对形成这些能力和行为的环境影响特别敏感，儿童学习相关的知识和行为比较容易，儿童心理相关方面的发展最为迅速。其与关键期的不同在于，儿童错过了敏感期或最佳期，不是不可以学习或形成某种知识或能力，只是比起敏感期或最佳期来说较为困难，发展比较缓慢。

敏感期一词是荷兰生物学家德·弗里在研究动物成长时首先使用的名称。后来，蒙台梭利在长期与儿童的相处中，发现儿童的成长也会产生同样现象，因而提出了敏感期的概念。蒙台梭利认为儿童从什么都不会到会走路、说话、吃饭、写字，一切从无开始，完成一个又一个“看似不可能完成的任务”来适应这个复杂的世界，主要是因为自然赋予正在发育成长的他们以特有的力量。她指出助长儿童个体发展的主要动力有二：一是敏感力，一是吸收性心智。其中的敏感力是指一个人或其他有知觉的生物个体，在生命的发展过程中，会对外在环境的某些刺激产生特别敏锐的感受力，以致影响其心智的运作或生理的反应，从而出现特殊的好恶或感受，这种力量的强弱我们称之为敏感力。当敏感力产生时，儿童的内心会有一股无法遏止的动力，驱使儿童对他所感兴趣的特定事物产生尝试或学习的狂热，直到满足其内在需求或敏感力减弱，这股动力才会消失。这段时期，就被蒙台梭利称为敏感期。

蒙台梭利根据对儿童敏感期的观察与研究，归纳出语言敏感期（8 个星期～8 岁）、秩序敏感期（1～4 岁）、感觉敏感期（0～5 岁）等多种敏感期。从整体来说，学前期是儿童心理发展的敏感期或最佳期。

四、最近发展区

最近发展区的概念最初是由苏联心理学家维果茨基提出的。维果茨基认为儿童心理发展存在两个水平：一个是儿童能够独立表现出来的心理发展水平，另一个是儿童在成人指导下所能够表现出来的心理发展水平，这两个水平之间的差距，就是最近发展区。一般来说，儿童能够独立表现出来的心理发展水平，都低于他在成人指导下所能够表现出来的水平。

最近发展区是儿童心理发展潜能的主要标志，也是儿童可以接受教育程度的重要标志。在明确儿童心理发展的最近发展区后，可以向其提出稍高的、但是力所能及的任务，促进他达到新的发展水平。最近发展区是儿童心理发展每一时刻都存在的，同时又是每一时刻都在发生变化的。最近发展区因人而异。维果茨基认为教学要想对儿童的发展发挥主导和促进作用，就必须走在儿童发展的前面。如果教学能够按照儿童的最近发展区来设计和实施，也就必然能促使儿童获得“原则上为新的东西”，从而使教学既不是仅仅跟随儿童已有的发展成果，也不是对儿童的简单机械灌输，而是真正建立起教学与儿童发展之间的桥梁。因此，维果茨基特别指出：“我们至少应该确定儿童发展的两种水平，如果不了解这两种水平，我们将不可能在每一个具体情况下，在儿童发展进程与他受教育可能性之间找到正确的关系。”家长、教师如果时时关注每个儿童，把握好其心理发展的最近发展区并利用之，就可以有效地促进儿童心理的发展。

本章思考题

1. 试述儿童心理发展的趋势。
2. 如何正确认识遗传与环境对儿童心理发展的作用？
3. 认识关键期和最近发展区对幼儿教师有何意义？
4. 如何正确理解儿童心理年龄特征？
5. 结合自身成长经历，谈谈环境对儿童心理发展的作用。

本章实践题

与幼儿园某个幼儿及其教师互动，讨论该幼儿的最近发展区。

第二篇　学前儿童动作和语言的发展

第四章　学前儿童动作的发展

动作发展是儿童智力发展的一个表现。学前儿童动作的发展首先是反射性动作的发展，而后在此基础上，个体全身大肌肉活动的大动作和主要涉及手部小肌肉活动的精细动作也随之发展起来，它们保证了儿童的健康成长，满足了儿童探究世界的需要。

第一节　先天反射性动作的发生发展[①]

先天反射性动作又称无条件反射，是种族发生发展过程中建立并遗传下来的一些为数有限的基本动作能力，主要表现为固定的刺激作用于一定的感受器引起的恒定活动。先天反射性动作从个体胎儿期开始出现，是人类一生动作发展的最早形式，对个体的生存和发展有重要意义。

一、先天反射性动作的适应和发展价值

先天反射性动作是个体赖以对外界进行适应并实现后继发展的最早能力。从胎儿期起，个体就已经具备一系列反射性动作以适应胎内的生活；出生后，新生儿主要通过皮层下中枢控制的先天反射获得营养和保护；随着个体年龄的增长，先天反射动作的练习还有利于个体自主控制动作的发生和发展。

除上述适应价值外，由于先天反射性动作和个体神经系统发展具有紧密联系，因此它在临床上经常成为新生儿神经系统发展状况检查的重要指标。如果反射性动作的时间表严重偏离平均水平或某些反射缺失、明显减弱、动作不对称，则提示个体神经系统的发展可能出现了异常。例如，拥抱反射的缺失或不对称，就是婴儿有脑瘫或其他神经性损伤的典型表现之一。但值得

---

① 董奇、陶沙：《动作与心理发展》，北京师范大学出版社，2004年5月版，第27～52页。

注意的是，婴儿在哭、闹或者注意不集中等状态下，也可能对刺激不做出反应或者做出不适宜的反应。此外，给予的刺激是否恰当也会影响婴儿的反射。因此，反射检查必须由受过严格训练的专业人员在适当的时间、场合实施。

二、先天反射性动作的分类

先天反射性动作是胎儿期和新生儿期最主要的动作形式，也是人类对自身能力进行研究较早、描述较为详细的领域之一。面对种类繁多、形式多样的先天反射性动作，不同研究者从不同角度对其进行了分类。

根据某类先天反射性动作的表现是否贯穿生命始终可将其分为两类（Twitchell,1965）。一类是贯穿生命全程的反射动作，生来就有且终生保持。另一类指在出生后约一年内就会全部消失的暂时性先天反射动作，此类反射又可分为原始反射（primitive reflexes）和姿势反射（postural reflexes）两种。原始反射通常在胎儿期就已出现，出生后6个月左右时消失，包括吸吮反射、觅食反射、拥抱反射等多种动作，能够保证新生儿获得营养和安全保护。姿势反射大多能够保持到出生后第一年末，包括游泳反射、恢复平稳反射、降落伞反射等动作，帮助婴儿在环境中保持平衡、协调的姿势。

根据先天反射性动作对个体生存和发展的意义可将其分为三类（朱智贤等，1980）。第一类为对个体具有较为持久的生物学意义、生来就有且毕生保持的反射，如角膜反射、瞳孔反射、吞咽反射、定向反射，它们对人体组织具有一定的保护作用。第二类为对个体生存无明显生物学意义、多数在出生后半年内便逐渐消失的反射，如寻找反射、吸吮反射、抓握反射、踏步反射、游泳反射，它们可能在人类进化过程中有过一定的生物适应意义。第三类为对临床诊断具有重大价值的反射，如巴宾斯基反射，它在新生儿期呈阳性反应，一般一年左右完全消失，但在睡眠和昏迷中仍可出现，如果清醒状态下继续存在，则可能出现脑性病变。

三、主要的先天反射性动作

（一）抓握反射（grasping reflex）

又称为掌心反射、达尔文反射。表现为：当用手指、铅笔或木棒触及新生儿手掌时，新生儿会立即紧紧地抓住不放，这时若试图将物体拿开，新生儿强大的握力可以使他整个身体悬挂片刻，早产儿也能抓紧物体直至身体被提起。研究者推测此反射与灵长目种系进化过程中遗传下来的某些特性有关，即灵长目动物刚出生时就会紧紧抓住母亲身上的长毛。妊娠 5 个月的胎儿就有抓握反射，出生后第 5 周达到最强，这时婴儿能双手同时握物，其握力可达到 2.2 千克。随着大脑皮层对下级中枢抑制作用的加强，此反射一般在出生后 4 个月左右消失。

（二）吸吮反射（sucking reflex）

表现为：用乳头或手指触碰新生儿口唇时，新生儿会相应出现口唇及舌的吸吮动作。吸吮反射是最强的反射之一，当新生儿开始吸吮时，其他活动都会被抑制。此反射约在婴儿出生后 3～4 个月时自行消失，逐渐被主动的进食动作所代替，但睡眠中的自发吸吮动作仍可持续较长的时间。

（三）强直性颈部反射（tonic neck reflex ）

又称四肢紧张性反射，分为对称和不对称两种。不对称的强直性颈部反射（asymmetric tonic neck reflex）表现为：新生儿仰躺着的时候，使他的头转向一侧，就会看到该侧的手臂和腿伸直，另一侧的手臂和腿弯曲起来，呈现出类似击剑者的姿势。因此也有研究者称之为“击剑反射”。不对称的强直性颈部反射在婴儿出生后的数周内能阻止其由仰卧滚向俯卧，从而避免婴儿由于俯卧而窒息。事实上，多数婴儿醒着的时候，其姿势都类似这种情况。此反射在婴儿出生后 3 个月左右时消失。对称的强直性颈部反射（symmetric tonic neck reflex）表现为：将婴儿低着的头抬起时，可见其手臂伸直，双腿屈曲的现象；而使其低头屈颈时，动作则相反。

（四）巴宾斯基反射（Babinski reflex ）

此反射由法国神经学家巴宾斯基首先发现，表现为：用火柴或大头针等物的钝端由脚跟向前轻划新生儿足底外侧缘时，其大拇指会缓缓上翘，其余各指则呈扇形展开。它在出生 6～18 个月左右时逐渐消失，但在睡眠和昏迷中还可引发此反射。2 岁后，婴儿出现与成人相同的脚底反射，若再出现巴宾斯基反射，一般为锥体束受损的表现。

（五）摩罗反射（Moro reflex）

又称拥抱反射。表现为：当新生儿遇到突然刺激时（如当新生儿突然失去支持或受到高声、疼痛等刺激时），就出现头朝后仰、背稍微向前弓、双腿挺直、经常伴有身体的扭动和双臂向两边伸展的动作，然后再慢慢向胸前合拢呈拥抱的姿势，同时发出哭声。这在新生儿采取仰躺的姿势时表现得最清楚。这种反射也可能是种系发生现象，它显示了幼畜伸出四肢抓母畜的能力。正常新生儿出生时就有此反射，出生后 4 个月左右时消失，并逐渐被另一种与之类似并终生保持的反应形式——惊跳反射（startle reflex）所替代。两者都由突然、强烈的刺激所引起。不同的是，前者随个体成熟而逐渐消失；而后者属于前庭反射，个体终生保持。

（六）踏步反射（stepping reflex）

又称行走反射或者无意识步行。正常新生儿处于清醒状态时，用两手托住其腋下使之直立，并使上半身稍向前倾，脚触及床面，他就会交替伸脚，做出似乎要向前行走的动作，看上去很像动作协调的行走。早产儿也有此反射，但他们往往是脚尖着床，与足月新生儿用整个脚或脚跟着床的步行动作不同。此反射在新生儿出生后不久出现，6～10 周时消失。若婴儿 4 个月以后仍有此反射，则可能患有脑部疾病。

（七）游泳反射（swimming reflex）

表现为：把新生儿俯卧放在水中，他就会用四肢做出协调得很好的类似游泳的不随意动作。这种反射可能也是种系发生过程中遗传下来的，与个体在母体内的液体环境有关。6 个月后此反射消失，若再将婴儿放入水中他就会挣扎乱动；直到 8 个月后，婴儿才可能出现随意的游泳动作。

（八）恢复平稳反射（head-righting-body-righting reflex）

此反射使新生儿在翻身、坐或者站立时能自动调节头颈、四肢和躯体在空间的位置关系以保持身体平衡。这种反射主要有三种表现。一是当身体和头部的朝向不同时，会自动调整为相同的朝向，3 个月左右时达到最强。二是俯卧时和仰卧时抬头，10 个月时达到最强。三是在婴儿出生 7～12 个月后，在坐或立时能自动调整头、躯干和四肢在空间的位置关系，以保持头颈、身体的正直。一般而言，除严重脑性疾病的患儿外，新生儿都有恢复平稳反射。

（九）降落伞反射（parachuting reflex）

此反射指 6～9 个月的婴儿悬空时出现的一种似乎要阻止下降的姿势，表现为：当用手抱住婴儿胸腹部使其离开床面悬空时，突然使婴儿向下运动，婴儿两手手臂立即伸展，手指呈扇形散开，呈现出似乎要阻止下降的姿势。此反射出现后终生存在。如果反射运动中婴儿两侧肢体明显不对称，则可能患有轻度偏瘫。1岁的婴儿若无此反射，则可能患有四肢瘫痪或痴呆。

第二节　大动作的发展

反射动作只是人类个体最初的运动形式。个体在出生大约4周后，出现了更高级的脑皮层控制的自主动作。根据所涉及的全身各部分的活动，可以将其分为有关个体全身大肌肉活动的大动作（gross motor）和主要涉及手部小肌肉活动的精细动作（fine motor）。

就大动作的发展过程而言，个体首先具备的是头部和躯干部分的基本自主控制能力，随后爬、走等自主位移动作的发展也相继趋于完善，最后才发展跑、跳及其技巧性大动作技能。这些自主动作不仅是儿童神经、肌肉系统发育成熟的重要标准，也是个体适应生存、实现自身发展所必不可少的条件。

一、头颈部和躯干控制的发展

头颈部的控制和躯干的控制是个体最早出现的自主运动，也是更复杂动作发展的基础。

（一）头颈部控制（head control）

人类自主动作的获得是从头部开始的。刚出生时，头颈部只存在一些先天反射性动作。到出生第一月末，随着神经、肌肉系统的发育，由皮层控制的、有意的（或者说自主控制的）头颈部运动逐渐显现（Hottinger，1973）。2～3个月时，婴儿能在俯卧时自主地向左右转头。3个月时，婴儿通常能在坐和站立的状态下自主将头竖直。近5个月时，婴儿能在俯卧状态下将头抬起。

虽然头部自主动作并不完全是身体大幅度的动作，但对婴儿来说，这是他们扩大视线范围、拓展可探索环境的最早途径。头部自主控制能力使婴儿在逐渐获得直立姿势的复杂过程中，能较全面地审视周围的环境状况，了解自己的身体位置，为身体控制的进一步发展创造了条件。

（二）躯干控制（body control）

婴儿获得头部控制能力后，开始由上至下地发展躯干部分的自主控制能力。这一发展过程大约在婴儿出生2个月后开始，此时婴儿已经能在手臂的帮助下俯卧抬胸。需要指出的是，在此之前，有时婴儿也会偶尔地利用手臂支撑抬起胸部，但在此过程中，手臂的支撑并不是完全有意识的，其发挥的作用也是有限的，因此这并不表明婴儿已经能有效地自主控制手臂的运动。

在俯卧抬胸的动作之后，婴儿在出生约3个月后出现了翻身（由仰卧转为俯卧）动作。婴儿自主控制的翻身动作模式，最初一般显示为仰卧翻身。逐渐地，躯干控制模式发展得更为全面、灵活，首先表现为头部的姿势不仅可以由仰改为俯，也可以自主地由俯转为仰。紧接着，肩部、躯体上部、躯体下部的自主控制运动也进一步得到完善（Zaichkowsky，Zaichkowsky & Martinek,1980）。到约8个月时，婴儿既能仰卧翻身，也能俯卧翻身。

在翻身动作之后，婴儿发展了一个重要动作——独立坐。3个月大的婴儿在外力的帮助下已经能够扶坐；随着腰部控制能力的发展，5个月大的婴儿坐立时已不需要腰部支撑物的帮助，但由于背的下半部和腹部的控制力较差，婴儿必须用手抓住外物以维持坐姿的平衡；7个月时，不管是在仰卧还是俯卧状态下，婴儿都可以自己独立坐起来；在近8个月时，婴儿可以在不需要任何帮助的情况下独立坐直。自主坐立能力的获得更进一步地解放了婴儿的双手，使婴儿的手眼协调能力和双手协调自主控制动作在此基础上得到迅速发展（Rochat,1992）。

另一种重要的初步自主动作是直立姿势。在非直立的状态下，婴儿双手的使用是受限制的，无法用双手够取物体或使用工具。直立姿势使婴儿的双手能够解放出来去从事更有自主选择性的够、抓、放等活动。直立姿势获得的最重要标志是独立站立姿势的获得。约9个月时，婴儿开始表现出将自己由坐的姿势向上拉的倾向，婴儿经常想让自己扶着其他物体站起来。因此可以观察到，婴儿常常会在家具的附近尝试自己站起来，并偶尔伸手去扶一下家具来维持身体的平衡。到1岁时，婴儿通常都能独立站直，这是行走动作发展的前提。头颈、腰、腹等部位自主控制能力的发展，为个体自主位移能力的获得提供了重要基础。

二、爬行动作的发展

随着翻身动作的日益熟练及手部和腿部力量的提高，个体出现了最早的自主位移动作——爬行，这是个体在俯卧状态下的重要自主运动形式。

就婴儿爬行时期躯干与地面的距离而言，爬行可分为腹地爬和手膝爬两种姿势。一般而言，婴儿刚开始学习爬行时为腹地爬，表现为婴儿的胸腹部着地，先将手伸向前方的地面，然后用手臂弯曲的力量拖动身体前进，腿儿乎不发挥作用。由于在爬行动作的发展初期腿向前蹬的力量不够，并且婴儿的手向前推的力量往往大于往后拖的力量，婴儿还可能出现向后退爬的阶段（Cesell & Ames,1940），但这种移动方式存在的时间非常短暂。随着手臂力量的发展，婴儿的肩部和胸部离开了地面，并且已经能利用腿部弯曲的力量有目的地向前移动，但在爬行中仍用腹部作为支撑点，即表现为腹地爬的姿势。在7～9个月时，随着腿的有效使用和手部力量的增强，婴儿逐步由腹地爬向手膝爬发展，表现为腹部逐渐离开地面以及腿部力量参与爬行的过程。当婴儿的躯体上抬到一定高度时，腿就可以在躯干下方弯曲，更有力地蹬地爬行。婴儿的身体姿势最终发展为除去四肢外的整个身体都离开地面而悬空。在此之后，婴儿的爬行运动逐渐发展得更为自主和成熟，成为探索环境、与环境互动的有效活动方式。

相对而言，腹地爬所要求的身体平衡控制是较小的，上下肢的动作也相对不受约束。因此对婴儿来说，腹地爬的姿势比较容易。但是由于腹部蹭地，爬行速度较受限制，且腹部蹭地也可能引起婴儿的不适感。手膝爬时，婴儿的腹部离开地面呈现悬空的状态，需要更强的臂部力量以及动作协调水平，但是位移的速度相对较快，也没有腹地爬过程中由于摩擦而产生的不适感。因此手膝爬是对婴儿能力要求更高、也更为有效的俯卧姿势的位移方式。

从婴儿爬行时两侧对称性的角度，还可以将婴儿的爬行模式分为两种。一种为同侧（homolateral）爬行模式，指婴儿在爬行时身体同侧的肢体与对侧的肢体交替运动，即婴儿左手运动的同时左腿也运动，然后再换为右手和右腿的同时运动；另一种为对侧（contralatetal）爬行模式，指婴儿爬行时身体一侧的上肢与对侧的下肢同时运动。对侧爬行模式是较为有效的爬行方式，一般在对侧爬行之前会出现同侧爬行的姿势，但约有20%的婴儿只具有同侧爬行而没有对侧爬行的经验（Cratty,1979）。

在过去较长的时期内，研究者认为这种与年龄密切相关的爬行动作的变化与神经系统的成熟有关。但近年来的研究（Freeland & Bertenthanl,1994）指出，婴儿的爬行动作在开始的时间以及姿势上都存在很多的个体差异性，神经系统成熟因素不能完全解释这种个体差异，个体本身的多种因素都会对婴儿的爬行动作产生重大影响。首先，因为爬行动作的发展与重力对抗有密切联系，所以婴儿腹地爬和手膝爬开始的时间与其身体形态相关。体型瘦小的婴儿倾向于比肥胖婴儿更早开始爬行动作。其次，Vereijken 等学者认为，因为婴儿总是运用双臂推动身体前进，必须具备足够的臂部力量以克服来自躯干与地面摩擦以及躯干本身重力的阻碍，所以臂部力量的差异是影响爬行动作发展的因素之一。再次，个体动机是影响婴儿爬行动作发展的另一个重要因素。腹地爬过程中婴儿必须以很强的动机来克服腹部与地面摩擦而产生的不适感。有研究（Alexander,1992）显示，随着手膝爬姿势的获得，大多数婴儿都逐渐发展起更高的用手和膝盖移动的动机。最后，Vereijken 和 Denny（1998）的研究表明，练习也是婴儿爬行动作迅速提高的重要影响因素之一。当婴儿的爬行经验（包括个体主动进行的爬行活动和客观任务所要求的爬行动作）达到一定程度时，手膝爬的技巧性就会得到大大提高。这种爬行经验并不局限于某种特定的爬行姿势，即一种姿势的练习经验可以部分迁移到其他动作姿势中去。此外，练习还可以增强婴儿的臂力，提高腹部对阻力的克服能力，增强手和膝盖在爬行活动中克服重力的能力。

总之，爬行动作是个体发展过程中获得的第一个自主位移动作。婴儿在空间环境中的自由移动，一方面扩大了婴儿接触和探索环境的范围，增加了与环境互动的机会，从而有利于他们问题解决能力的发展；另一方面，婴儿在爬行中通过自己的努力达到目的，这种目的性行动使婴儿的运动技能和意志都得到锻炼。但由于婴儿发展的个体差异性，在实际的爬行动作发展中，不同个体的爬行姿势及其发展过程都各不相同，比如有的婴儿只出现腹地爬，有的婴儿只表现出手膝爬的姿势，有的婴儿甚至在学会行走之前都不会表现出爬行动作。

三、行走动作的发展

行走是成熟个体高度自动化的动作技能之一。婴儿直立姿势的获得为行走的发展提供了可能。一般而言，婴儿在周岁过后就能发展起独立行走的动作。但此时需要注意的是，虽然婴儿也可以发展起独立行走的动作，但是他们的行走动作与成人有很大区别。从生理发展的成熟程度来看，行走动作与神经系统的成熟、躯体平衡能力的发展、肢体控制能力的发展、肢体肌肉的强壮程度、视动协调能力等因素密切相关（Thelen，Ulrich & Jensen,1989；Bril & Breneire,1992），而婴儿在这些方面的能力与成人相比有很大不足。从行走的形态学角度看，婴儿为维持独立行走中的身体平衡，其行走动作具有以下特点：频率快而步子小，脚趾向外张开，全脚掌着地（而不是像成人那样只是脚趾和脚跟着地），手臂抬到较高的位置摆动，行走中两腿的分开程度较大，这些与成人行走的成熟模式相比均存在很大差别。

行走是儿童自主位移动作发展的必要阶段，也被认为是神经系统、肌肉组织进一步成熟和儿童心理发展的具有里程碑意义的动作。行走进一步解放了个体的双手，使精细动作有机会得到进一步发展。同时，儿童的活动范围进一步扩大，主动探知环境的愿望进一步得到增强，有利于儿童心理能力的发展。关于我国婴儿期儿童躯体动作发展的顺序见表4－1。

表4－1　我国婴儿期儿童躯体动作发展顺序

躯体动作项目	常模年龄（月）	躯体动作项目	常模年龄（月）
独走几步	13.7	双脚跳	26.7
自己能蹲	13.9	能组织活动	27.1
会跑不稳	16.7	不扶栏杆上下楼	28.1
踢球	17.6	手臂举起投掷	29.3
双手扶栏杆上下楼	19.3	跳远	30.5
跑能控制	19.8	从楼梯末层跳下	31.7
自己上下矮床	20.0	独脚站	33.4
一手扶栏杆上下楼	23.9		

第三节　精细动作的发展

个体手部的精细动作能力，指个体主要凭借手以及手指等部位的小肌肉或小肌肉群体的运动，在感知觉、注意等多方面心理活动的配合下完成特定任务的能力。它对个体适应生存及实现自身发展具有重要意义。对处于发展早期的儿童而言，他们面临多种发展任务（如写字、画画和够取物体），精细动作能力既是这些活动的重要基础，也是评价儿童发展状况的重要指标。

抓握动作是个体最初和最基本的精细动作，在此基础上又发展起写字、绘画和生活自理动作技巧。手部动作的获得扩展了儿童获得环境信息的途径，丰富了儿童探索环境的形式，使儿童的探索行为更为主动和有效。

一、抓握动作的发展

抓握动作是最基本的手部动作之一，是各种复杂的工具性动作发展的基础。

通过日常的观察可以发现，约从3个月起，婴儿开始了一种不随意的手的抚摸动作，经常无意地抚摸被褥、亲人或玩具。到第5个月左右，他就开始发展起自主、随意的抓握动作。6个月以后，其手的动作有了进一步的发展，主要表现为：学会拇指和其余四指对立的抓握动作，抓握动作过程中眼手逐渐协调，开始学习分析隐藏在物体当中的复杂属性和关系等。

动作发展领域的研究者应用特定工具在实验室里对抓握动作进行了研究，总结出抓握动作发展过程的阶段性特征（Halberson，1931）。Halberson设计了一个边长1英寸大小的红色立方体作为实验工具，通过观察记录不同年龄阶段的婴儿抓握这个红色立方体的动作特征，来描述和分析婴儿在出生16～52周后抓握动作的发展过程。他认为，任何阶段的抓握动作都包括四种连续的动作过程：（1）视觉搜索物体；（2）接近物体；（3）抓住物体；（4）放开物体。依据婴儿在这四种动作过程中的表现，他具体描述了4～13个月婴儿抓握动作发展的过程，认为抓握动作的发展是逐渐由最初的肩、肘部的活动发展成为成熟阶段的指尖活动的过程，可以分为以下九个阶段。

第一阶段：在约4个月大时，婴儿够不着红色立方体。

第二阶段：发生在5个月初，婴儿能够触碰到红色立方体，但却不能抓握。

第三阶段：被称为原始抓握（primitive squeeze）。发生在5个月末，婴儿用手臂圈住立方体，然后再在另一只手或者胸部的支撑帮助下使立方体离开支持表面，但这一动作过程中手指的精细肌肉运动不占据主要地位，并不是真正意义上的抓握动作。

第四阶段：约6个月大的婴儿已经有真正意义上的抓握动作，能够弯曲手指“包住”立方体，然后用手指的力量稳稳地抓住立方体。

第五阶段：出现在婴儿约7个月大时，动作形式与第四阶段的动作非常相似。不同的是，婴儿这时手指的力量已能克服重力作用，使立方体离开地面。婴儿在抓握时其拇指保持与其他四指平行，同时用力抓握立方体。

第六阶段：婴儿表现出初步的“对指”能力，即抓握过程中拇指与其他四指相对（拇指的指腹与其他四指的指腹相对）。

第七阶段：出现在婴儿约 8 个月大时。抓握过程中，婴儿的手在立方体一侧放下，拇指接触立方体的一个平面，食指、中指接触与拇指所在立方体的平面平行的另一个平面，然后在 3 个手指的共同“努力”下抓起立方体。

第八阶段：发生在婴儿约 8～9 个月大时，抓握时拇指与食指相对，可用两个手指抓起立方体。

第九阶段：区别于前 8 个阶段中“抓”的动作要使用手指所有部位的情况，13 个月左右的婴儿可以拇指与食指、中指相对，用指尖抓起立方体。

由此可见，婴儿从不成熟的抓握模式发展到成熟的对指抓握模式，要经过一个复杂的过程。就手部的动作而言，婴儿最初是没有对指抓握能力的，够取物体时一般拇指向下或在与手背平行的高度弯曲，这时婴儿即将实施的抓握形式是相对于“对指抓握”的不成熟的抓握形式。只有当婴儿的手接近立方体时，其拇指预先表现为向内弯曲，对指抓握的成熟手势才可能产生。

有研究者认为，虽然 Halberson 详细而严密地描述了个体抓握动作发展的各个阶段，但他在实验研究中仅提供给婴儿一个 1 立方英寸的红色立方体，所考察的动作维度也很有限，所以这种认识仍不够全面。如果提供给婴儿多种体积和形状的立方体，并增加动作考察维度，那么人们对有关个体抓握动作的发展可能将有更深入的认识。

Newell 等（1989）考察了在提供各种不同尺寸的立方体的情况下婴儿抓握动作的表现。其实验结果显示，立方体尺寸的大小，特别是立方体尺寸与被试手的尺寸之比，是影响被试抓握动作表现形式的重要因素；成人和婴儿都会倾向于用拇指和食指抓取尺寸小的立方体，用拇指、食指和中指抓取尺寸中等的立方体，而在抓取大尺寸的立方体时用上所有的手指；成人比婴儿更倾向于用单手抓取物体。Scully 等（1989）则对比了 4～8 个月大的婴儿抓握不同形状和尺寸的物体时的动作。结果发现，4 个月大的婴儿具备了根据物体尺寸大小选择使用单手还是双手来抓取物体的能力；个体在抓握动作中的手指使用不仅随物体尺寸的增大而增多，同时还受物体形状的影响；4～8 个月的婴儿在抓握动作中还没有表现出右手（或左手）优势；所有的被试都能根据物体尺寸大小决定手指使用数量，但年龄越小的被试手指使用的状况越不稳定。Newell 等（1989）的后续研究显示，手指动作的年龄区别在于，越小的被试需要越多的触觉信息来决定其使用的抓握模式，而 8 个月大的婴儿则可以使用视觉信息来做出判断。关于婴儿期儿童双手动作的发展可参阅表 4－2。

表 4－2 婴儿期儿童双手动作的发展

双手动作项目	常模年龄（月）	双手动作项目	常模年龄（月）
把小球放入瓶中	12.3	自己洗手	27.6
搭积木 2～4 块	12.9	搭火车	28.1
拿柄摇拨浪鼓	13.2	翻书一次一页	28.3
从瓶中倒出小球	13.4	穿串球	28.3
双手端碗	17.1	搭桥	28.9
搭积木 5～7 块	20.9	折纸成长方形	31.1
一手端碗	27.0	折纸成正方形	34.1

由于人们生活水平的提高和对儿童动作发展的日益重视，今天的儿童抓握动作的发生发展可能稍早于 Halberson 研究中描述的时间表，抓握动作的发展阶段和时间顺序可能与 Halberson 所描述的有所不同，但儿童抓握动作发展所遵循的“由中间到两端”的发展顺序，以及动作发展的大致顺序依然存在。目前，研究者更为重视从动作任务特点出发，考察抓握动作发展及其表现形式的变化。

二、绘画和写字动作的发展

绘画和写字都是手部运用笔类工具进行活动的技能，是儿童的重要发展任务和能力要求之一。只有具备一定的绘画和书写能力，儿童才能有效地进行书面学习，从而掌握大量的间接经验。

（一）握笔姿势和动作的发展

无论是绘画还是书写，都必须以灵活运用手中的笔类工具为前提。一般而言，2～6 岁是儿童握笔动作技能迅速发展的阶段。这一阶段中，儿童不断地尝试绘画、书写，大部分家长也会在这一时期注意让儿童模仿学习绘画和书写中所必需的握笔动作。

从儿童抓握笔的手姿势发展来看，最早抓握笔的动作包括整个手和手臂的运动，表现出“手掌向上的抓握动作”，即儿童在抓握笔的时候掌心向上，手掌和手指一起活动来抓握笔（Rosenbloom & Hortor，1982）。用这种笨拙的握笔动作形式，儿童很难进行有目的的绘画和书写动作。随着在绘画、书写活动中偶然性的尝试以及在教师、家长的指导下不断学习调整握笔动作，儿童“手掌向上抓握”的握笔动作逐渐被“手掌向下抓握”的动作所取代，拇指和其他四指开始在绘画和书写技能中起到越来越重要的作用。

从儿童对握笔姿势进行调整的部位看，刚开始学会握笔的儿童一般会通过手臂和肘部的运动来调整笔的位置，但在手指的协调运动能力发展后，儿童逐渐更习惯于用手指来调整握笔姿势和笔的位置，手臂和肘部的运动频率迅速下降。此外，儿童握笔的部位逐渐向笔尖位置靠拢。2～3 岁的儿童表现为握住笔尖的部位时，一开始依靠肩关节的活动来进行绘画和书写，然后逐渐发展为用肘部来控制笔的运动，最后发展为用手指的活动来控制笔的运动。

综合已有研究可以发现，随着年龄的增长，儿童所采用的动作模式及技能特性的发展遵循“经济性原则”：一方面如上所述，儿童握笔部位逐渐向笔尖靠拢；另一方面，在运笔动作更为成熟的同时，身体坐立的姿势趋于垂直，这种姿势减少了手臂的支撑作用，使手的运动更为自由。换言之，儿童在握笔绘画和书写的动作中，离躯干中线越近部位的活动越来越少，而躯干远端肢体的活动越来越频繁。

（二）绘画技能的发展

一般而言，大多数儿童在 15～20 个月时就开始出现无规则、无目的的乱涂乱画。虽然这种最初的尝试可能只是偶然出现的，但因为受到动作的视觉效果和家长称赞等反馈信息的强化后，绘画动作发生的频率逐渐上升。随着手部动作控制能力的发展以及练习经验的增多，儿童从最初漫无目的地涂抹开始有目的地画画，绘画动作的速度开始放慢，手的动作也不再紧张而变得自然。

研究者对儿童绘画的自然观察发现，其发展大致可分为四个阶段（Kellogg,1969）：(1) 乱涂阶段（scribbling stage)，主要是获得绘画所必需的手眼协调能力。(2) 组合阶段（combining stage)，主要是图形的出现和混合。儿童开始学会描绘螺旋、十字等基本几何图形，大约 2 岁的儿童能画出一系列的螺旋和圆圈；在动作的协调控制能力和目的性加强后，儿童能对正方形、长方形、三角形等基本图形进行较为精确的临摹和绘画；在此之后，开始出现简单组合几个几何图形的绘画。③集合阶段（aggregate stage)，这一阶段出现的不仅是混合了几个简单图形的较为复杂的图形，而是几个图形、图像的组合，例如同时有人物和图形的图片。④图画阶段（pictorial stage)，发展到这一阶段，儿童在绘画中所混合的图形的数量增多，图画的内容也更为复杂，儿童的绘画动作更为精确、复杂。

后续的一系列研究（Dian & Carol,1999;Lange－kttner,et al.,1998）也表明，所有儿童的绘画能力的发展都会经历这几个阶段，但达到每一个阶段的具体年龄具有较大的个体差异性，很多因素在绘画能力的发展过程中起重要作用。家庭环境是影响绘画发展的重要因素之一，在家长的有意训练下，儿童的绘画能力可以发展得更好。例如，让书画工具更早地出现在儿童的生活游戏中，并为儿童提供大量观摩成人绘画的机会。在这样的家庭环境和教养方式下，儿童的绘画动作发展得更早，绘画所能达到的水平也更高。

（三）书写技能的发展

绘画能力的初步发展是儿童书写技能发展的前奏，其绘画练习经验也有利于儿童书写技能的获得。一些研究表明，只有在绘画能力逐渐发展到能完成9种图形后，儿童才真正具备文字书写技能所需的必要基础（Berry,1982,1989）。作为基础技能的9种图形是：水平线、垂直线、圆圈、正十字、右角平分线、正方形、左角平分线、交叉线和三角形。儿童大约在4岁11个月左右就能达到完成以上9种图形的水平。但值得指出的是，Berry等学者研究的是拼音文字的书写，而我国的汉字属于表意文字，汉字的形状结构要比拼音文字复杂得多，儿童学习书写汉字时对其精细动作技能的要求要高一些，因此将此结论运用到汉语儿童身上时应谨慎。

从儿童书写技能的发展过程来看，4岁左右的儿童开始具备书写字母和数字的能力。他们通常可以书写可辨认的数字和字母，但这些字母和数字笔画歪斜、东倒西歪、间距不一，每个字母和数字都比正常书写的字体大几倍。到5～6岁时，儿童已经会书写自己的名字。但是5岁儿童书写的字母和数字在字形上仍很不规则，所写的字母和数字字形仍然偏大，而且在书写一行字母时，后面的字母会越写越大。6岁儿童书写的字母和数字还是东倒西歪、参差不齐，字形虽然比5岁儿童小，但还是明显大于正常人书写的字母。7岁时，儿童书写的字母和数字字形明显变小，小学二年级的儿童更是表现出较高的书写水平。但即使到了小学三年级，还是有一部分儿童表现出字母书写困难（Scennet,Smythe & Hardy,1972;Reimer,1975）。

值得我们注意的是，书写是一个感知、运动的复杂过程，书写过程的顺利完成需要很多因素的密切配合。因此在判断个体是否具有书写困难时，还需要考察书写过程中的其他影响因素。例如，书写活动的进行和完成在很大程度上依赖于视觉信息的指引和反馈。视觉感知信息和运动器官间的协调与配合是完成既定任务的重要保证。对儿童视动整合能力的研究发现，虽然有的儿童在单纯的视觉能力和动作能力上都不存在障碍，但这些儿童在学习写字、临摹几何图形等方面仍有较大的困难。由此得出，视动整合能力是顺利完成书写任务的前提。Sovik（1975）和Maeland（1992）等的研究都证实，视动整合能力对书写技能的准确性具有良好的预测能力。

三、生活自理动作的发展

基本的生活自理能力是家庭和社会对儿童提出的早期重要发展任务之一，包括穿衣、洗漱、进食等基本技能，它们包括了多种类型的动作。

这些在成人看来很简单的生活自理行为，对处于发展早期的儿童而言，却要在他们付出极大努力、达到一定发展水平后才能做到。例如穿衣技能，只有当动作技能的控制能力发展到一定水平后，儿童才能使身体各部分进入相应的衣服空间里去。儿童要把一只手伸到袖子的尽头或者把一条腿伸到裤管里都不是简单的任务，需要视动整合能力和灵活的双手活动进行协助。不同自理动作的发展对个体能力的要求是不一样的，因此其发展过程也各有差异。各种生活自理动作技能的典型出现时间见表4－3。①

表4－3　自理动作技能发展时间表

动作技能名称	获得时间（月）
稳稳地拿住茶杯	21
穿上衣和外套	24
拿稳勺子不打翻	24
在帮助下穿衣服	32
穿鞋	36
解开够得到的纽扣	36
扣上纽扣	36
独立进餐，几乎不洒食物	36
从水罐中倒水	36
洗手、洗脸并擦干	42
独立穿衣服	43
系鞋带	48
刷牙	48

在考察生活自理能力时需要注意的是，由于个体的生活自理能力比其他动作能力更多受到社会习俗、文化传统、父母抚养方式等环境因素的影响，因此表现出相当大的个体差异性。例如，在众多生活自理技能中，穿衣技能是人们研究较多的技能之一，不同研究对于穿衣技能的出现时间有不同结论。

① Keogh J & Sugden D. Movenment skill development. New York: Macmillan Publishing Company, 1985: 77.

Frankenburg 等在用 Deven 发展筛查量表进行测查时观察到，32 个月的儿童能在成人指导下穿衣服，42 个月的儿童不再需要指导和帮助，就能独立地穿好衣服。而 Knobloch 和 Pasamanick（1974）对格赛尔的研究数据重新分析后发现，24 个月的儿童能自己穿上一件简单的上衣外套，36 个月的儿童能自己穿鞋，48 个月的儿童能在指导和帮助下脱衣服、穿衣服和系鞋带。再如，进食动作技能是与特定的社会文化背景密切相关的一种生活自理动作。筷子是中国、韩国、日本等东亚国家应用最广泛的餐具，而西方国家主要的餐具是刀叉，因此不同国家儿童在进餐技能的发展上表现出明显差异。上述结果启示我们，在对待不同研究者得出的关于自理动作能力的结论时，要明确研究所在的地域文化背景、选取的被试和采用的工具等具体条件，才可能进一步进行比较和分析。

综上所述，在先天反射性动作之后，包括坐、爬、走、抓握等在内的自主控制动作逐渐发展起来。由于自主控制动作的发生发展必须以神经、肌肉等生理结构的成熟为基础，所以它是儿童早期身心发展状况的重要外在行为特征。而且自主控制动作是有意识、有目的的活动，在动作实施过程中主体必须坚持目标、通过意志努力克服所遇到的困难和障碍以达到特定目的，因此它有利于个体良好个性的发展。此外，皮亚杰认为，儿童的智力来自于主体对客体的动作，是主体对客体相互作用的结果，自主动作为儿童认知发展带来了有益经验。因此我们认为，自主控制动作的意义不仅仅在于它本身是儿童早期重要的发展内容之一，更重要的是，儿童在借助自主动作探索环境的过程中，其认知和社会性也有可能得到进一步的发展。

第四节　学前儿童动作发展的规律

儿童的动作是在神经中枢、神经、肌肉的控制下进行的，因此儿童动作的发展与儿童身体的发展、神经系统的发展密切相关。儿童身体的发展有先后顺序，儿童动作的发展也表现出一定的时间顺序。在儿童早期，动作的发展在某种程度上标志着心理发展的水平，动作的发展同时也促进儿童心理的发展，因此在儿童智能发育检查中，大（粗）动作和精细动作的发展是检查的一个重要方面。儿童动作发展是有客观规律的，每个儿童动作发展的顺序大致相同，时间也大致相近。具体来看，其规律表现在以下几个方面。

第一，从整体的动作到局部的、准确的、专门化的动作。儿童最初的动作是全身性的、笼统的、弥散性的。比如，满月前的儿童受到刺激后，会边哭喊边全身乱动。以后，儿童的动作逐渐分化，向着局部化、准确化和专门化的方向发展。

第二，从上部动作到下部动作。儿童最早发展的动作是头部动作，其次是躯干动作，最后是脚的动作。儿童最先学会抬头，然后学会俯撑，翻身，坐和爬，最后学会站和走。任何一个儿童动作的发展总是依照抬头—翻身—坐—爬—站—行走的顺序进行的，这种发展趋势可称为“首尾规律”。

第三，从中央部分的动作到边缘部分的动作。儿童最早出现的是头的动作和躯干的动作，然后是双臂和腿部的有规律的动作，最后才是手的精细动作。这种发展趋势可称为“近远规律”，即靠近头部和躯体的部分先发展，然后才是远离身体中心部位动作的发展。

第四，从大肌肉动作到小肌肉动作。儿童生理的发展是先从大肌肉开始，然后延伸到小肌肉。从四肢动作看，先是学会臂和腿的动作，即活动幅度较大的所谓粗动作，以后才逐渐学会手和脚的动作，特别是手指的精细动作。手部动作和感知觉之间的协调配合活动则更晚，比如视动协调、我国儿童的筷子使用技能等。这种发展趋势可以称为“大小规律”。

第五，从无意动作到有意动作。儿童动作发展的方向是越来越多地受心理、意识支配。动作发展的规律也服从于儿童心理发展的规律，从先天反射的无意识动作向有高度控制的技能动作发展，从刻板、模式化的动作向着越来越灵活的动作发展。

本章思考题

1. 简述三种主要的先天反射性动作。
2. 简述学前儿童自理动作的发展。
3. 简述学前儿童爬行动作的发展。
4. 简述学前儿童抓握动作的发展阶段。
5. 简述学前儿童动作发展的规律。

本章实践题

观察不同年龄班幼儿的大动作和精细动作并分析其特点。

第五章　学前儿童语言的发展

语言是一种非常复杂的结构系统，从其结构构成成分来说，它包括语音、语法、语义三个方面。语言作为一种交际工具，具有交际、概括和调节功能。儿童语言发展指的是儿童对母语的产生和理解能力的获得，学前儿童的语言发展主要是指学前儿童对口头语言中的说话和听话能力的获得。

第一节　学前儿童口语的发展

学前期是口语发展的关键期，学前儿童口语的发展主要包括语音、词汇、语法、口语表达能力、语用技能、前阅读能力的发展。

一、语言的准备

学前儿童语言的准备经历了以下三个阶段。

第一阶段：简单音节（0～3 个月）

婴儿在出生后的第一个月内，在哭声中，特别是当哭声稍停的时刻，有时会发出“ei”“ou”的声音。在第二个月的哭声中，发有“m－ma”的声音；接着，在不哭的时候，也能听到婴儿发音，特别是在成人发音逗他时，这种现象更为明显。据我国心理学家吴天敏、许政援记录，两个多月的婴儿一般能发出以下一些音：“a”“ai”“e”“ei”“hai”“ou”“ai－i”“hai－i”“u－è”（不标声调者均为第一声，下同）。从这些记录中可以看到，婴儿对基本的韵母发音较早，特别是“a”“ai”“ei”“e”“i”“ou”这些音；他在这个阶段发出的声母还很少，主要是“h”音，有时有“m”音。婴儿初期的哭都是喉音，因此这个阶段的发音也都是从喉中运动开始的，这自然与婴儿舌部、唇部等运动不发达有关系。这些发音属于反射性的，没有任何符号意义，天生聋哑的婴儿也能发出这些声音。

第二阶段：连续音节（4～8 个月）

这一阶段，婴儿明显活跃了，发音也增多了，尤其是声母如“b”“d”“g”，“p”“n”“f”等，韵母“ong”“eng”等也有出现，但这些还是一些比较容易发的音。随着发音连续性的增多，这一阶段的发音开始变得复杂起来，同一音节时常连续重复出现，如“a—ba—ba—ba”。其中主要是“b”“d”“m”“n”和“a”合成的音节，其次是“h”和“ai”“ei”的合成。由于发音增加，有些音节和词的发音很相似，如“ba—ba”“ge—ge”“a—i”“ma—ma”。但从声频图谱中分析，这些音节与成人发音还很不相同。如果成人利用这些音与具体事物相联系，则可以建立一些条件联系，尽管这些联系还很不稳定、很不确切。7～8个月的婴儿对听到的语音发生的动作反应主要是由语调和整个情景引起的，并不是因为其能直接区别词的意义。

从这一阶段可以看出，婴儿的发音与其生理状态有关。一般地说，婴儿的发音行为往往发生在基本需要得到满足之后，尤其是在成人逗他的时候。当婴儿有某种不舒适时，也会发出特殊的声音。因此，这时的婴儿发音已经不纯粹是无意识的练习，而是在某种程度上开始带有社会交往的性质。如果成人在这时注意保持婴儿良好的情绪，那么这对于婴儿的发音是具有一定促进作用的。

第三阶段：模仿音节（9～12个月）

这一阶段婴儿所发的连续音节不只是同一音节的重复，而且是明显增加了不同音节的连续发音，音调也开始多样化，如“a—jue—lu—bi”，听起来像说话。当然，它们仍然是没有意义的，是一种发音的准备。

大约从9～10个月起，婴儿声音逐渐集中到即将出现的最初的词的音节上。这一阶段近似词的发音增加，如“jie—jie”。同时，婴儿开始模仿发音了。这一进步标志着其学说话的行为已开始萌芽。

在成人的教育下，婴儿有一定的音开始能与具体的事物相联系，开始具有一定的意义。但这时的一个一定的音只是与一个具体个别的事物相联系，不具备概括性。到了这一阶段的后期，婴儿会根据成人的指示作出一些稍微复杂的反应，如“再见”—招手，“欢迎”—拍手。同时，婴儿也开始能用一定的声音来表示一定的意思了。也就是说，声音对这一阶段的婴儿来说已经具有初步的交际作用了。由于这一阶段的婴儿还没有真正掌握词，这种交际作用还处于一种萌芽状态。

经历了这一准备时期，儿童开始进入正式的学说话阶段。

二、语音的发展

语音是指语言的声音，和杂乱的声音的不同之处在于它和意义紧密结合，而杂乱的声音毫无符号意义。① 儿童进入语言发展期，开始是连续音节增多，近似词的音节也增多，并随着近似词音节的增多能说出一些单词，同时无意义的连续音节逐渐减少，这是一种从无意义音节向有意义词过渡的阶段。约1～1.5岁时，一定词的语音对于儿童已经具有一定的概括性意义，说明儿童已经开始掌握词了。

儿童进入语言发展期后，大概要到4岁左右才能全部掌握本民族或本地区语言的全部语音，并且发音基本正确。西方心理学家认为，儿童获得语音体系，必须掌握语言的基本单位——音素。每一种语言里的音素都是由一系列的对比分辨出来的（如“t”与“d”，“p”与“b”），儿童通过区别性的特点对音素加以分类，一旦掌握两个音位之间的区别性特征，他们就能迅速把它扩展到所有按这种特征来区别的音位中去，从而学会掌握音素，而并不需要逐个地掌握音素。一些比较复杂的语音要在6～8岁才能完善起来。

儿童在幼儿期掌握语音的特点主要有以下几点。第一，幼儿期（3～6岁）是能够掌握本民族全部语音的年龄，发音不准的儿童人数的百分率随年龄增长而降低。第二，儿童发音的错误大多数发生在辅音，而且集中在“zh”“ch”“sh”“z”“c”“s”“l”，此外还有“f”“n”“g”“er”“r”“ang”等，但所占比例比较小。第三，发音的难点在于掌握发音部位和发音方法。

语言环境是影响儿童正确发音的重要因素。方言对4岁以上儿童发音的影响更为突出。正确的教学可以帮助儿童更好地掌握发音部位和发音方法。特别对3～4岁儿童，可以用说儿歌、绕口令等方法，引导他们多做发音练习。

三、词汇的发展

（一）词汇数量的增加

幼儿期是一生中词汇数量增加最快的时期，7岁时大约增长到3岁时的4倍。学前儿童的词汇量是随着年龄的增加而增加的。1岁左右，儿童才开始说出词，最初说出的词数量极少。到入学时，儿童已能掌握基本的口语词汇。也就是说，他的词汇已足以保证其用口语和别人交往。

国外早期的学前儿童词汇量的研究结果是，儿童的词汇量是呈直线上升

① 刘金花：《儿童发展心理学》，华东师范大学出版社，1997年6月版，第113页。

的趋势增长的（见表5—1），其中3～4岁词汇量的年增长率最高。3岁儿童的词汇量可达1000左右，6岁时可达2500～3000。我国的研究（史慧中，1986）表明，3～4岁儿童的词汇量为1730，4～5岁为2583，5～6岁为3562。该研究结果说明，4～5岁是词汇增长的活跃期。①

表5—1

年龄（岁）	德国		美国		日本		中国	
	词量	年增长率	词量	年增长率	词量	年增长率	词量	年增长率
3	1000～1100		896		886		1000	
4	1600	54.2%	1540	71.9%	1675	89.0%	1730	73.0%
5	2200	37.5%	2070	34.4%	2050	22.4%	2583	49.3%
6	2500～3000	15.9%	2562	23.8%	2289	11.7%	3562	37.9%

影响儿童词汇量的生活条件包括以下几个方面。

1. 时代的差异。时代不同，儿童的词汇量不同。这不仅是由于受成人变化的影响，而且主要是由于儿童的生活范围发生了变化。现今社会信息交流工具发达使儿童的见识比过去的同龄人大为扩展，词汇量也随之扩大。

2. 民族语言和方言的差异。儿童使用的民族语言不同，词汇量也有所差异。如汉语的量词是最多、最复杂的，不同方言的词汇也常有不同，全国八大方言对同一事物所用的词也有不同。

3. 具体生活和教育条件的差异。具体生活条件和教育条件不同，使儿童的知识面和智力发展水平不同，学习语言的条件也不同，从而导致儿童词汇量的差异。

（二）词类范围的扩大

1. 学前儿童掌握各类词的顺序

有关儿童词类的研究（朱曼殊等，1979；彭祖智等，1984；史慧中等，1990）表明，儿童先掌握的是实词，其中最先和大量掌握的是名词，其次是动词，再次是形容词，即是沿着“名词—动词—形容词—数量词”的顺序发展的。其他实词如副词、代词、数词，虚词如连词、介词、助词、语气词等等，儿童掌握较晚，它们在儿童词汇中的比例也比较小，没有明显增加。国

---

① 陈帼眉：《学前心理学》，人民教育出版社，1989年5月版，第271页。

内外的研究材料都表明，名词在儿童词汇中比例最大。

表5－2 儿童各类词出现的百分数的综合比较

词类 \ 资料 \ 年龄（岁）	3～4			4～5			5～6		
	Ⅰ	Ⅱ	Ⅲ	Ⅰ	Ⅱ	Ⅲ	Ⅰ	Ⅱ	Ⅲ
名词	54.0	53.6	55.9	56.0	50.9	59.6	57.5	47.1	66.7
动词	24.9	28.7	19.0	22.4	29.0	18.9	20.4	30.0	14.5
形容词	11.8	10.8	2.9	11.9	13.1	3.4	10.7	16.3	3.2
代词	1.0	1.7	0.6	0.9	0.9	0.3	1.9	1.3	0.2
量词	1.6	1.2	—	1.8	1.5	—	2.0	1.1	—
数词	3.1	0.9	7.0	4.4	0.6	1.6	6.3	0.5	4.1
副词	1.4	1.2	5.2	1.1	1.9	7.1	1.1	1.8	5.2
助词	0.8	0.7	—	0.5	0.5	—	0.4	0.4	—
介词	0.6	0.4	0.8	0.5	0.5	1.5	0.4	0.4	0.6
连词	0.3	0.4	0.4	0.3	0.5	0.5	0.3	0.6	0.1
叹词	0.4	0.4	3.3	0.3	0.4	2.4	0.2	0.3	0.8

【注】资料来自不同研究者的报告：Ⅰ 史慧中等（1986），Ⅱ 陈帼眉等（1980），Ⅲ〔日〕大久保爱（1967）

从年龄增长的情况看，各类词在不同年龄儿童词汇中所占的比例不同。根据研究，实词在3～4岁时增长的速度较4～5岁迅速，而虚词则在4～5岁时增长较为迅速。史慧中的研究认为，4～5岁是词汇丰富的活跃期，而5～6岁是言语表达能力的明显提高期。

儿童掌握的词类与概念的发展有着密切关系。名词、动词、形容词反映事物及其属性，儿童较易掌握。副词比较抽象，儿童掌握较难。虚词反映事物之间的关系，儿童掌握起来更困难。不过儿童已经可以掌握各种最基本的词类。

2. 学前儿童对词类的运用

学前儿童对自己所掌握的词的使用次数并不相同。词频率就是指使用词的频繁程度。常用词的词频率较高，而最常用的词称为高频词。据研究，汉语高频词的特点有：（1）单音词占优势，在使用频率最多的词中，25%是单音词；（2）具有多义性和一词多用性；（3）虚词使用频率高，尤其是助词，如“的”字使用频率最多的在5%以上。

儿童词汇中各类词使用频率有以下特点。

（1）词频率最高的是代词。因为儿童说话多是在具体环境中对着具体人进行的，有使用代词的良好条件；儿童常常不会说出事物的确切名称，于是用代词而不用名词。

（2）儿童使用动词的频率多于名词。

（3）儿童使用名词的频率较高。

（三）词义的深化

同一个词，儿童在不同时期对其含义的理解水平是不同的。儿童最初掌握词时，往往对它理解不确切，以后逐渐确切和加深。

1. 学前儿童对词义的理解特点

学前儿童对词义的理解具有四个突出特点：一是笼统；二是非常具体；三是对词义的理解或是失之过宽，或是失之过窄；四是出现“造词现象”，就是自己制造新词，如把“灰色”说成“小黑”，这个“小黑”就是儿童自己制造出来的。儿童理解词义是从理解具体意义的词到理解抽象的词，从理解词的具体意义到理解词的抽象意义。

2. 学前儿童对具体名词词义的理解水平

据研究，学前儿童对具体名词词义的理解可以分为四种水平。

（1）最低的水平——不会回答，不能完成任务。

（2）低级水平——不会解词，可分三类：列举一般特征，举出实例，或作同义反复。低级水平仍然是对词义的不理解。

（3）一般水平——列出具体特征，从功用习性或重要特征来理解。

（4）较高水平——说出不完全确切的概念。儿童理解词义的较高水平是开始能够说出概念。

随着儿童年龄的增长，儿童对词义的理解也逐渐确切和加深。但是，儿童对具体名词的理解基本上没有达到确切的概念水平。

儿童掌握的词义越是丰富和深刻，他运用该词的积极性也越高。这时，词可以从被动（消极）词汇转为主动（积极）词汇，儿童既能理解，也能正确使用。

四、语法的发展

（一）句型的发展趋势

1. 从不完整句到完整句

最初，儿童句子的结构是不完整的。不完整句指表面结构不完整，但能表示一个句子意思的语句。[①] 儿童的不完整句包括单词句和电报句。2岁以后，儿童逐渐出现比较完整的句子。完整句的数量和比例随年龄的增长而增长。到6岁左右，98%以上的6岁左右儿童能使用完整句。

（1）单词句是出现在1～1.5岁阶段的特定语言，这是人类共有的普遍现象，是指儿童用一个单词来表达一个比该词意义更为丰富的意思。单词句中的单个词实际上是一个句子。中国儿童在学单词和使用单词句时习惯用叠音词，如“球球”“抱抱”。这种单词可以表示多种意思，也可以表达多种语态，富有多种功能。当儿童说“球球”时，根据不同的情境可能表示几种不同的意思。如“这是球球”“我要球球”“球球滚开了”。儿童有时还能用不同语调来表示描述、请求、提问等各种语用意图。单词句有以下几个特点：一是和动作紧密结合，常伴随着动作和表情；二是意义不明确，语音不清晰，成人必须根据语言情境和语调线索才能推断出意思；三是词性不确定，儿童并没有关于句子结构和语义范畴方面的知识，只不过是用单词对整个情境做笼统的表述。

（2）电报句是由两个单词或三个单词组成的不完整句，如“娃娃排排坐”。这种句子在表达一个意思时虽较单词句明确，但其表现形式是语句断续的、简略的，结构不完整，出现在1.5～2岁左右。这时的儿童主要使用名词、动词、形容词等实词，而具有语法功能的虚词则很少使用。双词句的发展是起先发展缓慢，以后急剧加速。研究表明，到2岁左右，儿童开始使用比较完整的句子，3岁儿童的话语已基本上都是完整句。

2. 从简单句到复合句

从2岁以后，儿童的简单句逐渐增加。研究表明，学前儿童主要使用简单句，其发展趋势是：简单句所占比例逐渐减少，复合句逐渐发展，但总的来说，简单句的比例比较大。复合句是指由两个或两个以上的意思关联比较密切的单句合起来而构成的句子。儿童复合句的特点有：（1）数量较少，比例不大。学前初期，复合句的比例相当小。复合句的比例虽然随年龄的增长而增长，但到学前晚期，仍然在50%以下。（2）结构松散，缺乏连词，仅由几个单句并列组成，是简单句意义上的结合。比较容易掌握联合复句，其中

---

① 刘金花：《儿童发展心理学》，华东师范大学出版社，1997年6月版，第120页。

并列复句比例最大，这种句子反映两个简单句的并列关系，常常用“还”“也”“又”等连接词；偏正复句出现较晚，因为偏正复句要求用关联词反映事物间的因果、转折、条件假设等关系，儿童较难掌握。

3. 从无修饰句到修饰句

儿童最初的简单句是没有修饰语的，如“宝宝画画”，以后便出现了简单修饰语和复杂修饰语。朱曼殊等人的研究发现，2.5 岁儿童已经开始出现一定数量的简单修饰语，如“两个娃娃玩积木”。3 岁左右儿童已开始使用较复杂的修饰语，如名词性结构的“的”字句：“我玩的积木”。2 岁儿童运用修饰语的仅占 20%，3 岁达 50%，到 6 岁则上升到 91.3%。3～3.5 岁是复杂修饰语句数量增长最快的年龄，这说明使用复杂修饰语的能力从此开始显著增强。据黄宪妹等（1979）的研究，儿童到了 4 岁，有修饰的语句开始占优势；以后直到 6 岁，虽逐年有所增长，但增长幅度不大。

4. 从陈述句到非陈述句

儿童最初掌握的是陈述句。在整个学前期，简单的陈述句仍然是基本的句型。儿童常用的句型除陈述句外，还有疑问句、祈使句、感叹句等，其中疑问句产生最早。由于生活的需要，2 岁左右的儿童也有单词句结构的疑问句。随着年龄的增长，儿童的疑问句也增加，5 岁左右出现许多因果关系的问句“为什么?”等等。

研究发现，儿童各类结构的话语的出现次序和发展趋势大致为：不完整句—主谓句、主谓宾句、主谓补句—主谓双宾句、简单修饰语句、简单连动句—复杂修饰句、复杂连动句、递系句、宾语中有简单主谓结构的句子—复合句、宾语中有复杂主谓结构—主语中有主谓、联合结构。①

（二）语句结构的变化

我国心理学家朱曼殊、武进之、缪小春的研究认为，2～6 岁儿童的语句结构大致按照以下趋势发展。

1. 从浑沌一体到逐步分化

儿童早期的言语功能有表达情感的、意动（语言和动作结合表示意愿）的和指物（叫出物体名称）的三个方面。学前儿童在掌握语言过程中，语句

① 朱曼殊等：《幼儿口头言语发展的调查研究 1. 幼儿简单陈述句句法结构发展的初步分析》，《心理学报》，1979 年第 3 期。

逐渐分化，分化过程表现在三个方面：一是表达内容的分化。最初，表达情感、意动和指物三个方面紧密结合，以后逐渐分化，2岁和2岁半儿童多半是边做动作边说话，用动作补充语言所没有完全表达的意思，以后逐渐分化。二是词性的分化。最初，儿童的语词不分词性，如“叭叭呜”既可当作名词（汽车），又可当作动词（开车）；以后在使用中逐步分化出修饰语和中心语、名词和动词等词性。三是结构层次的分化。最初主谓语不分（单词句、双词句），而后逐渐发展到出现结构层次分明的句子。

2. 从松散到逐步严谨

最初的单双词句和电报句只是一个简单的词链，不是体现语法规则的结构。直到出现了包括主谓、主谓宾的简单完整句以后，句子才初具结构基架，但句子各成分间的相互制约不明显。3岁半以前的儿童的话语常常漏缺主要词类，词序紊乱，如“孙悟空头上毛”（孙悟空拔头上的毛）。以后句子复杂性增加，各成分间的互相制约越来越严格。3岁半以后出现较多复杂修饰语句，如运用介词“把”——“他们把绳子接起来跳”，“把”字前后两个名词的关系以及第二个名词与紧接着的动词的关系都受严格的限制，不能任意调换和删除。到5～6岁，儿童的复合句仍在发展之中，这时儿童的关联词比较丰富，但还常常用得不恰当。

3. 由压缩、呆板到逐步扩展和灵活

简单陈述句的一般模式是：时间坐标＋空间坐标＋线索＋核心事件，其中核心事件是不可少的。儿童最初的语句结构不能分出核心部分和附加部分。由于认识的局限性和词汇的贫乏，其陈述内容单调、狭窄，只能说出形式上千篇一律的、由几个词组成的压缩句。其稍后能加上简单修饰语，而后加上复杂修饰语，最后达到简单修饰语和复杂修饰语的灵活运用和语句中各种成分的多种组合。例如：叭叭呜—叭叭呜去北京—爸爸坐火车到北京—我爸爸坐火车到北京开会去了—幼儿园放假的时候，我准备和外婆乘火车到北京去玩。据黄宪妹等（1979）的研究，儿童语句结构的发展在4～4.5岁之间较为明显，5岁儿童语句结构逐渐完善，6岁时水平显著提高。

（三）句子含词量的增加

随着年龄的增长，儿童说话所用的句子有延伸的趋势，即句子的含词量逐渐增加。儿童最初的句子只有1个词（单词句）；稍后，儿童会说出2个词的句子（双词句）；3岁儿童仍然较多使用4个词以下的句子。整体来说，学前儿童的句子主要在10个词以内，而4～6个词的句子占最大比例。

（四）语法意识的出现

儿童掌握语法结构，主要是通过日常生活中的言语交往，模仿成人说话而进行的。儿童对语法结构的意识出现较晚。从理论上学习语法规律，对儿童来说，既不必要，也有困难。儿童往往不能说明自己说出的句子中包括多少个词。儿童只是由于反复的实际练习，形成了习惯，才建立起词与词之间联系的各种动型。他们并不去分析什么是名词、动词，以及各种词之间的关系。当儿童能够在使用中逐步分化出修饰语和中心语、名词和动词等词性时，也还是不能叫出这些词类的名称。

儿童对语法的意识是从4岁开始明显出现的。这时，儿童提出有关语法结构的问题，逐渐能够发现别人说话中的语法错误。当然，他们还不是根据语法规则的知识去发现错误的，只是由于这些错误说法使他们听起来感到“刺耳”，不符合其语言习惯。

（五）理解策略的使用①

儿童往往采用一定的策略去解释一些尚未掌握的新句子。这些策略是他们从已有的语言与非语言知识经验中所概括出来的一些“规则”。不同年龄阶段的儿童所使用的策略有所不同，在儿童语言理解的发展过程中理解策略也会发生变化。儿童理解句子的策略大致有以下几类。

1. 事件可能性策略。这是年幼儿童在开始理解句子时采用得比较多的一种策略。它指儿童只根据词的意义和事件的可能性，而不顾句子的句法结构来确定各个词在句子中的语法功能和相互关系，如动作对象、动作者。例如，当成人要求儿童对“人拍球”“球拍人”这对句子用玩具进行操作时，2～3岁的儿童同样做出人拍球的动作。在理解不可能句，如“用小羊打鞭子”时，儿童常根据两个名词有无生命的情况而把它理解为“用鞭子打小羊”。事件可能性策略使得儿童把本来描述为不可能事件的句子当作可能性事件来处理。他们只对词与词之间的意义关系作出反应而不顾及词序，因而这种策略也是语义策略。

2. 词序策略。词序策略指儿童完全根据句子中词的顺序来理解句子。它出现在事件可能性策略之后。国内外的研究发现，5～6岁儿童在经常使用主

---

① 李丹：《儿童发展心理学》，华东师范大学出版社，1993年3月版，第135页。

动语态句的过程中，已形成一种把句子中出现的名词—动词—名词的词序当作施事—动作—受事来进行句子加工的策略，因此常将被动语态句“女孩被男孩推倒”理解为“女孩推倒男孩”。词序策略也常被儿童应用来理解双宾句和描述事件出现顺序的句子。前者如把“给娃娃一只猫”理解为“把娃娃送给猫”，后者如把“在大娃娃上车前小娃娃上车”理解为“大娃娃先上车，小娃娃后上车”。词序也影响儿童对与格可逆句的理解。4.5岁和5.5岁的儿童对三种动名词序句（动词—名词—名词、名词—动词—名词、名词—名词—动词）的理解存在着显著的差异。除了动名词序外，介词词序也可影响儿童对句子的理解。如5.5～7.5岁的儿童对介词在第一个名词前的与格可逆句（“送给小狗花猫”）的理解和对介词在第二个名词前的与格可逆句（“花猫送给小狗”）的理解存在显著差异，他们在理解部分与格句和工具格句时常使用将句子中第一个名词来作为移动物的词序策略。

3. 非语言策略。儿童在理解句中某些词的词义时常使用一些非语言策略。如克拉克（E. V. Clark）在一个关于“in”“on”和“under”的理解研究中，给年幼儿童一些玩具和参照物，要求儿童按实验者的指导语把玩具放在参照物的适当位置。结果表明儿童是按以下两个非语言策略放置的。

（1）如果参照物是容器，儿童就喜欢把玩具放在它里面。

（2）如果参照物有一支撑面，儿童就喜欢把玩具放在它上面。

这种非语言策略往往容易使人们以为儿童已经掌握了“in”和“on”。

预期也是非语言策略的一个方面。儿童在具有关于周围世界的知识以后，在理解句子时就要受到知识的影响，也就是说在理解前有个预期。他们往往不顾句子的结构和实际内容，而只是根据自己对人物间关系的比较稳固的看法来作出主观预期的回答。如“张老师被小华背着去教室，他的腿跌伤了。”这个句子，当要求回答谁背谁时，7岁左右的儿童仍认为是张老师背小华，小华的腿跌伤了。国外的研究表明：和预期相符的句子回答得要比和预期相反的句子好。对年龄较大的儿童来说，首先起作用的是预期。在同一预期水平内，才是语言结构起作用。儿童通过对这些策略的使用逐渐发现它们的例外，从而改进策略使它们更符合语言实际，使自己的理解逐渐接近成人的理解。

五、口语表达能力的发展

（一）对话语言的发展和独白语言的发生

口语可分为对话式和独白式。对话是在两个人之间交互进行谈话，独白则是一个人独自向听者讲述。

儿童的语言最初是对话式的，只有在和成人共同交往中才能进行。3 岁前儿童与成人的言语交际，往往仅限于回答成人提出的问题；儿童有时也向成人提出一些问题或要求，这时往往是成人逐句引导，儿童逐句回答。儿童在幼儿期对话语言有进一步发展。儿童不但能够回答问题，或者提出问题和要求，而且为了协调行动能够在对话中与人商议，讨论对事物的评价，或对别人提出指示等等。

独白语言是在幼儿期产生的。随着儿童活动的开展，他们的独立性大大增强，常常离开成人从事各种活动，从而获得自己的经验、体会、印象、意愿等。在与成人交际中，他们渴望把自己的各种体验、印象等告诉成人，这样就促成了儿童独白语言的发展。3～4 岁儿童能主动讲述自己生活中的事情，但是在集体（如全班）面前讲话往往不大胆、不自然。4～5 岁儿童能够独立地讲故事或各种事情。5～6 岁儿童不但能够系统地叙述，而且能大胆而自然地、生动和有感情地进行描述。

（二）情境语言的发展和连贯语言的发生

对话语言常常带有情境性。因为对话语言是在谈话双方之间交互进行的，所谈及的内容双方已有共同了解，不需要连贯和完整。所谓情境语言就是说话者只有在结合具体情境时才能使听者理解其思想内容，并且往往还要用手势或面部表情甚至身段动作辅助和补充的语言。3 岁前儿童的语言主要是情境语言。3～4 岁儿童的语言仍然带有情境性。他们在说话中往往想到什么说什么，缺乏条理性、连贯性，运用许多不连贯的、没头没尾的短句，并且辅以各种手势和面部表情。他们对自己所讲的事情丝毫不作理解，似乎谈话的对方已经完全了解他们所讲的一切。如果别人听不懂他们的意思，或者要求他们作解释，他们就会表现出反感或困惑。

范存仁等（1962）的调查发现，随着年龄增长，儿童情境语言的比重逐渐下降，连贯语言的比重逐渐上升。连贯语言的特点是句子完整，前后连贯，能够反映完整而详细的思想内容，使听者从语言本身就能理解所讲述的意思，不必事先熟悉所谈及的具体情境。情境语言和连贯语言的主要区别在于是否直接依靠具体事物作支柱。四五岁儿童说话常常还是断断续续的，不能说明事物现象、行为动作之间的联系，只能说出一些片断。六七岁儿童已能完整、连贯地说话，开始从叙述外部联系发展到叙述内部联系。

连贯语言的发展使儿童能够独立、完整、详细地表述自己的思想和感受，也为独白语言打下了基础。连贯语言和独白语言的发展，不但促进儿童语言表达能力的提高，而且促进儿童逻辑思维的形成和独立性的加强。同时，连贯语言和独白语言的发展又依赖于儿童逻辑思维的发展，是儿童口语表达能力发展的重要标志。口语表达能力的发展既有利于内部语言的产生，也为儿童进入学校接受正规教育、掌握书面语言奠定了基础。

（三）讲述逻辑性的发展

儿童在独立讲述中，逻辑性水平逐渐提高。主要表现在讲述的主题逐渐明确，层次逐渐清楚。3～4 岁儿童的讲述常常主题思想不够明确，层次不清。据史慧中等人的研究（1986），能够讲述清楚的儿童人数百分比随年龄增长而增长。该研究还指出，儿童的讲述往往是单纯对现象的罗列，主题不突出。这种情况在 3～4 岁组最多，随着年龄的增长，人数逐渐减少。儿童言语表达的顺序性、完整性、逻辑性在 3～4 岁时发展较快，而 4 岁与 5 岁差别不大。总体来说，儿童在幼儿时期讲述的逻辑性不高，他们的表达常常层次和顺序不清，事物之间关系混乱。

六、语用技能的发展[①]

（一）说话的语用技能的发展

语用技能指交谈双方根据语言意图和语言环境有效地使用语言工具的一系列技能，包括说者和听者两方面的技能。国外的研究发现，儿童在获得语言之前，已能用别的方式交流。成人用姿势来和儿童进行交流，常以指着一个物体的动作来引起 7～8 个月婴儿的注意。随后不久，婴儿也能用指点和姿势作为早期交流方式。到第一年末，婴儿不仅能用指点、姿势说明物体的存在和“请求”得到某物体，同时还能检查自己的姿势能否引起成人对该物体的注意，如用力拉着不在意的父母的手或衣服并再指着该物体。到单词句和双词句阶段，词和姿势结合便成为儿童有效的交流方式，同时，儿童还能用不同语调来表示自己的意图，如以升调表示提问，以降调表示命令或要求。

韦尔曼和莱普尔发现 2 岁儿童已表现出巧妙的交流能力。第一，他们对

---

① 刘金花：《儿童发展心理学》，华东师范大学出版社，1997 年 6 月版，第 127～129 页。

有效交流具有决定意义的情境很敏感。他们选择与之交谈的对象有几类：当时正在相互交流或在一起玩的，当时没有和其他人发生联系的，能相互看到或距离不远而对方正在注视自己的，双方对所谈及的事物都较接近的。由于他们能较谨慎地选择交流情境，故能有效地引起对方的注意。第二，儿童能知觉到交流情境的困难并对谈话作出相应的调整，如当视觉上有障碍物时就比情境顺利时讲得较详细些。第三，儿童还能根据听者的反馈对谈话作适当调整，当发现听者没有作任何反应时，会以一定方式重复所讲的消息。

在交往中，说者根据听者的情况确定言语的内容和形式是语言运用能力的一个方面。说者要对听者的需要和能力作出判断或假定，然后根据这个判断或假定来决定改变信息的内容和形式。夏兹和格尔曼发现 4 岁儿童就已能适应听者的能力而调整其谈话内容。当 4 岁儿童分别向 2 岁儿童和成人介绍一种新玩具时，其语句的长度、结构和语态都不相同。对于 2 岁儿童，其话语简短，多用引起和维持对方注意的语词，如“注意”“看着”，谈话时表现自信、大胆、直率，告诉的是有关的事情，如怎样玩玩具。其对待成人则话语长，语言结构较复杂，较有礼貌和谨慎，对成人所讲的往往是自己的想法，想从成人那里得到信息或帮助。可见 4 岁儿童已初步学会了有效交流的基本规则之一，即必须使自己的话语适应听者的水平。

良好的语用技能还要求说话者根据事物所处的具体情境而调节自己的言语，例如，同一个物体在不同的情境中应该有不同的称呼。国内的一项研究表明，对于同一块黄色圆形积木，5～6 岁儿童就能根据在它旁边有些什么其他积木而改变对它的称呼，但还不够完善；7 岁儿童能在比较复杂的条件下对自己的表达方式进行调节，有时称这块积木为黄积木，有时称它为圆积木，有时称之为黄的圆积木，甚至大的黄色圆积木。

在交谈中，说者还需要利用前面话语的语义和句法信息，使自己说的话和前面的话保持同一话题，具有共同的语言形式，具有连贯性。这种能力在儿童 2～3 岁时有很大进步，这时不论前面是疑问句还是陈述句，在语义上和前面的话有关的话语明显增加。在连贯的交谈中，有一种方式是省略，即考虑到前面的话语而有规则地消除多余部分。这种省略的语句是片面的、不完整的，但和儿童的单词语、双词语不同。在儿童说单词语和双词语时，他们并不知道什么时候应该说完整结构，什么时候应该说部分成分，他们的话语不是消除多余部分的结果。

（二）听话的语用技能的发展

在听的方面，埃森和夏皮罗（Eson & Shapiro）1980年发现，4～4.5岁的儿童即使在说者话语的字面意义提供线索很少的情况下，也能推测出说者的意图。如在一张纸上呈现一个空心圆圈，另有红、蓝两张纸，告诉儿童不要将圆圈填成红的，4岁半儿童已能领会到是要求他们将圆圈填成蓝的。

4岁儿童对于听者困惑的眼光或“我不懂”等形式的反馈不像较大年龄（7岁）那样敏感。

年幼儿童尚不能觉知自己是否理解别人所传达的消息。马克曼（Markman，1977）在实验中教给一、三年级儿童一个游戏，把关键性的、缺此就不能开展游戏的信息省略。一年级儿童对此重要缺漏无所觉察而是急于开始游戏，而三年级儿童则能较快地发觉信息的缺漏。

儿童对话语中讽刺意图的理解能力，以及对诚实话和讽刺话、嘻嘻话和侮辱性话的辨别能力则要到相当迟才能出现。他们常把成人的反话当作正面话理解。如年幼儿童擅自过马路，妈妈说“你再走走看”，他就更进一步；年幼儿童把爸爸的书乱扔，爸爸说“好啊，你把我的书搞得乱七八糟”，儿童就搞得更起劲了。

七、前阅读能力的发展[①]

阅读是指看书报并领会其内容的活动。在儿童识字（进入小学）之前，从语言方面讲，他们已经能够听懂别人的话或者对别人说话；从感知方面讲，他们的形状知觉和颜色知觉已经有了初步的发展，他们已经能够感知一些基本的图形和一些常见事物的形状；从思维方面讲，他们已经开始能够理解直观画面的局部或整体内容，并通过口头语言将其表达出来。因此，儿童在识字（进入小学）前事实上已经能够阅读，但是从阅读的材料来看，他们的读物不是文字材料而是图画材料；从阅读的方式看，他们除了自己看图画内容外，还可以借助成人的帮助来阅读。而这一时期的阅读活动，是真正意义的阅读的准备时期，其发展水平直接影响儿童进入小学以后真正意义的阅读能力的发展。因此，我们把它称为前阅读能力。

---

① 周念丽：《学前儿童发展心理学》，华东师范大学出版社，2004年3月版，第197～200页。

儿童前阅读能力的发展大体上要经历以下三个阶段。

第一阶段：分析阶段

这一阶段的儿童，由于生活经验的不足和理解能力的限制，他们对图画的理解常常是单个的、局部的。他们对图画内容的表达常常处在“给事物命名”阶段，即说出“这是什么，那是什么”。

第二阶段：综合阶段

这一阶段的儿童在第一阶段的基础上开始能够把图画上的内容经过组织后表达出来。从表达内容看，这一阶段不再是对事物进行命名，而是能够表达图画中事物之间的联系，并且表达开始带有情境性。但这一阶段的表达还不连贯，他们对看到的东西还不能准确而迅速地表达出来。

第三阶段：分析综合阶段

在第二阶段的基础上，儿童阅读画报开始能够完整地理解画面的内容，能够把看到的和说出的统一起来，从而达到把看到并理解了的图画内容准确而迅速地用语句说出的程度。这一阶段的表达不仅具有情境性，而且具有连贯性，表现为流畅地表达。

既然学前儿童在语言、感知和思维方面已经具备了阅读活动的心理条件，我们就有可能对学前儿童进行阅读训练。因为阅读是获取知识最主要的途径之一，阅读能力的强弱往往决定一个人一生所获得成就的大小。这种能力的个别差异很大。美国心理学家埃尔凯经过长期研究发现，早期阅读训练对阅读能力的培养具有举足轻重的作用。他对儿童的年龄、性别、家庭经济状况、父母所受教育程度等因素与早期阅读之间的关系做了大量的实验研究。他认为，提高儿童早期的阅读能力，首先应为儿童创造一个丰富的语言环境，要让儿童有多方面接触语言的机会，如看电视、听广播、看图书、讲故事、对话、朗读。要注意让儿童多“说”，鼓励他们把看到的、听到的东西复述出来，以培养其表达能力。其次，要重视父母的示范影响。他认为，培养儿童的早期阅读能力，父母本身应该作出表率，勤于阅读。这种身教的作用是不容忽视的。父母对儿童的阅读活动持随便态度，甚至是消极反对的态度，必将极大地阻碍儿童这方面能力的发展。因此，父母不应小看每天的亲子共读或者每天给儿童读几页书。第三，要合理地为儿童选择读物。儿童对阅读内容的理解受其思维发展水平的制约。父母如果不注意合理地为儿童选择读物，不仅难以收到效果，还可能适得其反。第四，要培养儿童阅读的兴趣。兴趣是儿童最好的教师，没有兴趣，儿童就失去了阅读的动力。为了培养儿童的阅读兴趣，父母应该热情地解答儿童在阅读中提出的问题，让儿童从自己的阅读中感受快乐和趣味，而不是为了完成父母的要求或者为了某种报酬而阅读。

第二节　学前儿童语言功能的发展

人类语言特有的功能，主要是交际功能、概括和调节功能。这些功能随着儿童的成长而发展，在个体的发展中发挥着重要的作用。

一、语言交际功能的发展

儿童的语言为交际而产生，在交际过程中发展。儿童掌握语言的过程，同时也是社会化的过程。学前儿童语言交际功能的发展大致可分两个阶段。

第一，3 岁前阶段语言的主要功能是请求、回答和提问。这些语言功能和该年龄儿童活动的特点有关。3 岁前，儿童活动的独立性还不够，使得语言交际功能受到局限。在这个阶段，儿童所用语言主要是对话语言、情景性语言和不连贯的语言。

第二，3～6 岁阶段语言的功能除了请求和问答外，还有陈述、商量（协调行动）、指示和命令、对事物的评价等等。与此相适应的是连贯性语言、陈述性语言逐渐发展。4 岁以后，儿童之间的交谈大为增加，他们会在合作中谈论共同的行动。5 岁以后，在儿童的争吵中已经开始出现用语言辩论的形式，而不再是单纯依靠行动了。

皮亚杰的研究（1923）已指出，儿童与儿童之间的语言交际较多属于讨论，而儿童对成人的语言交际则主要是向成人提出问题，因为成人地位的优势妨碍了儿童和成人的讨论与合作。

同时，儿童也需要学习在社会交往中使用语言的一些规则，比如交替谈话的规则：儿童与同伴轮流扮演说话者和倾听者，避免同时说话。因此社交技巧与语言技巧是密切相关的，两者对于有效交流非常重要。

二、语言概括、调节功能的发展

语言对儿童心理发展的重要作用主要体现在其概括和调节功能的发展

方面。

（一）语言对认识过程的概括作用

语言的参与使学前儿童的认识过程发生了质的变化。语言在感知中的概括作用说明了这个问题。

柳布林斯卡娅（1959）曾对4～7岁儿童进行分辨蝴蝶花纹细微差异的实验，向儿童提供9张图片，每张上面有一只蝴蝶，9只蝴蝶分为3种不同的颜色——浅蓝色、白色、红色，每种颜色的3只蝴蝶分别为带斑点花纹的、条状花纹的和没有花纹的。研究者在同一班中选出实验组和控制组儿童，对实验组儿童要求在展示和选择蝴蝶时用语言说出花纹，对控制组则没有让语言参与工作。经过2～3次作业后，研究者对两组儿童分别进行了测验，两组测验结果有明显差异。实验结果的差别主要源于语言的概括作用。语言中词的参与可以提高知觉的恒常性，使知觉从以孤立的、表面的特征为主导发展到以复合的、意义的特征为主导，使儿童对事物的感知越来越细微、精确、迅速、完整，其具体作用表现在以下方面。

1. 用词命名，把所感知的事物及其属性标示出来，使感知的事物成为理解的事物，便于认识事物及其属性。

2. 借助于词，将相似的物体及其特征加以比较，易于找出物体间的差别。

3. 借助于词，能概括地感知同类事物的共同属性，易于认识事物的共同特征。

4. 借助于词，可分出事物的主要和次要特点。

5. 借助于词的概括作用，可以根据已知事物的主要特征，认识同类的未知事物。例如，知道梅子是酸的，而后听说山楂是酸的，个体不用直接去尝山楂便知道它的酸味这种特征。换句话说，词有助于迅速地认识新事物。

另有研究表明，语言能有效地改变对复合刺激物感知中的“强度规律”。另外，语言对儿童的记忆发展也具有概括作用。

（二）语言对心理活动和行为的调节作用

语言影响的不仅是思维而且还有行动。语言对儿童心理活动和行为的调节功能（即自我调节功能）是和它的概括功能（即自觉的分析综合功能）密切联系的。儿童必须首先对自己认识过程的各种因素进行分析综合，才能对认识过程进行调节。

卢里亚（Luria）认为儿童使用语言来指导行为的能力有三个阶段。在第一个阶段，即大约 3 岁时，他人的语言指导能激发一项行为但是不能抑制它。例如，给一个橡皮球让儿童挤，他们会正确地回应这项“挤压”的指令；当被喊“停”时，他们仍会再次挤压。在第二个阶段，即 4～5 岁时，儿童以冲动的方式回应这项指令。当灯亮起时，儿童被告知要压那个球，他们会反复挤压，回应的不是语言的内容而是它的激活性。因而，指导的声音越大，他们挤压的次数就越多。在最后一个阶段，即 5 岁以后，儿童将回应语言的内容，并能运用它来约束以及激活他人的行为。所以，虽然行动的语言规则在幼儿期还需要大大发展，但是这一规则不论是由儿童自己还是他人所制定，都起到了主导作用。

各种心理活动的有意性发展，是由语言的自我调节功能引起的。例如，儿童的注意起先只有无意注意，这种注意是由外界事物或成人的语言来组织的；后来，儿童用自己的语言来组织自己的注意，即产生有意注意。同样，儿童的识记起先是由外界环境的变化引起的无意识记；以后，儿童利用自己的语言来组织自己的识记，使无意识记变成为有意识记。此外，儿童的情绪和意志行为，也是从执行成人的指示，受成人组织，过渡到渐渐能自己用语言来提出对自己的要求，建立能够自己控制和调节的情绪和意志。

三、内部语言的发展

内部语言是指不出声的语言，它是语言的一种特殊形式。

（一）内部语言的特点

1. 内部语言形式上的特点

(1) 发音隐蔽。人们在默默思考时，就是利用内部语言来进行的。这时，语言器官的肌肉组织虽然不发出可以听到的声音，但仍然向大脑皮层发送比较微弱的动觉刺激，即和出声说话相似的刺激作用。

(2) 语句简略，不完整。

2. 内部语言功能上的特点

(1) 内部语言是对自己的语言。外部语言是交际的工具，是为了和别人交往而发生的。内部语言则不执行交际功能，它是为自己所用的语言。

(2) 内部语言更突出表现了自觉的分析综合和自我调节功能。

（二）内部语言的发生

内部语言是在外部语言的基础上发生的。幼小的儿童没有内部语言。因为：第一，他们不能控制自己的动作系统，包括发声系统。他们想做时就行动起来，想说时就说出声音。第二，他们不会独自在头脑中进行思考，而要依靠外界条件的帮助，特别是需要在交谈中进行分析综合和调节自己的行动。

4岁以后，儿童开始学习用内部语言。据史蒂文森（Stephenson T. R., 1974）的研究，在学前儿童完成选择和折叠布料的坚持性任务中，4岁左右的儿童在工作过程所运用的语言从公开转变为隐蔽。6岁女孩说话（说出的语言）明显地减少。男孩发展比女孩稍晚，但是，男孩的外部语言从2岁到6岁也随年龄的增长而减少。

由此可见，学前儿童的内部语言是在外部语言充分发展的基础上逐渐发展起来的。我们常常可以看到，6岁左右的儿童在完成任务时，先在头脑中思考，然后开始行动。

（三）自言自语

说出声音的自言自语，是内部语言发生过程中的一种过渡形态。它既有内部语言的特点，又有外部语言的特点。一方面，自言自语起着自觉的分析综合和自我调节的作用；另一方面，它仍然有对别人说话的性质。

自言自语主要是一种说出声音的思维过程。同时，它也起着指导自己行为的作用。儿童的自言自语往往是在他们要求和别人交往，但又缺乏语言交往的实际可能的情况下出现的。自言自语实际上是外部语言的一种代替或补偿。

自言自语出现在4岁左右。儿童的自言自语有以下两种形式。一是游戏语言。这种语言的特点是比较完整、详细，有丰富的情感和表现力。儿童一边做各种游戏，一边说话，用语言补充和丰富自己的行动。在绘画活动中也常常有这种情况，用语言来补充不能画出的情节。二是问题语言。这种语言的特点是比较简短、零碎，常常在遇到问题或困难时出现，表示困惑、怀疑、惊奇等等。然而，这时所提出的问题并不要求别人回答。当儿童找到解决问题的办法时，还会用这种语言表示自己的思维过程和采取的办法。例如，在拼图过程中，儿童自言自语地说："把这个放在哪里呢？……不对，应该这样。……这是什么？……就应当把它放在这里……"四五岁儿童的问题语言最为丰富。

对儿童自言自语的认识，代表性的观点有皮亚杰的"自我中心语言"和维果茨基的"社会化语言"。

1. 皮亚杰对儿童自言自语的认识——自我中心语言

皮亚杰把儿童的自言自语称为“自我中心语言”。他认为，自我中心语言是自我中心思维的表现。他指出，自我中心语言的特点是：（1）不想去影响别人；（2）不能把自己的观点和别人的观点分开。儿童最初以自我为中心，把一切都看作是他的一部分。自我中心语言就是这种特点在语言方面的表现。皮亚杰把自我中心语言和社会化语言对立起来，认为儿童自我中心语言的发展，将向社会化语言过渡。随着年龄增长，自我中心语言的比例逐渐降低。

皮亚杰的研究发现，自我中心语言出现的多少，受外部社会影响而变化。在象征性游戏等活动中自我中心系数高，在接近于真实工作的活动中自我中心系数低。4 岁儿童和成人交谈时自我中心系数较高，和儿童交谈时自我中心系数较低。

2. 维果茨基对儿童自言自语的认识——社会化语言

维果茨基认为，儿童自出生后就是一个社会的实体，社会交往是儿童生活活动的基本形式。语言是成人与儿童交往的工具，这种交往最初伴随着动作和实物，以后才获得概括的意义。语言在组织儿童的活动、形成儿童的智力行为中起着指导和调节作用。儿童心理的发展，往往是在以成人的语言指导为开端，以儿童的实际动作为结尾的相互交往中进行的。因此，儿童所使用的语言（包括听和说）从一开始就具有交际功能，并不像皮亚杰所说的那样，儿童早期的语言是以自我为中心的，没有交际功能。维果茨基一方面充分肯定了皮亚杰在儿童语言和思维方面的杰出研究和理论上的贡献，一方面又对自我中心语言的观点质疑。他设计了一些实验，研究当社会情境改变（减弱和增强）时儿童自我中心语言有没有变化。实验表明，每当儿童的活动过程产生困难时，自我中心语言就大为增加。实验结果使维果茨基确信，所谓的自我中心语言，实质上就是社会化语言，它在儿童的活动中起着定向和调节的作用，因此，自我中心语言是儿童思维的工具，它具有反映解决任务的计划的功能。自我中心语言是形式上的外部语言与功能上的内部语言的结合，随着儿童心理的发展，自我中心语言并不是消失了，而是转化成了内部语言。也就是说，儿童的自我中心语言是由社会化语言向内部语言过渡的一个中间环节和必要阶段。

总之，随着儿童语言的发展，语言在儿童心理发展中的作用越来越大。事实说明，积极词汇比消极词汇对儿童心理活动和行为的概括和调节作用大。

此外，语言作用的持续时间也逐渐延长。儿童1.5～2岁时，语言调节作用持续的时间很短。比如，问一个此年龄段的儿童："哭好不好?"答："不好，我不哭。"问："自己去玩好不好?"答："好。"可是，儿童刚转身要去玩，又哭起来了。3岁，特别是4～5岁以后，儿童语言的自我调节作用明显加强。

第三节 语言发展理论

关于语言发展的理论争议是一个十分古老的话题。如今，关于语言发展的理论探究大致沿三个传统方向进行，包括生物取向、认知理论和环境作用分析。

一、先天论

先天论否定环境和学习是语言获得的因素，而强调先天禀赋的作用。先天论主要包括生成转换语法理论和可习得性理论。

（一）乔姆斯基的理论——生成转换语法理论

1. 基本观点

乔姆斯基提出的语言发展先天论极其强调先天过程和生物机制。乔姆斯基及其他先天论者主张，即使是我们看起来最简单的语言结构，对于认知不成熟的学前儿童来说，也是极其复杂的，复杂到既不能通过父母教授学会，也不能通过简单的试误过程发现。语言习得必然具有某种强的生物基础，否则儿童不可能如此快速地习得语言，况且在这一发展期间他们的认知能力仍十分不成熟。这些理论家排除了语言是通过奖励、惩罚以及模仿等原因而获得的可能性。乔姆斯基认为没有什么以操作性条件作用为基础的理由能解释儿童如何学习支配句子构成的规则。

首先，成人似乎并不像环境论者所认为的那样，对儿童语言的准确与否进行奖惩。其次，模仿学习要求儿童应持续接触好的语言榜样，然而日常生活中儿童所听到的成人语言，却往往包含有短句、迟疑的停顿、俚语以及各种错误。语言的产生性属性也驳斥了模仿学习，即儿童产生了许多他们从未听到过的句子形式。同样，儿童所特有的一些句子形式也不可能是从成人那里模仿来的。来自语言学的分析也表明，我们用以说和理解言语的规则其实异常复杂，但是成人并没有具体地教给儿童这些规则。事实上，对于我们能如此轻而易举地用以产生和理解语言及辨识不良言语的语言规则系统，我们却往往不可能加以准确描述。因此，乔姆斯基认为，唯一可能的解释是儿童生来就具有独立于其他认知过程的特殊脑机制，人类出生时就具备了语言获得机制，它是一个与生俱来的语言处理器，由语言输入激活，使儿童能如此快速而轻易地习得语言。

2. 乔姆斯基理论的发展

乔姆斯基原来的理论认为，可用两类结构来描述语言。一类是语言的表层结构，即儿童实际听到的他们父母和其他成年人使用的语言，由支配单词和短语排列方式的规则构成，这类结构可能随语言而异。一类是语言的深层结构，即左右我们将单词组合成有意义的话语的潜在系统，是人类所拥有的先天规则，它构成了任何语言系统的基础。语言习得需要某种语言分析机制，乔姆斯基称之为语言习得装置（language acquisition device，LAD），这一机制使我们能比较轻松地发展出语言技能。儿童在任何时候听到语言时，假设中的脑机制便开始形成某种转换语法，经过了这一机制的过滤，抽取语言中的规则，将该语言的表层结构翻译成儿童能理解的深层结构。LAD是人类天生的一种程序，保证儿童能很快地学习错综复杂的语法。当然如果他们依靠成人的教育和示范会学得更快些。乔姆斯基假定这些转换规则的发展要经过几年时间，以此解释为什么儿童起初的语言技能相当有限，以及为什么它们的发展如此神速。

近一二十年来，乔姆斯基自己的理论也经历了许多变化，尽管关于语言习得的一般论点没变。例如，乔姆斯基对LAD的提法进行修正，提出支配和约束理论（government and binding theory）或原则与参数理论（principles and parameters theory，PPT）。该理论仍坚信儿童拥有先天能力，但对语言习得机制提供了更为详尽的阐述。该理论假设某些语言特征具有普遍性，这些特征由一组语言原则加以表达（如所有语言均有名词）。而一些语言特征则随各种语言各自的词法和句法而异，这种差异就是参数变化（parametric variation）。按照PPT，语言习得包含从一系列先天确定的可能性中确认正确参数，颇类似于将一个开关设置于几个位置中的一个。儿童被假定为能将他们听到的语言与他们已经拥有的语法结构相匹配，一旦发现某种匹配，儿童将开始这种语法规则。这一过程就为参数设置过程，而且一个参数的设定可能影响到语言系统的其他部分，因此与该参数相关的其他特征也开始为儿童使用。由于语言可能存在大量的变化维度，因此该理论假设存在大量的参数需要设置。

其他先天论者也有类似的观点。例如，斯洛宾（Dan Slobin，1985）认为儿童没有任何先天的语言知识，但是他们具有先天的语言制造能力（LMC），即一组高度专门化的语言学习和认知能力。可能就是这些天生的机制（LAD或LMC）使儿童有能力处理语言输入，并推断音素规律、语义关系和句法规则等语言知识，这些知识描绘出了语言的普遍特征，不管儿童听到的语言是哪一种，情况都是如此。这些关于语言信息的意义和结构的推断描绘了一种语言理论，这是由儿童自己建构的理论，他们用这个理论指导自己，尝试与人交流（图5—1）。当然，因为儿童的语言数据库非常有限，他们可能会做出一些错误的推断，但是，在继续处理越来越多的语言输入的过程中，他们的基础语言理论将变得越来越复杂，直到最终接近成人所用的理论。对先天论者来说，只要儿童有语言数据可以处理，那么语言获得就是非常自然的，几乎是自动化的。①

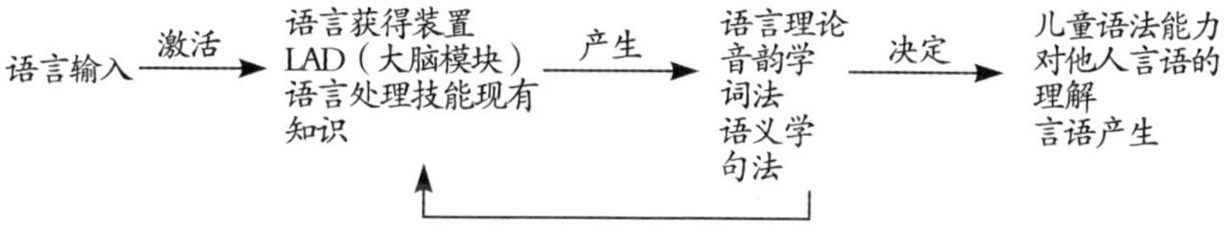

图5—1 先天论者提出的语言获得模型

（二）可习得性理论

可习得性理论（learnability theory）是基于对儿童语言习得的各个方面进行数学分析而得出的。按照这种分析，在逻辑上，儿童只有在得到否定证据（negative evidence），也就是在他们出错和得到他人的更正时，才可能习得一些语言规则。但是，这些理论家认为，儿童事实上并不可能得到这种证据。因此，所有儿童均快速掌握了这些规则，结论只能是，这些规则必然是先天给予的，而不是源自经验的。

这类先天论模型解决了环境论的一些问题。例如，儿童只需要一些关键的语言输入以形成某种语法，便足以促发各种语言发展；一旦儿童掌握了语言的结构规则或语法，他们便能够理解和产生无数句子。另外，按照这种模

① 〔美〕David R Shaffer著，邹泓等译：《发展心理学——儿童与青少年》，中国轻工业出版社，2005年2月版，第359页。

型，语言习得需要特异性分析和加工机制，并且这种机制只与语言的抽象结构有关，而与语言的意义或内容无关。这意味着语言习得对儿童的认知能力要求甚少，从而可以解释为什么认知尚不成熟的机体能习得高度复杂的语言。这种先天论也强调语言理解的作用，其假设儿童主要是通过听语言而习得语言，而不是通过说，因此其并不强调操作条件化的作用。

二、认知发展模型

在20世纪60年代，乔姆斯基的理论支配着整个语言研究领域。然而，从70年代开始，领域出现了其他一些关于语言发展的观点，其中一些重要观点源自认知发展研究传统。

先天论者坚信，语言不依赖于儿童的认知能力，并相对独立于认知能力；而认知传统的研究者则认为，甚至年龄很小的儿童也拥有大量认识，并且他们还利用这些知识帮助自己学习语言。这些研究者主张，儿童并不仅仅是习得一组抽象的语言规则，而是习得了他们能“映射”到他们已拥有的认知概念中的语言形式。

（一）基于皮亚杰理论的研究

皮亚杰理论为语言习得的认知基础提供了许多见解。例如，他认为符号功能是语言发展最一般的认知前提，而认知结构的形成和发展是主体和客体相互作用的结果。皮亚杰认为，表征能力不是与生俱有的，而是婴儿期的发展成就，它的出现不仅使词的使用成为可能，还使婴儿后期的许多其他现象（客体永久性、延迟模仿、符号游戏）成为可能，都出现在感知运动阶段的末尾，即1.5～2岁之间。儿童在开始发出语音时，是把一个对象的“名称”当作该对象不可分的一部分来看的；随后发展到能用语词称呼那些当时不在眼前的事物，能把作为符号的语词和被标志的事物加以区分，这时，就开始有了语言。他的另一个重要观点涉及儿童早期语义的认知基础，认为语言结构随着认知结构的发展而发展，儿童的谈论反映了他们的所知，而他们的所知则源自他们感知运动的发展。

有些研究者基于皮亚杰的观点开展了一些语言发展研究，这些研究主要集中于从感知运动阶段后期的感知运动能力向学前儿童前运算能力早期转化的这段时间，这时儿童刚刚开始将单词联合成双词和三词语。这类研究对特定的一些心理运算与对应的语言形式间的关系十分感兴趣。例如，在儿童开始使用表示消失的单词之前，他们似乎需要掌握客体的永久性概念；与此类似，儿童最早的句子中所表达的各种意思，与他们在感知运动阶段发展的各种认识密切对应。

对于儿童怎么能够使用单词（符号能力使之成为可能），以及为什么使用特定的词表达特定的意义等问题，皮亚杰的理论具有强大的解释能力。至于儿童如何掌握句法规则，皮亚杰的理论则似乎显得苍白无力。因此，尽管皮亚杰传统的研究者作了不懈努力，但对句法习得问题还不曾有过很好的解释。

（二）信息加工研究

一些认知发展研究者试图从信息加工角度对语言发展做出解释。特别是近年来，出现了大量关于语言习得的联结主义理论模型。

与认为语言发展具有特殊机制的先天论观点不同，联结主义理论使用诸如联结主义网络、神经网络和平行分布加工等术语，试图揭示语言习得是否包含一般的学习过程。联结主义模型研究的实质是设计计算机程序，用来模仿大脑中的信息加工，并探究输入信号与输出形式之间存在的联结方式。在语言习得研究中，通常的输入信号是涉及某一特定语法属性的信息（如提供英语的动词原型并要求学会产生过去式）。起初，计算机的反应是随机猜测；在猜测后，研究者通常要为计算机提供其反应正确与否的信息。一般地说，如果反应正确，则产生该反应（及相关反应）的倾向将得到加强；如果反应错误，则该倾向将减弱。就这样通过不断地为计算机提供关于其反应正确与否的反馈"训练"计算机，最终使计算机学会语言的各种特征。当然，很少有人会真正认为计算机程序能确切地模仿儿童的语言习得，但很多人认为通过这种研究，可以探讨语言是否经由学习而习得。

语言习得的联结主义研究仍是一项相对新异的工作。不过该理论的提倡者承认，这类研究工作也存在诸多局限性。而且，迄今已有的具体的联结主义模型采纳的仍然是某种更为经验主义式的、一般学习机制的理论。不过联结主义理论的确也具有不少优势，例如它有着坚实的一般认知研究基础、关于智力行为之神经基础的认识基础，以及可用以检验具体模型的有效方法（包括计算机模拟）。

（三）语义的引发研究

另一种认知理论观点认为，儿童实际上在以他们早期的认知概念作为从所听到的语言中抽取语言规则的工具。先天论观点认为，儿童首先将语言分析为抽象的语法结构；而这种认知观点则认为，儿童首先将语言分析为基于意义的概念。按照这种观点，儿童很早就有了关于动作者、动作和受体的概念。当儿童听到语言时，他们很可能将其分析为这类认知概念，然后形成关于这些概念的简单规则，如“动作者通常处于一句话的开始”，并使用这些规则指导语言的产生。

引发作用理论的要义在于，语义为句法提供了一个起点。但是语义只是某种起点，因为语义与句法的关系并非是绝对的，例如，不是所有的名词都是物体的名称，正如并非所有的主语都是施事者一样。欲完全掌握诸如名词这种抽象的范畴，儿童必须超越最初对意义的依赖，并开始纯粹利用句法分布信息（例如他可能注意到“真实”和“美好”可能像“狗”和“汽车”一样，出现于句子中同样的位置）。因此，语义可能“激发”句法系统开始运作，但句法不可能还原为语义。认知理论的实质在于，儿童早期关于世界如何运作的知识是他们用以“破译”他们所听到的语言中的“密码”的工具。

三、环境和学习理论

环境和学习理论主要包括新的学习观和机能主义理论。

（一）新的学习观

我们知道，当乔姆斯基对“环境本身不能对正常的语言发展加以解释”作出令人信服的论述后，斯金纳关于语言行为的分析就不再受宠。但基于学习的分析并没有因此而停止。当代这一传统的研究在三个方面不同于其先驱者。

首先，尽管一些基于学习的研究仍与斯金纳的操作化模型十分密切，但现在的多数研究更多地受认知取向的学习理论所引导。特别是许多新近的研究根植于班杜拉（Bandura）的社会认知模型，更强调观察学习等相关的认知过程。

其次，新近研究找到了一些环境因素作用的证据。乔姆斯基对斯金纳理论最重要的批评之一是，环境并没有为儿童提供某种好的语言榜样。但研究表明，人们对婴儿谈话的方式不同于他们对熟练者的谈话，而更倾向于使用妈妈语（或儿化语）。这些发现表明，儿童所接收到的输入信息可能比乔姆斯基所宣称的更为清晰、更有帮助。

乔姆斯基还认为，儿童不可能仅仅通过模仿他们所听到的语言来习得语言，因为他们能够产生和理解无限数量的新句子。但我们也知道，社会学习理论也表明，通过模仿而进行的学习不只局限于精确的复制。因此，他们认为，模仿可以解释儿童如何学会所有各种基于规则的语法系统。

最后，先天论认为，父母并没有对儿童进行明确的语言规则训练。但新近关于亲子互动的分析表明，父母有时的确在对儿童语言的语法准确性作出反应，为他们提供各种形式的反馈和指导。

概而言之，这些发现表明，社会和环境因素在儿童的语言习得中可能起着某种重要的作用。

（二）机能主义理论

该理论并不是基于学习原则，而是带有某种显著的认知偏好。然而，因为它强调社会情境在语言发展中的作用，因此我们将它置于环境论的传统中加以阐述。

机能主义者坚持认为，儿童习得语言的首要动机在于交流观点和为人理解。这里强调的是语用或语言的功能用法。像认知理论一样，该模型认为，儿童是从语言中抽取意义，而不是结构。但在语言的学习过程中，机能主义者赋予儿童的社会互动以某种更大的作用。

例如，布鲁纳（Jerome Bruner）提出，儿童典型的社会环境（多数情况下是他们的父母）实际上为语言学习的发生提供了许多结构化的学习机会。这些机会构成了语言习得支持系统（language acqisition supportive system，LASS），它的功能是帮助儿童努力从语言输入中习得意义，最后习得语法规则。

LASS 的核心成分是格式（format）。格式类似于程式（script），由通常发生于儿童及其父母之间的结构化社会互动或常规构成。我们所熟悉的格式包括一起看书、玩命名游戏（如“你的鼻子在哪里?”“你的嘴巴在哪里?”）和动作游戏（如躲躲猫），以及带有丰富手势的歌唱活动等。研究发现，这种行为似乎普遍存在于许多文化中。

这种格式使儿童能在某种非常有限的情境中，如在通过记住单词和对应动作的情境中，学习特定的语言元素。父母可以逐渐地改变格式，以便包括较多的因素或要求儿童进行更大的努力。通过这种方式，儿童可以逐渐习得其他语言元素，并且可以用新的方式运用以前习得的反应。在这种格式化的互动中，父母也可以提供其他关于语言习得的帮助，例如简化语言、使用重复、改正儿童不准确或不完整的话语等。

本章思考题

1. 简述学前期语言发展的趋势。
2. 比较皮亚杰和维果茨基关于儿童自言自语的看法。
3. 试述学前儿童口语表达能力的发展。
4. 试述学前儿童前阅读能力的发展。
5. 通过本章的学习，你对目前幼儿园开展第二语言活动有何看法?

本章实践题

观察记录某幼儿一日生活中的语言，并分析其特点。

第三篇　学前儿童认知的发展

第六章　学前儿童感知觉的发展

感觉和知觉是人类复杂心理活动的基础，是一切信息加工的资料来源，是认识活动的开端。对于儿童来讲，感知觉是他们认识世界的首要手段。但长期以来，人们一般都认为新生儿和婴儿是软弱无能的、消极被动的个体，他们的感觉器官极不完善。19 世纪末，美国心理学家詹姆斯（W. James）认为，婴儿一生下来，眼睛、耳朵、鼻子、皮肤和内脏就同时受到刺激，他们感到整个世界闹哄哄的，一片混乱。鉴于他的声望，这一观点被当做事实接受了下来。但新近的研究推翻了詹姆斯的断言。许多研究采用创新的方法，发现新生儿、婴儿具有非凡的能力，其中一些能力甚至在胎儿期就已发挥功能。

第一节　学前儿童感觉的发展

感觉是眼耳鼻舌、皮肤、肌肉、关节等感觉器官的神经组织接受外部世界或有机体内部的刺激，并通过内导神经将刺激信息传入脑中枢的过程。感觉的发展主要包括视觉、听觉、触觉的发展。新生儿出生后就能接受光、声、嗅觉、味觉、触觉的刺激，表现出视觉、听觉、嗅觉、味觉和触觉等方面的反应。

一、视觉的发生发展

在婴儿所有的感觉器官中，眼睛是最活跃、最主动、最重要的感官。眼睛对光线的反映产生视觉。对新生儿来说，除了睡眠时间，他们都在积极地运用眼睛察看环境，收集信息。有研究报告称，8 个月～2 岁的儿童在清醒时有 20％的时间在注视他们眼前的事物（B. White，1975）。视觉为儿童提供了大量、重要的信息。可以说，眼睛是儿童接触和了解周围世界的主要器官。

在儿童生命的最初几个月，视觉发展非常之快，6个月婴儿的视觉功能在许多方面已接近成人。

（一）视觉集中

从婴儿眼的结构来看，婴儿的视网膜、杆体细胞和锥体细胞在出生时已经发展得很好，不存在明显的“盲区”。但新生儿在最初的2～3周内，眼肌协调能力差，双眼协调比较困难，视觉的焦点很难随客体远近的变化而变化，难以形成视觉集中。出生3周后，婴儿开始将视觉集中在物体上。视觉集中现象在婴儿出生后2个月表现得比较明显，能自己改变焦点，并对鲜艳明亮的物体，尤其是对人脸容易产生视觉集中，表现出意味深长的偏好。4个月时，婴儿的眼能改变晶体的形状，以看清不同距离的客体。2个月的婴儿开始用眼睛追随缓慢物体的水平运动，3个月时能追随物体作圆周运动，这种能力在头6个月中一直在持续提高。

哈尼斯等人（Haynes，White & Held）研究了儿童对视觉模式的适应能力发展。当婴儿正注视一个视觉目标时，实验者用视网膜镜对他们进行研究。视网膜镜可以使实验者观看眼睛和检查眼睛的水晶体。结果发现：当一个目标物距新生儿的眼睛20厘米时，新生儿的眼睛不再变化。也就是说，眼睛的水晶体不再调节眼睛与物体的位置。当婴儿年龄为2个月时，他们的眼睛开始调节与物体的距离。到婴儿4个月时，眼睛调节的能力达到成人的水平。①

随着婴儿的成长，视觉集中的时间和距离都逐渐延长。3～5周的婴儿仅能对1～1.5米处的物体注视5秒钟，3个月的婴儿能对4～7米处的物体注视7～10分钟。5～6个月的婴儿能注视较远处的运动物体，如街上的汽车灯。

婴儿视觉集中的性质也在发生变化。婴儿最初注视客体的性质较为被动，总是由客体的刺激引起。3个月以后，婴儿能主动搜寻视觉刺激物。

新生儿的视野比成人狭窄。对0～5个月的婴儿来说，他们的视野在中心线左右25°～30°内（成人视野的双眼重合区为60°～70°），视线上下为10°。新生儿眼球的天然焦距为17厘米。

（二）视敏度

视敏度（俗称视力）是眼睛区分对象形状和大小的能力。视力主要依靠

---

① Slater A. Perceptual Development：Visual，Auditory and Speech Perception in Infancy. Hove East Sussex：Psychology Press Publishers，1998：13.

晶状体的变化来调节。儿童的晶状体调节功能差，难以对视觉对象进行有效聚焦，投射到视网膜上的形象比成人模糊，因而他们的视敏度比成人低。

按照斯尼伦（Snelln）标记，正常成人的视敏度为20/20，新生儿的视敏度则为20/200～20/600，也就是说，成人在200或600英尺的远处看得清的东西，新生儿要移近到20英尺处才能看清。婴儿的视敏度最好也只是正常成人的1/10。因此，在新生儿的眼里，母亲的面容是模糊不清的（见图6－1）。[①] 但这样有限的视力也许对他们来说已经够用了，并不能阻碍他们探索环境的兴趣。

A：新生儿看到的图像　　　　B：成人看到的图像

图6－1

由于婴儿的年龄较小，无法用视觉检查图来检查他们的视敏度，所以研究者采用两种方法来测量婴儿的视敏度。

方法一：利用间隔排列的黑白条纹图。图案上黑白条纹愈窄，就愈难看出是有条纹的图案，而只看成是灰色的图片。因此，当图案上的条纹很窄时，如果一个人的眼睛仍能将其看成是有条纹的图案，则表明视敏度高。视觉越敏锐，对小的物体、远的物体、物体的细节的分辨能力也愈强。美国心理学家范茨（R. Fantz）等人让新生儿看一个条纹图和一个灰色图，发现婴儿更喜欢看条纹图；但是当条纹图上的条纹非常窄时，婴儿对两个图形的注视不再表现出偏爱。

方法二：视觉运动震荡法。视觉运动震荡法是测量眼球遇到物体轮廓时

① 〔美〕David R Shaffer 著，邹泓等译：《发展心理学——儿童与青少年》，中国轻工业出版社，2005年2月版，第197、198页。

的不自主运动的方法。当条纹变得越来越窄时，如果一个人的眼睛仍能对条纹图的轮廓产生眼球的不自主运动，则表明其视敏度高。

上述两种方法的研究结果比较一致。如范茨等人发现新生儿看距离 25 厘米的图上的 0.16～0.32 厘米的条纹时，视敏度达到了 20/400；他们用视觉运动震荡法也发现新生儿的视敏度为 20/400。①

儿童的视敏度是随年龄的增长而发展的。美国心理学家范茨 1961 年在特制的观测室里采用注视时间为指标研究婴儿的视敏度，发现“可分辨的最细纹的宽度，在生命的头半年随着年龄的增长而稳定地递减”。因此，6 个月以下是儿童视力发展的敏感期。3 个月的婴儿已经能像成人那样对物体聚焦，6 个月的婴儿视敏度达到 20/100，2 岁儿童的视敏度接近成人水平，4～5 岁后儿童视力趋于稳定。

弱视是儿童视觉发育过程中的一种常见病。根据有关研究和经验，治疗弱视的最佳时期是 3～5 岁。

（三）颜色视觉

颜色视觉是指区别颜色细微差别的能力，也称辨色力。这种能力的获得也是一个逐步发展的过程。

新生儿的世界里只有黑、白、灰 3 种颜色。婴儿 3 个月左右才开始具有最初的颜色视觉。斯梯布尔（1937）用“颜色偏爱法”给婴儿呈现两个亮度相等的色盘，一个是彩色的，另一个是灰色的，以测定婴儿对两个色盘的注视时间。研究发现，3 个月的婴儿对彩色色盘的注视时间比灰色色盘长一倍。这说明 3 个月的婴儿已经能区别颜色。

一般认为，在出生后 2～3 个月的时间里，婴儿就能够分辨所有的基本颜色了（Brown，1990；Matlin & Foley，1997）。婴儿从 4 个月起，开始对颜色有分化性反应，能辨别彩色和非彩色。波长较长的暖色，如红、橙、黄，比波长较短的冷色，如蓝、紫，更容易引起婴儿的喜爱，红色物体特别容易引起婴儿兴奋。

有人研究婴儿视网膜上的颜色视觉感受器即锥体细胞后发现，新生儿一出生就带有全套三色（蓝、绿、红）的感受器，但在婴儿最初的 3 个月中，

---

① Hetherington E M, Parke R D. Child Psyhology: A Contemporary Viewpoint. 4th ed. New York: McGraw-Hill Inc. ,1993:152.

来自蓝色锥体细胞的信息未能得到有效利用，因而其对蓝色不如对其他颜色敏感。这就是说，一个穿红色衣服的婴儿比一个穿蓝色衣服的婴儿更感到自己“出色”。

还有人研究发现，4 个月的婴儿对光谱的知觉分为四个基本类型：蓝、绿、黄、红。婴儿对同一类型中颜色的差异（如大红与浅红、深黄与浅黄）区分并不明显。但婴儿对跨越光谱边界的“混合色”（如蓝—绿、黄—红）与基本类型颜色的区分是明显的。研究者认为，婴儿对光谱的知觉是不连贯的，他们只是将可见光分为蓝、绿、黄、红 4 个类型。

普莱尔用让 2 岁左右的儿童学习颜色名称的方法研究儿童的颜色视觉。结果发现：到 34 个月为止，儿童“对 4 个主要颜色，黄和红比绿和蓝叫对早得多”。3 岁儿童对各种颜色的色度难以辨别。从 4 岁起，他们逐步学会区别各种色调的明度和饱和度。小学一年级的儿童平均能辨别三种色度的红色和两种色度的黄色，但难以辨别蓝、绿色的色度。

儿童在识别颜色的过程中，一般先认识颜色，然后才学会标志颜色的词。将标志颜色的词与相应的颜色联系起来需要一个发展过程。大约从 4 岁起，儿童能将基本颜色与其名称联系起来。5～7 岁的儿童能正确地命名常见颜色。有研究认为，5 岁是儿童颜色命名和再认能力发展的转折点。

儿童的颜色视觉有个别差异，也有性别差异。一般说来，女孩的颜色辨别能力比同龄的男孩强。儿童的颜色视觉能力通过适当的学习可以得到大幅度提高。

颜色视觉方面的一个重要缺陷是色盲。色盲有许多种类，最常见的是红绿色盲，患者不能辨别红色和绿色。色盲是一种伴 X 隐性遗传病，一般由男性患者通过他的女儿传给他的外孙。色盲患者约占总人口的 3%～4%。

二、听觉的发生发展

现代生理心理学研究表明，胎儿在 6 个月时听觉感受器基本成熟，听觉分析器的神经通路（除丘脑皮质外）均在 9 个月以前完成髓鞘化。这些都为胎儿听觉的发展提供了物质基础。妊娠期第 20 周的胎儿已经具备听觉能力，第 25 周的胎儿能对声音刺激作出反应。

（一）听觉敏度

新生儿出生后就能听到声音。有关研究发现，新生儿听觉阈限在最好的情况下要比成人高 10～20 分贝，最差时要比成人高 40～50 分贝。对成人来说，听觉的绝对阈限主要是根据他们听到声音的频率来定义的。[①] 低频（小于 100Hz）或高频（大于 10000Hz）声比中等频率的声音在听的时候需要更多的能量。研究者想知道婴儿听觉阈限在声谱上的变化情况，他们用整个声谱（从 200Hz 到 19000Hz 之间）将婴儿、儿童和成人进行对比。结果发现：对于低频率（200Hz）的声音来说，婴儿的听觉阈限高于成人；对于中等频率（1000Hz）的声音来说，婴儿的听觉阈限与成人接近；对于高频率（10000Hz）的声音来说，婴儿的听觉阈限高于成人。新近的研究表明，人在低频和高频处的听觉能力于 20 岁以前一直是不断提高的，且对高频声音的敏感性首先成熟。

听觉除了要求听见"声音"，还要求能辨别声音的差异。差异包括声音的强度、频率、持续时间及定时。婴儿对这些差异具有一定的敏感性，最典型的表现是低频声音对婴儿的安抚作用。这种现象早在胎儿时就表现出来了。当然，婴儿的辨别不如成人精细，但其辨别能力随年龄增长而提高。苏联心理学家英多维茨卡娅的研究表明，大多数 4 岁的儿童难以出现对两个音的复合刺激物的分化反应，而 5～7 岁的儿童在第一次实验中就能建立和巩固这种分化反应。

儿童听觉敏度的增长速率在不同年龄阶段有所不同，它在 4～9.5 岁期间发展较慢，以后发展相对较快。在 4～9.5 岁期间，儿童的听觉阈限下降 3～4 分贝，而在9.5～12.5 岁期间下降 6～7 分贝。

（二）听觉定位

听觉定位能力是在新生儿出生后不久就表现出来的。利文撒尔（Leventhal）和利皮斯特（Lipsitt）以出生 1～4 天的新生儿为被试，让他们的一只耳朵对一种声音适应 10 秒钟，然后再把声音转移到另一只耳朵。测量新生儿对声音反应的指标是：脚的动作、身体运动和呼吸。结果发现，当声音从一只耳朵移到另一只耳朵后，新生儿对此做出了积极反应，即脚的运动增加、呼吸加快且身体的运动也增多。[②]

---

① Bornstein M H, Lamb M E. Developmental Psychology: An Advanced Textbook. Hillsdale: Lawrence Erlbaum-Associates Publishers, 1992: 185.

② Walk R D. Perceptual Development. Monterey: Brooks/Cole Publishing Company, 1981: 50－51.

进一步的研究结果让人感到意外：新生儿对声音的定位能力比 2～3 个月的婴儿要好，但 2～3 个月的婴儿又比 4 个月的婴儿要差。这可以从哈里斯（Harris）等人的研究中得到证明。他们以 4 名婴儿（A、B、C、D）为被试，从他们一出生就开始进行追踪研究，一直到他们长到 120 天时为止，每 20 天对每个被试测验一次，结果如图 6－2 所示。①

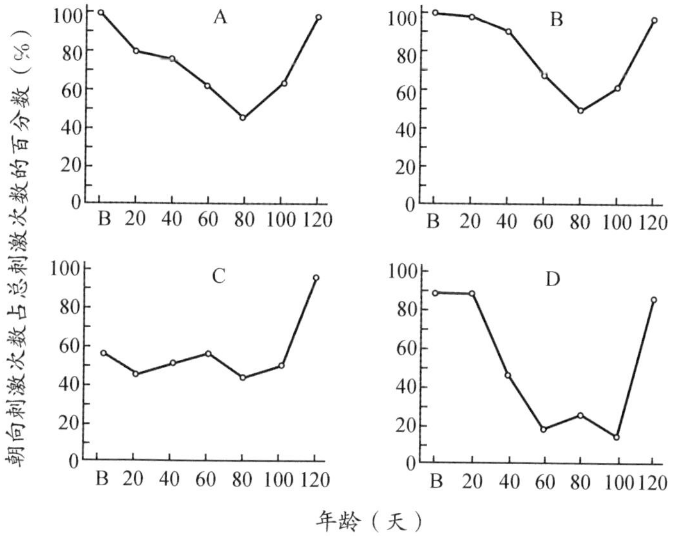

图 6－2 婴儿听觉定位能力的发展情况

婴儿听觉定位的发展有别于视觉集中的发展，表现出令人费解的 U 形路线。新生儿出生后 5 分钟就表现出听觉定位的能力，即能感受到不同方位发出的声音，但在 2～3 个月时，这一能力却有所下降，直到 4～5 个月时才逐渐恢复这种能力。早期的定位有可能是一种皮层下的原始反射，而后来重新出现的定位能力是来自皮层相对成熟的反应，具有更多的认识功能。

（三）听觉偏好

在最初的几个月里，言语在婴儿大脑左半球引发较大的电活动，而音乐则在右半球引发较大的电活动，这一点与成人是一致的。这就意味着在婴儿早期，大脑两半球已经出现处理不同信号的特异化，并能辨别语言和非语言。

儿童在听觉辨别能力不断进步的同时，也表现出听觉偏好。康登（Con-

① 朱志贤等：《发展心理学研究方法》，北京师范大学出版社，1991 年 11 月版，第 368 页。

don）和桑德（Sander）以出生1～2天的新生儿为被试，让他们听成人的说话声、英语和汉语的录音带、断续的元音和敲击声。结果表明，新生儿在听到成人说话声、英语和汉语的录音带时有明显的同步动作反应，但是对于断续的元音和敲击声没有同步反应。这个研究表明，新生儿对人类的声音有明显的偏爱。[①]

有研究表明，12小时的新生儿能区别与语言有关的输入和其他非语言的听觉输入。婴儿特别注意人的嗓音，尤其是女性的嗓音，对自己母亲的声音更是敏感。即使是出生只有3天的新生儿，仅仅与母亲有过很少接触，也能表现出对母亲声音的偏好。Andre-Thomas 和 Autgaerden（1996）以10～12天的新生儿为被试，让他们的母亲或照顾者和陌生人叫新生儿的名字。结果发现，当新生儿的母亲或照顾者叫他们的名字时，新生儿对叫声有反应；当陌生人叫他们的名字时，新生儿对叫声没有任何反应。[②] De Casper 和 Fifer 用高振幅吸吮技术，以20～30天的新生儿为被试，研究了他们对自己母亲和陌生人声音的区分能力。结果发现，当新生儿听到自己母亲的声音时，吸吮的速度加快。婴儿的这种反应具有明显的适应性，它能鼓励母亲与自己交谈、提供更多的关注和爱，有助于发展自己的情感、智力和社会性。[③]

（四）听觉辨别

2～3个月的婴儿能区分“ba”和“pa”两个相近发音，这种精细的分辨能力是先天的。如同婴儿将光谱分为4种基本类型一样，其也能把语音分为相应的基本语音单位。Eimas 等人以1个月的婴儿为被试，采用习惯化—去习惯化方法，研究了他们对“pah”和“bah”这两个相近音的区别。首先给他们嘴里放一个奶嘴，用于记录他们的吸吮反应，同时让他们听一个音“bah”。婴儿首次听到这个音时，用力、快速地吸吮奶嘴；随着该音呈现时间的延长，婴儿逐渐习惯化，吸吮奶嘴的次数降低。这时，用“pah”音代替“bah”音，婴儿吮吸奶嘴的次数又明显增加。这表明1个月大的婴儿就能区分“pah”和

---

① Condon W S, Sander L W. Neonate Movement Is Synchronized with Adult Speech: Interactional Participation and Language Acquisition. Science. 1974,183:99－101.

② Walk R D. Perceptual Development. Monterey: Brooks/Cole Publishing Company, 1981:52.

③ De Casper A J, Fifer W P. Of Human Bonding: Newborns Prefer Their Mothers' Voices. Science,1980,208:1174－1176.

"bah"这两个音。通过研究发现，2个月的婴儿能区分如"pa"和"ba"，"ma"和"na"，"s"和"z"等相似的声音。①

婴儿还会很快学会识别他经常听到的单词。4个半月的婴儿听到自己的名字时会转过头去，而对其他人的名字，即便是很相像的名字也不会转头。这么小的婴儿显然还不知道这名字就是他本人的，但由于经常听到而对它非常熟悉。婴儿的听觉辨别能力不仅表现在语音知觉中，也表现在音乐听觉中。值得注意的是，婴儿对语音的辨别由于得到经常的使用，因而这种能力得到了保持；而其音乐听觉如果不常使用，就会变得越来越弱。

婴儿对声音的回应有助于他们对环境作视觉性、触觉性的探索，有利于他们的社会交往。

儿童的听觉影响着语言的获得、思维的发展和人际交往的开展。成人要高度重视保护儿童的听觉器官和听觉功能。对于婴儿的听力来说，孕妇或婴儿滥用药物，如链霉素等，是一个危险因素。此外，复发性中耳炎也是导致儿童听力损伤的普遍原因。通常，儿童在6个月到3岁期间最容易患中耳炎。中耳炎会导致儿童语言发展滞后，对他人的言语反应迟缓，注意力下降，严重的导致听力丧失，对儿童发展极为不利。此外，尽力减少环境中的噪音也是保护儿童听力的重要措施。

三、触觉的发生发展

触觉是学前儿童认识世界的重要手段。儿童从出生时起就有触觉反应，一些天生的无条件反射，如吸吮反射、防御反射、抓握反射等等，都可以说是触觉的表现。2岁以前，触觉在认知活动中占有主要的地位。在整个学前期，儿童主要是依靠触觉或触觉与视觉、听觉等其他感知觉的协同活动来认识世界的。儿童特别敏感的部位有嘴唇、手掌、脚掌、前额、眼帘等。

（一）口腔的触觉

口腔触觉出现较早，儿童对物体的触觉探索最初是通过口腔的活动进行的，后来才是手的触觉探索。最初的本能的吸吮反射和觅食反射固然是一种

① Eimas P D, Siqueland E R, Jusczyk P W, Vigorito J. Speech Perception in Infants. Science,1971,171:303－306.

口腔的触觉活动，新生儿和婴儿的口腔触觉探索还可以通过学习、训练而得到发展，并且在获取信息方面起重要作用。

阿伦（Allen J.，1982）记录了婴儿的口腔触觉探索活动，发现3个月的婴儿对熟悉之物吸吮的速度逐渐降低，然而换了新的物体后，则用力加快吸吮。这说明口腔的触觉能区别不同的物体。

通过口腔的触觉探索可以进行学习。卡尔尼斯（Kalnins）和布鲁纳（Bruner，1973）对5～12周的婴儿进行实验。每当一组婴儿用嘴吸吮时，立即呈现电影片，结果这组婴儿学会高频率地吸吮；而另一组婴儿在吸吮被抑制时呈现电影片，结果他们学会不进行高频率的吸吮。这说明口腔的触觉探索可用作建立工具性条件反射，因此我们认为当婴儿的其他探索方式没有发展起来时，口腔触觉探索可以是一种学习方式。

在整个人生的第一年，婴儿的口腔触觉都是一种探索手段。柯普（Kopp，1974）研究了8～9个月婴儿的探索行为。当婴儿前面出现某个物体时，婴儿的行为有几种不同类型：转动手中之物并去观看，动嘴，拿物体去撞桌面或在桌面上滑动。而在这几种行为中，主要是动嘴。

当婴儿的手的触觉探索活动发展起来以后，口腔的触觉逐渐退居次要地位。但是在相当一段时间内，婴儿仍然以口的探索作为手的探索之补充。比如，1～2岁的婴儿在捡起地上的物体后，也要把它送到嘴里。[①]

（二）手的触觉

儿童的触觉探索主要通过手来进行，学前期是手的触觉探索活动产生的时期，其产生和发展经历以下几个阶段。

1. 手的本能性触觉反应

儿童生后即有本能性触觉反应，抓握反射即是手的触觉表现。当物体碰到新生儿的手心时，他立即把手指收起，紧握该物体。当这种无条件反射随婴儿的成熟而消失后，婴儿还会出现一些无意性的触觉活动。例如，当手在无意中碰到被子的边缘时，就会沿着边缘抚摸被子。

2. 视触的协调

视触协调主要表现在眼手探索活动的协调上。眼手协调活动的产生是婴

---

① 陈帼眉：《学前心理学》，人民教育出版社，1989年5月版，第78页。

儿认知发展过程中的重要里程碑，也是手的真正探索活动的开始。其出现在生后5个月左右。但是婴儿在生后不久已出现眼手协调的先兆，或者说是萌芽。

鲍厄（Bower，1974，1979）提出，新生儿在适宜的条件下，也会把手伸向看见了的东西。他和别人做了一系列的实验，指出新生儿更多把手伸向立体的东西而不是平面的东西（1972，1979）；更多伸向近处的、手能够到的东西而不是较远处的东西。伸手的方向与所见物的方向一致（1972），甚至手的姿势适合物体的形状（1972，1979）。

3. 积极主动的触觉探索

7个月左右，儿童出现积极主动的触觉探索，如挤、用手指摆弄、拖、滚等，它们在双手协调动作产生后才出现。鲍厄（Bower，1970）、赫恩特（Hunt，1967）发现，7个月的儿童看见新异物体时，常常用手去抓住，半转动手腕，使物体转动。这样，儿童可以看见物体的几个方面。再大些时，儿童能用双手把东西转来转去，而且动作都有视觉相伴随。

8个月以后，触觉在探索中已起明显的作用。哈里斯（Harris，1971）发现，儿童去寻找用视觉和触觉同时探索过的东西，多于单纯看过的东西。哈里斯（1972）又指出，6～14个月儿童的视觉和触觉总是同步的，大一些的儿童对看见的东西总是去摸，似乎在用触觉肯定所看到的物体特性。

皮亚杰认为，这种将触觉和视觉联合起来并用手完成的对物体的操控是早期认知发展的基本要素。

第二节　学前儿童知觉的发展

知觉是对感觉信息的解释过程，是对感觉输入的信息赋予意义的过程。知觉的发展主要包括空间知觉、时间知觉、观察力的发展。本节主要从形状知觉、深度知觉、方位知觉、时间知觉、多通道感知、知觉的恒常性等方面来讲述儿童知觉的发展。

一、形状知觉的发展

形状知觉是人对物体各部分的排列组合的认识。它是视觉、动觉和触觉协同活动的结果。儿童早期就具备了对物体形状和几何图形的分辨能力。

（一）婴儿形状知觉的发展

美国心理学家范茨设计“注视箱”（looking chamber）来研究婴儿的形状知觉的辨别特点。婴儿躺在箱内，可以看见箱顶（距婴儿1英尺）呈现的成对刺激图形。专门的仪器能记录婴儿眼睛注视图形的时间。1961年，范茨对30名1～15周的婴儿进行测试，记录他们对一系列成对的复杂图形注视的时间。成对的刺激包括：两个相同的三角形，一个十字与一个圆，一个方格棋盘图与两个大小不同的正方形，水平条纹形与同心圆靶形。研究发现：（1）当呈现两个相同的三角形时，婴儿对这两个图形注视的时间大致相等。而呈现水平条纹形与一个同心圆靶形时，婴儿偏爱注视后者。（2）复杂程度越高的图形，婴儿的注视的时间越长。在同一对刺激中，刺激图形越模式化，婴儿的注视时间越长。甚至出生5天的新生儿也同样表现出对模式的偏好，对社会性刺激比非社会性刺激的注视时间长。

图6－3 三种不同的脸谱（三个图形中同种颜色的总面积是相等的）

范茨运用脸谱对婴儿进行了形状知觉偏好实验。他向婴儿呈现三张大小相同的脸谱图片（见上图6－3），第一张图片是模式面孔，第二张是杂乱排列的图形，第三张是上端为黑色的图形。三张图形都足够大，对婴儿不会产生视敏度的问题。而且三张图案中同种颜色的总面积是相等的，使刺激量保持相等。将这三张图形配对呈现给49名4～6个月大的婴儿。研究发现，婴儿大多注视第一张图形，其次也注视第二张图形，而对第三张图形则很少注视（见图6－4）。

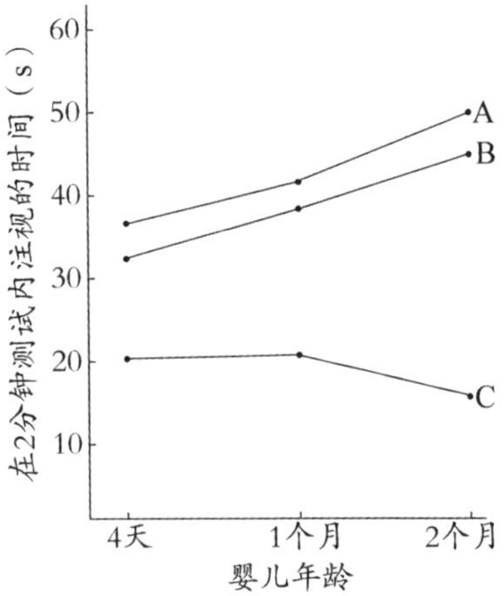

图6－4 婴儿对不同脸谱注视的时间

研究者认为，婴儿注意面部图形，对他们的生命是有现实意义的。6～7个月的婴儿就开始学会完全根据面部特征辨别不同人的本领。以后，婴儿会以合乎成人面部表情的方式对人脸作出反应。因此，范茨认为，实验结果足以推翻认为幼小婴儿不能被测验和在幼儿身上没有什么可测验的东西的错误观点。“幼小婴儿具有一个模式化的有组织的视觉世界，对于这个世界他用可以自由支配的有限手段给予区别对待的考察。”①

（二）幼儿形状知觉的发展

很小的婴儿已经能辨别不同的形状。3岁儿童已能正确地找出相同的几何图形。对儿童来说，辨别不同的几何图形，难度有所不同。由易到难的顺序是：圆形→正方形→半圆形→长方形→三角形→八边形→五边形→梯形→菱形（何纪全，1979）。幼儿期，儿童的形状知觉和图形辨别逐渐与掌握图形的名称结合。根据何纪全（1979）的实验，3～4岁儿童往往用一些形象的词来称呼集合图形；从5岁半开始，儿童正确认知各种图形的人数超过了半数。研究认为，5岁半是儿童认知平面几何图形迅速发展的时期。

张增慧等利用速示仪，给3～6岁的儿童呈现三种图形，它们是十字形结构、半月形结构及四方形结构，呈现的速度为0.01秒、0.05秒和0.1秒，结果如表6－1所示。②

表6－1 3～6岁儿童对不同图形辨认的实验结果（%）

年龄	呈现时间			总平均数
	0.01秒	0.05秒	0.1秒	
3岁	11.3	21.1	35.8	22.7
4岁	26.9	41.6	64.7	44.4
5岁	38.8	62.2	79.4	60.1
6岁	57.7	80.2	91.6	76.5

从表中可以看出，儿童对图形的辨认准确性随年龄的增长而逐步提高；呈现速度对辨认正确率有明显的影响，速度越快，正确率越低；速度对年龄

① 〔美〕利波特等著，刘范译：《发展心理学》，人民教育出版社，1983年5月版，第109页。

② 张增慧、林仲贤：《3～6岁儿童颜色及图形视觉辨认实验研究》，《心理学报》，1983年第4期。

越小的儿童影响越大。

二、深度知觉

深度知觉是人判断自身与物体或物体与物体之间距离的认知，包括立体知觉和距离知觉。

为了了解儿童深度知觉的发展状况，美国心理学家吉布森（E. J. Gibson）和沃克（R. Walk）于1961年设计了视崖装置，并通过实验证明，6个月的婴儿便具有深度知觉。因此，视崖装置也成了知觉研究中的一个经典实验装置。视崖装置是这样的：装置的中央有一个能容纳婴儿趴下的平台，平台的两边覆盖着厚玻璃，厚玻璃下覆盖着方格图案的布料。一边的布料与玻璃紧贴，不造成深度；另一边的布料与玻璃相隔数英尺，形成“悬崖”（见图6—5）。实验时让婴儿趴在中间的平台上，而让婴儿的母亲分别站在装置的“深浅”两侧，观察婴儿是否拒绝从有深度错觉的一侧爬向母亲，从而研究婴儿深度知觉是否已经发生。

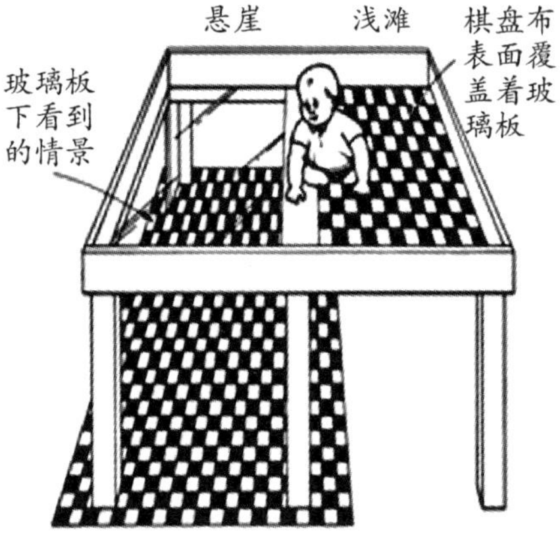

图6—5 视崖装置结构示意图

结果发现，尽管大多数婴儿听到母亲在“深”侧呼唤，他也不过去，或只是哭叫。这说明幼小的婴儿已有深度知觉。

研究者进一步发现，采用其他指标可以在更早的时候发现婴儿的深度知觉。坎波斯、兰格和克罗威茨（J. Campos，A. Langer，A. Krowitz，1971）对2～3个月的婴儿进行研究，记录他们的心率，发现俯卧在悬崖装置“深”侧的婴儿，其心率比在“浅”侧时慢，7个月的婴儿在脸朝下接近平台时心率加快。这很可能是由于婴儿把悬崖作为一种好奇的刺激来辨认。范茨用球形和圆形片对婴儿测验，发现1～6个月的婴儿对立体形状更感兴趣。这些研究成果都为婴儿具有深度知觉提供了佐证。人们认为，4岁的儿童具有了与成人一般准确的深度知觉。

婴儿的深度知觉能力与其早期的运动经验有关，尤其与婴儿爬行的经验有关。早期运动经验丰富的婴儿，对深度更敏感，表现出的恐惧也更少。

三、方位知觉

儿童方位知觉的发展顺序为先上下，次前后，再左右。一般说来，儿童 3 岁能辨别上下；4 岁能辨别前后；5 岁开始能以自身为中心辨别左右；7～8 岁能以客体为中心辨别左右；到了 11～12 岁，左右概念才比较清楚。

在空间知觉的发展中，掌握左右概念要经过长期而复杂的发展道路。不同年龄儿童掌握左右概念的水平能反映出该年龄儿童思维发展的水平。我国心理学家朱智贤等人的研究表明，儿童左右概念的发展有规律地经过三个阶段。

第一阶段（5～7 岁）：儿童能比较固定地认识自己的左右方位。例如，儿童能正确辨别自己的左右手，但不能辨别对面人的左右手。

第二阶段（7～9 岁）：儿童能初步、具体地掌握左右方位的相对性。例如，儿童能辨别自己对面那个人的左右手。

第三阶段（9～11 岁）：儿童能比较概括、灵活地掌握左右概念。这一阶段，儿童完全掌握了左右的相对性。

这个实验结果与皮亚杰的有关实验研究结果在发展阶段上大体趋于一致。实验者尤其注意到，儿童左右概念的发展是和儿童思维发展的一般趋势相符合的。后来，国内又有学者重新研究，认为儿童左右概念的发展已有所提前，6～7 岁是左右概念发展的飞跃期，8～9 岁已有 75％的儿童能比较准确而灵活地掌握左右概念（陈敦淳，1982）。

四、时间知觉

个体对客观事物和事件的连续性和顺序性的知觉，就是时间知觉（temporal perception）。①

婴儿主要依靠生理上的变化产生对时间的条件反射。这也可以说是人生最早的时间知觉的表现，比如婴儿对吃奶时间所产生的条件性反应。这是由“生物钟”（生物节奏周期）提供的时间信息形成的。

儿童的时间知觉主要与识记的事件相联系。换句话说，对事件的记忆是时间知觉和时间表象的主要信息来源。苏联学者的研究指出，幼儿初期的儿

---

①　彭聃龄：《普通心理学》，北京师范大学出版社，2004 年 3 月版，第 160 页。

童还不能对短暂时间作出估计，幼儿晚期的儿童通过活动能够学会估计时间。例如在一个实验里，学习活动的教养员首先告诉大班儿童用 3 分钟的时间画图画，并会在他们画画过程的起止时间发出信号。而后，要求儿童按教养员的起始信号，开始用 3 分钟的时间画画，检查他们是否学会判断时间。在实验中，儿童重复画同样的画，问及原因，他们回答："这样将会用和前次相同的时间。"而此过程中儿童掌握的时间确实在 3 分钟左右（2.5～3.5 分钟）。最后，再次要求儿童作画 3 分钟，但要求画新的东西，这时儿童对时间的估计出入稍大（约 2～4 分钟），但是没有很大的出入。实验说明，向儿童提供确定时间间隔的范例，可以使他们较容易地掌握时间，虽然并不十分准确。如果不经过教学活动，则 6～7 岁儿童也不能正确估计时间。（转自穆欣娜《儿童心理学》，1985）

五、多通道感知

过去人们认为，婴儿的各种感觉通道之间是不协调的，只有经过几个月的感知运动的协调，才能把来自不同感觉通道的信息加以综合。但是，新近的研究告诉我们，婴儿出生时已经具有多通道感知的能力，如视觉—听觉、视觉—触觉、视觉—动觉之间的联合。

（一）视觉—听觉联合

研究婴儿视听联系的实验装置是斯佩尔克（E. Spelke）设计的。让婴儿躺在小椅子上，在他的面前有一个屏幕，正中的上方有一个扬声器。屏幕上出现两张说话的人脸，一张脸的口型与扬声器播出的话语同步，另一张脸的口型则不同步。研究发现，3～4 个月的婴儿能将成人口型和运动节奏与听到的说话声音相对应。婴儿对口型与播出声音相匹配的说话者注视的时间更长。5～7 个月的婴儿能将听到的高兴或愤怒的声音与看到的说话者的适当面部表情相联系。这些研究成果表明，婴儿具有利用时间同步性将视觉与听觉经验联系起来的能力。

（二）视觉—触觉联合

梅尔策夫和博顿（A. Meltzoff & R. Borton）向 4 周大的婴儿提供两个奶嘴，一个是普通的光滑的奶嘴，另一个是带有颗粒状突起的奶嘴。每个奶嘴都有相应的大个模型。实验时，在不让婴儿看到奶嘴的前提下，让一组被试婴儿用嘴吸吮光滑的奶嘴，另一组婴儿吸有颗粒状突起的奶嘴。然后，再向他们呈现大个的奶嘴模型。研究发现，婴儿对自己吸过的奶嘴形状有明显的视觉偏好，注视的时间比未吸吮的奶嘴时间长。

（三）视觉—动觉联合

婴儿视觉—动觉联合的典型事例来自新生儿的模仿行为。早在 1977 年，梅尔策夫等人发现，出生 2 天的婴儿能模仿成人所作出的面部表情。1990 年，他进一步指出，新生儿能对各种各样的面部表情作出模仿，这种模仿能力灵活而脆弱。新生儿的模仿方式与成人的模仿方式在很大程度上是相同的，能灵活地将他们看见的身体运动与他们自己感觉到的身体运动协调一致。此外，新生儿天生就有平衡感，并且能转动头部以适应视觉动感，这说明他们的视觉—动觉的联合机能是很完善的。

由此可见，婴儿通过多感觉通道组合信息的能力是很强的。

六、知觉恒常性

知觉的恒常性是指知觉系统在一定的范围内对客观事物保持稳定的认识，它不随知觉条件或视觉映象模式的改变而改变。

在儿童头一年的心理发展中，知觉的恒常性是一个很值得探讨的问题，其中主要是视觉恒常性。视觉恒常性包括亮度恒常性、大小恒常性和形状恒常性。

所谓大小恒常性，是指远处的一个物体尽管看起来明显地变小，但在个体的知觉中仍然保持原有的大小。形状恒常性是指个体对一个物体常见形状的知觉不因距离远近引起的透视差异而变化。这两种知觉恒常性在儿童头一年的下半年就以一种近似恒常的形式出现，直到 10～12 岁甚至更晚些时候才趋于完善。皮亚杰指出，形状恒常性大约出现在婴儿出生后的第 9 个月，而大小恒常性则在第 6 个月出现。

但在 1990 年的一项研究中，研究者发现 1 周内的新生儿对同种物体的不同大小的知觉有明显的区别。实验采用习惯化—去习惯化法。首先让新生儿习惯于一个离眼睛不同距离的黑白相间的小立方体。然后将这个小立方体与一个大立方体以不同距离同时呈现，发现新生儿对大立方体注视的时间更长，表明新生儿能以物体实际大小为基础区别不同物体。

在鲍尔（T. Bower）的一个研究中，婴儿被训练成在一个方向上对一个矩形作头部转动的反应。当他们的头部转动反应达到一定的比率后，就对他们进行有四个刺激的实验。这四个刺激分别是：（1）原方向的矩形；（2）新方向的矩形；（3）新方向的不规则梯形；（4）原方向的不规则梯形（见图6—6）。因此，婴儿的视网膜上产生了全新的视像。实验表明，同一矩形在不同方向上呈现（1）和（2）时，婴儿表现出同样的头部转动；而对（3）和（4）的呈现，婴儿普遍表现出新的反应。这一结果表明婴儿并没有被视网膜上的视像所迷惑，具有形状恒常性。在50～60天的婴儿身上证明有形状恒常性。儿童在2～11岁时，具有一种对那些离他们很远的物体并不过低估计其大小的趋势。

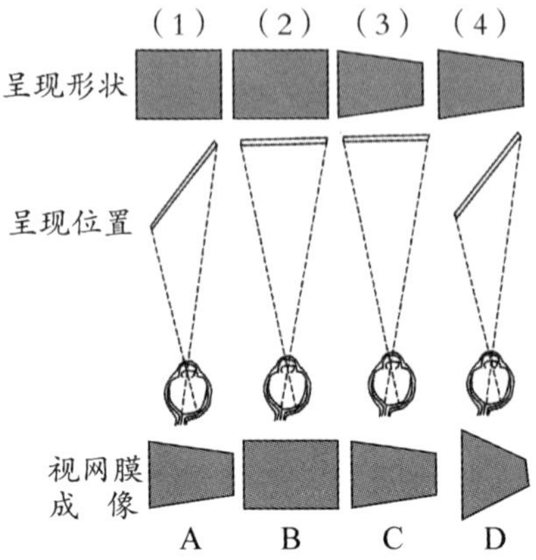

图6—6 婴儿形状恒常性研究设计图

进一步的研究还发现，婴儿对物体的感知是由物体的运动和空间排列所决定，而不是取决于物体的形状和颜色。研究者都注意到，早期婴儿总是喜欢注视一个运动着的物体。因为运动着的物体能提供判断物体特征的重要信息，而相对而言，静止物体提供的信息量要少得多。到了6个月以后，随着婴儿对各种类型物体的感知经验的积累，他们开始依靠静止线索进行单元区分。

本章思考题

1. 简述学前儿童视觉的发生发展。
2. 简述学前儿童听觉的发生发展。
3. 简述学前儿童形状知觉的发展。
4. 简述吉布森和沃克的视崖实验。
5. 试述学前儿童知觉恒常性的发展。

本章实践题

观察记录不同年龄段幼儿方位知觉的特点。

第七章　学前儿童注意的发展

注意是大家熟悉的一种心理现象。心理学上所说的注意是一种心理状态，是指心理对一定对象的指向和集中。儿童生下来就有注意，随着年龄的发展，注意的选择性、稳定性、广度以及注意的分配等品质也随之发展。

第一节　婴儿注意的发生发展

注意使儿童从周围获得更加清晰、更加丰富的信息，是儿童活动成功的必要条件。儿童在婴儿期不仅出现了注意的最初形态——定向性注意，而且随着年龄的增长，选择性注意也开始发生发展。

一、新生儿注意的发生发展

新生儿从出生之日起就表现出注意的能力。概括地说，新生儿注意的特点有：定向性注意出现，选择性注意也开始萌芽。

（一）出现注意的最初形态——定向性注意

新生儿大部分时间处于睡眠状态，即使是在非睡眠状态下，他们觉醒的时间也非常短暂。大量观察材料的统计分析指出，除吃奶时间外，90%新生儿的觉醒时间持续不到10分钟；在吃奶的情况下，新生儿觉醒时间可达1个小时。新生儿这种觉醒时间极短暂的特点，具有十分重要的意义。它有利于维护新生儿的生存，保护尚未成熟的神经系统免受过多的刺激。但是，它同时也在客观上限制了新生儿注意、记忆、学习等活动的发展。

研究表明，当新生儿及婴儿处于适宜的觉醒状态时，外来的新刺激或环境中特别明显的刺激会引起新生儿及婴儿的全身反应，例如眨眼反射、膝跳反射等。这些反射被称为定向反射，是新生儿有注意能力的表现。定向反射的反应表现为新刺激所引起的复合反应，包括血流变化（如肢体血管反射，血流量减少；头部血管舒张，血流量增加等）、心率改变、汗腺分泌、胃的收缩和胃液分泌、瞳孔扩大、脑电变化等等。定向反射所表现出的上述变化，是研究注意的极重要指标。因为：第一，定向反射是婴儿心理活动的外部表现，而婴儿可测定的外部表现极少；第二，这些生理指标可以直接测量，不需用语言报告，而婴儿是没有能力用语言报告自己的心理内部状态的。

外来的强烈刺激使新生儿暂时停止哭喊或把视线转向刺激物，这就是最初的定向性注意。原始的定向反射是不学而能的生理反应，也是儿童最早出现的最初级的注意。最初的定向性注意主要是由外界事物的特点引起的，也就是无意注意的最初形式。

定向反射性注意在新生儿期出现，在婴儿期较明显，本能的定向性注意在儿童以至成人的活动中都不会消失，比如，突然出现的巨大声响总是会引起本能的“是什么”反射。但是，这种定向性注意占据的地位随着年龄的增长而日益下降。

（二）对刺激物表现出一定的选择性反应——选择性注意开始萌芽

由于研究方法和技术手段的限制，人们难以觉察新生儿和幼小婴儿相对短暂而微弱的心理反应，因而长期以来，人们对新生儿的注意及其他心理活动水平估计偏低。近20年来，随着研究方法和手段的不断改进与完善，人们对新生儿的注意等心理活动开展了一系列研究，积累了许多新的材料。这些材料也是对新生儿具有过去人们所不了解或估计不足的潜力的有力的说明。

范兹等人用视觉偏爱法进行研究发现，新生儿的注视（注意）有以下表现。

1. 新生儿对成形的图形比对不成形的杂乱的刺激点或线条注视的时间更长。

2. 对简单明了的图形更加偏爱。

3. 对人脸的注意多于对其他事物的注意。

这表明新生儿已能对刺激物表现出一定的选择性反应，也就是说，选择性注意萌芽了。

黑斯（M. Haith，1980，1983）等人采用眼动仪，对新生儿视觉活动进行一系列的实验发现：新生儿已经有了对外部世界进行扫视的能力；当面对不成形的刺激物时，无论是在黑暗状态下，还是在明亮状态下，他们都会有组织地进行扫视；物体的运动、声音大小、节奏和声调的变化，都会吸引和维持新生儿的注意。

研究还发现，新生儿注意（扫视）有以下五条规律。

1. 清醒时，只要光线不是过强，新生儿都会睁开眼睛。

2. 在黑暗中，新生儿也保持对环境有控制的、仔细的搜索。

3. 在明亮的环境中，面对无形状的情景时，新生儿会对相当广的范围进行扫视，搜索物体的边缘。

4. 新生儿一旦发现了物体的边缘，就会停止扫视活动，将视线停留在物体边缘附近，并试图用视线去跨越边缘。如果边缘离中心太远，视线不可能达到边缘，就会继续搜索其他边缘。

5. 当新生儿的视线落在物体边缘附近时，他会去注意物体的轮廓。比如，当新生儿看见一个白色背景上有一个黑色长方形时，他的视线会跳到黑色轮廓上，并在它附近徘徊，而不是在整个视野内游荡。这说明新生儿主要注意对比鲜明的东西，注意轮廓或形状的边缘，而不是注意图案的内容。

黑斯认为，上述规律可归结为一个简单的生物学规则：新生儿的扫视活动是一种生理适应现象，它的作用是保持皮质视觉神经细胞水平的“兴奋程度”。①

听觉刺激也会引起新生儿的注意活动，听觉空间定位会影响新生儿的注视。新生儿往往倾向于注视声音刺激来源的方向，而不是视觉刺激的方位。

二、1 岁前婴儿注意的发展

生后第一年，婴儿清醒的时间不断延长，觉醒状态也较有规律，注意在这时期迅速发展。1 岁前婴儿注意的发展主要表现在注意选择性的发展上，其基本特征如下。

（一）注意的选择性带有规律性的倾向

婴儿注意的选择性带有规律性的倾向。这些倾向主要表现在视觉方面，因而也称为视觉偏好。众多研究发现，婴儿注意的选择性有如下主要规律或特点。

1. 偏好复杂的刺激物。

2. 偏好曲线多于直线。

3. 偏好不规则的模式多于规则的模式。

---

① Skolnick A S. The Psychology of Human Development. San Diego: Harcout Brace Jovanonich Publishers, 1986: 164－165.

4. 偏好密度大的轮廓多于密度小的轮廓。

5. 偏好集中的刺激物多于分散的刺激物。

6. 偏好对称的刺激物多于不对称的刺激物。

（二）注意的选择性有明显的变化发展过程

有研究指出，头 3 个月的婴儿对简单几何形体的注意有两个明显的发展趋势。

1. 从注意局部轮廓到注意较全面的轮廓

新生儿在注意（注视）简单的形体时，把焦点集中在形体外周单一的突出特征上，比如方形的边、三角形的角；偶然也出现对轮廓较完全的扫视，但其组织程度尚差。3 个月婴儿的注意则已经比较全面。

2. 从注意形体外周到注意形体的内部成分

新生儿在注视某个形体时，如果该形体既有外部成分，又有内部成分，则他很少去注意其内部成分。他的注意倾向于外部轮廓。1 个月的婴儿也有时注意刺激物的中央成分，但只有中央成分移到靠近外周轮廓的时候才注意它。可是 2 个月婴儿的注意就发生了变化，他开始有规则地注视形体的内部成分。

婴儿注视人脸时主要注视脸的边缘，较少去注意脸的中央部分，因而婴儿对母亲的脸和陌生人的脸的扫视很少有区别。幼小婴儿只用很少的时间去注视人脸，即使注视人脸，也主要注视脸的边缘，所以他们不能分辨不同人的脸。

婴儿偏好复杂的刺激物，而且这种偏好有其发展过程。对 6 周和 11 周婴儿的研究表明，较大的婴儿比较小的婴儿更多地注意复杂的模式。对 3～14 周婴儿的视觉偏好进行的纵向研究也说明，较大婴儿对复杂性不断增加的格子模式的偏好呈直线式增长。婴儿的年龄越大，注意复杂的（包含多种成分的）刺激物及其细节的时间越长。在一个实验中，研究者用 36 秒的时间呈现一系列包括不同数量和不同大小的模式，结果不同年龄的婴儿注视不同模式的时间有所区别。1 个月的婴儿对各种模式注视的时间大致相同；4 个半月的婴儿则用较多的时间去注视包含数量多而面积小的模式，如注视包含 128 个小单元（1/4 单位）的模式所占的时间约为 20 秒，而注视包含 2 个大单元（2 单位）的模式则只用了 5 秒多的时间。

（三）经验在注意活动中开始起作用

对于 3 个月以后的婴儿，生理成熟对其注意的制约作用已经不像以前那么重要，经验开始对婴儿的注意起作用。6 个月以后，婴儿对熟悉的事物更加注意，这在社会性方面更为突出，比如婴儿对母亲特别注意。

格林贝格（1971）先测验了婴儿对点子和格子模式的注意，然后对婴儿进行训练。他把婴儿分为三组。第一组在 8～10 周时看 4×4 的格子板，到 10～12 周时看 6×6 的格子板。第二组看最复杂的格子板。第三组看灰色（无格子）的板。最后，向三个组的婴儿展示最复杂的（24×24）的格子板时，第三组比其他两组注意这个最复杂的模式的时间少得多。总的来说，8～10 周的婴儿偏好 8×8 的格子板，12 周的婴儿偏好24×24 的格子板。他由此得出结论：即使在这样幼小的年龄，认知的发展也是可以训练的。换句话说，经验在注意的倾向中已经起作用了。

科亨（1975）认为，经验只是在保持婴儿的注意中起作用。他研究了 4 个月婴儿的注意，提出以下观点：(1) 4 个月婴儿转向格子板的“反应时”，更多决定于格子板中格子的大小；而他们注视格子板的持续时间，则决定于格子板中格子的数量。(2) 能否吸引婴儿注意，可能主要取决于刺激物的物理属性（粗、大）；而能否保持注意，主要决定于刺激的细节或意义。(3) 注意的吸引是由先天的控制机制决定的。这种机制使婴儿定向于粗大的模式、大件的物体、活动的东西、亮度的突然变化、大的音响等等。吸引注意的因素在婴儿发展过程中变化较少，而注意的保持则因婴儿对物体的熟悉程度而有所变化。注意的吸引没有习惯化现象，婴儿向刺激物转头的反应保持不变；而注意的保持有习惯化现象。

有关婴儿注意的研究大多只测量了保持注意的时间。对于保持注意的机制，一种理论认为 3 个月前的婴儿，其注意出于感知的对比效应，更多倾向于轮廓密度大的模式；3 个月后的婴儿，其注意缘于当前的刺激和已有经验中的知识不一致。

三、1～3 岁婴儿注意的发展

1 岁以后，语言和认知的系列发展促使婴儿的注意进一步发展。这一阶段婴儿注意的发展主要有以下几个方面的表现。

（一）注意的发展开始受表象的影响

1 岁半到 2 岁婴儿的表象开始发生。从此，婴儿的注意开始受表象的直接影响。当眼前事物和已有表象或事实与期待之间出现矛盾或较大差距时，婴儿会产生最大的注意。有研究指出，虽然 1 岁以后婴儿的注意一般不再表现出心率减速的变化，然而在一个对 2 岁婴儿的实验中，半数以上的被试在看见幻灯片中一个女人把自己的头拿在手里时，都表现出明显的心率减速，产生了最集中的注意。

（二）注意的发展开始受语言的支配

1 岁以后，婴儿能说出具有最初概括性意义的真正的词，这标志着语言的初步形成。在 1～3 岁期间，无论婴儿掌握单词句、双词句或完整句的哪种水平，语词作为第二信号系统的刺激物都具有代表某些事物、动作、要求、陈述、命令等概括性含义。因此，语言活动不仅能够引起婴儿的注意，而且支配着婴儿注意的选择性。比如，当婴儿听到别人说出某个物体的名称时，他便会把注意指向这个物体，不论它的物理强度如何，是否新异刺激，是否能直接满足婴儿机体的需要。

语言的发生发展拓展了婴儿的注意领域。1 岁半以后，婴儿开始能够集中注意玩具，看图片，念儿歌，听故事，看电视、电影等等，这为婴儿的记忆和学习活动提供了更为广阔、新颖和丰富的认知世界。

（三）注意的时间延长，注意的事物增加

总的来说，3 岁前婴儿注意的时间很短，注意的事物不多。但 2 岁以后，婴儿在活动中注意的时间逐渐延长；注意的事物逐渐增多，范围也越来越广，例如，他已能注意到爸爸买菜、妈妈做饭、姐姐洗衣服等周围人们的活动。2 岁半到 3 岁，婴儿注意集中的时间进一步延长，最多能集中注意 20～30 分钟，比如，对适合其年龄特点的电影、电视，其基本上能够坚持看完；而且他注意到的事物更多。注意和认知过程相结合，使婴儿获得了更多的知识。比如，一个 2 岁半的婴儿自发地说："没有煮过的螃蟹是青的，煮熟了的螃蟹是红色的。"说明他注意观察了生活中的事物。

第二节　幼儿注意的发展

婴儿期的定向性注意和选择性注意都属于无意注意。无意注意是不由自主的、被动的注意，儿童一出生就有。随着语言和认识过程有意性的发展，儿童在 2 岁时有意注意开始萌芽。有意注意需要人的意识去支配，是主动的注意，因而出现较晚。进入幼儿期后，儿童注意的发展呈现无意注意占优势、有意注意初步发展的特征。同时，注意的品质也随着年龄的发展而发展。

一、幼儿注意的发展趋势

（一）无意注意占优势

幼儿的注意仍然主要是无意注意。但是和3岁前相比，幼儿的无意注意有了较大发展，主要表现出以下两个特点。

1. 刺激物的物理特性仍然是引起无意注意的主要因素

强烈的声音、鲜明的颜色、生动的形象、突然出现的刺激物或事物的显著变化，都容易引起幼儿的无意注意。比如电视、电影和各种活动教具较能吸引幼儿的注意；水里的鱼、天上的鸟，也由于它们活动多变化而容易引起幼儿的注意。在上课时，如果教室外面有幼儿在玩耍，幼儿则难以保持注意；如果有人在教室里走来走去，也易使幼儿分散注意；如果大部分幼儿不注意听老师讲话而互相交谈或玩耍，造成一片喧哗声，教师用提高声音的方法往往并不能吸引幼儿的注意，突然放低声音或停止说话反而会引起幼儿的注意。

2. 与幼儿的兴趣和需要有密切关系的刺激物逐渐成为引起无意注意的原因

幼儿的生活经验比以前丰富了，对于一些事物有了自己的兴趣和爱好，而符合幼儿兴趣的事物，容易引起幼儿的无意注意。比如，有的幼儿对汽车特别感兴趣，不论在何种场合，他都会去注意汽车及与汽车有关的事情。幼儿出现了渴望参加成人的各种社会实践活动的新需要，成人的许多活动，如成人开汽车、解放军练兵、民警维持交通秩序、医生看病、护士打针、售货员售货等活动，都常常成为幼儿无意注意的对象。符合幼儿经验水平的教学内容和以游戏形式出现的教学方式，也容易吸引幼儿的注意。

幼儿随着知识经验和认识能力的发展，能够发现许多新奇事物和事物的新颖性，即与原有经验不符合之处。在整个幼儿期，新颖性是引起注意的重要原因。

（二）有意注意初步发展

在幼儿期，有意注意处于发展的初级阶段，其水平低，稳定性差，而且依赖成人的组织和引导。幼儿的有意注意有以下特点。

1. 幼儿的有意注意受大脑发育水平的局限

有意注意是由脑的高级部位控制的。大脑皮质的额叶部分是控制中枢所在。额叶的成熟，使幼儿能够把注意指向必要的刺激物和有关动作，主动寻找所需要的信息，同时抑制对不必要刺激的反应，即抑制分心。额叶在大约7岁时才达到成熟水平，因此，幼儿期有意注意开始发展，但远远未能充分发展。

2. 幼儿的有意注意是在外界环境特别是成人的要求下发展的

儿童进入幼儿期，也就进入了新的生活环境和教育环境。幼儿在幼儿园，必须遵守各种行为规则，完成各种任务，对集体承担一定义务。所有这些，都要求幼儿形成和发展有意注意，服从于任务的要求。因此，各种生活制度和行为规则是使幼儿有意注意逐步发展的主要因素。

幼儿的有意注意需要成人的指引。成人的作用在于：第一，帮助幼儿明确注意的目的和任务，产生有意注意的动机，即自觉、有目的地控制自己的注意，并且用意志努力去保持注意。如果幼儿能够在头脑中形成目的和任务的表象，认识到其必要性，就能产生完成有意注意活动的强烈愿望，一切与完成任务有关的事物都能吸引他的注意。第二，用语言组织幼儿的有意注意。成人提出问题，往往能够引导幼儿有意注意的方向，使幼儿有意地去注意某些事物。例如，提出“什么东西变了”，可以引导幼儿去寻找目标；引导幼儿做一些小实验，如“雨是怎样来的”，可以使幼儿注意去观察实验过程；组织一些智力游戏，可以使幼儿注意集中于思考解决问题的方法。

3. 幼儿逐渐学习一些注意方法

由于有意注意是自觉进行的，保持有意注意需要克服一定的困难，因此有意注意要有一定的方法。幼儿在成人的教育和培养下，渐渐能够学会一些组织有意注意的方法。例如，用自己的语言来组织注意用各种动作来保持注意，如为了注意看书，用手指着；为了避免别人的干扰，把自己的椅子移开。

4. 幼儿的有意注意是在一定的活动中实现的

幼儿的有意注意，由于发展水平不足，需要依靠活动进行。把智力活动与实际操作结合起来，让注意对象成为幼儿的直接行动对象，使幼儿处于积极的活动状态，有利于有意注意的形成和发展。例如，在计算作业上，除了要求幼儿注意看教师的直观演示以外，还组织幼儿自己动手去用实物计算，这比单纯看演示更能维持有意注意。在游戏中，幼儿能够更好地维持有意注意，因为在游戏中幼儿能够完成一些既具体又明确的实际活动任务。

二、幼儿注意品质的发展

（一）注意稳定性

注意的稳定性是指注意在集中于同一对象或同一活动中所能持续的时间。

持续的时间越长，注意的稳定性就越高。注意的稳定性是有意注意的一个重要品质，它在个体日常的学习生活中起重要作用，是儿童游戏、学习等活动获得良好效果的基本保证。

1. 幼儿注意稳定性的发展

有研究报告指出，1 岁婴儿注意看一个玩具的时间仅能维持 2 秒钟，到 2 岁时能注意集中地玩一个玩具的时间已长达 8 秒钟以上（Ruff & Lawson，1990）。有人曾经在幼儿园观察记录 5～6 岁幼儿在自由游戏活动中的注意稳定性，发现他们能维持注意于一个单独活动的平均时间大约是 7 分钟（Stodolsky，1974）。

在良好的教育环境下，3 岁幼儿能集中注意 3～5 分钟，4 岁幼儿能集中注意 10 分钟，5～6 岁幼儿能集中注意 15 分钟左右。如果教师组织得法，5～6 岁幼儿可集中注意 20 分钟。研究表明：游戏是幼儿最感兴趣的活动形式，在游戏条件下，幼儿注意稳定的时间比一般条件下，特别是比枯燥的实验室条件下长得多。如 2～3 岁婴儿注意持续时间可达 20 分钟，5～6 岁幼儿可达到 96 分钟。但从总的来说，幼儿注意的稳定性不强，特别是有意注意的稳定性水平较低，容易受外界无关刺激的干扰。

有人以幼儿园小班和大班的幼儿为对象，让他们完成划消实验任务。结果发现：幼儿的注意稳定性虽然随着年龄的增长而提高，但是他们注意稳定性水平仍然很低。结果如表 7—1 所示。①

表 7－1　不同年龄幼儿的注意稳定性比较

年龄	平均数	标准差	P
小班	0.4082	1.0301	<0.05
大班	1.2304	0.5646	

还有一项研究采用“校对改错法”，探讨了幼儿注意稳定性的发展。所谓校对改错法，就是研究者首先发给每位幼儿一张印有圆形和三角形两种符号的改错练习纸，改错练习纸上共印有 465 个符号，分为 15 行，每行 31 个符号，圆形和三角形两种符号是随机排列的。实验者用录音机播放出按一定速度朗读的圆形和三角形两种符号的录音。录音机中播放的符号排列顺序与改

① 朱志贤：《中国儿童青少年心理发展与教育》，中国卓越出版公司，1990 年 4 月版，第 40 页。

错纸上的符号排列顺序不完全相同，每隔 1～4 个符号就会出现 1 次错误（例如，在改错纸上印的是三角形，但播放的录音是圆形；或在改错纸上是圆形，但播放的录音是三角形），错误出现的间隔长短是随机的。幼儿的任务是根据播放的录音对改错记录纸上的符号进行校对，并将错误的符号划掉。判断成绩的方法是：凡幼儿将正确的符号划去或没有把错误的符号划去都作为“练习错误”。将幼儿连续“练习正确”的最大符号数称为“改错练习的最大连续正确数”，以它作为注意稳定性的指标。实验中的被试共 48 名，分为 A、B、C 三组；每组 16 人，5 岁和 6 岁幼儿各 8 名（男女各半）。录音播放的速度分为快速（每分钟 35 个）、中速（每分钟 19 个）和慢速（每分钟 13 个）。

幼儿注意稳定性发展的具体情况可以通过两个方面来说明。

第一是幼儿改错练习的最大连续正确数。幼儿在完成改错练习时，连续正确数越大，表明他们注意稳定性发展越好，具体结果见表 7－2。

表 7－2 48 名幼儿改错练习的最大连续正确数的平均值

年龄	快速		中速		慢速	
	男	女	男	女	男	女
5 岁	49.58	93.83	62.17	131.33	59.08	138.58
6 岁	89.75	100.83	147.68	153.83	118.58	147.08

从表中可以看出，无论何种速度，6 岁幼儿改错练习的最大连续正确数均大于 5 岁幼儿，经检验差异显著。同时，女童的成绩明显高于男童。经检验，5 岁女童的成绩显著高于男童；6 岁女童的成绩虽然高于男童，但差异不够显著。

第二，将不同速度下最大连续正确数除以各自的速度所得的商数就是不同速度下幼儿有意注意的最长持续时间，该时间越长，表示幼儿注意稳定性发展越好。具体结果见表 7－3 所示。

表 7－3 幼儿注意稳定性最长持续时间的平均值（分钟）

年龄	快速		中速		慢速	
	男	女	男	女	男	女
5 岁	1.42	2.68	3.27	6.91	4.54	10.66
6 岁	2.56	2.88	7.74	8.10	9.12	11.31

从表中可以看出，随着幼儿年龄的增长，注意稳定性也显著地提高。同

时也发现录音播放速度是影响幼儿注意稳定性的一个重要因素，即快速播放时的注意稳定性比中速的差，而中速又比慢速的差。在幼儿阶段，女童的注意稳定性比男童发展得快。这一点在慢速条件下看得更明显。①

2. 影响幼儿注意稳定性发展的因素

研究表明，影响注意稳定性发展的有活动性质、作业难度和性别这三个因素。有一项研究探讨了个体从事活动时的兴趣对注意稳定性的影响。研究者把 2.5～6.5 岁的幼儿不感兴趣的一个任务给他们，即要求幼儿把一些不同颜色的纸片分别放进不同的盒子里。研究者记录幼儿从事活动的时间和注意分散的时间（即幼儿不分放纸片的时间）。结果见表 7—4 所示。

表 7－4　幼儿在完成不感兴趣活动时注意稳定性和注意分散的情况

年龄（岁）	活动时间（分钟）	分心时间（分钟）
2.5～3.5	17.5	7.8
3.5～4.5	37.5	7.5
4.5～5.5	51.4	6.4
5.5～6.5	62.8	1.6

从表中可以看出，年龄越大的幼儿，越能够按照成人的要求，从事自己不感兴趣的活动，同时也较少把注意离开这项活动而去做别的事。

Zaporozhets 对幼儿从事游戏活动的最长时间进行了研究。结果发现，3～6 岁幼儿的注意稳定性发展很快。由于游戏能够引起幼儿的兴趣，所以在游戏活动时，幼儿注意持续的时间明显比他们从事不感兴趣活动时的时间长。3 岁幼儿在从事游戏活动时，能够在 20 分钟内注意不分散，5～6 岁幼儿能够在 96 分钟内注意不分散。

另外有研究表明个体在完成难的作业时，注意的稳定性较强，不易分散。而在性别差异方面，从幼儿阶段至小学、初中，各年级女生的注意稳定性均高于男生。

（二）注意广度

注意的广度，又叫注意的范围，是注意的一种重要品质，指人在比较短的时间片断中所能清楚地知觉到的事物的数量。“一目十行”“眼观六路，耳

① 李洪增，胡荣萱等：《5～6 岁幼儿有意注意稳定性的实验研究》，《心理学报》，1983 年第 2 期，第 178～184 页。

听八方”指的都是注意的广度。幼儿注意的广度比较小。

1. 幼儿注意广度的发展

随着年龄的增长，幼儿的注意广度逐渐发展。

有一项考察注意范围的研究以速示器为仪器，实验材料是随机点子，材料呈现时间为1/20秒，考察幼儿在单位时间内能够辨认的点子数量。结果有73.5%的4岁幼儿只能辨认2个点子；有66.6%的6岁幼儿已经能够辨认4个点子；4岁幼儿中没有人能辨认出6个点子，有44%的6岁幼儿能够辨认出6个点子。这表明在整个幼儿阶段，他们的注意广度发展较快。①

Chi等人以5～7岁幼儿和成人为被试，给他们呈现含有不同数目的点子图，同时记录被试作出反应的时间（即从点子图呈现到被试说出是多少点子的时间）。结果发现：要求注意的点子是4个时，不仅反应时有明显增长，同时，错误率也随之明显上升。②

有人要求3～6岁的幼儿观察一个不熟悉的图形，用眼动仪记录他们的注意情况。结果发现：幼儿眼睛扫视的范围和系统化程度都随年龄的增长而逐渐扩大和提高。其中有一项研究是让幼儿完成这样一个任务：研究者给幼儿呈现一个木棍作为标准，要求他们从一些长短不同的木棍中找出与标准木棍长短相等的一根木棍。研究者用眼动仪记录他们完成任务时的眼动过程，结果发现：3～4岁幼儿只看几根木棍后，便指出一根他们认为是与标准木棍长短相同的木棍，有时幼儿选择是正确的，但更多时候选择是错误的。实验还发现：在完成下一次任务时，3～4岁幼儿在做选择时，他们的扫视范围并不扩大；4～5岁幼儿的扫视范围开始扩大，扫视活动开始出现系统化的倾向；6～7岁幼儿的扫视更加系统化，而且他们的注意更多集中于那些与标准木棍长短接近的木棍上。③

国外一项研究表明：6岁以下的儿童在看电视节目《芝麻街》的时候，往往只专注于节目中的视觉形象，如各种拟人动物角色的衣着打扮、长相和动

---

① 朱志贤：《中国儿童青少年心理发展与教育》，中国卓越出版公司，1990年4月版，第40页。

② Chi M T, Klahr D. Span and Rate of Apprehension in Children and Adults. Journal of Experimental Child Psychology, 1975, 19: 434－439.

③ Walk R D. Perceptual Development. California: Brooks/Cole Publishing Company, 1981: 133－136.

作表现，而不理会它们之间的对白内容；6 岁以后的儿童不仅对视觉形象感兴趣，而且能同时接受听觉方面的刺激信息——对白（Hayes，et al.，1981）。有研究还表明 4～6 岁幼儿对节目中的重要信息很敏感，看完节目后能回忆起重要的情节内容，而对不重要的情节往往记不起来（Lorch，et al.，1987）。看来，幼儿即使是专注地从事某一项活动，注意也始终是有选择性的。

2. 影响幼儿注意广度发展的因素

注意的广度有一定的生理制约性。研究发现：在 1/20 秒的时间内，成人一般能注意到 4～6 个相互之间没有联系的黑点，而幼儿则只能看到 2～4 个。

注意的广度还取决于注意对象的特点以及注意者本人的知识经验。注意对象越集中，排列越有规律，越有内在的意义联系，注意者的知识经验越丰富，注意的范围就越大。例如，10 个胡乱分布的圆点不易把握，如果以 5 个为一组排成 2 朵梅花形，就很容易看清楚；懂英语的人对英文字母的注意范围比不懂英语的人要大得多。

随着幼儿生理的发育和知识经验的丰富，其注意范围逐渐增大。但总的来说，幼儿的注意范围比较小。因此教师在指导幼儿活动或教学中，要努力做到以下几点。

第一，要提出具体而明确的要求，在同一个短时间内不能要求幼儿注意太多的方面。

第二，在呈现挂图或其他直观教具时，同时出现的刺激物数目不能太多，而且排列应当规律有序，不可杂乱无章。

第三，要采用各种幼儿喜闻乐见的方式或方法，帮助幼儿获得丰富的知识经验，以逐渐扩大他们注意的范围。

（三）注意分配

注意的分配，是指在同一时间内，注意指向两种或几种不同的对象与活动。通俗地说，就是指人在同一时间内，同时注意两个以上的事物或同时从事两种以上的活动。例如，有一位幼儿园老师上音乐课时，她一边弹琴，一边组织幼儿按音乐做各种动作。忽然她发现一位幼儿鼻子出血了，她不停止弹琴，只是向那位幼儿点头示意，把他叫到自己身边，告诉他如何去找另一位老师处理鼻子出血问题。在这整个过程中，她没有中断弹琴和组织全班幼儿的活动。可见，这位老师注意分配的能力多强。一个善于注意分配的人，能够在同一时间内，花费较少的精力从事较多内容的学习或活动。注意分配是注意的另一种重要品质。

1. 幼儿注意分配的发展

因为幼儿有意注意和自我控制力差，又缺乏必要的技能技巧，所以幼儿注意的分配较差，他们很难实现对注意的分配，常常顾此失彼。例如，幼儿开始学舞蹈时，注意了脚的动作，双手就一动不动；注意了手的动作，脚步又乱了。又如，3岁幼儿在饭桌上想要给别人讲述事情，往往都把筷子或勺子放下后有声有色地讲，不能做到边吃饭边聊天。因此，在进餐时最好避免向幼儿提出需要他描述事情的问题。

在良好的教育条件下，随着年龄的增长，幼儿注意分配的能力逐渐提高。例如，3岁幼儿自己活动时，顾及不到别人，所以只能单独玩；4岁幼儿则可以和别的幼儿联合做游戏；5～6岁幼儿就能参加较复杂的集体游戏和活动，并能和其他幼儿协调一致。大班幼儿做操时，既能注意做好动作，又能注意保持体操队伍的整齐；跳舞时，既能努力使舞姿优美，又能注意与歌曲配合一致，并配上适当的面部表情。有人还做过一个实验，让3～5岁的幼儿在幼儿园的院子里寻找一件“丢失”的物品，结果发现年龄较大的5岁幼儿能较有计划地逐处把院子里的每一个角落都找个遍，而年龄较小的幼儿则毫无计划地东找找、西找找（Wellman，et al.，1979）。但即使是学前末期的幼儿，他们有计划地分配自己注意目标的能力也才刚刚发展，他们还不大会运用注意的策略指导他们的观察活动，如让他们观看一幅内容丰富的图画，他们往往会忽略其中许多重要的细节（Ruff & Rothbart，1996）。①

2. 影响幼儿注意分配发展的因素

注意分配的基本条件就是同时进行的两种或几种活动中至少有一种非常熟练，甚至达到自动化程度。如果几种活动都不熟悉，注意分配就很困难。注意还与注意对象刺激的强度、个人的兴趣、控制力、意志力的强弱等因素有关。

因此，幼儿教师可以从以下几方面提高幼儿注意分配的能力。

首先，要通过各种活动，培养幼儿的有意注意以及自我控制能力。

其次，加强动作或活动练习，使幼儿对所进行的活动比较熟练，至少对其中一种活动掌握得比较熟练，做起来不必花费多少注意或精力。比如，教

① 方富熹、方格：《儿童发展心理学》，人民教育出版社，2005年4月版，第320、321页。

幼儿跳舞时，要先教会幼儿脚的动作，然后在舞步进行中教手的动作。

第三，要使同时进行的两种或几种活动在幼儿头脑中形成密切的联系。如果教师帮助幼儿懂得歌词和表演动作之间的联系，使幼儿既懂得歌词的意思，又理解了自己动作所表达的意思，而且唱和跳的动作都比较熟练，那么幼儿表演起来就能比较协调、自如、富有感情。

本章思考题

1. 简述新生儿注意的表现。

2. 简述婴儿注意选择性的特点。

3. 简述1～3岁婴儿注意的发展。

4. 幼儿期无意注意和有意注意的发展有什么特点？在教学中教师应该如何利用好这两种注意？

5. 试述幼儿注意品质的发展。

本章实践题

观察记录不同年龄段幼儿注意的特点，提出集中幼儿注意和防止注意分散的措施。

第八章　学前儿童记忆的发展

记忆是人脑保持信息和提取信息的过程。记忆不仅是学前儿童积累经验的“工具”，而且对其他心理活动的发展，如知觉、想象、思维、言语以及个性特征，具有重要的作用。在儿童发展的不同阶段，记忆过程的各个环节、记忆方式都各有独特的特征。因此，在学前阶段，根据儿童记忆发展的规律促进儿童记忆的发展是教育的主要任务之一。

第一节　婴儿记忆的发生发展

记忆是一个比较复杂的心理过程，包括识记、保持、再认或再现（回忆）。从现代认知心理学的观点看，记忆包括信息的输入、存储和提取过程。记忆在婴儿期已经发生，并且随着年龄的增加而发展。

一、记忆的发生

（一）记忆发生的指标

对于前语言时期儿童（即还不会说话的儿童）什么时候开始有了记忆、如何判断学前儿童具有记忆能力，研究者通常采用三种不同的测量指标。

1. 习惯化

一个新异刺激出现时，儿童会注意它一段时间。由于刺激的重复出现，儿童就逐渐减少了对它反应的强度，最后不再注意，这就是所谓的习惯化。[①]新生儿和幼小婴儿的习惯化，可以作为他对事物是否熟悉（是否能够再认）的指标。[②]

2. 条件反射

条件反射的建立，可以作为记忆的另一种指标。儿童对条件刺激物作出条件反射，表明儿童能认识条件刺激，再认也就出现了。曾性初（1979）对

---

① 方富熹、方格：《儿童发展心理学》，人民教育出版社，2005年4月版，第195页。

② 陈帼眉：《学前心理学》，人民教育出版社，2003年6月版，第111页。

新生儿建立听音的条件反射的研究表明，新生儿具有了一定的记忆能力。

3. 重学记忆

对年龄较大的婴幼儿来讲，重学记忆是测量他们记忆的一种指标。当儿童学习了一种知识或技能以后，经过一段记忆消逝的时间，重新用同样的方法学习，如果第二次学习所需要的时间或次数比第一次学习少，则表明儿童记忆的存在。例如，伯特（Burtt，1941）让1个1岁儿童每天朗读3首希腊文的诗，每首都有26行6韵步，有抑扬规律，依此坚持朗读3个月。然后换了另外3首诗，同样坚持3个月。用这样的办法，他一共让这个儿童听熟了21首诗，并在这个儿童长到8、14、18岁时，对其作了重学试验。结果发现：8岁时重学，比未学过的诗要减少30%的记忆次数；14岁时，只减少8%；18岁则没有减少。

（二）记忆发生的时间

长期以来，人们一直认为记忆发生在新生儿时期。但近年来对胎儿的研究表明，人类个体记忆的产生应该在胎儿时期。有人研究发现，假如把母亲心脏跳动的声音记录下来，经过扩大，在出生不久的婴儿大哭时播放，婴儿就会停止哭泣。研究者认为，婴儿停止哭泣是因为他们感到自己回到了熟悉的胎内环境，由此表明胎儿已经有了听觉记忆。刘泽伦（1991）对七八个月的胎儿音乐听觉的研究也表明胎儿有听觉记忆。因此，在胎儿末期，听觉记忆已经出现。

二、新生儿记忆的表现

（一）条件反射

新生儿记忆的主要表现之一是对条件刺激物形成某种稳定的行为反应（即建立条件反射）。自然条件反射和人工条件反射最初出现的时间有所不同。自然条件反射指的是在日常生活中出现的条件反射，采用自然观察法观察到的第一个条件反射活动是新生儿在被抱成通常的哺乳姿势时，会呈现出寻找、张嘴、吮吸等一系列食物性反应。这种情况表明，新生儿已经“记住”了喂奶的“信号”——姿势。这种条件反射发生于出生后10天左右。当母亲或其他人把孩子抱在怀里，新生儿就作出吃奶的反应，似乎对这种姿势有熟悉之感。人工条件反射指在实验中经过专门提供的刺激反复作用而建立的条件反射。比如，在西格兰（Sigueland）和利普西特（lipsitt）的研究中，出生后

1～3 天的新生儿，即可以形成由于出现铃声而把头向右转的条件反射。这种行为模式包含着记忆的因素。最初的人工条件反射的建立早于自然条件反射。

（二）习惯化

新生儿记忆的另一表现就是对熟悉的事物（刺激物）产生习惯化。习惯化是不学而能的。新生儿出生后不久即出现对刺激物的习惯化，这是原始的记忆因素。许多研究表明，即使刚出生几天的婴儿，也能对多次出现的图形产生习惯化。如先向新生儿呈现一个新刺激，直到他习惯化为止。过了一段时间（时间是主要的实验变量），再向新生儿呈现同样的刺激，如果这时他很快就习惯化了，就表明他能再认出这是以前看过的刺激（以两次的时间差为指标）。运用这一方法进行研究，结果表明，约 3 个月的婴儿能记住一个视觉刺激长达 24 小时（Martin，1975）；快到周岁时，可长达数天，对某些有意义的刺激（如人脸照片）能长达数周（Fagan，1973）。[①]

无论用何种方法或指标进行研究，结果都可以肯定：新生儿已经出现了记忆。

三、婴儿记忆发展的特点

（一）婴儿有意识记出现并发展

婴儿前期的记忆主要是无意记忆，到了婴儿末期有意识记开始萌芽，婴儿可以按照成人的一些简单要求进行识记。有研究者做了如下实验：让婴儿在实验者离开的这段时间里帮助实验者记住哪一个杯子里藏有玩具小狗，实验者布置完任务后借故离开实验室。结果发现，3 岁婴儿想出一个办法来记，他们不停地看着那只杯子，并用手摸杯子；而 2 岁婴儿则东张西望，不会有意识记。

（二）婴儿记忆保持时间增长

婴儿期长期记忆迅速发展起来并且保持的时间越来越长。婴儿期记忆最长可以保持几个月。1 岁左右的婴儿能够回忆几天或者十几天前的事情，2 岁左右的婴儿记忆可以保持几个星期。例如，让一个 2～3 个月的婴儿躺在童床上，童床上方悬挂着一个会活动的玩具，另外用一根长绳子，一头和玩具相

① 方富熹、方格：《儿童发展心理学》，人民教育出版社，2005 年 4 月版，第 217 页。

连，另一头系在婴儿的脚上。实验者教婴儿用脚一踢，玩具就会动起来。这对于婴儿来说是十分有趣的现象，婴儿很快就学会了。这时，实验员把绳子撤走。过了一周以后，再用同样的方法用绳子将脚和玩具连起来，只要一连上，不用教，婴儿就立即用脚使劲地踢起来。这表明婴儿能记得住这一动作。过了两周以后，只要实验员稍加提示，婴儿仍能记得住这一动作。这说明婴儿跟年龄大的儿童、成人一样，当他们的经验发生在一个熟悉的环境中，并且他们亲身参与了活动，就能将其记得更好。

（三）婴儿的再认不断发展

新生儿和幼小婴儿的再认是粗略的。很小的婴儿尽管能对熟悉和不熟悉的物体作出不同的反应，但对熟悉的东西并没有“我曾见过”的认识。他们的记忆更多地属于内隐记忆。斯特劳斯（M. Strauss）等人的研究说明了这一点。他们先让5个月的婴儿对某个具有特定形状、大小和颜色的物体（如大的、黑色的、向上的箭头）形成习惯化，然后改变一两个属性（如变为大的、白色的、向上的箭头），观察婴儿对刺激物的注视时间。研究发现，5个月的婴儿对前一刺激物形成习惯化后，紧接着呈现第二个刺激物时，能记住所有特征；如果将呈现时间推迟到15分钟以后，婴儿能记住2个特征；若推迟到25分钟后呈现，则婴儿只能记住1个特征。随着年龄的增加，婴儿对信息的保持时间逐步延长，对特定经验的编码越来越多，对周围环境中的精细特征也越来越敏感。4岁儿童的再认已经非常精确了。在一项看图再认的实验中，向4岁儿童呈现80张图片，然后让他们指出曾经见过的图片，发现正确率达90%。但如果让儿童先看10个玩具，再回忆出刚才看见过的玩具名称，2岁婴儿一般只能说出2个，4岁儿童能说出3～4个，这表明其回忆能力比再认能力差得多（Perlmutter，1984）。

（四）婴儿的回忆有所发展

7个月以后的婴儿能寻找从视野中消失的物体，说明婴儿已经具有了回忆。比如，据一个家长的观察报告，一个7个月的婴儿在其母亲接电话时，听到话筒传来另一端父亲熟悉的说话声，他想父亲快回来了，于是爬到门口边等他的父亲。到第一年末，多数婴儿表现出对自己熟悉的位置，如食品柜或玩具箱的长时记忆。婴儿不仅能记住单个的动作，还能记住动作的顺序。2岁婴儿产生了有意识地回忆以前发生过的事件的能力，这一发展显然与其言语能力的发展有密切关系。学前儿童也能对有意义的动作序列形成事件程式，这在他们的象征性游戏和角色游戏中表现得非常生动、准确。

（五）婴儿期记忆缺失现象

在对婴儿记忆的研究中，有一个“经典性困惑”十分有趣，那就是婴儿期记忆缺失。大量的研究发现婴儿有记忆现象，但人们又发现儿童并不能回忆起自己在婴儿时期（3岁以前）的事情。如何解释这种困惑呢？

有人认为，这是由于婴儿的大脑皮层的额叶尚未发育成熟的缘故。大脑额叶对记忆的关系重大，而大脑额叶的成熟要一直延续到学龄初期才能完成。但这一假设的不足之处是无法解释个体大脑额叶成熟时间与婴儿期记忆缺失时间的差距。幼儿期的大脑额叶也未成熟，为什么不造成幼儿期记忆缺失呢？也有人认为这是由于婴儿主要运用内隐记忆，外显记忆功能较差的缘故。还有人认为，因为婴儿与年龄大的儿童和成人对信息采用的编码方式不同，婴儿采用非言语的编码方式，而年龄大的儿童和成人采用言语编码方式，两套编码方式与提取方式之间不匹配，造成婴儿期存储的信息提取困难，所以导致婴儿期记忆缺失。此外，还有人从早期记忆中缺乏自我的介入、早期婴儿缺乏分享和复述记忆的社会系统等方面来解释婴儿记忆的早期缺失。看来，这个问题还需要继续研究。学术界公认，只有儿童自传体记忆的出现，才标志着婴儿期记忆缺失阶段的结束。

第二节　幼儿记忆的发展

幼儿期记忆的水平与前几个阶段相比有显著提高，主要可以归纳为两个方面：一方面是无意记忆、机械记忆、形象记忆继续发展，而且达到相当高度的水平；另一方面是记忆的意识性和理解性明显地提高，表现为记忆逐渐发展，并且开始出现记忆的方法。后者是儿童记忆发展中的重要质变。幼儿记忆发展的特点主要有以下几个方面。

一、无意记忆占优势，有意记忆逐渐发展

（一）幼儿无意记忆的发展

1. 无意识记的效果优于有意识记

儿童在幼儿期整体心理的有意性都比较低，识记的有意性也较低，无意

识记占主导地位。3 岁前儿童基本上只有无意识记，有意识记虽然已经开始发生，但很少被运用。在某一有目的的活动中，幼儿的识记更多地是受对象外部特征的影响，且不能有效运用识记方法，因此幼儿的无意识记的效果优于有意识记。比如，让幼儿观察一些图片，然后要求他们回忆；或者要求幼儿记住一些图片，然后回忆。前者是对幼儿的无意识记进行检查，后者则要求幼儿进行有意识记。在两种情况下，3 岁幼儿的记忆效果基本上一致。原因在于，幼儿并没有真正接受识记任务，他们的回忆都是依靠无意识记保持下来的。

在整个幼儿期，无意识记的效果都优于有意识记。在苏联心理学家陈千科（Zinchenko，1954）的实验里，实验者要求幼儿用图片在桌上做游戏。图片共 15 张，画的都是儿童熟悉的东西，如水壶、苹果、狗。游戏结束后，要求幼儿回忆所玩过的东西，即对其无意识记进行检查。另外，在同样的实验条件下，要求幼儿进行有意识记，记住 15 张图片的内容。实验结果表明，幼儿中期和晚期识记的效果都是无意识记优于有意识记。到了小学阶段，有意识记才逐渐赶上无意识记（见图 8－1）。①

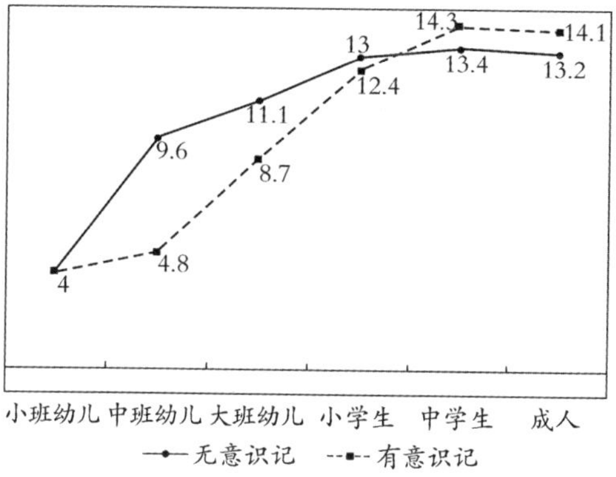

图 8－1　无意识记和有意识记的比较

2. 无意识记的效果随年龄的增长而提高

幼儿的无意识记和有意识记并不是一个彼此消长的过程。实际上由于记忆加工能力的提高，认识范围也越来越广，幼儿无意识记和有意识记都随着年龄的增长而不断发展。

比如，有研究者给小、中、大三个班的幼儿讲同样一个故事，事先不要求识记，过了一段时间以后进行检查。结果发现年龄越大的幼儿，无意识记的成绩越好。这表明，无意识记也是随着年龄的增长而不断发展的。又如，据上海市徐汇区对 107 名幼儿的调查，小班幼儿对直观物体的无意识记的完

① 陈帼眉：《学前心理学》，人民教育出版社，1989 年 5 月版，第 132 页。

整率为21%，中班为29%，大班为50%。

尽管无意识记和有意识记都在增长，但有意识记的发展速度更为明显。一方面，幼儿认知水平的发展促进了有意识记的发展；另一方面，成人的教育方式也与此有关。

3. 无意记忆是积极认知活动的副产物

幼儿的无意记忆不是由于幼儿直接接受记忆任务和完成记忆任务而产生的，而是幼儿在完成感知和思维任务的过程中附带产生的结果，是一种副产物。事实证明，幼儿的认知活动越是积极，其无意识记效果越好。

（二）影响幼儿无意记忆效果的因素

1. 客观事物的性质

直观、形象、具体、鲜明的事物以其突出的物理特点，容易引起幼儿的集中注意，也容易被幼儿在无意中记住。

2. 客观事物与幼儿主体的关系

对幼儿生活具有重要意义的事物，符合幼儿兴趣的事物，能激起幼儿愉快、不愉快或惊奇等强烈情绪体验的事物，都比较容易成为幼儿注意和感知的对象，也容易成为无意识记的内容。比如，感人的道德故事就比空洞的道德说教容易使幼儿记住。幼儿对挨重打后的痛苦久久不忘，也和这种因素有关。

3. 幼儿认知活动的主要对象或活动所追求的事物

如果使识记对象成为幼儿活动任务中的主要对象，幼儿在活动过程中始终不能离开对该对象的认知，那么，对这种对象进行无意识记的效果也较好。比如，发给幼儿15张图片，每张图片中央画有幼儿熟悉的物体，图片的右上角画有同样醒目的符号，如三角形、十字形、圆形。把幼儿分为两组，一组的任务是按物体的特点分类，如猫和狗放在一起；另一组的任务是按符号分类，如把有三角形和十字形符号的放在一起。分类完毕后，要求幼儿回忆各图片上的物体。结果，按物体分类的幼儿平均能记住10.6个物体，而按符号分类的幼儿平均只记住3.1个物体。这说明活动中辨别的主要对象不同，对图形的无意识记效果也不同。又如，在日常生活中，幼儿经常在院子里玩，却不知道院子里有哪几种树、树叶有什么不同。在老师组织了拾落叶的活动以后，由于活动要求尽可能多找出几种叶子，幼儿便自然而然地记住了院子里的树和树叶的形状。

4. 活动中感官参加的数量

有关研究表明，在幼儿的识记过程中，参与的感官数量会影响到无意识记效果。参与的感官越多，无意识记的效果越好。比如，同一年龄班的幼儿分为两组进行实验，学习同一首儿歌。第一次，甲组边看图片边听歌词，乙组不用图片，只听歌词。第二次，两组交换识记方法，学另一首儿歌。结果，通过视听两个通道识记的幼儿平均得分为 76.7，而单纯通过听觉识记的幼儿平均成绩仅为 43.6 分。这说明多种感官参加有助于提高无意识记的效果。

5. 活动动机

活动动机不同，无意识记的效果也不同。一般来说，幼儿的活动动机越强，无意识记的效果就越好。例如，在完成学习任务和竞赛性游戏这两种不同条件下，让大班幼儿分成两组，分别按事物的意义联系（如锤子—钉子、河—船）或事物的特性联系（如公鸡—喔喔啼、小鸟—会飞）去想出 10 个词。结果表明，幼儿在竞赛性游戏中的无意识记成绩优于学习任务中的成绩。由于幼儿在竞赛性游戏中积极性较高，其无意识记的效果也较好。

（三）幼儿有意记忆的发展

有意记忆的发展，是幼儿记忆发展中最重要的质的飞跃，幼儿有意记忆的发展有以下特点。

1. 是在生活的要求和成人的教育下逐渐产生的

成人在日常生活和组织幼儿进行各种活动时，经常向他们提出记忆的任务，比如，在家里，父母会对幼儿说："记住，去问问老师……"又如，在幼儿园，老师也会嘱咐："回家告诉爸爸妈妈……"再如，在讲故事前，预先向幼儿提出复述故事的要求；在幼儿背诵儿歌时，要求他们尽快记住。这一切，都是促使有意识记发展的手段。

2. 有意识记的效果依赖于对记忆任务的意识和活动动机

幼儿对具体识记任务的意识会影响幼儿有意识记的效果。比如，伊斯托米娜的研究指出（1947）：幼儿在玩"开商店"游戏时担任"顾客"的角色，"顾客"必须记住应购物品的各种名称，这种角色本身使幼儿意识到这种识记任务，因而也就努力去识记，记忆效果有所提高。

活动的动机对幼儿有意识记的积极性和效果都有很大影响。一些专门的实验或测验把幼儿带到实验室里，简单地要求他们完成记忆任务，幼儿对这种活动缺乏积极性，记忆效果往往比较差；而在游戏中，有意识记的效果比较好。

在实际生活中，如果成人提出的要求恰当，使幼儿明确识记的目的和任务，那么，幼儿在完成任务中，有意识记的效果甚至超过游戏的效果（见表8－1）。这种情况发生于：在完成生活中的实际任务时，幼儿的记忆效果能够得到成人或幼儿集体的评价，或者受到赞许，或者得到奖励。这种赞许或奖励实际是一种强化。

表 8－1 幼儿在三种不同动机下有意识记的效果

年龄（岁）	完成实验任务	游戏	完成实际任务
3～4	0.6	1.0	2.3
4～5	1.5	3.0	3.5
5～6	2.0	3.3	4.0
6～7	2.3	3.8	4.4

3. 有意再现的发展先于有意识记

记忆的恢复或信息的检索包括再认和再现（回忆）两种形式。在幼儿记忆的发展中，有意的再认和再现都可以分为三种水平或三个发展阶段，而有意再现的较高水平比有意识记早出现。

伊斯托米娜（1947）的研究认为，3～7岁幼儿的有意再现和有意识记都可以分为三种水平，表现为三种不同的行为类型。

幼儿有意再现的三种行为类型如下。

第一类（低水平）：完全不接受有意追忆任务，完全不能回忆要求记住的事情，只能说出当时所看见的或别人所提醒他的东西的名称。

第二类（稍高水平）：产生了有意再现的目的，努力去追忆所要求的内容，但是只限于当时即刻的回忆，对忘记了的东西不作任何积极追忆的尝试。

第三类（较高水平）：努力追忆所要求的内容，运用一些追忆方法，对忘记了的东西作积极追忆的尝试。

幼儿有意识记的三种行为类型如下。

第一类（低水平）：不能意识到识记目的，不听完任务。

第二类（较高水平）：意识到识记目的，注意听完任务，但还没有任何帮助记忆的方法。

第三类（最高水平）：不仅意识到识记目的，而且采用促进识记的方法，主动复述识记任务，并请求成人重述任务或提示识记内容。

活动动机对幼儿有意识记和有意再现的效果也有较大影响。把伊斯托米娜的实验中对幼儿在实验室、游戏、完成实际任务三种不同条件下有意识记和有意再现的情况作比较，可发现不同动机条件（活动条件）下的结果差异。整体而言，幼儿的有意识记和有意再现水平在实验室条件下最低，在游戏和完成实际任务的条件下较高。具体而言，在三种活动条件下，3～4 岁幼儿的情况没有变化，这说明他们的有意性发展水平过低，在各种条件下都处于同样的低水平；4 岁以后幼儿在不同活动条件下情况有所分化。

二、记忆的理解和组织程度逐渐提高

（一）幼儿容易运用机械记忆

幼儿给人的印象是大量利用机械记忆。实际上，幼儿期意义记忆在迅速发展。幼儿在记忆过程中越来越多地依赖于理解，并把记忆材料加以系统化。

一般人认为幼儿主要运用机械记忆，可能是由于成人大量运用意义记忆。如果要求成人记住一些完全不理解或毫无意义的材料，成人会感到困难。相比之下，幼儿常常运用机械记忆，他们反复背诵一些自己并不了解的材料，并显得不那么困难。幼儿相对较多地运用机械记忆，可能出于三个原因：第一，幼儿大脑皮质的反应性较强，感知一些不理解的事物也能够留下痕迹。第二，更重要的是，幼儿对事物理解能力较差，对许多识记材料不理解，不会进行加工，只能死记硬背，进行机械记忆。第三，幼儿的经验还不是很丰富，抽象思维不发达，词汇有限。

幼儿也会运用意义记忆，尤其是中班和大班的幼儿再现识记材料时，会有一定的加工，按照自己的理解加以改造。但意义记忆处于初级阶段。幼儿的意义记忆表现在以下几个方面：第一，能够运用自己比较熟悉的词语去取代不熟悉的词语，表现出初步的概括性。第二，在复述故事的时候，幼儿能够删除无关紧要的部分，同时加上自己认为合理的情节。第三，在复述故事的时候，幼儿会在不破坏逻辑关系的范围内对细节进行改动。

（二）幼儿意义记忆效果好

幼儿期是意义记忆迅速发展的时期。而且，幼儿对理解了的材料记忆效果较好。在日常生活中，幼儿对儿歌的识记比不理解的诗词效果好。在天津幼儿师范学校心理组的实验中（1980），幼儿对常见物体（红旗、马等）的记忆效果好于对不熟悉的无意义图形的记忆效果。幼儿识记熟悉的词（理解的音节）比无意义音节（没有意义联系的辅音和元音的结合）效果好。在4～5岁幼儿的实验中，幼儿记住有意义的词音数量是所记住的无意义音节的9.43倍；6～7岁幼儿则为3.24倍。

实验还表明，幼儿识记意义近似的成对物体比识记意义不相联系的成对物体效果好。比如，让幼儿分别识记意义近似的物体（如土豆—胡萝卜）和意义不相联系的物体（如椅子—鸭子），结果是前者的成绩优于后者。

幼儿对理解了的内容记忆保持的时间也较长。在柳布林斯卡娅的研究中，研究者给两组幼儿讲两个女孩子的故事，对第一组被试不用这两个女孩原来的名字，而以其主要特征——勤奋和懒惰作为名字，第二组则用两个普通名字。结果，第一组幼儿在1个月后还能够正确描述这两个女孩的形象；第二组幼儿在5天之后已不能正确描述，而在1个月后，20名被试中已有12名把两个女孩描述成完全中性的形象，完全忽略了她们的主要特点。

许多实验都证明，幼儿对理解了的材料记忆效果较好，其主要原因为：第一，意义记忆是通过对材料的理解而进行的。理解使记忆的材料和过去头脑中已有的知识经验联系起来，把新材料纳入已有的知识经验系统中，加深了对材料的加工程度。第二，机械记忆只能把事物作为单个、孤立的小单位来记忆，意义记忆使记忆材料互相联系，从而把孤立的小单位联系起来，形成较大的单位或系统。

（三）幼儿的机械记忆和意义记忆都在不断发展

在整个幼儿期，无论是机械记忆还是意义记忆，其效果都随着年龄的增长而有所提高，两者效果的差距也逐渐缩小。

从有关研究材料还可以看到，年龄较小的幼儿意义记忆的效果比机械记忆高得多，而随着年龄增长，两种记忆效果的差距逐渐缩小，意义记忆的优越性似乎降低了。这种现象并不表明机械记忆的发展越来越迅速，而是由于年龄增长后，意义记忆和机械记忆效果的差异减少，机械记忆中加入了越来越多的理解成分，使机械记忆的效果有所提高。比如，幼儿对一些不熟悉的词，有时会按自己的理解来识记。可见两种记忆效果差距的缩小是由于两种记忆的区别越来越小，两种记忆越来越多地相互渗透，主要是意义记忆渗入机械记忆中。

三、形象记忆占优势，语词记忆逐渐发展

（一）幼儿形象记忆的效果优于语词记忆

形象记忆是根据具体的形象来记忆各种材料。在儿童语言发生之前，其记忆内容只有事物的形象，即只有形象记忆。在 2 岁以后，儿童语言发生后的整个幼儿期，形象记忆仍然占主要优势。

语词记忆是通过语言的形式来识记材料。随着儿童语言的发展，语词记忆也逐渐发展。成人往往用语言向幼儿传授知识经验，向他们提出各种要求，因此，幼儿的记忆逐渐积累了不少语言材料。但是，从记忆效果看，幼儿形象记忆的效果优于语词记忆。

研究表明，幼儿对熟悉的物体记忆效果优于熟悉的语词，而对生疏的语词记忆的效果显著低于熟悉的物体和熟悉的语词。幼儿对熟悉物体的记忆依靠的是形象记忆。形象记忆所借助的形象带有直观性、鲜明性，所以效果最好。熟悉的词在幼儿头脑中与具体的形象相结合，因而效果也比较好。至于生疏的词，在幼儿头脑中完全没有形象，记忆效果最差。卡尔恩卡（1955 年）以 3～7 岁的幼儿为被试，探讨了幼儿形象记忆和语词记忆的效果，其研究结果也证明，幼儿形象记忆的效果优于语词记忆的效果（见表 8－2）。

表 8－2　幼儿形象记忆与语词记忆效果的比较

年龄（岁）	熟悉的物体	熟悉的词	生疏的词
3～4	3.9	1.8	0
4～5	4.4	3.6	0.3
5～6	5.1	4.6	0.4
6～7	5.6	4.8	1.2

（二）幼儿的形象记忆和语词记忆都随着年龄的增长而发展

幼儿期形象记忆和语词记忆都随着年龄的增长而不断发展，但语词记忆发展的速度逐渐超过了形象记忆发展的速度。从上表可以看出，3～4 岁幼儿无论是形象记忆或者是语词记忆，其水平都相对较低；其后，两种记忆的结果都随年龄的增长而增长。

（三）幼儿形象记忆和语词记忆的差别逐渐缩小

从表 8－3 中我们可以看出，两种记忆效果的差距日益缩小。

表8－3 幼儿形象记忆和语词记忆效果的比率

年龄（岁）	熟悉的物体	熟悉的词	两者的比率
3～4	3.9	1.8	2.1∶1
4～5	4.4	3.6	1.2∶1
5～6	5.1	4.6	1.1∶1
6～7	5.6	4.8	1.1∶1

两种记忆效果差距之所以逐渐缩小，是因为随着年龄的增长，形象和词都不是单独在幼儿的头脑中起作用，而是有越来越密切的相互联系。一方面，幼儿对熟悉的物体能够叫出其名称，那么物体的形象和相应的词就紧密联系在一起。另一方面，幼儿所熟悉的词也必然建立在具体形象的基础上，词和物体的形象是不可分割的。

形象记忆和语词记忆的区别只是相对的。在形象记忆中，物体或图形起主要作用，语词也起着标志和组织形象记忆的作用。在语词记忆中，记忆的内容主要是语言材料，但是语词所代表的事物形象是记忆过程的支柱。随着儿童语言的发展，形象和语词的联系日益密切，两种记忆的差别相对减少。

四、记忆策略逐渐形成

（一）儿童记忆策略的发展阶段

记忆策略是指能够增强记忆效果的方法。记忆有意性的发展和记忆策略的形成有密切联系。可以说，儿童有了自觉完成记忆任务的意识以后，也就产生了运用记忆策略的要求，并且在实践中逐渐形成运用记忆策略的能力。在儿童记忆活动的各个阶段，都可以运用记忆策略。不同年龄的记忆能力差异，主要与他们使用记忆策略的能力有关。一般来说，记忆策略的发展具有三个特征：一是记忆策略产生于使人对记忆材料做最佳加工的作业中；二是记忆策略首先出现在材料易于使用的情况下；三是随着儿童年龄和知识经验的增长，他们可在各种情境中更为活跃地使用记忆策略。

儿童的记忆策略经历了一个从无到有的发展过程，这一过程分为四个阶段（Flavell，1994）。

1. 无策略阶段（0～5岁）：儿童既不能自发地使用某一种记忆策略，也不能在他人的要求或暗示下使用策略。

2. 部分策略阶段（5～7岁）：儿童能部分地使用策略或使用一种策略的某种变式，表现为儿童在有些场合能使用记忆策略，而在另一些场合却不能使用策略。

3. 策略效果脱节阶段（7～10岁）：儿童能在各种场合使用某一种策略，但记忆的效果并没有因策略的使用而提高，表现为记忆成绩滞后于策略使用的脱节现象。

4. 有效策略阶段（10岁以后）：儿童能熟练地运用记忆策略，并有效地提高记忆成绩。

（二）学前儿童的记忆策略

学前儿童处于无策略向部分策略发展的阶段，他们运用的记忆策略有以下几种。

1. 视觉复述策略

儿童在记忆过程中使用的一个最为简单的策略，就是将自己的注意力有选择地集中在所要记住的事物上，如不断地注视目标刺激，以加强记忆，这可以视为一种“视觉复述”（Baker－Ward，Ornstein & Holden，1984；Yussen，1974）。

儿童很早就表现出使用记忆策略的倾向。在一项研究中，研究者向18～24个月的儿童出示一只玩具大鸟，接着把大鸟藏在枕头下面，并要求儿童记住大鸟的位置，以便以后找到它。随后研究者宣布自由活动4分钟，并在活动中用其他玩具设法使他们分心。但是，研究者发现，这些儿童在自由活动中经常会中断活动而谈论大鸟的位置，注视着这一位置，并用手指着它，或者在这个位置周围徘徊或企图掀开枕头。儿童显然是在短期记忆中采用“视觉复述”的方法力求保持大鸟位置的信息。为了对照实验结果，研究者把大鸟放在枕头上面，或放在枕头下但不要求儿童取回玩具，这时儿童在自由活动时就不再盯着大鸟所在的位置了。

2. 定位策略

儿童对目标刺激“贴上”某种特定的标签以便于记忆。海斯尔等（Heisel & Ritter，1981）进行了一项研究：主试让儿童将一个小物品藏在一个有196个格子的棋盘中，并要求儿童尽可能记住物品所藏的位置。结果发现，5岁以上的儿童倾向于选择那些较有特点的位置去藏物品（如棋盘的某一角落）；而3岁儿童就不会使用这种策略，但有些3岁儿童知道在同一个实验的不同次别里将物品藏在同一个位置会便于以后寻找。①

---

① 林崇德、沈立德：《认知发展心理学》，浙江人民出版社，1996年12月版，第165页。

3. 复述策略

在记忆过程中，儿童不断重复需要记忆的内容，以便准确、牢固地记住这些信息。复述是一个常用的有效记忆策略，也是将短时记忆转化为长时记忆的必要手段。研究者向 3 岁儿童呈现一组玩具并让他们记忆的时候，儿童会很仔细地观察这些玩具，而且还会对玩具进行标记（仅标记一次），但是他们不会使用复述策略（Baker－ward，Ornstein & Holden，1984；Oyen & Bebko，1996）。相对来说，7～10 岁的儿童能更有效地使用复述策略，而且复述得越多，记忆成绩就越好。有研究发现，10％的幼儿园儿童已经掌握了复述策略，而小学五年级 85％的学生能自觉地运用复述策略。随着儿童年龄的增长，使用复述策略的能力和复述的质量都在提高。

4. 组织性策略

主体在记忆过程中将记忆材料按不同的意义组织成各种类别，编入各种主题，使它们产生意义联系，或对内容进行改组，以便于记忆的方法，称为组织性策略。

儿童在进入学龄期后，其记忆的组织性策略才开始明显地发展起来。9～10 岁的儿童在使用记忆组织性策略方面的能力明显高于 5～6 岁的儿童，这种年龄差异既体现在使用组织性策略的次数方面，也体现在使用组织性策略的质量方面。例如，年幼儿童经常将一个刺激系列分成许多组别，而在每一组中所含的项目数却很少，这会使项目组织网络的负载加大，从而使组织性策略的功能受到一定程度的限制；而且，年幼儿童对记忆材料的分组呈不稳定状态，在同一个实验的不同时间里经常会发生组别变化的情况，这种不断对记忆材料进行重组的过程消耗了主体较多心理能量，因而减少了其在任务其他方面的心理投入。

5. 提取策略

个体在回忆过程中，将贮存于长期记忆中的特定信息回收到意识水平上的方法和手段称为提取策略。再认和再现都需要运用提取策略。当然，再现比再认要困难得多。儿童在记忆能力上表现出的年龄差异和个体差异，主要是由提取能力的不同而造成的。

提取策略的核心是对线索的利用。对于儿童来说，记忆刺激出现的实地情景对信息的提取具有重要的线索意义。年幼的儿童在对信息进行提取的时候，对刺激出现的原本环境有更多的依赖。阿克曼（Ackerman，1985a，

1985b）进行了一项研究。在实验中，主试给儿童呈现一组词，在这组词中包括与目标词具有一定关系的线索词（如目标词是“百合花”，线索词为“玫瑰”和“郁金香”）。然后，在要求儿童再认的时候，既呈现出上述那些线索词，又呈现出一些额外的线索词，但这些词与目标词之间不呈一一对应的关系，而是种属关系（如目标词是“百合花”，线索词则为“花朵”）。结果发现：年幼儿童在回忆时对原刺激出现的环境的依赖性更强，他们在“玫瑰”“郁金香”这样的原有线索词存在的情况下的回忆成绩明显好于在其他情况下的回忆成绩。①

许多研究表明，在缺乏线索的自由回忆或虽有线索但不会利用的情况下，6～8 岁儿童的回忆成绩都不高。但当研究者告诉儿童如何利用线索后，其回忆成绩便显著提高。卡巴希哥娃（Kobasigawa，1974）进行了一项研究，主试给儿童出示若干组图片，在每一组图片中都包括一张线索图片，要求被试利用线索图片，尽可能多地将所呈现的图片回忆出来。如主试说：“这里有一张动物园的图片，还有 6 张与这张图片有关系的图片，请你们尽可能多地记住这些图片。”结果发现，在这种情况下，儿童的回忆数量大增。这说明，年幼儿童对信息的存储能力并不低，但他们在信息的提取方面却存在着明显不足。只要外在线索很明显时，年幼儿童与年长儿童之间的回忆量差异就会大大缩小。年幼儿童一般不能自发地去发现材料中的线索，而必须依赖别人对线索进行形象的显示或明确的说明。②米斯特里等人（Mistry & Lange，1985；Schmidt，1986）发现，当让儿童回忆某一故事中的有关信息的时候，年幼儿童对外界所提供的线索有更多的依赖，而年长的儿童则不需要外界的帮助。研究者认为，这可能是因为年长儿童在听故事的过程中，就能自发地构造出某种线索以帮助回忆，因而使外界提供的线索失去了作用。总体来说，儿童在提取策略方面存在着年龄差异，年幼儿童在提取记忆信息的时候，对刺激出现的原本情景依赖性较大，同时也需要由他人提供的外在线索的帮助。

五、幼儿记忆恢复现象

记忆恢复现象是指幼儿在学习某种材料时，不能立刻完整地再现所记住的材料，要经过一段时间后记忆才能完善，然后才开始出现遗忘。记忆恢复

①② 林崇德、沈立德：《认知发展心理学》，浙江人民出版社，1996 年 12 月版，第 163、164 页。

现象最早是由巴拉德（Ballard）在1913年发现的。此后，各国的研究者对此进行了大量的研究。一般认为，这种现象产生的原因可能是幼儿神经系统的发育还不完善，大量的新异刺激使神经系统因疲乏转入抑制状态，不能马上恢复识记的材料；到神经系统恢复到兴奋状态时，先前识记的材料又能被回忆出来。记忆恢复现象反映出幼儿记忆过程中的另一类可能的遗忘曲线（见图8—2）。

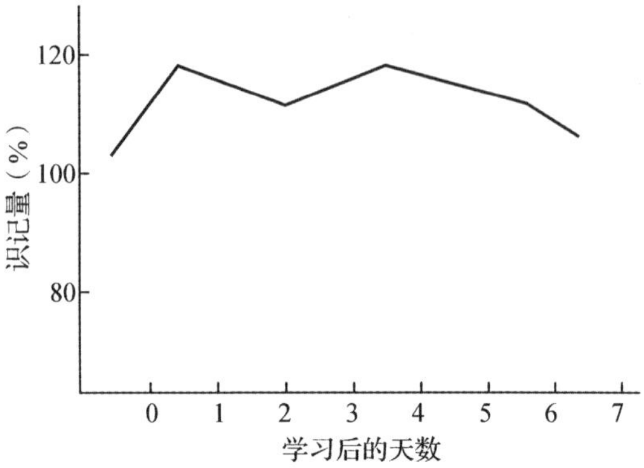

图8—2 记忆恢复现象

这条曲线表示，幼儿在识记材料之后的头几个小时到头几天里，识记量逐步上升，在达到高峰之后开始下降。其具体表现为，幼儿在学习某一材料后不能马上完整地再现熟记的材料，而是过一段时间后记忆才得以完善，真正的遗忘要在达到高峰后才开始。心理学家通常认为，幼儿记忆恢复现象发生在识记以后的1～2天内。在记忆内容复杂和节奏鲜明的材料时，记忆恢复现象表现得尤为经常和突出。在智力落后的幼儿身上看不到这种现象。

我国学者洪德厚也曾对这一现象做过研究，发现4～6岁幼儿的记忆曲线在识记后7～14天之间有隆起现象。这一恢复现象与识记材料的性质和数量有一定关系。如果材料难度大，记忆恢复现象就比较明显。幼儿园小班幼儿的记忆恢复现象更为显著。

本章思考题

1. 简述测量婴儿记忆发生的指标。
2. 简述幼儿有意记忆的发展。
3. 简述婴儿记忆发展的特点。
4. 简述影响幼儿无意记忆效果的因素。
5. 举例说明学前儿童记忆的主要策略。

本章实践题

探讨不同识记任务对幼儿有意识记效果的影响。

第九章　学前儿童思维的发展

思维是认识活动的核心，是一种高级的认识过程。思维的发生是学前儿童心理发展的重大质变，它的产生和发展不仅对学前儿童其他认识活动的发展有推动和促进作用，还对学前儿童的情绪情感活动和意志活动的发展起着重要作用，在学前儿童心理发展中具有里程碑意义。

第一节　学前儿童思维发展概述

思维的能力是人类的特性。恩格斯曾把“思维着的精神”说成是“地球上最美丽的花朵”。儿童心理学的工作者的任务就是要研究这朵“美丽的花”是如何在儿童的成长过程中逐渐绽开的。

一、学前儿童思维的发生

儿童思维，是在儿童个体和周围现实相互交往的活动中产生和发展起来的。判定儿童思维发生的时间，与对儿童思维的理解有关。思维是脑对客观事物的概括的、间接的反映，是认识的高级形态。初生下来的儿童是没有思维的。典型的人类思维发生的时间要在六七岁以后，即学龄期，是以语言为工具的抽象逻辑思维。儿童的思维是人类思维发展的低级阶段，是发生在感知、记忆等过程之后，与语言真正发生的时间相同，即在 2 岁左右。2 岁以前是思维发生的准备时期。

二、学前儿童思维发展的趋势

儿童思维发展的一般趋势，从概括的性质的演变来看，是从动作概括向表象概括，再向概念概括发展；从反映内容的演变来看，儿童对事物的反映也从反映事物的外部联系、现象到反映事物的内在联系、本质，从反映当前事物到反映未来事物的发展。具体来说，儿童思维发展的趋势表现在下列四个方面。

（一）思维方式的变化

从思维发展的方式看，儿童的思维最初是直观行动的，然后出现具体形象的，最后发展起来的是抽象逻辑的思维。

1. 直观行动思维

儿童的思维始于婴儿期，婴儿直观行动思维产生的必要前提是：婴儿的动作必须获得进一步的发展。婴儿必须首先掌握各种较之乳儿期复杂得多的动作，然后才能使这些动作成为解决同类任务的概括性手段，亦即直觉行动的手段。所谓直观行动思维，就是儿童在动作中进行的思维。这种思维的进行离不开儿童自身对事物的感知，也离不开儿童自身的动作。儿童在进行这种思维时，只能反映自身动作所能触及的具体事物，依靠动作思考，而不能离开动作在动作之外思考。① 例如，一个1岁的儿童看到祖母的手指被切破，他就用手指着前晚曾经涂过伤口的碘酒。有的儿童也表现出能用一种间接的手段达到自己的目的。例如，他会把桌布拉近，以便能取到放在桌布远端的玩具。

直观行动思维是最低水平的思维。这种思维的概括水平低，它更多依赖感知和动作的概括。直到学前初期（幼儿园小班），儿童的思维还带有很大的形象性、行动性。这种思维方式在2～3岁儿童身上表现最为突出，在3～4岁儿童身上也常有表现。这些儿童离开了实物就不能解决问题，离开了玩具就不会游戏。年龄更大的一些儿童，在遇到困难的问题时，也要依靠这种思维方式。

2. 具体形象思维

具体形象思维主要依赖事物的具体形象或表象以及它们的彼此联系来进行，即依靠事物的具体形象的联想进行，并不主要依靠对事物的内化本质或关系的理解，凭借概念、判断和推理来进行。具体形象思维主要表现在学前期。这一时期儿童思维的特点为：（1）具体形象性；（2）进行初步抽象概括的可能性。例如，儿童开展游戏，扮演角色，遵守规则，并按照主题来行动，就是依靠在头脑中的相关角色、规则和行动计划的表象进行思维和解决问题。思维的具体形象性是在直观行动性的基础上形成和发展起来的。这是儿童思维的典型方式。由于儿童的具体形象思维所实现的概括反映，仍是以事物的外部特征为依据，根据事物之间外表的相似点进行判断，所以他们还没有形成抽象的概念，也没有明了事物的本质特征和本质属性。但是随着活动的丰富，

---

① 王振宇：《学前儿童发展心理学》，人民教育出版社，2004年10月版，第77页。

感性经验的增加，语言的完善，儿童开始探索各事物之间的关系和联系。他们对世界的求知从“是什么”一类问题，逐渐过渡到“为什么”“怎么样”。这就标志着儿童的思维逐渐由具体形象性向抽象领域发展。

3. 抽象逻辑思维

抽象逻辑思维是反映事物的本质属性和规律性联系的思维，是使用概括、通过判断和推理进行的，这是高级的思维方式。抽象逻辑思维是借助人脑的最高产物——概念来完成的。严格说来，学前期还没有这种思维方式，只有这种方式的萌芽。学龄初期儿童的思维由具体形象思维发展到抽象逻辑思维，是思维发展过程中的质变。

学龄初期儿童的抽象概念具有以下特点：（1）他们的抽象逻辑思维虽在逐步发展，但仍带有很大的具体形象性。尤其是低年级的儿童，他们掌握的概念大部分是具体的，与直接可以感知的对象相联系。这时候要求他们指出概念中比较抽象的成分常常比较困难，他们尚不能掌握某类对象的一般特征。在学习数学时要借助实物包括手指的帮助，在遇到解题困难时，尤其要依靠直观的图像以求解答。因此，可以说，学龄初期儿童的思维，是具体形象和抽象逻辑思维同时存在，并在思维活动中进行消长的复杂过程。（2）他们的抽象逻辑思维的自觉性虽开始发展，但仍带有很大的不自觉性，即不能自觉地来调节、检查或论证自己的思维过程，不能说出自己是如何思考和解决问题的。这是由于儿童此时的内部语言发展还不够成熟，而内部语言的发展是对思维本身进行综合分析的条件。

（二）思维工具的变化

儿童思维方式的发展变化，是与所用工具的变化相联系的。直观行动思维所用的工具主要是感知和动作，具体形象思维所用的工具主要是表象，而抽象逻辑思维所用的工具则是语词所代表的概念。在思维发展过程中，动作和语言对思维活动的作用不断发生变化。变化的规律是：动作在其中的作用是由大到小，语言的作用则是由小到大。

（三）思维活动的内化

儿童思维起先是外部的、展开的，以后逐渐向内部的、压缩的方向发展。

直观行动思维活动的典型方式是尝试错误，其活动过程依靠具体动作，是展开的，而且有许多无效的多余动作。这种外部的、展开的智力活动方式虽然能够初步揭露事物的一些隐蔽属性以及事物间的一些关系。但是这些隐蔽的属性和关系的展现，只是儿童行动的客观结果。在行动之前，儿童主观上并没有预定目的和行动计划，也不可能预见自己行动的后果。随着儿童的成长，其行动逐渐变得有目的性，于是混乱的尝试错误逐渐发展成为有系统的尝试错误或最初的探索性行动。行动目的的形成，必须依靠内化的智力活动。因为行动目的是指向行动的未来结果，而这是事实上尚不存在的。因此，行动的未来结果只能在头脑中出现。如果儿童按目的进行行动，为了保证行动的有效性，必须把已做出的行动结果同行动目的进行比较，而这种比较过程，是在头脑中以表象为中介进行的内部过程。儿童思维活动的内化大大提高了思维的质量和水平。

（四）思维内容的变化

最初的思维活动，只是反映知觉所不能揭露而利用实际行动改变客体形态后能够揭露的东西。由于依靠直接感知和实际行动进行，思维的内容仅限于感官所能及的具体事物，因此内容是表面的、片面的，从儿童自身出发的，范围狭隘，所反映材料的组织程度很低，零碎无系统，因而也不灵活。这种思维所反映的往往是事物的表面化、非本质特性。随着思维活动的内化，思维在头脑内部进行，其内容逐渐间接化、深刻化，逐渐能够全面地、客观地反映事物的关系和联系，范围日益扩大且反映事物的本质。

第二节 学前儿童思维发展理论

心理学家对思维发展进行了大量的实验，形成了各自的理论，从以皮亚杰为代表的日内瓦学派到现代认知心理学派，都对思维的发展进行了研究，从而对思维的研究和理论产生了重大的影响。下面简单介绍其中的一些理论。

一、皮亚杰的儿童思维发展阶段性理论

皮亚杰将儿童思维的发展分为四个阶段：感知运动阶段、前运算阶段、具体运算阶段和形式运算阶段。

（一）感知运动阶段（sensorimotor stage）（出生至2岁）

这一阶段是智力的萌芽期，是以后发展的基础。皮亚杰认为，这个时期的心理发展决定着心理演变的整个过程。在此阶段，儿童主要是通过感知图式与外界发生相互作用，以此来组织经验，取得与周围环境的平衡。这一阶

段亦称动作思维阶段，人的思维在此阶段萌芽。由于新出生的婴儿与 2 岁儿童的差异很大，因此感知运动阶段被分为六个子阶段。皮亚杰在《智慧的起源》一书中，将这一阶段分为以下六个亚阶段（见表 9—1）。

表 9－1　感知运动阶段认知发展的概要①

感知运动阶段	典型的适应性行为
1. 反射性方案（出生至 1 个月）	新生儿的反射
2. 初期循环反应（1～4 个月）	在婴儿周围的简单的运动习惯；对事情的有限预期
3. 二期循环反应（4～8 个月）	有目的地在周围世界重复有趣事件的行为；对熟悉行为的模仿
4. 二期循环反应的协调（8～12 个月）	集中的或有目的的行为系列；开始评价物理原因；对事物有提高的预期；对稍与婴儿通常表现不同行为的模仿；找到在初始位置隐藏的物体（物体的恒常性）
5. 三期循环反应（12～18 个月）	以新奇的行为方式探索物体的特性；对不熟悉行为的模仿；在不同地点寻找物体（AB 寻找）
6. 心理表征（18 个月～2 岁）	对物体和事情的心理表征；如同对感觉运动问题突然解决；找到已从视觉范围移走的物体（隐蔽位移任务）；滞后模仿；做角色扮演

1. 反射性方案阶段（出生至 1 个月）

皮亚杰认为新生儿的反射是建立感觉运动智力的基石。儿童此时已具有很多先天的无条件反射的能力。如当食物放进婴儿的嘴里时，婴儿会产生吸吮动作；当物体放到婴儿手中时，婴儿会产生抓握反应；婴儿还会用眼睛注视物体的边缘；将头转向有声音的地方；等等。婴儿在后天重复这些反射性动作时，就逐渐会有练习的因素。反射的练习使原有的反射动作变得协调起来。婴儿在刚出生的第一个月里，就可以调整自己的反应以使其更具适应性。如到第一个月左右，婴儿已能根据放入口中的不同物体而改变吸吮方式。

皮亚杰把第一循环反应称为初始的（primary），同时他认为这些是非常局限的。在所列举的例子中，注意婴儿的适应性是如何根据自己的身体和一些基本需要产生的。皮亚杰认为这一时期的婴儿还不能关心自己的行为对外部世界的影响。

① 〔美〕劳拉·E. 贝克著，吴颖等译：《儿童发展》，江苏教育出版社，2002 年 12 月版，第 315 页。

2. 初期循环反应阶段——第一个习得的适应（1～4 个月）

通过能产生满意结果的行为，婴儿开始获得自愿控制行为的能力。在此阶段，婴儿渐渐地开始发展了一些简单的习惯性动作，将过去那些分离的反射行为整合在一起。比如吸吮他们的手指，将他们的手张开或握紧，或发出咕咕的声音等。此时，婴儿的反射行为对于智力系统的建立已经有了更新的意义，能更好地与客观世界发生相互作用。在这一阶段婴儿也开始能根据外部环境的需求改变他们的行为，比如，他们只是对奶嘴而不是对汤匙张开嘴巴；同时婴儿也显示了对事情的预期的有限的能力，一个 3 个月大的饥饿婴儿看到母亲进入房间并走向摇篮车时会停止哭泣，这表明预期到喂奶的时刻到了。但仍存在着局限性：行为的整合水平不高，带有非常多的尝试错误的成分，所重复的行为结果一般与身体感觉相关，婴儿集中注意的是自己身体的活动，对外部环境在活动影响下发生的变化还不感兴趣。

3. 二期循环反应阶段——有目的的动作形成时期（4～8 个月）

在婴儿的视觉和抓握开始协调后，就过渡到这一阶段。在此阶段，婴儿对超出自己身体之外的行为结果发生了兴趣。例如，他们将球扔开，看球滚动，并对此结果发生兴趣。为了能看到这个结果，他们就会重复这个动作。这样，通过动作与结果的相互影响，在婴儿的动作和兴趣之间形成了循环反应。例如，皮亚杰试着在他 4 个月大的儿子劳伦茨（Laurent）面前悬挂许多玩具娃娃。在偶然碰撞它们后，形成一个迷人的摇摆。渐渐地，劳伦茨建立起“拍打”的感觉运动方案。通过二期循环反应，他们试图重复通过自身活动产生有趣的画面和声音。从某种意义上说，婴儿对自身的动作及动作结果之间的因果关系已经有了最初步的了解。

4. 二期循环反应的协调——手段和目的之间分化并协调的时期（8～12 个月）

在这一阶段，婴儿可以协调两个或更多的二级循环反应，形成更有效的联系，其动作也具有明显的目的性。例如，皮亚杰向婴儿展示一件对他有吸引力的玩具，然后把玩具藏在手中或放在手的下面，这个阶段的婴儿能找到这个物体。在这一过程中，他们将两种方案协调起来：“移走”障碍物，“抓住”这个玩具。皮亚杰认为这些方法的系列行为是婴儿开始意识到物理原因，也是解决以后所有问题的基础。婴儿能够找到隐藏的物体，说明他们已经获得了“客体永久性”的概念，也就是对物体恒常性的认识。即当物体从视野中消失时，他能知道并非客体不存在了，而是被藏在了某个地方。但是对物体恒常性的认识还没有最终完成。如果物体从开始隐藏的地点 A 移到地点 B 隐藏起来，则婴儿仅仅只是在初始的地点 A 寻找。由于 8～12 个月大的婴儿容易犯 AB 寻找错误，因此皮亚杰认为此时婴儿对物体的恒常性还没有一个清晰的认识。

5. 三期循环反应阶段——通过积极的实践发现了新的方法（12～18 个月）

在此阶段，儿童试图寻找一种与客观事物相互作用的新方法，以达到实现目标。他们虽然仍重复某些动作，但不是单纯地重复，而是根据问题情景对每次的动作加以改变，并观察这些改变所带来的结果，从而发现解决问题的途径。所以，12～18 个月的儿童已经比以前能更好地解决感觉运动阶段问题。例如，他们能够通过反转或旋转物体来将一个一定形状的物体通过小洞放下，或是能用棍棒将他们拿不到的物体拿到。在这一阶段，儿童对物体的恒常性有了更深的认识。大一点的儿童开始不只是在一个地方而是多个地方来寻找物体了，因此他们就不再犯 AB 寻找错误。他们更加灵活的行为方式允许其模仿更多的行为，比如堆砖头、在纸上乱涂、做鬼脸等。

6. 心理表征——通过智力结合形成的新方法（18 个月～2 岁）

在此阶段，儿童具有了心理表征的能力，可以对自己的行为和外在事物进行内部表征，开始了心理的内化。皮亚杰认为，这个阶段的儿童获得了心理表征能力的两个明显标志是：一个是不用明显的外部尝试动作就能解决问题。随着心理表征能力的发展，初学步的儿童对物体的恒常性的理解达到了一个新的高度——不用明显的外部尝试动作就能解决问题。如同时对一个 18～24 个月的儿童和一个更小的儿童做同样的实验，首先将一个小物体放到一个盒子中，而盒子被覆盖住，然后在看不见盒子时倒出玩具，并向他们展示盒子是空的。这个阶段的儿童能很容易完成这个隐藏位移任务，找到被隐藏的物体；而比他小的儿童在这种情况下似乎就无能为力了。另一个是延迟模仿能力的产生。即记住并重复不立即出现的模仿对象行为的能力。关于此最有名的例子是皮亚杰的女儿杰奎琳模仿别的儿童发脾气：按计划，在一个下午，杰奎琳去拜访一个小男孩。这个小男孩整个下午心情不好。当他试图走出栏杆时，尖叫着跺着脚把栏杆推来推去。杰奎琳惊讶地站着看这个小男孩……第二天，她在自己的栏杆车里尖叫着、连续地轻轻地跺着脚也试图移走栏杆。

感知运动阶段，儿童的思维表现局限于自身的动作中。他们虽然也发展了许多解决问题的能力，但这些能力更多的仅具有感知的意义，而不具有心理操作的意义。

（二）前运算阶段（2～7 岁）

在这一阶段，儿童的思维已表现出了符号的特点。他们能通过表象、言语以及其他的符号形式来表征内心世界和外在世界。但其思维仍是直觉性的，而非逻辑性的，且具有明显的自我中心特征。这一阶段儿童的思维活动具有以下特征。

1. 早期的信号功能

这一阶段儿童在思维发展上最重要的是初步具有了信号表征的能力。儿童运用符号的能力得到发展，开始依赖表象进行思维，是一种“表象性思维”，但还不能进行运算思维。皮亚杰认为，有两种不同的语言符号形式，即象征（symbol）与符号（sign），它们具有不同的心理学意义。象征是具有浓重个人特色的特殊标志；而符号则是一种用于人际交往的、约定俗成的标记，人们彼此可以共享之。在前运算阶段的早期，儿童主要使用象征来表征世界。如用某种特殊的布片代表枕头；用冰棍代表枪等。虽然他们所用的符号在物理形状上与真实客体具有某些相似性，但仍具有很大的个人特色，不便于交流。随着儿童年龄的增长，他们会越来越多地使用符号来表征外部世界。如用词汇“马”代表真正的马。虽然这两者之间在物理形状上没有任何相似之处，但人们普遍地接受两者之间的联系，并用它进行交流。随着儿童这两种符号使用的转换，其表征性思维能力获得了进一步的提高。

2. 自我中心性

自我中心是指儿童还不能将自我与外界很好地加以区分，总是站在自己的角度去认识和适应外部世界。当儿童第一次开始描述世界时，他们认为他们的观点就代表着大家的观点，其他任何人都是以与他们相同的办法去观察、思考和感觉的（Piaget，1950）。这种自我中心性体现在该阶段儿童的认知、言语、情感和社会性发展等诸多方面。到 4 岁左右，儿童言语中的自我中心性才开始有所改变。最初的表现就是儿童之间争吵的出现。只有当一个儿童真正注意到了对方所表达的内容时，他才有可能感到满意或不满意，以至出现争吵现象。皮亚杰认为自我中心主义导致了前运算阶段思维的僵化和非逻辑的特点。年幼儿童的思维进行都是从他们自己观点出发，以至于他们不会适应来自自然或社会世界反馈的反应。

3. 不可逆性

这个阶段的儿童不能理智地通过一系列步骤，然后变转方向回到原来的出发点。问一个3岁的女孩："你有姐妹吗?"她说："有。""她叫什么名字?"她说："琪恩。""琪恩有姐妹吗?"她答："没有!"关系是单向的，不可逆，不能进行逆向运算。

这一阶段的儿童还没有形成守恒结构。例如，给儿童出示两个装有相同高度水的杯子，问他们这两个杯子内的水量是否相同，一旦儿童认为是相同的，就将一个杯子中的水倒入一个矮的、大的容器中，从而改变了水的外在表现但不改变水的量，学龄前儿童会认为水的量就不一样多了。他们会以下面的方法来解释他们的推理的："由于水的高度下降了（也就是说，水的高度在矮的、大的容器中是下降了）"或"那儿的水多是因为水全部倒出来了"。

4. 感知的局限性

它是指当儿童注意力集中在问题的某一方面时，就不能把注意力转移到另一方面。儿童在观察事物时，其注意力往往只集中在事物的较显著的特性上，而忽略了其他方面，而且还倾向于注意事物的静止状态。皮亚杰在许多研究中发现，儿童在观察世界时，首先了解的是事物的静止状态，然后才是事物的转换状态。此阶段，儿童智力发展上有进步，但仍有许多局限性，思维的抽象程度符号很低，不能进行抽象符号之间的逻辑运算。因此，皮亚杰称此阶段为"前运算阶段"。

（三）具体运算阶段（7～11、12岁）

在这一阶段中，儿童的思维已具有了明显的符号性和逻辑性，如已能作如下简单的逻辑推演：如果A＞B，B＞C，则A＞C。而且，基本上克服了思维中的自我中心。但此阶段儿童的思维活动，在很大程度上仍局限于具体的事物以及过去的经验，缺乏抽象性。具体有以下特征。

1. 掌握了守恒

这是具体运算阶段的主要指标。守恒是指对事物某一特征（如长度、数量、重量等）的认知不因其他非本质特征的改变（如改变其形状、方向、位置等）而改变，能够把握事物的本质。① 如皮亚杰设计了各种不同的守恒任务，

① 刘爱伦：《思维心理学》，上海教育出版社，2002年5月版，第331页。

如数量守恒、液体守恒以及固体守恒等。每一种守恒都包含着三个同样的步骤（见图9—1）。

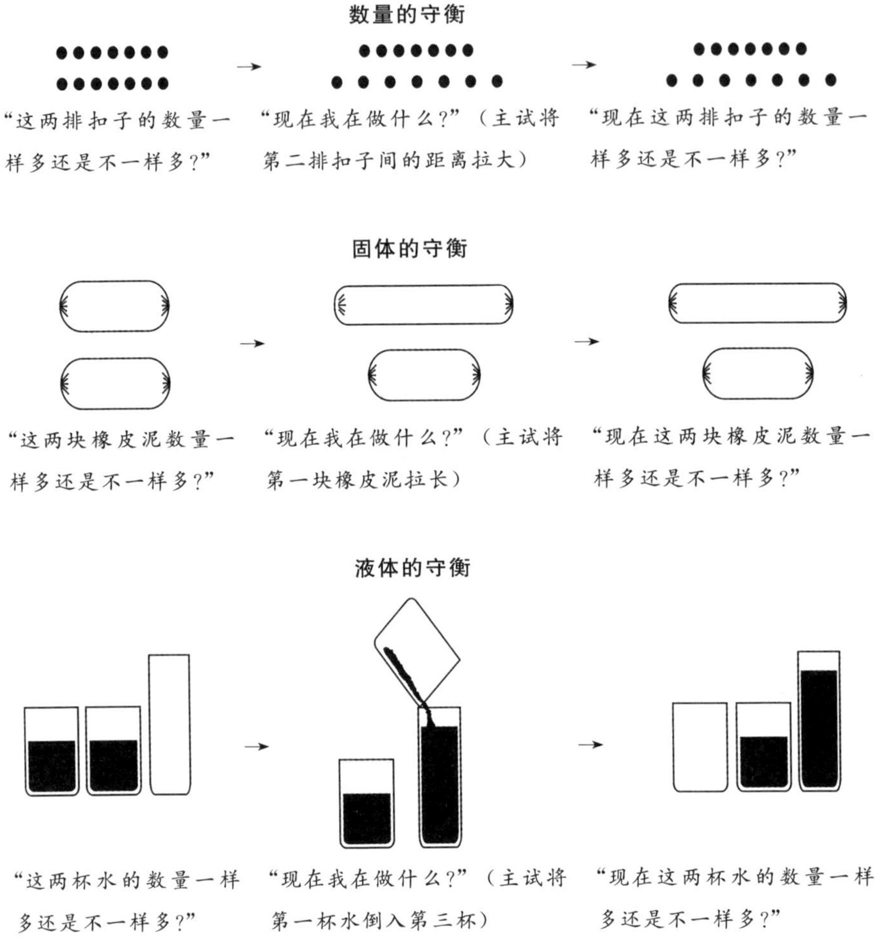

图9－1 守恒研究三个步骤的样例

研究结果表明，进入具体运算阶段后的儿童能够正确解决这类问题。

2. 具有可逆性

可逆性思维的发展是此阶段的主要标志之一。它包括两个特性：逆向性和互反性。可逆思维是进行命题的手段之一，但具体运算阶段的可逆思维只能进行命题内运算，而形式运算阶段的可逆思维能进行命题间的运算，可建立命题系统。

3. 群集运算的产生

由于守恒和可逆性思维的出现，儿童可以进行群集运算。它包括：（1）组合性（A＜B，B＜C，可组合成 A＜C），即两种关系可组合成一种新关系；（2）可逆性（如 A＋A′＝B，则 B－A＝ A′，B－A′＝A），即合并的两个类或两种关系可以分开，分开是对合并操作的反操作；（3）结合性〔如 A ＋（B ＋C）＝（A ＋B）＋C〕，即可通过不同运算方法的结合达到同一运算结果；（4）同一性（如 A＋B－B＝A），即任何一种运算都有一逆运算能与之组合而产生“零运算”；（5）重复性，指质的重复性，质不变，如“人类＋人类＝人类”。

（四）形式运算阶段（11、12～15、16 岁）

在这一阶段，儿童总体的思维特点是：能够进行假设—演绎推理（hypothetico－deductive reasoning）和建议思考（propositional thought）。

1. 能够进行假设—演绎推理

在青少年时期，年轻人才开始能够进行假设—演绎推理。当面对问题，他们从所有影响结果的可能因素的一般理论开始，并从可能发生什么的特殊假设，看哪些在现实中起作用。注意这种问题解决的方式开始于可能性，并持续到现实。在皮亚杰著名的钟摆问题上的成绩就说明这一新的假设—演绎方法。假设我们给几个学龄儿童和青少年呈现不同长度的绳子、系在绳子上不同重量的物体和一根用来挂绳子的横木。然后要求他们每一个人指出是什么影响钟摆的速度。形式运算阶段的青少年提出四种假设：（1）绳的长度；（2）挂在绳上的物体的重量；（3）在释放前物体的高度；（4）推物体的力量。然后保持其他因素恒定，一次改变一个因素，他们试验了每一种可能性。最后发现只有绳子的长度引起速度的不同。

2. 建议思考

青少年能够评价建议（口头陈述）的逻辑性而不要参照现实环境。对比来看，具体运算期的儿童仅仅通过现实中的具体证据的对比来评价陈述的逻辑性。在一项建议推理的研究中，主试给儿童和青少年呈现一推扑克牌并对它们作一些陈述。要求被试说出每一种陈述是正确、错误还是不确定。在一种情况下，主试藏了一张牌在她的手中，让被试评价下面的陈述：“我手中的牌是绿的或者不是绿的。”“我手中的牌是绿色的，又不是绿的。”另一种情况，主试让被试完全看到持一张红色或一张绿色的牌并做了同样的陈述。学龄儿童注重扑克牌具体特征而不注意陈述的逻辑性。结果当牌在视野外被隐藏时，他们回答两种不同陈述都不能确定。当可见到时，他们判断如果是绿色的，两种陈述均为正确；如果是红色的，两种陈述都错。与之对比，青少年分析陈述的逻辑性为建议性的。不考虑扑克的颜色，他们这样理解："either... or"陈述通常是正确的，"and"陈述通常是错误的（Oshserson & Markman，1975）。

皮亚杰认为，儿童经过上述四个连续的发展阶段以后，其智力水平就基本上趋于成熟。他特别强调，任何一个儿童的认知发展都要经过这四个连续的阶段，并认为这个认知发展的四阶段模式具有全球性的意义，适用于任何文化社会。

表 9－2　皮亚杰关于儿童思维发展的阶段模型①

发展阶段	年龄范围	典型的成就和局限
感知运动阶段（出生至 2 岁）	出生至 1 个月	不断修正自己的反射以更好地适应环境
	1～4 个月	初期循环反应和动作协调
	4～8 个月	二期循环反应，不去寻找被藏匿的物体
	8～12 个月	二期循环反应协调，婴儿能找到被藏匿的物体，但是他们容易在以前找到物体的地方搜索，而不去物体现在所在的地方寻找
	12～18 个月	三期循环反应，婴儿系统地改变物体掉落的高度
	18～24 个月	真正的心理表征开始出现，延迟模仿
前运算阶段（2～7 岁）	2～4 岁	符号能力的发展，语言和心理意象的发展，自我中心式沟通
	4～7 岁	良好的语言和心理意象能力；不能对变化状态进行表征，儿童在守恒、类包含、时间、序列及其他问题上只能注意单个维度
具体运算阶段（7～12 岁）	整个阶段	儿童能够进行真正的心理运算，能对静止状态和变化状态进行表征，能解决守恒、类包含、时间和许多其他问题；在思考所有可能的组合（如溶液混合问题）和变化中的变化问题时，儿童仍然有些困难
形式运算阶段（12 岁以上）	整个阶段	青少年能够全面思考所有可能性，根据特定事件和假想事件的关系对其进行解释，能够理解运动守恒和溶液混合等抽象概念

皮亚杰关于儿童思维发展的理论，虽然产生于半个世纪之前，该理论中还存在着有待于进一步验证的内容，甚至不足之处，但它在今天关于儿童认

① 〔美〕罗伯特·西格勒、玛莎·阿利巴利著，刘电芝等译：《儿童思维发展》，世界图书出版公司，2006 年 9 月版，第 58 页。

知发展的领域里仍显示出强大的生命力。该理论完整地、系统地描述了人类个体从出生到成熟的认知发展的全貌，使人们得以获得关于儿童认知发展的基本认识，并在某种程度上激发了后人的研究热情，使儿童思维发展的研究不断推向新的水平。

二、维果茨基思维发展的观点

在对儿童的思维发展研究中，苏联心理学家作出了杰出的贡献，特别是维果茨基起了重要作用。按照维果茨基的理论，儿童和社会环境相互协调，以文化上可接受的方式塑造了认知。当儿童能够进行心理表征时，特别是通过语言、智力发展的自然路线就开始被社会路线所改革，导致独特的人格和更高的认知过程。

（一）社会文化是影响认知发展的要素

维果茨基强调儿童内在的思维发展的可能性（遗传的和生理的因素）与所处环境的相互作用，强调人际交往对思维发展的影响。他认为，人类自婴儿期开始便生长在一个人类社会中，随着年龄的增长，经儿童期、青少年期至成人，总也离不开人类社会。社会中的一切，包括风俗习惯、宗教信仰、生活中的衣食住行、前辈留下的历史文化、社会制度、行为规范等，构成了人类生活中的文化世界。这个文化世界既影响成人的行为，也影响成长中的儿童。而且任何社会都会有意识地通过各种渠道使下一代接受社会文化的熏陶。儿童随着认知的发展，由外化而逐渐内化，由初生时的自然人逐渐变成社会人，成为一个符合于当地社会文化要求的成员。可以说，儿童的认知发展是在社会学习的过程中进行的。故而改善儿童的社会环境，将有助于儿童认知思维的发展。

维果茨基认为使儿童认知转化的过程有两个特征：一是内部的主观（intersubjectvity）。它是指两个有着不同理解而着手一项任务的参与者达成一种共同的理解的过程（Newson，et al.，1975）。当每一个参与者按照对方的观点调整时，内部主观性建立了一种共同的交流背景。成人在以儿童的理解能力范围内的方式解释他们自己的理解时试图去促进内部主观性。当这个儿童最终理解了这种解释后，他就能更成熟地接近这种情境（Rogoff，1998）。二是脚手架和引导参与（scaffolding）（Bruner，1983；Wood，1989）。它指在一个教育时期内社会支持质量的不断变化。当儿童对于如何进行下去毫无主意时，成人按照儿童的自我管理能力与成功的暗示进行脚手架式的指导，随后有效的脚手架式指导逐渐地和有意识地撤去支持，并将责任转向儿童。

（二）认知思维与语言发展有密切关系

维果茨基强调儿童自我中心语言（egocentric speech）的重要性。在儿童早期，成为有效脚手架的父母在他们孩子解决挑战性问题时，让儿童使用更多的自我中心语言，而且当要求儿童自己做相同的任务时，使用自我中心语言，这样儿童就能更好地完成任务（Behrend，Rosengren & Perlmutter，1992；Berk & Spuhl，1995；Conner，Knight & Cross，1997）。根据观察研究，他认为幼儿期（相当于皮亚杰的前运算阶段）的思维方式是带有自我中心倾向的，此时儿童们在一起谈话时也是以自我为中心的。维果茨基认为，儿童的自我中心语言是调节其思维与行动，从而有助于认知发展的重要因素。他曾设计实验情境，使儿童在有目的的活动中遭遇困难（如让他画图而纸笔不全），来观察挫折情境对儿童自我中心语言的影响。他在观察时曾作如下记录：儿童绘画需要一支蓝色的笔而找不着时就会自言自语道："笔在哪里？我需要一支蓝笔。没有关系，没有蓝笔就用红笔好了。用红笔画了然后用水把它打湿，使它变暗一点，看起来就会有点像蓝色。"

维果茨基发现，当儿童面对类似的困难情境时，他的自我中心语言就会成倍增多，表明儿童依赖自我中心语言来帮助自己思维。所以，他认为自我中心语言有缓解焦虑情绪、促进儿童心智发展的作用。

（三）最近发展区（zone of proximal development）

维果茨基将儿童自己实力所能达到的水平与经别人给予协助后所可能达到的水平之间的差距称之为最近发展区。即他认为可以根据儿童在认知作业上的实际表现与须给予协助方可完成的作业（只凭自己是无法独立完成的）之间的差距来估计他的最近发展区。他将此时别人所给予儿童的协助称为脚手架作用（scaffolding）（意指协助对发展具有促进作用）。他的最近发展区的设想是针对传统心理测验的缺点提出来的。他认为，智力测验最多只能测量儿童智力的实际发展，而不能测量其智力的发展可能。例如，答错同一试题，可能是粗心，可能是一知半解，还可能是一无所知，故计同一分数是不公平的。在了解了儿童的实际发展水平之后，应进而根据其可能的发展水平，找出其最近发展区，通过成人的协助使儿童的认知思维能力达到最充分的发展。

所以，维果茨基对思维发展理论的又一重大贡献就是强调教育在儿童思维发展中的积极意义，这是以往许多心理学家所忽视的一大环节。

第三节　幼儿思维发展的特点

儿童思维的真正形成是在 2 岁左右。幼儿期（3～6、7 岁）是思维开始发展的时期。幼儿思维的主要特点是具体形象性，它是在直观行动思维的基础上演化而来的。在幼儿末期，抽象逻辑思维开始萌芽。

一、思维直观行动性的发展

思维的直观行动性是思维发生阶段的主要特点。直观行动思维在思维发展过程中继续发展，并且发生质的变化。这些变化主要表现在以下方面。

（一）思维解决的问题复杂化

2 岁幼儿的直观行动思维只能解决一些非常简单的问题，比如，游戏动作很简单，基本上没有主题和情节；绘画只能画一个孤立的形象，如气球、太阳；泥工中只会搓香肠等。随着幼儿思维能力的发展，幼儿能够更多地用相同的行为方式对相似的情境作出反应，用间接的手段达到自己的目的。在有主题、有情节的游戏中，在绘画、泥工等活动中，幼儿解决的问题比以前复杂。在日常生活中，幼儿会用间接方式提出要求，有时不直接问妈妈要某个东西，而缠着妈妈讨论这个东西。

（二）思维解决问题的方法比较概括化

2 岁左右及 2 岁以前的幼儿，其思维离开具体的实际行动无法进行，每一步都和实际分不开，常常是由行动中的“顿悟”解决问题，缺少概括性。比如，在一个实验里，把玩具放在高处，下面放着一根小棒。要求被试把玩具拿下来。幼儿一般都是先用手去拿，拿不到，看见下面有一根小棒，于是拿起小棒去拨玩具，当玩具掉下来时，高兴地笑了。在 70 名 1 岁半儿童被试中，42 名（62%）是这样在直观和行动中解决问题的。到了幼儿期，幼儿在解决问题的过程中有些行为就可以压缩和省略了，行动逐渐概括化。比如，在游戏中，幼儿端起碗来比划一下，就算是吃了饭。幼儿在完成第二步行动时，会开始思考下一步的行动。例如，幼儿在学习识谱教具“音乐台阶”上的乐音时，一边看，一边听，一边指。重复的实际行动使他在思维中巩固了对乐音的认识。同时这种行动引起了新的问题：另一个台阶是什么声音？通过进一步练习，他又获得了新的知识。

（三）思维中语言的作用逐渐增强

在幼儿最初的思维中，语言只是行动的总结，往往在行动之后，幼儿根据感知和联想，说出行动的结果。以后，语言仍然离不开直观形象，直观和行动在思维中还有相当大的比重，但是，语言对思维的调节作用越来越大，而直观和行动变为引起注意、补充和加强语言，并作为语言的支柱。

柳布林斯卡娅（1959）的研究探讨了不同年龄幼儿在思维活动过程中动作与语言的关系，她要求幼儿把小图块拼成一张图，并在拼图前说出将要拼什么，拼完后再说明是怎样拼成的。结果发现，小班幼儿在行动前往往不能说出将要拼什么，他们拿到小图块就立即去拼。拼完后，非常惊奇而又似乎是突然有所发现地说出自己拼的结果。中班幼儿则在行动中边做边说，行动的计划性还很差。大班幼儿在行动之前已经能够清楚地说出自己要拼什么和怎样去拼。这时，幼儿的行动就带上了明显的目的性和计划性。①

二、思维的具体形象性成为主要特点

在直观行动思维的基础上，幼儿思维的具体形象性逐渐发展。幼儿期思维结构的材料主要是具体形象或表象，而不是依靠理性的材料来进行的。具体形象思维特点是具体性和形象性。

幼儿的思维内容是具体的。他们能够掌握代表实际东西的概念，不易掌握抽象概念。比如，“家具”这个词比“桌子”“椅子”等词抽象，幼儿较难掌握。在生活中，抽象的语言也常常使幼儿难以理解。比如，教师说：“喝完水的小朋友把碗放到柜子里。”初入园的幼儿全部没有反应。教师说：“李红，把碗送到柜子里去吧！”李红才懂得了教师的意思。在这里，“喝完水的小朋友”是个泛指的词，没有具体指出是哪一个幼儿，而每个幼儿的名字才是具体的。

幼儿思维的形象性，表现在幼儿依靠事物在头脑中的形象来思维。幼儿的头脑中充满着颜色、形状、声音等生动的形象。比如，兔子总是“小白兔”，猪总是“大肥猪”；奶奶总是白头发的，儿子总是小孩。又如，一个幼儿能够正确回答“这里有 6 个苹果，我们两个人分，两个人要一样多，那么

---

① 林崇德：《发展心理学》，人民教育出版社，1999 年 11 月版，第 225 页。

每个人应该得几个苹果”的问题，但是不会回答“3+3 等于几”。家长感到奇怪，前者属于除法题，后者属于加法题，为什么幼儿能回答前者而不会回答后者呢？原来，幼儿并不是通过计算公式来解答问题。他之所以能正确解答第一个问题，是因为这个问题在他头脑中形成了直观的形象，而后一个问题只是抽象的数概念。

我国学者陈帼眉认为幼儿思维的具体形象性还有一些派生的特点。①

1. 经验性。幼儿的思维是根据自己的生活经验来进行的。比如，一个 3 岁半的幼儿听到奶奶抱怨她的小鸡长得太慢，他就去把小鸡埋在沙里，只把鸡头留在外面，还用水去浇。回来告诉奶奶：“奶奶，您看小鸡一定会长得大大的。”又如，一位教师向幼儿布置“解迷津”的任务，说：“假装这里是一座山，你必须走过这座山才能回家。现在老师和小朋友们都走过去了，就剩下你一个了，再不走过去，天就要黑的，有野兽来的。”幼儿说：“我不会到那样的地方去的。再说妈妈总是和我在一起的。”幼儿拒绝接受教师的逻辑推理，他从自己的具体生活经验出发进行思维。

2. 拟人性。幼儿往往把动物或一些物体当作人。他们把自己的行动经验和思想感情加到小动物或小玩具身上，和它们交谈，把它们当作好朋友。许多幼儿抱着心爱的玩具睡觉。幼儿还常常提出拟人化的问题：“春天来了，那么冬天躲到哪里去了？”“云是不是火车头造出来的？”“月亮飞得高，还是星星飞得高？”幼儿喜爱童话故事，也是因为童话故事的拟人化手法符合幼儿的思维持点。

3. 表面性。幼儿思维只是根据具体接触到的表面现象来进行。因此，幼儿的思维往往只是反映事物的表面联系，而不反映事物的本质联系。比如，一个 5 岁的幼儿注意地看着阿姨给新生儿喂奶，看见奶水从阿姨的乳房里流出来，他认真地问：“阿姨，那里面（指乳房）也有咖啡吗？”幼儿只从表面理解事物，因而不理解词的转义。比如，幼儿听妈妈说：“看那个女孩子长得多甜！”他问：“妈妈，您舔过她吗？”幼儿也难以理解“反话”。一位教师用反话对一个幼儿说：“你吃不吃饭？不吃饭就脱衣服去睡觉吧！”孩子果真放下饭碗到床上脱衣服去了。教师还得把他请回来接着吃饭。

4. 片面性。由于不能抓住事物的本质特征，幼儿的思维常常是片面的。

---

① 陈帼眉：《学前心理学》，人民教育出版社，1989 年 5 月版，第 213～215 页。

他们不善于全面地看问题。幼儿喜欢问："谁是好人？谁是坏人？"他们的思维逻辑是：不是好人就是坏人。在解决问题过程中，幼儿常常只照顾到事物的一个维度，而不能同时兼顾两个维度。比如，把一个杯子里的水倒入形状不同的两个杯子里，其中一个杯子比另一个杯子高而窄，或矮而宽。幼儿就认为水变多了或少了。他们不能把握高矮与宽窄两个维度的相互联系。思维的片面性，还常常使幼儿"好心办坏事"，比如，一个幼儿想在妈妈下班前帮助妈妈把饭做好，他把米洗好了放在锅里，却没有放水，结果帮了"倒忙"。这就是因为他只知其一，不知其二。

5. 固定性。思维的具体性使幼儿缺乏灵活性。幼儿较难掌握相对性的模念，比如问："小华比小元高，小东比小元矮，谁最高？谁最矮？"幼儿面临这一类问题，感到困难。在日常生活中，幼儿常常"认死理"，比如两个幼儿在抢一个玩具，成人拿出一个同样的玩具，让他们各玩一个，幼儿往往一时转不过来，谁都要原来的那一个。

6. 近视性。思维的具体性还表现在幼儿只能考虑到事物眼前的关系，而不会更多地去思考事情的后果。比如，一个男孩摔破了头，左右额上都缝了几针。父母感到很不安，担心他将来留下疤痕。可是孩子特别高兴，他说："我这样就像汽车了，两个车灯。"他不停地做出开汽车的动作，跑来跑去。正是由于幼儿思维的这种近视性，常常导致成人和幼儿的矛盾。成人给幼儿的告诫，他们往往不能理解。

应该强调，我们说具体形象性是幼儿思维的主要特点，并不意味着幼儿在各种场合下的思维都具有这种特点。我们在后面将会看思维的发展水平因各种条件不同而有差异。

三、思维的抽象逻辑性开始萌芽

前面说过，抽象逻辑思维是人的思维的典型方式。幼儿期还不能形成典型的人类思维方式，但是幼儿期，特别是5岁以后，明显出现了抽象逻辑思维的萌芽。这具体表现在分析、综合、比较、概括等思维基本过程的发展，概念的掌握、判断和推理的形成，以及理解能力的发展等等方面。

第四节 学前儿童思维形式的发展

思维形式是指思维的逻辑形式——概念、判断和推理，这些内容，作为思维的结果，主要是形式逻辑的研究对象。思维形式的发展反映着思维的本质规律性。

一、学前儿童概念的发展

（一）概念的掌握方式

概念是思维的基本形式，是人脑对客观事物的一般特征和本质特征的反映。从结构上说，概念是思维的基本单位。从功能上讲，概念是正确思维的基本条件。掌握词为标志的概念，是逻辑思维发展的表现。儿童掌握概念的主要方式，是向成人学习社会上已经形成的概念。但是儿童并不可简单地、机械地接受成人所教的概念，成人利用语言工具，通过与儿童的语言交际及教学手段，把概念传授给儿童，儿童则把成人传授的知识纳入自己的经验系统之中，经过概括而形成概念。因此，儿童掌握概念的特点与他的概括水平有密切的联系。如有时儿童告诉家长他想吃饭，但家长给他做出来他又不吃，实际上他所说的“饭”是特指一种食品，这个词只代表个别食物的具体名称，还没有达到高一级的概括化。儿童掌握概念的另一种方式是在生活实践中形成自己的概念。这种概念掌握的方式类似于成人的“概念的发现”。如儿童掌握“星期天”的概念，就是不上幼儿园的日子。

由于儿童掌握概念的特点直接受他们概括水平的制约，而儿童的概括内容比较贫乏，内涵往往界定不清，反映事物的特征多是外部的、表面的、非本质的，不能反映事物的本质特征。另外，由于外延不恰当，往往是失之过宽（如认为“家具”是“用的东西”）或过窄（如“儿子”只包括小孩）。因此，概念的掌握往往是不准确的。可以看出，儿童概念的掌握在广度和深度上都是很差的，他们一般只能掌握比较具体的实物概念，而不易掌握一些比较抽象的性质概念、关系概念及道德概念。

（二）学前儿童掌握实物概念的特点

1. 以低层次概念为主

刘静和等人（1964）曾对4～9岁儿童进行了类概念发展的实验研究。在实验中，向儿童提供28张图片，每张图片中绘有儿童熟悉的、能够辨认的一种物体。这28张图片可以归纳为8个属于第一层次的类概念（即“二级概念”）和4个属于第二层次的类概念（即“一级概念”）具体内容及所属概念名称（见表9—3）。[①]

表9－3 图片内容及其所属的概念

图片具体内容	二级概念	一级概念
白鸽、麻雀、乌鸦	鸟	动物
虎、狮、象、熊	野兽	
香蕉、苹果、梨、葡萄	水果	植物
萝卜、茄子、白菜	蔬菜	
电车、汽车、三轮车、自行车	车	交通工具
轮船、帆船、舢板	船	
书桌、方桌、圆桌、长桌	桌	家具
小背椅、扶手椅、沙发	椅	

这个实验分为要求儿童独立分类、用词概括类的名称和按词拿出某一类物体的图片等。实验结果表明：幼儿一级概念的发展落后于二级概念。4～6岁三个年龄的表现如下。

4岁儿童尚不能按图片进行二级概念的独立分类，完全不能进行一级概念的独立分类。这个年龄的儿童听完主试的指导语后，有些是不动作，也不言语；有些则乱分，完全看不出他根据什么标准。问他们为什么这样分，也不回答。有的就一个一个地说出物体的个别名称。

5岁儿童可以独立分类，但常常不是以类为标准，而是依靠情境、功用或其他外部特征进行分类。如把桌子和椅子放在一起，说“吃饭时这样放”（按情境分）；把椅子和汽车放在一起，说是“坐的”（按功用分）；把葡萄和茄子放在一起，说是“紫的”（按颜色分）。

6岁儿童已经能够分类。他们常常问：“是车归车一块儿吗?”他们也会调整自己已分好的图片，例如有一个儿童先是把三轮车和自行车放在一起，并说：“这都是骑的。”把电车和汽车放在一起，说：“这都是开的。”后来又把它们合起来，说：“都是车。”表明他们已形成了类概念。

5、6岁儿童一级概念独立分类的正确性虽略有提高，但仍然很低，只达到20.8%和25%。因此可以说，整个幼儿期，儿童所掌握的概念主要是低层次的概念。

---

① 陈帼眉：《学前心理学》，人民教育出版社，1989年5月版，第224～226页。

2. 以具体特征为主

下定义是掌握概念的表现之一。陈帼眉等曾用要求儿童下定义的方法研究了3～7岁儿童对实物概念的掌握，研究方法是要求儿童对5个具体名词（灯、鱼、鸟、公园、武器）作解释。结果发现，儿童对实物概念所下的定义可分为7种类型。

（1）不会说。儿童不说话或表示不会。

（2）同义反复。比如要求儿童说出“什么是灯”时，他说“灯灯”或“大灯”。

（3）举出实例。比如解释“灯”时，说“红灯”“绿灯”“亮灯”。

（4）说出一般性的非本质特征。如说“灯”是“长的”，说“鱼”是“黑色的”。

（5）说出重要特征。比如说灯是“屋顶上挂的”“在墙上排的”“一个玻璃是圆的，里边特别亮”。

（6）说出功用或习性。如灯是“照亮的”“能发光的”，鱼是“给人吃的”“在水里游的”。

（7）说出初步概念。如灯是“给人照亮的东西”“有电、有用的东西”，鱼是“一种水里的动物”，鸟是“一种飞禽”等等。①

从幼儿期儿童对实物概念掌握的趋势来看，下定义的水平随年龄的增长而有所提高，但幼儿对具体名词的解释集中于具体特征水平，不会说或不会解释词的人数在4岁所占的比例较大，4～5岁有所缩小，5岁以后明显降低，而达到初步概念（接近下定义水平）的人数，则在5岁以后明显增加。

（三）学前儿童掌握数概念的特点

1. 学前儿童数概念的萌芽

根据吕静（1984年）的研究，学前儿童数概念的发生可分为以下阶段。

（1）辨数。对物体大小或多少的模糊认识。比如，1.5～2岁的儿童，有些还不太会讲话，但知道伸手去抓数量多的糖果或大的苹果。

（2）认数。产生对物体整个数目的知觉。2～3.5岁儿童，还不会口头数数，但是能根据成人的指示，拿出1个、2个或3个物体。

（3）点数。开始形成数的概念。在3.5～4岁才发展起来。②

---

①② 陈帼眉：《学前心理学》，人民教育出版社，1989年5月版，第228页。

可见，3岁前儿童对数的认识处于知觉阶段，只能说是出现数概念的萌芽。数概念在3岁以后开始形成。

2. 学前儿童数概念的发展

Gelman 等人提出，儿童在数东西时采用五条原则。[①]

（1）一一对应原则（the one-to-one principle）。一个物体同一个数对应。给儿童呈现一排物体，要求他们数一下物体有多少。在数的过程中，必须指第一个物体，说“1”；指第二个物体，说“2”；指第三个物体，说“3”；以此类推，直到将所有的物体数完。在数的过程中，不能跳过一个物体来数；不能漏掉一个物体来数；不能将一个物体数两遍，更不能将一个物体数许多遍。研究表明，当儿童数的数目增大时，他们犯错误的可能性也明显增大。

（2）稳定顺序原则（the stable-order principle）。总按同一顺序数数。

（3）基数原则（the cardinal principle）。数到最后一个数即为物体的总数。如果一个集合中有3个物体，当数到3时，也就知道了物体的总数是3。随着年龄的增加，儿童使用基数原则的能力越强。

（4）抽象原则（the abstraction principle）。一个数代表一个物体，这个物体可以是任何物体，而不是局限于某一特定的物体。

（5）顺序无关原则（the order irrelevant principle）。数物与数数时的顺序没有关系。

Gelman 等人认为，儿童最早掌握一一对应原则，之后掌握稳定顺序原则，之后掌握基数原则和抽象原则，最后掌握顺序无关原则。

儿童掌握数概念需要理解以下三个方面的内容。

第一，数的顺序。一般3岁儿童已经学会了口头数10以内的数。他们知道数的顺序，但是并不会真正去数物体。如儿童知道2在3之前，3在2之后，3比2大。

第二，数的实际意义。当儿童学会口头数数以后，逐渐学会口手一致地数物体，即按物点数，如3是指3个物体。然后学会说出物体的总数，这时可以说儿童掌握了数的实际意义，但是还没有形成数的概念。

第三，数的组成。掌握数的组成是儿童掌握数概念的关键，儿童学会数物体并说出物体总数以后，逐渐学会用实物进行10以内的加减。如4是由

---

① Rosser R. Cognitive Development：Psychological and Biological Perspectives. Boston：Allyn and Bacon，1994：182-183，186-188.

1+1+1+1、1+2+1 或 1+3 组成的。在实物加减的过程中，儿童知道了 2 或更多的数群可以合并成为一个新的更大的数群，一个数群又可以分成两个或更多的子群，由此形成了数群可分可合的观念。在他的头脑中，数群已不再是由“1 个”集合起来，而是由子集组成。儿童掌握了数的组成以后，就形成了数的概念。

儿童对数概念表现为以下四级水平：第Ⅰ级是“口头数数”的水平。第Ⅱ级是“给物说数”的水平，点数实物，数后说出总数。第Ⅲ级是“按数取物”的水平。第Ⅳ级是掌握数概念的水平。所以说，儿童形成数概念，经历了口头数数→给物说数→按数取物→掌握数概念四个阶段。

二、学前儿童判断和推理的发展

（一）学前儿童判断的发展

判断就是肯定或否定概念之间的某种联系，是事物之间或事物与它们的特征之间联系的反映。判断可以分为两大类，一种是感知形式的直接判断，另一种是抽象形式的间接判断。一般认为，直接判断并不参与复杂的思维活动，间接判断才是真正使用概念进行抽象思维的判断。间接判断主要反映的是对象的联系和关系（显然它不是直观的知觉所能解决的）。对象的联系和关系表现在因果、时间、空间、条件等方面，其中制约思维过程的基本关系是事物的因果关系。

学前儿童判断发展变化有以下特点。

1. 判断形式的间接化

从判断形式看，学前儿童以直接判断为主，开始向间接判断发展。直接判断主要是感知形式的判断，不需要复杂的思维加工。他进行判断时，常受知觉线索的左右，把直接观察到的事物的表面现象或事物间偶然的外部联系，当作事物的本质特征或规律性联系。例如，有儿童认为“汽车比飞机跑得快”。飞机比汽车快，对于一般成人来说，是间接判断的结果。成人即使没有坐过飞机，根据经验、知识等也能作出正确的判断。而这个儿童坚持自己的判断，是因为他是从直接判断得出的。他的理由是“我坐在汽车里，看到天上的飞机飞得很慢”。

李文馥等在研究儿童对面积的判断时发现（1982，1983 年），五六岁儿童在判断两块相等的面积时，大部分依靠直觉判断。他们倾向于认为一块完整面积比被分割开的同样面积大，或反之，如说“一整块大，许多小块小”或“分成两块的就小，一大块的就大”等。7岁以后儿童大部分进行间接推理判断。6～7岁判断发展显著，是两种判断变化的转折点。

2. 判断内容的深入化

从判断的内容来看，儿童的判断从反映事物的表面联系，开始向反映事物的本质联系发展，这种发展趋势与判断形式从直接向间接变化的趋势同时进行。幼儿初期往往把直接观察到的物体表面现象作为因果关系。例如，对斜板上皮球滚落下来的原因，3～4岁儿童认为是“（球）站不稳，没有脚”。对只有一条腿的桌子是否倒下来的现象，3～4岁儿童认为“要倒，是烂的”。这些判断都是根据表面现象或偶然性的联系进行的。在发展过程中，儿童逐渐找出比较准确而有意义的原因。例如，“球在斜面上滚下来，因为这儿有小山，球是圆的，它就滚了，要是钩子，如果不是圆的，就不会滚动了”。5～6岁幼儿，开始能够按事物隐蔽的、比较本质的联系作出判断和推理，如“皮球是圆的，它要滚”“（桌子）断了三条腿，它站不稳”。

在这个过程中，儿童的判断从反映物体的个别联系逐渐向反映物体多方面的特征发展。例如，较小的儿童说：“火柴在水里浮起来，因为它小。”较大的儿童已经知道：“钥匙沉到水里，因为小而且重，水轻。”判断和推理只有在揭示事物之间的本质和规律性联系时，才是正确的。儿童起先对事物关系的判断是笼统而不分化的，以后逐渐分化和准确化，由上述事例也可以看出，儿童能够把客体（或其特性）之间的联系（或关系）分解出来，并且概括起来，开始反映概括了的规律，分解的深度和概括性也就逐渐提高。

3. 判断根据的客观化

从判断根据看，儿童从以对待生活的态度为依据，开始向以客观逻辑为依据发展。儿童初期常常不能按照事物本身的客观逻辑进行判断和推理，而是按照“游戏的逻辑”或“生活的逻辑”进行。这种判断没有一般性原则，不符合客观规律，而是从自己对生活的态度出发，属于“前逻辑思维”。例如，3～4岁儿童认为，球会滚下去是因为“它不愿意呆在椅子上”，或者是因为“猫会吃掉它”；物体会浮是因为它们“想洗澡”；秤杆为什么要一头翘起，因为“它不乖”“它不听话”。他们不会客观地进行逻辑判断。在前述李文馥等的研究（1982）中，5～6岁儿童在判断面积时，也常常以生活逻辑为直接判断的依据，如“一大块地能玩很多小朋友，几个小块地方只能玩很少小朋友”

“四周都空，地方多大呀！哪儿都能跑着玩，那边一块地太小了，跑不了，一跑，再一跑，就不行了”。

儿童逐渐从以生活逻辑为根据的判断，向以客观逻辑为根据的判断发展。在这个过程中，还要经过以事物的偶然性特征（颜色、形状等）为根据，过渡到以孤立的、片面的、不确切的原则为根据（“重的沉，轻的浮”），然后开始出现一些正确的或接近正确的客观逻辑的判断（“木做的东西在水里浮”）。

4. 判断论据的明确化

从判断论据看，儿童从没有意识到判断的根据，开始向明确意识到自己的判断根据发展。幼儿初期儿童虽然能够作出判断，但是，他们没有或不能说出判断的依据，3～4 岁儿童或者以别人的论据作为论据，如“妈妈说的”“老师说的”，或者只能说出模糊的论据，如“不会漂，它在水里待不住”。他们甚至于并未意识到判断的论点应该有论据。随着儿童的发展，他们开始设法找寻论据，但是最初出现的论据往往是游戏性的或猜测性的。幼儿晚期，儿童不断修改自己的论据，努力使自己的判断有合理的根据，对判断的论据日益明确，说明思维的自觉性、意识性和逻辑性开始发展。

（二）学前儿童推理的发展

推理是判断和判断之间的联系，是由一个判断或多个判断推出另一新的判断的思维过程，可以从一般推到特殊（演绎推理），也可以从特殊推到一般（归纳推理）。所有的推理，只有当它能揭示事物之间存在的本质的规律性的联系的时候，才是正确的。学前儿童在其经验可及的范围内，已经能进行一些符合事物客观逻辑的抽象推理，但水平比较低，主要表现在抽象概括性差、逻辑性差、自觉性差这三个方面。

推理可以分为直接推理和间接推理两大类。直接推理比较简单，是由一个前提本身引出某一个结论。如从“讲卫生的小朋友不随地吐痰”这一前提推出“随地吐痰的小朋友不讲卫生”这个结论。间接推理是由几个前提推出某一结论的推理。又可以分为归纳推理、演绎推理和类比推理。

1. 学前儿童的归纳推理

归纳推理是一种从个别到一般的推理。通过考察个别事物或现象具有某种属性，进而推导出该类事物或现象普遍具有该属性。归纳推理必须以概括为基础，首先要把个别事物或现象归属到某一类事物或现象，然后在此基础上进行推理。例如，由“喜鹊长着两只脚，燕子长着两只脚，乌鸦长着两只脚”，推出“鸟长着两只脚”。

学前儿童的概括处于具体形象水平，故往往只能对事物的外部的、非本质的特征进行归纳，很难抓住事物间的本质联系进行从个别到一般的推理，以至于出现从一些特殊事例到另一个特殊事例的推理，称为“转导推理”。它不是逻辑推理，而属于前概念的推理。例如，有个3岁儿童看到大人种葵花籽，知道了“种豆得豆，种葵花长葵花”的道理，于是自己抓了几颗最爱吃的糖来种，希望长出几棵“糖树”。随着儿童概括能力的发展，类概念的形成，归纳推理的能力才能逐渐发展起来。

2. 学前儿童的演绎推理

演绎推理是从一般到个别的推理。归纳和演绎都属于逻辑推理。其简单且典型的形式是三段论。例如：大班小朋友暑期后要上小学了（大前提），佳佳是大班的小朋友（小前提），佳佳暑假后要上小学了（结论）。

乌利彦柯娃通过“猜测”游戏来检查儿童能否按逻辑规则进行演绎推理[①]。一共有三套实验作业。

在儿童面前放一盆水，同时放着许多不同大小、形状、用途的积木和其他物品，有的放在水里可以浮起，有的不能浮起。让儿童把能浮起的东西都挑出来。儿童如要作出正确的猜测，就需要按第一格的三段论式来进行演绎推理。

【第一格】

M—P	一切木制物品都会漂浮，
S—M	这些物品是木制的，
S—P	所以这些物品都会漂浮。

其中，P是大项，S是小项，M是中项，M—P是大前提，S—M是小前提，S—P是结论。

此外，实验者还设计了第二套和第三套作业。儿童如要完成这些作业，就需要按第二格和第三格的三段论来进行演绎推理。

【第二格】

P—M	一切木制物品都会漂浮，
S—M	这件物品不漂浮，
S—P	所以，这件物品不是木制的。

① 朱智贤：《儿童心理学》，人民教育出版社，1980年10月版，第210～212页。

【第三格】

M—P　　小罐会漂浮，

M—S　　小罐是铁制的，

S—P　　所以，某些铁制的东西会漂浮。

研究者所得的实验结果见表 9—4（以百分数表示）。

表 9—4

	3～4 岁	4～5 岁	5～6 岁	6～7 岁
第一格三段论式	0	4	20	38
第二格三段论式	0	4	20	38

而经过有组织的教学以后，儿童正确运用三段论式推理的人数就大大增加起来，结果见表 9—5（以百分数表示）。

表 9—5

	3～4 岁		4～5 岁		5～6 岁		6～7 岁	
	Ⅰ	Ⅱ	Ⅰ	Ⅱ	Ⅰ	Ⅱ	Ⅰ	Ⅱ
教学前	0	0	4	4	20	20	38	38
教学后	0	0	52	40	96	88	100	98

【注】Ⅰ——第一格三段论式；Ⅱ——第二格三段论式。

研究表明，学前晚期（5～7 岁）的儿童，经过专门教学，能够正确运用三段论式的逻辑推理。该研究结果指出，3～7 岁儿童的三段论式逻辑推理的发展可分为五个阶段。

（1）不会运用任何一般原理。对于自己关于物体沉浮的断言不提任何论据，或者只提出一些极为偶然的论据。

（2）运用一般原理，并试图引用一些从偶然特征上做出的概括来论证自己的答案。

（3）运用一般原理，这种原理已经能在某种程度上反映事物的本质特征，但只是近似性的，不准确的，不能概括一切可能的个别情况，因而还不可能做出正确的结论。

（4）不说一般原理，却能正确而自信地解决问题。

（5）会运用正确反映现实的一般原理，并做出恰当的结论。

3. 学前儿童的类比推理

类比推理是一种比较特殊的推理，它在某种程度上属于归纳推理，是对事物或数量之间关系的发现和应用。典型的类比推理如“苹果/水果，______/文具”，要求儿童在“铅笔、书、报纸”几个答案中作选择。类比推理的测验材料可以是几何图形、实物照片、语词，也可以是数字。由于类比推理是对事物之间关系的发现和应用，因此，可以从客观事物的多种关系中选择 6 种比较普遍的关系作为实验的基本内容：①工具和功用关系（笔/写字，______/切菜）；②部分与整体关系（苹果/苹果树，手指/______）；③对立关系（高/矮，粗/______）；④并列关系（白菜/萝卜，猴子/______）；⑤从属关系（白菜/蔬菜，______/动物）；⑥因果关系（下雨/地湿，______/打针）。

查子秀（1984）的实验研究用几何图形、实物图片、数概括三种形式要求儿童通过选择进行类比推理（如“水果/苹果，文具/______），结果表明类比推理能力随儿童年龄增长而发展。3 岁儿童还不会进行类比推理，4 岁儿童类比推理开始发展，水平很低，5、6 岁儿童大多处于Ⅱ、Ⅲ级水平（见图 9—2）。①

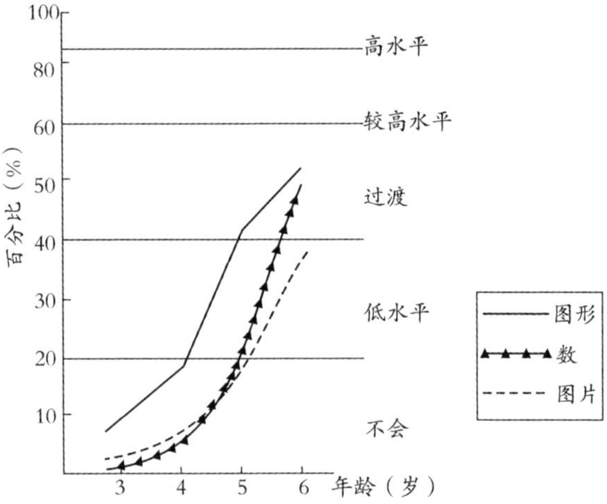

图 9－2　3～6 岁儿童类比推理发展水平

布朗等人（J. Brown，et al.，1986）进行了一项研究。首先给 3～5 岁的儿童讲一个故事，主要情节：主人公需要将许多珠宝很快地装入一个口子很小的瓶子里，他最后想到的办法是将纸卷成喇叭状，把喇叭的口与瓶口相接触，再将那些珠宝从喇叭口倒入瓶口，这样就顺利地解决了这个问题。听完这个故事后，让儿童解决一个类似的问题。结果发现，部分 5 岁儿童能够通过类比推理而找到解决问题的方法，但大部分的 3 岁儿童却不能解决这个问题。主试又进一步要求儿童回忆他们在实验一开始所听到过的故事内容。如：故事中的主人公是什么人？主人公要达到什么目的？在达到目标的过程中有

① 查子秀：《3～6 岁超常和常态儿童类比推理的比较研究》，《心理学报》，1984 年第 4 期，第 374、375 页。

哪些障碍？主人公是如何克服这些障碍的？结果发现，能够解决问题的3～5岁儿童都能够回忆出故事的主要情节，而那些不能解决问题的儿童则搞不清故事中的主要情节是什么，因此也就不可能找到存在于前、后两情景中的某些相同之处，进而去解决新的问题。①

但是，儿童的类比推理能力发展的速度很快。杰特纳和陶平（1986）发现，4～6岁的儿童还不能通过找到潜藏于事物深处的某种一致性来进行类比推理，而大部分8～10岁的儿童却能做到这一点。

第五节　学前儿童思维过程的发展

学前儿童的思维过程包括分析综合、比较、分类、概括以及解决问题的能力。随着年龄的增加，学前儿童的思维过程也随之不断变化、发展。

一、学前儿童分析综合的发展

思维是通过分析综合而在头脑中获得对客观事物更全面更本质的反映的过程。在不同的认识阶段，分析和综合有不同的水平。对事物感知形象的分析综合，是感知水平的分析综合。随着语言在儿童分析综合中作用的增加，儿童逐渐学会凭借语言在头脑中分析综合。

学前儿童在分析综合活动中还不能把握事物的复杂的组成部分。对3～6岁儿童来说，要求分析的环节越少，相应的概括就完成得越好。② 向儿童提出了下述任务：利用工具。从器皿中取出带有金属圈的糖果。器皿旁边放着形状、颜色各不相同的工具，其中只有带小勾的工具才能取出糖果。任务是选择适当的工具。实验分为三个组。第一组，给予形状、颜色都不同的工具。第二组，给予颜色相同、形状不同的工具。第三组，工具的颜色、形状都不同，但颜色鲜明（强刺激）的工具都是适用的工具。无论运用哪个组的工具，都需要分析，但分析的环节（维度）各不相同。第一组需从两个维度进行分析综合——分析形状和颜色两个环节，在这个任务中，形状是本质特征，颜色是非本质特征。第二组由于颜色相同，需要分析的只有一个维度——形状。第三组分析的任务最简单，因为工具的颜色虽然有变化，但鲜明的颜色都适

① 刘爱伦：《思维心理学》，上海教育出版社，2002年5月版，第360、361页。

② 曹日昌：《普通心理学》，1963年1月版，第285页。

用，即颜色与本质属性（形状）之间有固定联系。实验结果证明，第一组被试完成任务所需要的尝试次数比其他两组多一倍，从尝试动作过渡到完成任务的时间也比其他两组多一倍。

思维过程中分析综合的水平和儿童思维的片面性等特点有关。

二、学前儿童比较的发展

比较是在思想上把各种事物进行对比，并确定它们的异同。比较是分类的前提，通过比较才能进行分类和概括。

学前儿童对物体进行比较，有以下特点和发展趋势。

（一）逐渐学会找出事物的相应部分

儿童起先不善于寻找物体的相应部分。他们常常按照物体的颜色来进行比较。比如，要求儿童比较一幅图上的两个孩子。他们会说："小围裙是绿色的，喷水壶也是绿色的。"可以说，他们还不会比较。问一个男童："你大，还是她（站在旁边的女孩）大?"回答："我大，她也大。"说明他还没有形成比较的概念。

4～5岁的儿童逐渐能够找出物体的相应部分，并进行比较。但是他们只能找到两三个相应部分。例如，他们对图上两个孩子作比较时指出："这个孩子戴了帽子，那个孩子没有戴帽子""这个孩子手里拿着皮球，那个孩子手里没有拿皮球"等等。说完这些后，他们就去看物体不相应的部分，孤立地说出每个部分的名称或属性。

（二）先学会找物体的不同处，后学会找物体的相同处，最后学会找物体的相似处

儿童倾向于比较物体的不同之处。在李普金娜（1954）的实验中，让儿童比较物体在图片上的形象。在比较两个大小和亮度不同的匙——铅制的匙和钢制的匙时，90％的5岁儿童只能说出它们的不同，如"一个大，一个小"或"一个发亮，一个不发亮"，而不能说出它们的相似处。在比较图片上的两个男孩时，100％的5岁儿童只能说出他们的不同，如"一个手里拿着皮球，一个手里拿着水壶"。比较其他物体时，情况也相似，例如，比较两个杯子时说"一个是玻璃样的，一个是铁样的"。

在上述实验中，经过启发教育后，儿童能够找出物体的相同之处。但首

先仍然是找到颜色的相同，如“这个孩子有蓝色的短裤，这个有蓝色的皮球”“这个有红色的帽子，这个有红色的衬衫”等等。稍后，才学会从物体的属性或部分进行比较，如“这个孩子有手，这个孩子也有手”。

找出物体的相似之处，既要找出物体的共同处，又要找出其不同，需要较复杂的分析和综合。这必须在成人的教育下才能学会。一般地说，加入第三种物体，有助于确定两种物体之间的相似点。例如，当儿童不会找出两个匙子的相似处时，加上一把尺子，让儿童比较三个物体中“哪两样东西相像”时，儿童既要分析三个物体的不同处，又可从尺子与两个匙子的明显不同方面看到两个匙子之间的相似处。于是逐渐学会了比较两个匙子。此外，如果要求儿童从一堆物体中找出“吃饭用的东西”，而这堆东西中只有两个匙子可以用于吃饭，那么，儿童就能通过自己进行的活动，学会比较两个匙子的相似之处。

三、学前儿童分类的发展

分类活动表现了幼儿的概括水平。分类能力的发展是逻辑思维发展的一个重要标志。

（一）学前儿童分类的类型

王宪钿等人（1964）曾对儿童分类中的概括特点进行了实验研究。实验提供绘有单一物体的图片。图片中物体的内容分为交通工具、餐具、玩具、家具、文具、动物、植物等类别。实验要求儿童对交叉搭配的各类物体进行分类，并从三个方面观察儿童的分类水平：(1) 按照指导语自己分类；(2) 说明分类标准；(3) 对各类物体加以命名。

该实验查明了儿童分类的不同类型，以及儿童分类的年龄特点和发展趋势。儿童分类的情况，可归纳为以下五类。

1. 不能分类。把性质上毫无联系的一些图片，按原排列顺序或按数量平均地放入各个木格里，不能说明分类原因；或任意把图片分成若干类，也不能说出原因。

2. 依感知特点分类。依颜色、形状、大小或其他特点分类，例如把桌子和椅子归为一类，因为都有四条腿等。

3. 依生活情境分类。把日常生活情境中经常在一起的东西归为一类。例如，书包是放在桌上的，就把书包和桌子归为一类。

4. 依功用分类。如桌、椅是写字用的，碗筷是吃饭用的，车船是运人用的等等。儿童只能说出物体的个别功能，而不能加以概括。

5. 依概念分类。如按交通工具、玩具、家具等分类，并能给这些概念下定义，说明分类原因，如说车船等都是载人、运东西的交通工具等。

不同年龄儿童分类情况有所不同。随着年龄增长，从第一类到第五类依次变化。其特点如下：4 岁以下儿童基本上不能分类，该年龄组不能分类者占 82.3%。5～6 岁是儿童处于由不会分类向开始发展初步分类能力的过渡时期。该年龄不能分类的情况已大大减少，而主要依据物体的感知特点和情境联系来分类。5 岁儿童的分类活动主要是依据物体的直接的可感知的特性或者在儿童的切身经验中经常发生的联系。5.5～6 岁，儿童发生了从依靠外部特点向依靠内部隐蔽特点进行分类的显著转变，可以说是一个发展的转折期，其分类的特点迅速向 6 岁特点靠近。6 岁以后，儿童开始逐渐摆脱具体感知和情境性的束缚，能够依物体的功用及其内在联系进行分类，说明他们的概括水平开始发展到一个新的阶段。吕静（1984）的研究结果与上述王宪钿的研究结果相似。①

四、学前儿童概括发展的特点

儿童概括发展的特点，除了表现在分类活动中，还表现在其他活动中，例如，吴惠龄（1956）用排除法，对 3～13 岁儿童的概括特点进行实验研究。把分别画有人、车、马、虎的四张图片摆在儿童面前，让儿童从这四张图片中拿出一张和其他三张不同的图片，然后向儿童提问："你为什么把那一张拿出来?""那三张有什么相同的地方?"结果表明：

1. 儿童从四张图片中拿出车，把人、马、虎概括在一起。拿出车的人数百分比随年龄增长而提高，拿出人和虎的百分比随年龄增加而降低，拿出马的，在 346 个参加实验的幼儿中只有一人。

2. 儿童是根据人、马、虎的外表属性进行概括的，他们说人、马、虎都有头，有身，有脚等。这种概括随年龄增长而降低。从 6 岁起，特别是 7 岁以后，儿童才能根据人、马、虎都是有生命的、活的、能生长的等等本质属性进行概括。

① 陈帼眉：《学前心理学》，人民教育出版社，1989 年版，第 218、219 页。

3. 儿童根据人或物的功用或作用进行概括。例如，儿童对拿走虎的解释是：人坐车、马拉车。在全部被试中唯一把马拿出去的那个儿童，说是因为他有一次看见马踢了人，引起不愉快的情感。其余儿童都没有拿出马，因为马无论在功用上、表面上或本质属性上都与其他三者有密切的联系和共同的地方。从功用上说，马能拉车，人能骑马；从表面上说，马和虎一样，都有毛，马和人都有头和颈；从本质属性上说，马、虎、人都是活的东西，都是动物。再说，马是儿童生活中常见的动物，它既不像老虎那样可怕，又能为人做工，没有理由把它拿走。

以上实验结果说明，儿童的概括水平是处于表面的、具体的感知和经验的概括到开始进行某些内部的、靠近本质概括的发展阶段。

五、学前儿童解决问题能力的发展

儿童问题解决策略的发展明显地随儿童对任务经验的增多而发生明显变化。当儿童对一项任务没有什么经验时总常用某一个策略来解决问题。相反，当儿童对一项任务有相当的经验时，他就会运用多种策略。为了了解儿童问题解决策略的发展，研究者运用一个不为被试熟悉的任务。解决天平问题是最经常运用的研究材料，天平问题规则为研究儿童解决问题能力的发展变化过程提供了有效的工具。

（一）儿童解决天平问题能力的发展

这里所谓的天平，是西格勒（Siegler，1976）等人用来测查儿童问题解决能力的一种心理学实验装置（见图 9—3）。天平的中间有一个支点，支点两端是等长的横杆，横杆可以以支点为中心摆动。在两端的横杆上的重物的重量及重物的位置与支点间的距离不等时，横杆将向左侧或右侧倾斜。实验中被试的任务是：根据天平两侧的重物以及重物到支点间的距离等条件，来判断天平将向哪一侧倾斜。

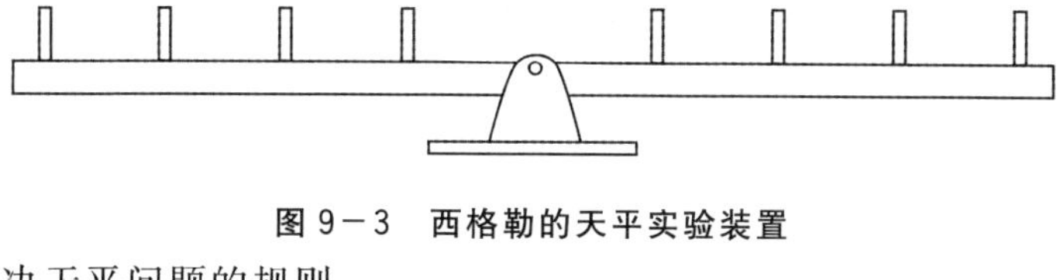

图 9－3　西格勒的天平实验装置

1. 解决天平问题的规则

通过实验观察，西格勒归纳出儿童在解决天平问题时所用的四条规则。

规则1：如果天平两侧重物重量相等，天平将处于平衡状态；如果天平两侧的重物重量不等，较重的一侧将向下倾斜。

规则2：如果天平两侧重物距离支点距离相等，某一侧的重物较重，这一侧将向下倾斜；如果天平两侧的重物重量相等，重物距离支点较远的一侧将向下倾斜。

规则3：如果天平两侧重物的重量及重物距离支点的距离均相等，天平将处于平衡状态；如果两侧的重物重量相等，但重物距支点的距离不等，距离较长的那一侧将向下倾斜；反之，如果两侧重物距支点的距离相等，而重物重量不等，则较重的一侧将向下倾斜；如果两侧的重物重量及重物距支点的距离均不相等，则出现乱猜或混乱。

规则4：如果天平某一侧的重物较重，但重物距支点的距离却较短，而另一侧的重物虽较轻，但重物距支点的距离较长，在这种情况下则需要计算力矩（重物的重量×重物到支点的距离），力矩较大的一侧将向下倾斜。

为了了解儿童解决天平问题时使用哪一个规则，西格勒设计了一种"规则评定法"。即将解决问题的方式与不同规则的应用形成某种联系，从儿童对问题的反应方式中可推知他所用的规则。根据上述四个解决问题的规则，将天平问题具体化为以下六个方面。

（1）平衡问题：在天平两侧的重物重量及重物到支点的距离都相等。

（2）重量问题：两侧的重物到支点的距离相等，但两侧的重物重量不等。

（3）距离问题：两侧的重物重量相等，但两侧的重物到支点的距离不等。

（4）重量—冲突问题：天平一侧的重物较重，而另一侧的重物较轻且距支点的距离较远。这时，较重的一侧将向下倾斜。

（5）距离—冲突问题：天平的一侧重物较重，另一侧的重物与支点间的距离较远。这时，具"较远距离"重物的一侧将向下倾斜。

（6）平衡—冲突问题：天平两侧的重物重量及两侧的重物到支点间的距离均不相等，但两侧的力矩相等。这时，天平仍处于平衡状态。

使用不同规则的儿童在解决上述六种类型的具体问题时，将表现出不同的反应模式。例如，那些使用规则1的儿童，能正确解决平衡问题、重量问题和重量—冲突问题，而不能解决其他类型的问题；使用规则2的儿童，除了在距离问题上回答正确外，其反应与使用规则1的儿童类似；那些采用规则3的儿童，在三类非冲突问题上回答都正确，而在三类冲突问题上的回答正确率只是达到随机水平（33%的正确率）；采用规则 4 的儿童能正确解决所有问题（详见表 9－6）。

表 9－6　西格勒解决天平问题研究中应用规则的情况

问题类型		规则			
		1	2	3	4
平衡问题		100	100	100	100
重量问题		100	100	100	100
距离问题		0	100	100	100
重量—冲突问题		100	100	33	100
距离—冲突问题		0	0	33	100
平衡—冲突问题		0	0	33	100

2. 儿童解决天平问题能力的年龄差异

西格勒发现，绝大多数 3 岁儿童不能运用任何系统的规则，他们似乎是在猜测或者好像不断地在几种方法之间变换。少数 3 岁儿童和较多的 4 岁儿童能部分运用规则 1，这些儿童都在看到哪边重物重量大就判断下沉，但如果重物重量相等时就乱猜了。绝大部分 5～17 岁的被试则至少能应用上述四个规则中的一条解决天平问题。如 5 岁儿童在解决问题时较多地使用规则 1，看到哪边重物重量大就判断为下沉，但如果重物重量相等时就判断平衡。西格勒（1976）发现，90%的 5 岁儿童在 24 个问题中至少有 20 个答案遵循规则 1；8～9 岁的儿童，大多考虑使用更复杂的规则 2 和规则 3；17 岁的经常使用规则 3。在 5～17 岁的所有年龄中，都很少有人使用规则 4。后来一些研究者（Damon & Phelps，1988；Ferretti & Butterfield，1986）也发现了儿童在解决天平问题时应用规则上的这个发展顺序。

（二）儿童在其他方面问题解决能力的发展

儿童在其他方面问题解决能力的发展表现出与上述相类似的特点。例如西格勒进行了一项实验研究，在这项实验中，主试将两个不同尺寸的 T 字形木棒放置在光源和一个大屏幕之间的不同位置上。要求被试回答的问题是，在将光源打开后，哪一个木棒在屏幕上的投影会更大？结果发现：(1) 5 岁的被试总是只依据一个维度进行判断，他们认为较大的木棒在屏幕上的投影将会更大。这种判断与其在解决天平问题时总是将注意力集中于天平两侧重物的重量这一单一维度的情况是一致的。（2）8～9岁被试在解决这个问题时，首先是依据特征较为显著的维度进行判断（在这里，即为木棒的大小），但当这个维度相等时，他们就会考虑第二个维度，即木棒到光源之间的距离。当木棒的大小一样时，木棒距光源的距离越近，在屏幕上的投影越大。8～9岁被试的上述反应与其在解决天平问题时应用规则2的情况相一致。（3）大部分12～13岁的被试和部分成人，虽然在任何条件下都能同时注意到物体大小和其距光源的距离这两个维度，但却不能将这两种因素进行合理整合以形成对问题的正确解释，这与他们在解决天平问题时应用规则3的情况相一致。（4）与解决天平问题一样，只有较少的被试能够应用规则4解决这个有关投影的各种问题。

个体所表现出的上述这种应用解决问题规则的发展顺序，在其他任务中也得到证实，如对温度的判断问题（Strauss，1982）、对幸福和公正的判断问题（Case，Marini，McKeough，Denniss & Goldberg，1986）、因果推理问题（Shaklee & Mims，1981）和概念形成问题（Case，1985）。

（三）儿童问题解决策略的发展

我国许多学者也从不同的角度对儿童问题解决策略进行了研究。张智、左梦兰（1990）对5岁、7岁、9岁、11岁和13岁儿童进行了问题解决策略发展的研究，他们让儿童解决三个问题：（1）向被试呈现24张随机排列的动物、植物和家庭用具的实物，要求被试用最好的方法及最少的次数向主试提问，尽快猜出主试心里想的是哪一张图，主试对被试只给予“对”或“错”的反馈作为反应，并详细记录被试的每一步反应。（2）向被试呈现从1到10按顺序排列的阿拉伯数字卡片，要求与问题一相同。（3）进行Levine的空白实验。首先主试在指导语中排除了图形左右这一维量，让被试明确这是一个四维量的问题，主试心里想的字句具有八种可能性，即大或小、黑或白、X或T、在横杆的上或下，主试在这一次对被试的反应作出正或负的反馈后，紧接着给予被试四次空白尝试的机会，然后再作出第二次反馈，随后又是四次空白尝试机会，以此类推。儿童的策略水平呈基本一致的发展趋势，均呈四级发展水平：（1）0级水平：无策略，儿童依据自己对某一刺激物的偏好或猜测而提出假设，对主试给予的反馈信息不进行反应，不能解决问题，大部分的5岁儿童处于这一级水平。（2）一级水平：虽然可以解决问题，但所应用的策略属低水平的保守扫描策略，被试顺次对每张图片或每个数字提问，大部分的 7 岁儿童处于一级水平。（3）二级水平：能初步运用分类策略提出假设，缩小了答案的范围。如在第一个问题中儿童会问："它是动物吗?"在第二个问题中儿童会问："它是偶数吗?"大多数 9 岁儿童处于二级水平。（4）三级水平：能运用高级的分类策略，能对信息从本质上进行编码，形成在概念系统中位于高层次的概念，所用策略带有聚焦性，能迅速排除与答案无关的信息，有效地解决问题，大部分 11 岁儿童达到了这级水平。此外，儿童问题解决使用策略水平的发展还可表现在：运用策略的灵活性不断增强，能根据不同的实验任务，随时改变和调整策略；推出的假设从单一维度发展到多维度，能更好地建立起关于问题的心理表征；对反馈信息的敏感性逐渐增强。

本章思考题

1. 简述学前儿童思维发展的一般趋势。
2. 阐述皮亚杰的儿童思维发展阶段性理论。
3. 举例说明儿童思维发展的特点。
4. 简述学前儿童数概念的发展。
5. 简述学前儿童判断和推理的发展。

本章实践题

验证皮亚杰的守恒实验，并撰写实验报告。

第四篇　学前儿童情绪情感和社会性的发展

第十章　学前儿童情绪情感的发展

情绪情感是心理生活中的一个重要方面，它与认知活动一样，都是个体对客观事物的一种反映，在学前儿童成长过程中起着非常重要的作用，对儿童的心理发展以及后期的社会行为有着重大影响。

第一节　学前儿童情绪的发展

情绪是客观事物与人的需要之间的关系的反映。儿童的原始情绪随着年龄的增长而不断由笼统到分化、由简单到丰富，并不断社会化和自我调节化。

一、学前儿童情绪的发生和分化

（一）情绪的发生

儿童生下来是否就有情绪，是一个有争议的问题。一种观点认为，在生命的头几个月里，儿童用微笑、视线接触等对成人作出反应，但并未对成人显示出明显的差别。另一种观点认为，儿童具有先天的情绪机制，快乐、惊奇、惧怕等情绪都是在进化中获得的，并在外部刺激的诱发下发生、展现。现今，大多数的研究者支持第二种观点，认为儿童出生后可以立刻产生情绪表现，例如，最初几天的新生儿或哭或安静，或四肢划动等等，这些可以称之为原始的情绪反应。

原始情绪反应最大的特点是，它与生理需要是否得到满足有直接关系。当儿童身体内部或外部受到不舒适的刺激，如饥饿或尿布潮湿等，便会产生哭闹等不愉快的情绪。而一旦直接引起情绪反应的刺激消失后，这种情绪反应也就停止，代之以新的情绪反应。例如，妈妈开始喂奶，儿童哭声立即停止，情绪也变得愉快。

行为主义的创始人华生根据对医院婴儿室内500多名新生儿的观察提出，

儿童天生的原始情绪反应有三种：一是“怕”。华生认为，出生儿童怕两件事：大声和失持。当儿童静静地躺在地毯上，如果用铁锤在他头部附近敲击钢条，会立刻引起他的惊跳，筋肉猛缩，继之以哭。当儿童身体突然失去平衡，失去依托，如身体下面的毯子突然被人猛抖，引起猛烈震动，儿童也会产生大哭、呼吸急促、双手乱抓的反应。二是“怒”。限制活动会激怒儿童，如按住儿童的头部，不准活动，儿童就发怒，他会把身体挺直，哭叫，奋力地挥手蹬脚。三是“爱”。成人抚摸儿童的皮肤，抱他，会使儿童产生爱的情绪。特别是抚摸皮肤的敏感区域，如唇、耳、颈背、乳头、性器官等，儿童都会发生安静的反应，表示爱。

也有一部分心理学家认为，总的来说，儿童原始的情绪反应是笼统的，还没有分化成若干种。新生儿的原始情绪只能区分为愉快和不愉快两种，而愉快也仅仅是“不是不愉快”的表现而已。

（二）情绪的分化

儿童在出生一段时间之后，在成熟和后天环境的作用下，情绪不断分化。但是，各种情绪何时出现，先后次序如何，国内外的许多研究者给出了不同的意见。

1. 布里奇斯的研究

加拿大心理学家布里奇斯通过对100多个0～2岁儿童的观察，提出了早期比较完整的情绪分化理论。他认为，新生儿只有未分化的一般性激动——皱眉和哭泣，这只是由强烈刺激引起的内脏和肌肉反应而已；3个月时分化为快乐、痛苦两种情绪；6个月时，痛苦又进一步分化为愤怒、厌恶和恐惧；12个月时快乐情绪又分化为高兴和喜爱；18个月时，分化出喜悦与妒忌；24个月时，可以在快乐的情绪中去分出比较稳定的快乐来。①

布里奇斯的理论自提出后，引起了广泛的关注，一直为较多的人所接受。但是，该理论由于缺乏有效判断情绪反应的客观指标，难以根据儿童情绪反应本身来判别儿童情绪，故而也受到了不少批评。

2. 伊扎德的研究

美国当代情绪发展研究专家伊扎德根据以往儿童情绪发展的研究提出了著名的“情绪动机分化理论”，在当代情绪研究中产生了很大的影响。伊扎德

① 陈帼眉：《学前心理学》，北京师范大学出版社，2000年6月版，第268页。

认为，儿童出生时具有5大情绪：惊奇、痛苦、厌恶、最初步的微笑和兴趣，这些情绪对于他们适应母体外环境和生存具有决定性的意义。4～6周时，儿童出现了社会性微笑，在区分人和其他非社会物体时，对人笑得更多。3～4个月时，愤怒、悲伤等情绪开始出现。5～7个月时，出现惧怕，例如，当某些物体从高处摔下，儿童会啼哭。6～8个月时，害羞的情绪出现，且儿童开始对陌生人产生焦虑。0.5～1岁时，对主要抚养者的依恋形成，并进一步产生分离伤心、对陌生人恐惧的情绪。1.5岁左右，随着自我意识和交往、认知水平的提高，儿童进一步产生骄傲、羞愧、内疚、同情等情绪。此外，伊扎德还进一步编制了面部肌肉运动和表情模式测查系统（最大限度辨别面部肌肉运动系统和表情辨别整体判断系统），给表情识别提供了一个客观依据。他把面部分为三个区域，即额眉—鼻根区、眼—鼻—颊区、口唇—下巴区，并提出了区分面部运动的编码手册。

较之以往，伊扎德的研究无论在科学性和可测性上都大大提高了一步，他为每一种新出现的情绪反应都制定了一定的具体、客观指标，易于鉴别、判断，为情绪研究作出了特殊贡献。

3. 林传鼎的研究

我国心理学家林传鼎于1947～1948年间对500多个出生1～10天的新生儿所反应的54种动作的情况进行了观察，提出新生儿已有两种完全可以分辨得清的情绪反应，即愉快和不愉快。二者都是与生理需要是否得到满足有关的表现。不愉快的反应通常是自然动作的简单增加，是由不利于机体安全的刺激所引起的。而愉快的反应则是一种积极生动的反应，增加了某些自然的动作，特别是四肢末端的自由动作，它是由一些有利于机体安全的刺激所引起的。在此基础上，他还进行了进一步的研究，将儿童情绪分化的过程分为三个阶段。

（1）泛化阶段（0～1岁）

这一阶段，儿童的情绪反应比较笼统，往往是由生理需要引起的。0.5～3个月，相继出现6种情绪：欲求、喜悦、厌恶、愤怒、烦闷、惊骇。这些情绪不是高度分化的，只是在愉快或不愉快的轮廓上附加了一些东西，主要是面部表情。而惊骇则是强烈的特殊体态反应。4～6个月已出现由社会性需要引起的喜悦、忿急，逐渐摆脱同生理需要的关系，如对友伴、玩具的情感。

（2）分化阶段（1～5岁）

1岁后，儿童的情绪逐渐分化并开始多样化。2岁左右，已出现各种基本情绪。从3岁开始，陆续产生了亲爱、同情、尊敬、羡慕等20多种情感，同时一些高级情感开始萌芽，如道德感、美感。

(3) 系统化阶段（5岁以后）

5岁以后，儿童的情绪生活表现出高度的社会化。这一时期道德感、美感、理智感等多种高级情绪达到一定的水平，初步建立了社会化的情绪。

林传鼎的情绪分化理论对我国情绪发展研究产生了很大的影响，他的很多观点，例如新生儿已经有两种完全可以分清的情绪反应、4～6个月儿童出现与社会性需要有关的情感体验等始终为人们所接受，并不断被证实是正确的。

4. 孟昭兰的研究

我国心理学家孟昭兰根据自己的大量研究和概括，提出了新的情绪分化理论。她认为，儿童从种族进化过程中通过遗传获得大约8～10种基本情绪，如愉快、兴趣、惊奇、厌恶、痛苦、愤怒、惧怕、悲伤等。它们在个体发展进程中随着成熟相继显现。①

表10-1　儿童情绪发生时间表②

情绪类别	最早出现时间	诱　因	经常显露时间	诱　因
痛苦	出生后	身体痛刺激	出生后	
厌恶	出生后	味刺激	出生后	
微笑	出生后	睡眠中，内部过程节律反应	出生后	
兴趣	出生后	新异光、声和运动物体	3个月	
社会性微笑	3～6周	高频人语声（女声），人的面孔出现	3个月	熟人面孔出现，面对面玩
愤怒	2个月	药物注射痛刺激	7～8个月	身体活动受限制
悲伤	3～4个月	治疗痛刺激	7个月	与熟人分离
惧怕	7个月	从高处降落	9个月	陌生人或新异性较大的物体出现，如带声音的运动玩具出现

① 王振宇：《学前儿童发展心理学》，人民教育出版社，2004年10月版，第109页。
② 孟昭兰：《人类情绪》，上海人民出版社，1989年6月版，第254页。

续表

情绪类别	最早出现时间	诱　因	经常显露时间	诱　因
惊奇	1岁	新异物突然出现	2岁	同前
害羞	1～1.5岁	熟悉环境中陌生人出现	2岁	同前
轻蔑	1～1.5岁	欢乐情况下显示自己的成功	3岁	同前
自罪感	1～1.5岁	抢夺别人的玩具	3岁	做错事，如打破杯子

二、学前儿童的基本情绪及表现

（一）哭

哭是儿童最普遍、最基本的情绪之一，并且对于儿童的发展来说具有重要的适应价值。哭代表不愉快的情绪，儿童一生下就会哭，因此哭是一种先天具有的情绪。

研究表明，随着儿童年龄的增长，他们的哭开始出现分化，并出现不同模式的哭声。引起第1周儿童啼哭的原因，主要有饥饿、冷、裸体、疼痛及睡眠受到打扰等等；第2周、第3周、第4周，又增加了新的原因，如喂奶中断、烦恼、增添非流质的食物等。随着年龄的增长，引起儿童啼哭的原因也进一步发展变化，1～2个月时，儿童常因大人离开或拿走玩具等啼哭。通过归纳，研究者提出儿童有四种模式的哭：有节奏的哭、愤怒的哭、疼痛的哭和不称心的哭。儿童的哭不仅在声谱照片上能显示出种种不同，而且哭声听起来就略有差异，有时父母根据儿童哭声的节奏和音调，就能识别出他们有什么需要。

陈帼眉认为，儿童出生后逐渐发展起以下几种模式的哭。①

1. 饥饿的啼哭。这是婴儿的基本哭声，初生时出现。它有节奏，频率通常为250～450赫兹。啼哭时伴有闭眼、号叫、双脚乱蹬。婴儿出生第1个月时有一半的哭是由于饥饿或干渴引起的，这种情况在头半年内一直比较突出，到第6个月时仍占30%。

2. 发怒的哭。初生时就有。研究表明，初生婴儿被限制活动时会激怒而哭。婴儿发怒时，哭声往往有点失真，因为婴儿吸气过于用力，迫使大量空气从声带通过，震动声带引起哭声。

① 沈德立、白学军：《实验儿童心理学》，安徽教育出版社，2004年7月版，第425页。

3. 疼痛的哭。有关研究表明，第1周内婴儿即常因肠胃不适、打针等疼痛而引起啼哭。这种哭的最显著特征是突然高声大哭，事先没有呜咽，也没有缓慢的哭泣，拉直了嗓门连续大哭数秒，接着是平静的呼气、再吸气、又呼气。由此引起一连串的叫声。

4. 害怕或惊吓的啼哭。初生时就出现。如突然抽动初生婴儿身体下的毯子或高声喊叫，婴儿会因受惊吓而大哭。其特征是突然发作，强烈而刺耳，伴有间隔时间较短的号叫。

5. 不称心的哭。初生时就有。这种啼哭是在无声无息中开始的，如同疼痛时的啼哭一样，但没有长时间的屏息，开始时的二三声缓慢而拖长，持续不断，悲悲切切。

6. 招引别人的啼哭。从出生后第三周开始出现。先是长时间的“吭吭吱吱”，低沉单调，断断续续，但如果没人去理他，就会大哭起来。

可见，随儿童年龄的增长，引起哭的原因从开始完全是由生理性的、由机体内部（或外部）不适宜的刺激所引起的，到逐步出现主动性的、操作性的哭。这是由于：第一，儿童对外界环境和成人的适应能力逐渐增强，周围的成人，特别是初次当父母的成人，对儿童的适应性也逐渐改善，从而减少了儿童的不愉快情绪。第二，儿童逐渐学会用动作和语言来表达自己的需求和不愉快情绪，取代了哭的表情。但是，有些生理发育现象带来的痛苦（如出牙）还会使儿童啼哭。3～4岁儿童，随着言语能力的发展，自我控制和掩饰内心不愉快情绪的能力逐渐形成，哭的现象应该是较少的。儿童偶尔发生莫名其妙的啼哭或其他不愉快现象，可能是发病的先兆。

（二）笑

笑是情绪愉快的表现。儿童的笑，比哭发生得晚。从儿童笑的发生看，可分为微笑和出声笑。

1. 微笑

儿童的微笑是一种社会性行为，可以引起成人对儿童积极的反应。赫瑟林顿（Hetherington E. M.，1993年）等人研究发现，儿童微笑发展经历以下三个阶段。①

① Hetherington E M, Parke R D. Child Psychology: *A Contemporary point*. 4th ed. New York: McGraw-Hill Inc, 1993: 213-214.

阶段一：反射性微笑（0～1个月）。所谓反射性微笑（reflexive smile），指微笑的发生是不由外界刺激引起的。这是一种生理表现，而不是交往的表情手段。通常，儿童微笑时用嘴做出一些怪相，它与中枢神经系统活动不稳定有关。儿童在微笑的时候，其眼睛周围的肌肉并未收缩，脸的其余部分仍保持松弛的状态。对于这种微笑，早在1882年普莱尔（Preyer）把它称作“嘴的微笑”，以区别于后来产生的社会性微笑。反射性微笑在儿童睡眠时最容易出现。如果成人用手抚摸儿童的面颊、腹部或发出各种声音，也可能引起儿童的微笑。由于这种微笑是由各种刺激所引起的，因而还称不上真正的社会性微笑。研究还表明，女婴自发微笑的次数比男婴多。

阶段二：无选择的社会性微笑（1～3.5个月）。所谓无选择的社会性微笑，是指儿童对外界刺激能够作出微笑的反应，但儿童对人和物都作出相同的反应。此时，儿童在微笑时行为十分活跃，眼睛明亮，眼睛周围的皮肤也随之皱起，但持续的时间比较短。大约到第5周时，儿童开始对移动的脸作出微笑。到第8周时，儿童对一张变化的脸发出较长时间的微笑。但儿童对陌生的人与熟悉的人发出的微笑没有多少区别，只不过对熟悉的人的微笑比对陌生人的微笑稍多一些，这种情况一直要持续到儿童6个月时。研究发现：年龄小于6个月的儿童，他们看到熟悉的人脸、陌生的人脸以及假面具都会发出同样的微笑。

阶段三：有选择的社会性微笑（3.5个月之后）。所谓有选择的社会性微笑，是指儿童能够根据刺激的社会性质作出不同的微笑。儿童长到3.5个月之后，他们开始表现出对不同的人脸作出不同的微笑反应。即当儿童看见熟悉的人脸时，会发出非常自然的微笑，但当他们看见不熟悉的人脸时，会表现出一种警惕性的注意，并且没有微笑出现。

2. 出声笑

出声笑与微笑不同，它表现的情绪更为强烈。研究发现，一般儿童出生后4个月时开始有出声笑，之后，随年龄增长而发展。并且，引起儿童出声笑的刺激也在变化。Srouge和Wunsch对儿童出生后第一年出声笑进行了研究。研究人员请母亲给儿童呈现四种类型的刺激，分别是：各种视觉刺激，如人的面具；触觉刺激，如吹儿童的头发；听觉刺激，如唇的爆破音；社会性刺激，如伸舌头等。以儿童出声笑的次数为实验指标。经研究发现以下特点。

(1) 儿童从第4个月起，出现出声笑。各种刺激引起的笑的次数都有随年龄增长的趋势，而且这种增长在7～9个月时最为明显。

（2）不同性质的刺激引起出声笑的情况不同。在4～6个月时，触觉刺激是最为有效的。但随年龄的增长，对大一些的儿童，触觉刺激已降低了其对儿童的吸引力。对7～9个月的儿童，最能引起儿童出声笑的刺激依次是社会性刺激、视觉刺激以及触觉刺激；对10～12个月的儿童，视觉刺激最能引起儿童出声笑。

（3）从儿童在不同年龄对四种刺激引起的出声笑的平均次数可以看出，随儿童年龄的增长，出声笑的次数也在增长（见图10－1）。①

随着年龄的增长，儿童愉快的情绪进一步分化，愉快情绪的表现手段也不再停留于笑的表情了，甚至不只是用面部表情，而较多地用手舞足蹈及其他动作来表示。

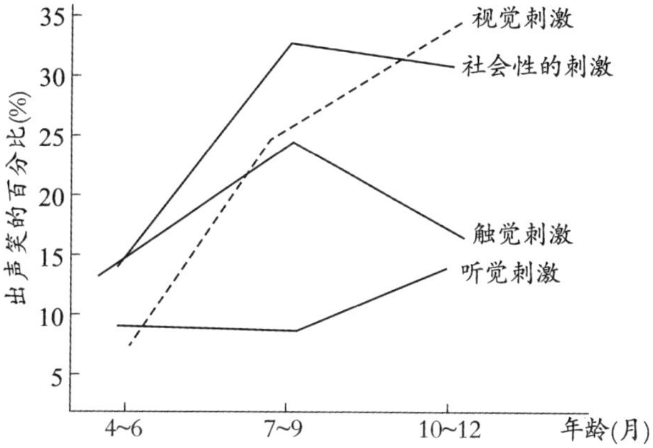

图10－1　各种刺激引起不同年龄婴儿出声笑次数的百分比

（三）害怕

害怕是一种消极情绪。它会引起儿童极度的紧张感，造成逃避和退缩行为。学前儿童害怕的情绪经历了以下几个阶段。

阶段一：本能的害怕。害怕是儿童出生时就有的情绪反应，甚至可以说是本能的反应。最初的害怕不是由视觉刺激引起的，而是由听觉、肤觉、肌体觉等刺激引起的，如尖锐刺耳的高声、皮肤受伤等等。

阶段二：与知觉和经验相联系的害怕。儿童从4个月左右开始，出现与知觉发展相联系的恐惧。那些在过去曾引起过不愉快经验的刺激会激起儿童的害怕情绪。也是从这时候开始，视觉对害怕的产生渐渐起主要作用。

阶段三：怕生。怕生，是对陌生刺激物的害怕反应。怕生与依恋情绪同

① 沈德立，白学军：《实验儿童心理学》，安徽教育出版社，2004年7月版，第423页。

时产生，随着儿童认知的分化、表征能力和客体永久性能力的发展，儿童能较好地分辨陌生的人与熟悉的人。一般在6个月左右出现。这时儿童对陌生人表现出害怕，即当陌生人接近他们时，会特别警觉并拒绝他们接近自己。在该阶段，儿童不仅对陌生的人害怕，而且对陌生的、样子古怪的东西或没有经历过的事情等都害怕。因而，害怕与缺乏安全感相联系，会影响到儿童安全感的减少与增大。

阶段四：预测性害怕。1.5～2岁之后，儿童会随着其想象力和预测、推理能力的发展，开始出现对黑暗、动物等的害怕，此外，成人等施加给儿童的压力也会造成他们的害怕。因而预测性害怕往往与家长的不良教育有关。

随着儿童年龄的增加，害怕的对象也会发生变化。和个人安全有关的因素会逐渐淡化，而和社会关系有关的害怕明显增加，如害怕别人的嘲笑和轻蔑等。

三、学前儿童情绪发展的一般趋势

学前儿童情绪的发展趋势主要有三个方面：社会化、丰富和深刻化、自我调节化。①

（一）情绪的社会化

儿童最初出现的情绪反应是与生理需要相联系的。以后，情绪逐渐分化和发展，与脑的成熟和肌肉运动的分化有密切关系。同时与社会性需要和社会性适应有关系。

学前儿童情绪社会化的趋势表现在以下方面：

1. 情绪中社会性交往的成分不断增加

学前儿童的情绪活动中，涉及社会性交往的内容，随年龄增长而增加。研究表明，3岁儿童比1.5岁儿童微笑的总次数有所增加。其中，儿童自己由于玩得高兴而笑起来的情况，即对自己的微笑，在1岁时占的比例较大，而3岁时很小。换句话说，非社会性的微笑逐渐减少，而社交微笑则大为增加。

2. 引起情绪反应的社会性动因不断增加

学前儿童的情绪反应，主要是和他的基本生活需要是否得到满足相联系的。例如，温暖的环境、吃饱、睡足、尿布干净、身体舒适等等，都常常是引起愉快情绪的动因。婴儿喜欢被人抱。抱，使他身体舒适，是对他的生理

---

① 陈帼眉：《学前心理学》，北京师范大学出版社，2000年6月版，第269～279页。

需要的一种满足。抱，又使婴儿直接和成人接触，因而也是对他的社会性需要的满足。当婴儿饥饿时，成人把他抱起来，也能使他安静一会儿，这是满足了他的社会性需要的表现。这些都说明情绪虽然具有先天的性质，但是从儿童出生后已逐渐带有社会性。

1～3 岁儿童情绪反应的动因，除与满足生理需要有关的事物外，还有大量与社会性需要有关的事物。例如，该年龄儿童有独立行走的需要，如果父母的要求和儿童自己的需要不一致，就会出现矛盾。解决矛盾的方式常常引起不同的情绪反应。例如，被允许在一定范围内自由行走，会感到愉快，否则就不愉快。

3～4 岁儿童，仍然喜欢身体接触。例如，刚刚进入幼儿园的儿童，很愿意教师牵着他的手，甚至喜欢搂着教师，让教师摸一摸、亲一亲。小班教师在活动中摸摸儿童的头，拍拍他的肩膀，儿童就感到满足。这些事例表明，3～4 岁儿童情绪的动因是处于以主要为满足生理需要向主要为满足社会性需要过渡的阶段。在整个学前期，儿童社会性情绪不断发展，逐步出现道德感、美感等高级情感。

3. 情绪表达的社会化

表情是情绪的外部表现。有的表情是生物学性质的本能表现。儿童在成长过程中逐渐掌握周围人们的表情手段。情绪表达方式包括面部表情、肢体语言（手势和动作）以及语言表现。

掌握社会性表情手段有赖于区别面部表情的能力。而区别面部表情的能力是社会性认知的重要标志。表情所提供的信息，对儿童和成人交往的发展与社会性行为的发展起着特别重要的作用。

近 1 岁的儿童已经能够笼统地辨别成人的表情。比如对他做笑脸，他会笑。如果接着立即对他拉长脸，作出严厉的表情，儿童会马上哭起来。从 2 岁开始，儿童已经能够用表情手段去影响别人，并学会在不同场合下用不同方式表达同一种情绪。进入幼儿园，儿童常常对成人的表情非常敏感，他们能够觉察家长或教师的脸色、面部表情或轻微的手势和表情动作。

（二）情绪的丰富和深刻化

所谓情绪的日益丰富，可以说包括两种含义。其一，情绪过程越来越分化。其二是情绪所指向的事物不断增加。有些先前不引起儿童体验的事物，随着年龄的增长，引起了情感体验。例如，2～3 岁年幼的儿童，不太在意小朋友是否和他共玩，而对3～6岁的儿童，小朋友的孤立、不和他玩，以及成人的不理会，特别是误会、不公正对待、批评等，会使他非常伤心。

所谓情感的深刻化是指指向事物性质的变化，从指向事物的表面到指向事物更内在的特点。例如，年幼儿童对父母的依恋，主要是因为父母是满足他的基本生活需要的来源，而年长儿童则已包含对父母的尊重和爱戴等内容。

学前儿童情感的深刻化，与其认知发展水平有关。根据与认知过程的联系，情绪的发展可以分为若干种水平。

1. 与感知觉相联系的情绪

与生理性刺激联系的情绪多属此类。例如，出生头几个月，听到了刺耳尖声或身体突然失持，都会引起痛苦和恐惧。比如，2～6个月的婴儿，看见别人做鬼脸，作出微笑反应，即产生愉快的情绪；听到妈妈使用吸尘器的声音，他会产生害怕的情绪。

2. 与记忆相联系的情绪

3～4个月的婴儿看见陌生人表示友好的面孔，可以发出微笑。但是，7～8个月的婴儿，则可能出现惊奇或恐惧。这是因为前者的情绪尚未与记忆相联系，而后者则已有记忆的作用。没有被火烧灼过的儿童，对火不产生害怕情绪，被火烧灼过的儿童，则会产生害怕情绪。被打过针的儿童，都不喜欢穿白大褂的人，因为他们头脑中保留着这种人给他打针致痛的印象。这种记忆中的表象仍然在对情绪起作用。

3. 与想象相联系的情绪

2岁以后的儿童，会产生一些与想象相联系的情绪体验。如果成人对儿童说："你不好好睡觉，大灰狼就要来咬你!"儿童越想越害怕，这里恐惧情绪就是想象在起作用。有的儿童怕蛇，而他的经验里并没有受到过蛇的伤害，他是由于听成人讲述而产生了蛇咬人的想象情景，由此出现了恐惧情绪。

同情感也和记忆与想象有关。只有当儿童能够把自己记忆中的情绪表象和别人联系起来，想象到别人的体验，才会产生同情感。

4. 与思维相联系的情绪

5～6岁儿童理解到病菌能使人生病，从而害怕病菌；理解苍蝇能带病菌，于是讨厌苍蝇。这些惧怕、厌恶的情绪，是与思维相联系的情绪。

幽默感也是一种与思维发展相联系的情绪体验。3岁儿童看到鼻子很长的人、眼睛在头后面的娃娃都报之以微笑。这是儿童理解到"滑稽"状态即不正常状态而产生的情绪表现。儿童会开玩笑，即出现幽默感的萌芽，是和他开始能够分辨真假相联系的。

5．与自我意识相联系的情绪

随着儿童情绪的发展和成熟，他的情绪也更多地与记忆的经验、想象的后果（预料），以及对环境的认识评价等等复合因素相联系。幼儿晚期，这种性质的情绪逐渐增多。这种情绪的发生，更多地不决定于事物的客观性质，而决定于主观认知因素。

受到别人嘲笑而感到不愉快，对活动的成败感到自豪、焦虑、害羞或惭愧，以及对别人的怀疑和妒忌等等，都属于与自我意识相联系的情绪体验。这一类情绪，是典型的社会性情绪，是人际关系性质的情绪体验。

（三）情绪的自我调节化

从情绪的行进过程看，其发展趋势是越来越受自我意识的支配。随着年龄的增长，学前儿童对情绪过程的自我调节越来越强。这种发展趋势主要表现在三个方面：

1．情绪的冲动性逐渐减少

年幼儿童常常处于激动的情绪状态。在日常生活中，年幼儿童往往由于某种外来刺激的出现而非常兴奋，情绪冲动强烈。儿童的情绪冲动性还常常表现在他用过激的动作和行为表现自己的情绪。比如，儿童看到故事中的“坏人”，常常会把它抠掉。

随着儿童的大脑发育及语言的发展，情绪的冲动性逐渐减少。儿童对自己情绪的控制，起初是被动的，即在成人要求下，由于服从成人的指示而控制自己的情绪。到幼儿晚期，对情绪的自我调节能力才逐渐发展。成人经常不断的教育和要求，以及儿童所参加的集体活动和集体生活的要求，都有利于儿童逐渐养成控制自己情绪的能力，减少冲动性。

2．情绪的稳定性逐渐提高

婴幼儿的情绪是非常不稳定的，短暂的。随着年龄的增长，情绪的稳定性逐渐提高，但是，总的来说，儿童的情绪仍然是不稳定、易变化的。

婴幼儿的情绪不稳定，与其情绪情感具有情境性有关。婴幼儿的情绪常常被外界情境所支配，某种情绪往往随着某种情境的出现而产生，又随着情境的变化而消失。例如，新入园的儿童，看到妈妈离去时，会伤心地哭，但妈妈的身影消失后，经教师引导，很快就愉快地玩起来。如果妈妈从窗口再次出现，又会引起儿童的不愉快情绪。

婴幼儿情绪的不稳定还与情绪的受感染性有关。所谓受感染性是指情绪非常容易受周围人的情绪影响。新入托的一个儿童哭泣着找妈妈，会引起早已习惯了托儿所生活的其他儿童都哭起来。

幼儿晚期情绪比较稳定，情境性和受感染性逐渐减少，这时期儿童的情绪较少受一般人感染，但仍然容易受亲近的人如家长和教师的感染。因此，家长和教师在幼儿面前必须注意控制自己的不良情绪。

3. 情绪情感从外显到内隐

婴儿期和幼儿初期的儿童，不能意识到自己情绪的外部表现。他们的情绪完全表露于外，丝毫不加以控制和掩饰。随着语言和儿童心理活动有意性的发展，儿童逐渐能够调节自己的情绪及其外部表现。

姚端维等人在 2004 年采用测验法和问卷法，考察了 150 名 3～5 岁儿童情绪能力的年龄特征、发展趋势和性别差异。结果表明：（1）3～4 岁儿童的情绪理解能力有显著变化，3 岁是获得情绪理解能力的一个关键期，4 岁儿童已基本上获得了该能力。对积极情绪的理解要高于对消极情绪的理解，女孩推测他人情绪状态的能力高于同龄男孩。（2）儿童能够运用多种策略来应对同伴之间的冲突情境，使用频率最高的策略是建构性策略，其次是回避和情绪释放策略，最后是破坏性策略。随着年龄的增长，儿童所采用的情绪调节策略依次是：3 岁组儿童更倾向于使用情绪释放策略，4 岁组儿童较多使用建构性策略，5 岁组儿童更喜欢使用回避策略。（3）儿童的情绪观点采择能力能够预测情绪调节的发展。①

一般来说，儿童调节情绪的外部表现的能力的发展比调节情绪本身的能力发展得早。往往有这种情况，儿童开始产生某种情绪体验时，自己还没有意识到，直到情绪过程已在进行时，才意识到它。这时儿童才记起对情绪及其表现应有的要求，才去控制自己。幼儿晚期，能较多地调节自己情绪的外部表现。但其控制自己的情绪表现还常常受周围情境的左右。

婴幼儿情绪外显的特点有利于成人及时了解儿童的情绪，给予正确的引导和帮助。但是，控制调节自己的情绪表现以至情绪本身，是社会交往的需要，主要依赖于正确的培养。同时，由于幼儿晚期情绪已经开始有内隐性，

---

① 姚端维、陈英和、赵延芹：《3～5 岁儿童情绪能力的年龄特征、发展趋势和性别差异的研究》，《心理发展与教育》，2004 年第 2 期，第 12～16 页。

要求成人细心观察和了解其内心的情绪体验。

第二节 学前儿童情感的发展

随着年龄的增加、活动范围的扩大，学前儿童情绪不断分化，逐渐产生了与社会需要相联系的一些情感，如同情心、自豪感、羞耻心等等。这些情感的形成与发展对儿童个性与社会性的形成与发展发挥了重要作用。

一、学前儿童情感发展的特点

（一）情感复杂化

1. 体验层次的增加。情感体验层次有所增加表现在儿童对同一种情感体验能根据不同的对象表现出程度的深浅。例如，就爱的情感来说，儿童对父母表现出亲爱，对教师表现出敬爱，对其他亲人表现出热爱，对小朋友表现出喜爱。这些爱表现出不同的层次。

2. 涉及范围的扩大。随着儿童认识能力的发展和语言表达能力的增强，其社会性需要大大增加，情感涉及的范围逐渐扩大，内容也日益丰富。他们不仅对食物、玩具感兴趣，也会对动画片、电影感兴趣；他们不仅喜欢角色游戏，也开始热衷于富有创造性的智力游戏。

3. 指向对象的改变。年幼儿童在活动时往往并没有明确地意识到活动的目的和结果，他们只是对活动过程的本身感兴趣。但到了一定年龄，儿童不仅对自己活动的过程产生情绪体验，而且开始对活动结果产生情绪体验。因此，他们常常会不厌其烦地重复同一个动作和行为，尤其是大班的幼儿，更加明确地对活动的目的和结果发生兴趣，如果活动达到了目的，取得了结果，他们就为成功而感到高兴。如果他们的活动遇到了困难，受到了阻挠甚至被破坏，达不到预期的目的或得不到结果，他们就会沮丧、生气或发怒。

4. 表现形式的多样化。随着年龄的增长和教育的加强，儿童的情感表现形式逐渐多样化。他们的情感不仅表现在面部表情和体态动作上，也能表现在语言之中；不仅表现为当时的情绪反应，还能形成短暂的心境；不仅能外显，也开始具有初步的控制能力，不让情感外露，及时地调节自己的情绪状态。

（二）情感社会化

学前儿童情感社会化表现在情感在社会交往中所起的作用越来越大。儿童早期的情感反应大多与生理需要紧密相连，进入幼儿期，儿童与周围人们的社会交往增加，情感更多地在社会交往中表现出来，表情和动作便是其表达情感的有效手段。例如我们可以很容易地观察到，儿童在讲述一个故事时，总是一边讲述，一边做出表情和动作，尤其当语言表达发生困难时，儿童往往采用表情和动作来补充。不仅如此，在实际的交往中，儿童还能比较准确地领会别人表露的情感，并作出相应的反应。这种交往能力不仅反映出儿童认识能力的发展，也反映了他们的情感交往能力的提高。

（三）情感个别化

儿童的情感包括一系列基本的情绪体验，如快乐、痛苦、愤怒、惧怕、害羞、悲伤等等。但是，每一个儿童在活动中表现出来的情绪体验受主客观条件的影响，与他们各自的神经类型、经验特点以及具体的情境刺激有关。一种情感与某种具体的情景和特定的认识反复结合，便可以形成儿童情感的某种倾向性，这种倾向性更反映出儿童情感的个别化。

情感的个别化对儿童未来个性的形成起着极重要的作用。心理学家认为每个儿童早期的情感经历对日后的影响将是长期的。这种情况在一些特殊的环境中表现得尤为明显。例如，长期生活在情感剥夺环境中的儿童可能会变得抑郁、孤僻、冷漠或狂暴等。

情感的个别化也影响着儿童智力的发展。情感，作为儿童活动的动力因素，决定着他们对外界事物的动机和兴趣。如果一个儿童对活动充满了积极的情感，他就会具有旺盛的求知欲望、充分的活动兴趣，从而形成他探究环境的动机，并且努力去认识事物、解决问题。这样，他的智力也就不断地在与环境积极的互动中得到发展。相反，如果一个儿童情感冷漠，对周围事物缺乏足够的兴趣，那么，他就不会形成强烈的求知欲望和积极探索的动机，也就不会有积极的智力活动，他的智力发展就会受到抑制。

二、学前儿童的几种高级情感及表现

（一）道德感

道德感是由自己或别人的举止行为是否符合社会道德标准而引起的情感。形成道德感的过程比较复杂。3 岁前只有某些道德感的萌芽，3 岁后，道德感逐渐发展起来。儿童随着交往的发展，在家庭、学校、社会的教育下，逐渐掌握了一定的社会规范、道德标准，并把遵守社会规范、道德标准转化为自己的需要。当儿童自己或别人的行为、言论、思想符合他所掌握的社会标准时，儿童就会产生高兴、满足、自豪的体验；当儿童自己或别人的行为、言论、思想不符合他所掌握的社会标准时就会产生懊丧、羞耻、愤怒等体验。这种与一定的社会道德标准或社会评价相联系而产生的体验就是道德感。

幼儿初期儿童的道德感很肤浅、易变，往往是由成人的评价而引起，主要指向个别行为。幼儿中期儿童已经掌握了一些概括化的道德标准，会因为自己在行动中遵守了教师的要求而产生快感。他们不但关心自己的行为是否符合道德标准，而且开始关心别人的行为是否符合道德标准，由此产生相应的情绪。中班幼儿常常“告状”，就是由道德感所激发起来的一种行为。幼儿晚期儿童的道德感进一步发展和复杂化，他们对好与坏、好人和坏人有鲜明的不同情绪。在这个年龄，爱小朋友、爱集体等情绪已经有了一定的稳定性。

随着自我意识和人际关系意识的发展，学前儿童的自豪感、羞愧感和委屈感、友谊感和同情感以及妒忌的情感等，也都发展起来。例如，库尔齐茨卡娅（1986 年）对学前儿童的羞愧感的实验研究表明，3 岁前儿童具有接近羞愧感的、比较原始的情绪反应，出现于和陌生成人接近的场合。这种情绪主要是窘迫和难为情，是接近于害怕的反应。3 岁前儿童只是在成人直接指出他们的行为可羞时，才出现羞愧。幼儿期则能对自己的行为感到羞愧。这时的羞愧已经不含恐惧成分。随着年龄的增长，羞愧感的表现越来越多地依赖于和别人的交往。

（二）理智感

理智感是在认识客观事物的过程中所产生的情感体验。它是与人的求知欲、认识兴趣、解决问题的需要等满足与否相联系的。理智感是人类社会所特有的高级情感。

布鲁纳认为人类婴儿生来就有一种好奇的内驱力。巴甫洛夫认为儿童生来就有一种不学而能的探究力。儿童一出生就积极地向周围世界探索，他们能用手摸衣服，用眼睛寻视视野中的物体，看到熟悉的人和不熟悉的人就会用眼睛加以辨别，拿到东西就喜欢东敲西敲发出声音等，这些都是婴儿与认识事物相联系的情绪反应——好奇感。

随着儿童年龄的增长，活动能力的提高，认识活动的扩大，儿童越来越多地感受到认识的喜悦。三、四岁的儿童当他在成人的指导下用积木搭出一个小房子时，就会高兴地拍起手来，五、六岁的儿童会长时间地迷恋于一些创造性的活动，如用泥沙堆成高山、挖出地道等。这些认识活动不仅使儿童产生由活动成果带来的积极情感，如愉快、自豪、独立感，而且这种认识性情感又成为促使儿童进一步去完成新的、更为复杂的认识活动的强化物。

儿童的理智感有一种特殊的表现形式，即好奇好问。儿童特别喜欢问成人“这是什么”，因此有的心理学家把幼儿期称作疑问期。儿童求知欲的另一表现形式是与动作相联系的“破坏”行为。日常生活中许多在成人看来十分平凡的事情和东西，在儿童看来却感到新奇，他们要问，要动手拆。家长和教师应珍视儿童的这种探究热情，并创造条件解放儿童的双手，让他们从小就有动手的机会。

儿童被好奇心所驱使，对周围的一切事物都感兴趣，但是他们自己思索的并不多，常常轻信成人的回答，提出的问题也都是些极为表面的现象。进入学校后，由于知识面的扩大，学习责任感的产生，理智感也相应变化。儿童从对游戏活动和对事物表面的兴趣转入到从积极的思维活动中寻找乐趣。

（三）美感

美感是人对事物审美的体验，它是根据一定的美的评价而产生的。儿童对美的体验也有一个社会化过程。儿童从小喜好鲜艳悦目的东西，以及整齐清洁的环境。有的研究表明，新生儿已经倾向于注视端正的人脸，而不喜欢五官零乱颠倒的人脸，他们喜欢有图案的纸板多于纯灰色的纸板。幼儿初期儿童仍然主要是对颜色鲜明的东西、新的衣服鞋袜等等产生美感。他们自发地喜欢相貌漂亮的小朋友，从舞蹈等艺术作品中体验到美，而且对美的评价标准也日渐提高，从而促进了美感的发展。

本章思考题

1. 阐述布里奇斯的情绪分化理论。
2. 阐述学前儿童微笑和害怕情绪的发展。
3. 阐述学前儿童情绪社会化发展的趋势。
4. 阐述学前儿童情绪自我调节发展的趋势。
5. 阐述学前儿童情感发展的特点。

本章实践题

观察大班儿童道德感的表现，并分析其表现。

第十一章　学前儿童亲子依恋的发展

亲子依恋是人类最初始的也是影响最深远的一种情感，是人类适应环境并生存的一个重要方面。因为它不仅能提高儿童生存的可能性，而且能帮助儿童终生向更好的适应生存的方向发展。

第一节　亲子依恋概述

依恋对儿童整个心理的发展具有重大作用。儿童是否形成依恋以及依恋性质如何，直接影响到儿童的情绪情感、社会行为、性格特征和对人交往态度的形成。

一、依恋及其研究的发展阶段

20 世纪 60 年代，英国心理学家约翰·鲍尔比（John Bowlby）首次提出依恋是母—婴之间形成的一种亲密情感联结。学术界虽然没有对依恋涵义作出明确界定，但通常人们认为依恋是指儿童对其主要抚养者特别亲近而不愿离去的情感，是存在于儿童与其抚养者（主要是母亲）之间的一种强烈的持久的情感联系。依恋可以是儿童与看护者（主要是父母以及教师等）之间的关系，可以是儿童与同伴之间的关系，也可以是成人之间的情感联系，但儿童与看护者之间的依恋是主要形式。依恋是亲子关系稳固的标志，但并非所有的亲子关系都能满足依恋的需要，依恋关系也并非是亲子关系的全部，它区别于其他关系的一个首要特征就是依恋是有特定对象的，儿童在探索周围环境的过程中把这个特定的依恋对象当作“安全基地”，在受到威胁需要照顾和保护的时候，儿童就会寻求特定对象的支持。

依恋的研究最早是从 1969 年英国心理学家约翰·鲍尔比对孤儿院儿童的心理障碍的关注开始的。依恋研究的发展经历了三个阶段：第一个阶段以鲍尔比为代表。他发现，两次世界大战中失去父母、生活在孤儿院的儿童虽然在身体上得到了较好的照顾，却仍然表现出严重的心理障碍。后来，鲍尔比在《依恋与失落》一书里详细阐述了早期依恋理论，指出母婴分离的危害。鲍尔比认为依恋伴随整个童年期，直至成人。第二个阶段是从 20 世纪 70 年代中叶至 80 年代中叶。由于测量工具的发展，依恋的研究发展成为西方儿童社会化过程研究中最活跃的领域。这一时期的代表人物是美国心理学家玛丽·艾斯沃斯（Mary Ainsworth）。她用陌生情境法把婴儿的依恋类型划分为 A、B、C 三种（分别为：焦虑—回避型不安全依恋、安全型依恋、焦虑—反抗型不安全依恋）。后来梅恩（Main）和所罗门·阿希（Solomon E. Asch）在 1990 年提出了混乱型不安全依恋，也称作 D 型依恋，使婴儿的依恋类型划分扩展为 4 种。其中，A 型、C 型和 D 型依恋一起被看作不安全依恋。随后，陌生情景法被大量应用于其他国家。结果表明，虽然不同的历史文化下婴儿依恋类型的分布有着明显差异，但依恋以及依恋类型在所有文化背景下都是普遍存在的现象，而且无论哪个国家里属于安全型依恋关系的婴儿都占有绝对的优势。第三个阶段是从 20 世纪 80 年代后期至今，研究者们对依恋的心理机制进行了深入研究，如不同年龄儿童依恋的纵向研究，依恋与其他不同心理领域间的横向研究。近十年来，依恋研究在发展精神病理学领域再度活跃起来。

二、依恋的测量与类型

测量儿童依恋的主要方法有陌生情境法（strange situation procedure）和依恋研究的 Q 分类方法（Q-sort）。

（一）陌生情境法

美国心理学家玛丽·艾斯沃斯和她的同事推理认为，如果依恋发展完好，儿童应视母亲为安全保障并在此基础上在游戏室里探索。另外，当父母短时间离开时，儿童应表现出离别焦虑，陌生的成人来安慰他一定不及父母安慰有效。他们设计了 8 个情境（见表 11—1）。在这些情境中，观察儿童单独与母亲相处、单独与陌生人在一起、与母亲和陌生人共同相处，以及独自一人时的表现。由此将儿童对母亲的依恋划分为安全型依恋、回避型依恋和反抗型依恋三种依恋类型。

表 11－1　陌生情况的情境①

情景	事　　件	观察的依恋行为
1	实验者把儿童和母亲带进游戏室，然后离开	
2	母亲坐着看儿童玩玩具	母亲是安全保障
3	陌生人进入，坐下和母亲交谈	对不熟悉成人的反应
4	母亲离开，陌生人和儿童交流，如不安则安慰他	离别焦虑
5	母亲回来，和儿童打招呼，有必要的话安慰他。陌生人离开	重逢的反应
6	母亲离开房间	离别焦虑
7	陌生人进入房间安慰	接受陌生人抚慰的能力
8	母亲回来，和儿童打招呼，有必要的话安慰他，并再次激起儿童玩玩具的兴趣	重逢的反应

从这 8 个情境中，可以看出陌生情境法包括：（1）3 个主要的行为主体变量：母亲、儿童和陌生人；（2）2 种主要的人际关系变量：与母亲的相互作用和与陌生人的相互作用；（3）3 种焦虑源：陌生的物理情境、与养护者的分离和与陌生人的联系；（4）4 种主要情境：亲子分离、亲子团聚、陌生人在场、陌生人退场。其中亲子分离和亲子团聚是两个主要情境。陌生情境法使依恋的测定得以标准化，大大推进了有关依恋的研究。但它也存在局限：（1）陌生情境法的使用有一定的时间限制，最适用于 1～1.5 岁的儿童，只能测定特定人际关系中的具体行为特征，而不能测量依恋的长期稳定性；（2）陌生情境法低估了儿童自身的特点对亲子依恋关系的影响；（3）陌生情境法的实施受文化的影响。

艾斯沃斯和她的同事采用陌生情境法，长期观察了乌干达和美国家庭母子间的相互作用，将儿童的依恋划分为以下三种类型。

1. 安全型依恋（secure attachment）

这类儿童与母亲在一起时，能安逸地玩弄玩具，并不总是依偎在母亲身旁，只是偶尔需要靠近或接触母亲，更多地是用眼睛看母亲、对母亲微笑或与母亲有距离地交谈。母亲在场使儿童感到足够的安全，能在陌生的环境中进行积极的探索和操作，对陌生人的反应也比较积极。当母亲离开时，其操

① 〔美〕劳拉·E. 贝克著，吴颖等译：《儿童发展》，江苏教育出版社，2002 年 12 月版，第 586、587 页。

作、探索行为受到影响，儿童明显表现出苦恼、不安，想寻找母亲回来。当母亲回来时，儿童立即寻找与母亲的接触，并且很容易抚慰平静下来，继续去做游戏。这类依恋约占65%～70%。

2. 回避型依恋（avoidant attachment）

这类儿童对母亲在不在场都无所谓，母亲离开时，他们并不表示反抗，很少有紧张、不安的表现；当母亲回来时，也往往不予理会，表示忽略而不是高兴，自己玩自己的。有时也会欢迎母亲的回转，但只是非常短暂地接近一下就又走开了。因此，实际上这类儿童对母亲并未形成特别亲密的感情联接，所以，有人也把这类儿童称作“无依恋婴儿”。这类儿童约占20%。

3. 反抗型依恋（resistant attachment）

这类儿童每当母亲要离开前就显得很警惕，当母亲离开时表现得非常苦恼、极度反抗，任何一次短暂的分离都会引起大喊大叫。但是，当母亲回来时，其对母亲的态度又是矛盾的，既寻求与母亲的接触，但同时又反抗与母亲的接触。当母亲亲近他，比如抱他时，生气地拒绝、推开。但是要他重新回去做游戏似乎又不太容易，不时地朝母亲看。所以，这种类型又常常被称为“矛盾型依恋”。这类儿童约占10%～15%。

其中，安全性依恋为良好、积极的依恋，而回避型和反抗型依恋又称为不安全型依恋，是消极、不良的依恋。

（二）依恋研究的Q分类方法

依恋研究的Q分类方法最早是由斯特芬森（W. Stephenson）在1953年创始的，这种方法适合于研究1～5岁儿童的依恋类型。Q分类方法是一种应用很广泛的心理学研究方法，主要应用于人格特质的研究，属于一种自我评定测验的实施方式。

依恋的Q分类方法包括描述依恋行为的90个题目（如当母亲进入房间时，儿童会很开心地对母亲笑；当母亲走远时，儿童会跟上去），由观察者（父母或专家）对照这些题目与儿童实际行为的符合程度进行九级评分。根据儿童的得分确定儿童的依恋类型。研究发现，应用Q分类方法由专家观察所判定的儿童的依恋类型，与由陌生情境测验所得出的依恋类型一致程度很高。并且，如果对母亲进行有效的培训，那么她们作为Q分类方法的观察者所做出的反应与专家观察者的反应一致程度很高。

三、依恋对个体心理发展的影响

早期的安全型依恋不能确保在今后的生活中必然有良好的适应；早期的非安全型依恋也决不意味着今后的生活质量一定很差。但是我们决不能低估早期的安全型依恋对适应的重要性，因为有研究发现，那些在婴儿阶段属于安全型依恋但是在学前阶段适应不良的个体，在小学期间会比原本是非安全型依恋个体在社会技能和自信等方面有更理想的改变（Sroufe，Egeland & Kreutzer，1990 ）。研究表明在 12～18 个月建立了安全型依恋的儿童，2 岁时有更好的问题解决能力（Frankel & Bates，1990），能进行更复杂和创新性的象征游戏（Pipp，Easterbrooks & Harmon，1992），有更多的积极情感、较少的消极情感（Kochanska，2001），在同龄人中更具吸引力。

有这样一项最为广泛应用的纵向研究，艾伦·斯路夫（Alan Sroufe）和他的同事认为，婴儿期安全型依恋的学龄前儿童到 2 岁时在角色扮演游戏中表现更精确、更热情、更灵活，在解决问题时更有耐心。4 岁时，幼儿园的教师称赞他们自尊心强、社交能力强、善于合作、更自主、更受人欢迎、更有移情。相反，回避型依恋的同龄人则被看作孤僻的、不合群的；反抗型依恋的则是分裂的、交往困难的。11 岁时又做了研究，让这些人一同参加一个夏令营。夏令营顾问认为，婴儿时期安全型依恋的儿童和同龄人交往非常好，有亲密的朋友和良好的社交技能（Elicker，Englund & Sroufe，1992；Las-Arend & Sroufe，1978；F. Shuman，Elicker & Sroufe，1994）。

许多对安全型和非安全型依恋儿童的长期研究得到了类似的结论。埃维瑞特·沃特和他的同事（1979）首先测量了儿童在 15 个月时的依恋质量，然后在 3 岁半时观察他们在托儿所里的表现。15 个月时和母亲建立起了安全型依恋的儿童这时成为了幼儿园中的领导者：他们常常发起与同伴的游戏，对其他儿童的需求和情绪十分敏感，受到同伴的欢迎。观察者发现这些儿童好奇心强，喜欢学习，自主性也较高。与之相反，那些 15 个月时属于非安全型依恋的儿童这时在情感和社会性方面比较退缩，不怎么愿意与同伴一起玩，研究者还发现他们的好奇心不是很强，对学习不太感兴趣，对自己所追求的目标也没有很强的动力。对这些个体在 11～12 岁以及 15～16 岁时的追踪研究同样发现，比起非安全型依恋者，安全型依恋者有更强的社会技能、更好的同伴关系、更有可能获得亲密的朋友（Englund，et al.，2000；Elicker，

Englund & Sroufe，1992；Shulman，Elicker & Sroufe，1994）。最近对其他样本的研究也发现，曾经或现在与母亲属于非安全型依恋的青少年与属于安全型依恋的个体相比，与同伴的关系相对较差，朋友也相对较少，还有更多的偏差行为（如在学校里不遵守纪律）和其他心理病态症状（Allen，et al.，1998；Carlson，1998；DeMulder，et al.，2000；Schneider，Atkinson & Tardif，2001）。

但是，其他一些短期的纵向研究得出了相反的结论：安全型依恋的儿童未必比非安全型依恋的儿童发展得更好（Belsky & Cassidy，1994）。有一项长期的研究表明，1岁时的依恋安全并不能说明18岁时的心理调节能力（Luwis，1997）。

第二节　依恋的发展

依恋不是突然发生的，它存在着建立的前提及标志，并随着儿童年龄的增长而不断地发展。

一、依恋建立的前提[①]

依恋是儿童心理过程发展到一定阶段的产物，是儿童与其所处的社会环境相互作用的结果。依恋的发生与建立有着特定的标志，其前后相继的阶段发展过程也是儿童心理逐渐趋向成熟的过程。

（一）识别记忆

儿童对周围事物的认知有一个从未分化到分化的过程。当儿童能够把作为依恋对象的特定个体与其他人区分开来时，就有可能形成对特定个体的集中依恋。这种使知觉对象从知觉背景中分化出来的认知技能，就是儿童的识别记忆。儿童识别记忆产生的时间可以因感觉器官性质的不同而有所差异。随着儿童认知能力的发展，各种感觉器官的活动逐渐协调起来发挥作用，通过对多通道信息的收集、加工、鉴别，儿童能更准确、更生动、更完整地确认依恋对象。

---

① 王振宇：《学前儿童发展心理学》，人民教育出版社，2006年版，第203～205页。

（二）客体永久性与“人物永久性”

我们已经知道，在儿童认知发展中，获得客体永久性的概念是一个重大成就。正是这种认识能力使儿童在头脑中始终保持母亲的形象，我们称之为人物永久性。于是，当母亲离开儿童时，儿童才会寻找。客体永久性的认知能力，是儿童依恋形成的认知前提。

儿童的识别记忆和客体永久性的出现并非彼此孤立，两者具有发展上的相继性以及功能的相辅相成性。

二、依恋形成的标志[①]

英国心理学家谢弗（R. Schaffer）认为，依恋形成的标志需要符合以下三条原则。

（1）代表性，即反应依恋行为。这一行为表现不同于其他社会关系的本质规定性。

（2）稳定性，即在依恋一般应出现的时期内能保持相对稳定的存在。如儿童的行为今日出现，明日消失，则不具有稳定性。

（3）普遍性，即不因个体间的差异而影响该依恋现象的普遍存在。如在一般情况下某种行为甲具有，而乙在同期并不出现，那么这种标志就很难认为具有普遍性。

三、依恋的形成阶段

在儿童的早期发展过程中，依恋是在儿童与母亲的相互作用中逐渐建立的。鲍尔比认为依恋的发展分为四个阶段。

（一）无差别的社会反应阶段（0～3个月）

儿童开始探索周围环境，尤其是人，表现为倾听、追视、吸吮。婴儿对人的探索只能借助于哭泣、微笑和咿呀语等。一旦成人给予回应，或是留在儿童身边，或是抱起轻轻摇晃，都能使之高兴、兴奋，并且感到愉快、满足。这个时期的儿童对人反应的最大特点是不加区分的，没有差别，儿童对所有人的反应几乎都是一样的。同时，所有人对儿童的影响也是一样的。因为此时的儿童还未能实现对人际关系客体的分化，他们并不介意被陌生人抱起。

---

① 王振宇：《学前儿童发展心理学》，人民教育出版社，2006年版，第203～205页。

（二）有差别的社会反应阶段（3～6个月）

儿童继续探索环境，开始识别熟悉的人（如父母）与不熟悉的人的差别，也能区别一个熟悉的人与另一个熟悉的人。如儿童用不同的微笑和发声区别不同的人。对熟悉的人表现更敏感。他们在母亲面前表现出更多的微笑，咿呀学语、依偎、接近，而在其他熟悉的人面前这些反应就要相对少一些，若是面对陌生人这些反应则更少。但此时的儿童除了能从人群中找出母亲，仍然不会介意和父母分开。

（三）依恋形成的阶段（6个月至2.5岁）

从这时候起，儿童对母亲的存在尤其关注，特别愿意与母亲在一起，与母亲在一起就很高兴，而当母亲离开时则非常不安，表现出一种分离焦虑。同时，当陌生人出现时，儿童则会显得谨慎、恐惧、争执、哭泣、大喊大叫，表现出怯生、无所适从。不过，这时候的儿童已经明白，成人不在视野范围内，之后还会继续出现，所以他们以母亲为安全保障，在新环境中探寻、冒险，然后又回来寻求保护。

（四）修正目标的合作阶段（2.5岁以后）

随着认知水平和语言能力的提高，儿童的自我中心减少，能从母亲的角度看待问题。亲子之间形成了更为复杂的关系，具有“目标—矫正”的“伙伴关系”性质。儿童能认知并理解母亲的情感、需要、愿望，知道她爱自己，不会抛弃自己，他们已经理解父母离去的原因，也知道他们什么时候回来，这样的分离焦虑便降低了。这时的儿童会同父母协商，向成人提出要求，亲子之间的合作性加强，而不是跟在后面或拉住他们。

第三节 依恋的影响因素

早期安全的依恋关系不仅有利于儿童身心的健康发展以及社会化的顺利进行，而且直接影响个体成长过程中的人格完善。基于依恋对个体发展的重要意义，心理学家已经进行了大量的相关研究，从中发现了影响儿童依恋性质的诸多因素，主要有儿童的主要抚养者、儿童的特点、家庭及社会文化背景等方面。

一、依恋的客体—主要抚养者

艾斯沃斯对26对母亲和婴儿的相互作用进行了长时期的家庭观察提出了抚养假说：儿童的依恋风格在很大程度上取决于他所受到的抚养质量。此外，主要抚养者的某些人格特征（如应激水平）也会影响儿童的依恋类型。近期，随着成人依恋研究的深入，发现主要抚养者的依恋风格也会影响到儿童的依恋类型。

（一）抚养质量

艾斯沃斯（1979）认为，儿童依恋的质量在很大程度上有赖于他们所受到的关照。这种抚养假设认为，安全型依恋儿童的母亲从一开始就较为敏感和负责。格瑞泽娜·柯切斯佳（1998）认为抚养的质量（而非儿童的气质）准确预测了儿童和其母亲建立的依恋关系是否安全，积极负责的抚养方式和安全型依恋相联系。最近的一篇综述指出，能和自己的孩子形成安全依恋的母亲具有表11－2中列出的特点。所以，如果养护者对儿童有积极的态度，敏感地回应他们的需要，与他们建立了互动的同步性，为他们提供了很多愉快的刺激和情感支持，儿童就很可能会形成安全型依恋。

表11－2　促进安全型母子依恋的抚养方式①

特　征	描　述
敏　感	对儿童的信号能迅速正确地作出反应
积极态度	对儿童表现出积极的关心和爱
同步性	与儿童建立默契、双向的交往
共同性	在交往中儿童和母亲注意同一件事
支　持	对儿童的活动给予密切的注意和情感支持
刺　激	常常引导儿童的行为

至少有两种抚养方式有可能使儿童形成回避型依恋。艾斯沃斯和其他的研究者发现，许多回避型依恋儿童的母亲对自己的孩子缺乏耐心，对他们的信号反应不积极，也常对他们表现出消极感受，很少能从与子女的亲密接触中获得快乐。艾斯沃斯（1979）认为，这些刻板、自我中心的母亲有可能拒绝他们的子女。另一种情况是，回避型依恋儿童的父母过于热心，总是喋喋

① 〔美〕David R. Shaffer著，邹泓等译：《发展心理学——儿童与青少年》，中国轻工业出版社，2005年2月版，第419页。

不休，甚至在儿童感到厌倦时仍然提供过多的刺激（Belsky，et al.，1984；Isabella & Belsky，1991）。对这些不喜欢或者老是纠缠他们的父母，儿童自然习得了回避的处理方式。当反抗型依恋儿童在竭尽全力获得情感支持时，回避型依恋儿童却在学习逃避（Isabella，1993）。

（二）母爱缺失

一些研究人员对没有母亲抚养或者在其他条件（如公共福利机构）下抚养的儿童的依恋特征进行了研究。系列的研究表明，早期的母爱缺失会对儿童的社会能力、认知、语言的发展产生破坏性的影响，乃至到了成年，他们还往往表现出人格失调、人际关系破坏、犯罪、父母角色意识与能力较差等倾向或者特征。

美国实验及比较心理学家哈洛（Harlow，1958）进行的著名的“恒河猴实验”表明，与正常生长的同龄幼猴相比，在缺乏真实母亲养护的环境下成长起来的猴子缺少群体性行为、不合群，富于侵犯性，怯于探索环境，且不能适应未来的环境。对已建立依恋关系的母婴猴的隔离实验发现，母猴和婴猴在3个月隔离、重新团聚后，婴猴表现出更多的依附行为，探索行为减少，缺少反挫折耐受力与探险性。

研究者对母爱缺失的儿童进行了一系列的研究。研究发现，3个月到1岁的孤儿院的弃婴在与护士分离之前已表现出分离时的行为倾向，不断哭泣，对周围环境表现出回避与退缩，出现对外在刺激缺乏敏感回应和睡眠困难等特征。弗洛伊德·安娜（Freud，Anna）等人研究因历史原因而被一起封闭喂养三四年的一群儿童，发现这些儿童虽然在正常抚养环境中接受补偿治疗后能形成对抚养者正常的依恋，但其社会性发展仍存在着很大缺陷，表现在对同伴之间的隔离表现出极度的焦虑和烦恼，对成人充满恐惧、焦虑、怀疑和反抗，形成正常依恋后对成人有极强的占有欲，嫉妒同伴，情绪不稳定。亚罗（Yarrow）等人曾对永久收容所收留的年龄不同的儿童在10年后进行对比研究，得出结论：母婴依恋的缺失会损坏儿童心理的安全感，即使以后能形成新的依恋，也会表现出与对现实生活压力无关的焦虑或者失望。

（三）抚养者的心理特点

1. 应激能力

莫斯（Moss）等人研究发现，主要抚养者的应激水平与母婴交互作用模式有很大关系。当主要抚养者处在过强过久的应激状态下时，常常心境低落，抱怨猛增，以如此消极的态度与儿童交往，必然影响主要抚养者与子女间的互动过程。这种不良的交互作用模式会逐渐内化为儿童的依恋工作模式，从而形成不安全型依恋。因此，要培养儿童的安全型依恋，主要抚养者应提高在日常生活中的应激能力，保持良好的心态，积极有效地解决抚养儿童中出现的困难。

2. 父母的内在工作模式

一项对加拿大、德国、英国、荷兰和美国的调查说明了母亲的内在工作模式明显与婴儿期和童年早期的儿童的依恋有关（见表 11－3）。有主见的、安全的母亲就会有依恋安全感强的孩子；松散的母亲就会有依恋回避的孩子；过分干涉的母亲就会有依恋反抗的孩子；不果断的母亲就会有依恋混乱的孩子（Benoit & Parker，1994；Van Ijzendoorn，1995）。照料方式能解释这些联系。有主见的、安全的母亲对其孩子更热情、更敏感，更善于支持和鼓励孩子学习，控制他们。同样，她们的孩子也感情更丰富，与父母交往更和谐（Cohn，et al.，1992；Pederson，et al.，1998）。

表 11－3　母亲的内在工作模式和婴儿依恋安全感的关系①

母亲的内在工作模式	描　　述	婴儿依恋类型
有主见的、安全的	这些母亲客观地讨论她们童年时的经历，不管是积极的还是消极的，她们既没有把她们的父母理想化，又不对过去表示愤怒。她们的解释是前后一致的，可信的	安全的
松散的	这些母亲贬低了依恋关系的重要性。她们回忆不起具体的经历，却把自己的父母理想化。她们只是理智地回忆，并没有情绪	回避的
过分干预的	这些母亲满含感情地谈着她们儿时的经历，有时对父母表示愤怒。她们对儿时的依恋比较模糊，无法连贯地讨论	抗拒的
不果断的	这些母亲表现出和前三类不一样的特征。同时，当谈到所爱的人去世，或所经历的性侵犯的经历时，她们的解释是语无伦次的	紊乱的、混乱的

【注】参加实验的母婴组的 60%～70%的母亲内在工作模式与婴儿依恋类型的相应描述。

或许因为父亲和儿童相处的时间较短，在成人依恋访问中父亲提供的相关信息比母亲少（Van Ijzendoorn & Bakermans－Kranenburg，1996）。而父

① 〔美〕劳拉·E. 贝克著，吴颖等译：《儿童发展》，江苏教育出版社，2002 年 12 月版，第 594 页。

亲对婚姻、对家庭的态度直接关系他们对子女的态度。这就是说，工作模式为儿童—父亲的情绪联系提供了重要的基础（Cox，et al.，1992）。

但是我们不能假设父母儿时的经历对他们孩子的依恋质量有直接的影响，有很多因素对其产生影响。内在工作模式是一种重建记忆（reconstructed memories）影响，包括一生中所经历的关系、人格以及对现实生活的满意度。拥有不幸童年或经历的成人并不会注定成为不敏感的父母。而且父母看待自己儿童时代的方式，他们有能力将新的信息整合到他们的工作模式中，从消极事件的阴影中走出来，以理解的方式来回顾和宽恕他们的父辈，对他们如何抚养孩子的影响超过他们自己所亲历的被抚养。

二、依恋的主体——儿童的特点

依恋关系是由两个人共同建立的，儿童自然也会对父母—儿童情感纽带产生影响。杰罗姆·凯根（Jerome Kagan，1984，1989）认为，陌生情景测验只是在测量儿童的气质类型而非依恋质量。他的观点的根据在于他建立起安全、反抗和回避型依恋儿童的比例和托马斯、切斯划分出的容易、困难和迟缓的气质类型很接近（见表11－4）。卡根认为，气质属于困难型的儿童一般对活动常规的改变和新异刺激感到反感，所以在陌生情境测验中表现得很沮丧，并且无法很好地接受母亲的安抚，从而被划分为反抗型依恋。相反，一个友好随和的儿童则容易被划分为安全型依恋儿童；而那些害羞的、在陌生情境中表现得回避疏远的儿童则很可能被认为是回避型依恋儿童。凯根的气质假说认为，儿童而非养护者，是他们所形成的依恋类型的关键。也就是说，儿童表现出的依恋行为反映了他们的气质特点。

表 11－4 能被划分为典型的容易、困难和迟缓型儿童与其母亲建立的安全、抗拒和回避型依恋的比例①

气质类型	可划分类型儿童的比例（%）	依恋类型	1岁儿童的比例（%）
容　易	60	安　全	65
困　难	15	反　抗	10
迟　缓	23	回　避	20

① 〔美〕David R. Shaffer 著，邹泓等译：《发展心理学——儿童与青少年》，中国轻工业出版社，2005年2月版，第422页。

三、家庭及社会文化背景

（一）家庭婚姻质量

父母婚姻质量对子女依恋安全感具有直接和间接的影响。其一，婚姻质量通过影响母亲的依恋工作模型间接影响母亲对儿童的抚养质量；其二，婚姻质量直接关系到父母双方的心理状态和应激水平，进而影响父母和子女的互动过程；其三，不同水平的婚姻关系产生不同的家庭氛围，由此影响儿童依恋安全感的建立。父母婚姻质量越高，相互支持度越高，越是以积极的心态善待子女，其子女依恋安全感越高。一种美满的婚姻状态有利于父母共同参与和抚养孩子。

破裂的家庭，即由于父亲或母亲死亡、离婚、分居，或被父母抛弃，常会对儿童产生极为严重的影响。迈克尔森（Mickelson）等人研究发现，在童年时父母离婚或分居与儿童安全依恋负向相关，与不安全依恋正向相关。确切地说，是与反抗型依恋正向相关。这种差别表明，父母的分离给子女带来的不仅仅是冷漠、拒绝，重要的是儿童无法找到可以始终依靠和信任的人，充满矛盾和戒备心理。

（二）家庭情绪气氛

家庭情绪气氛由每位家庭成员（主要是父母）共同创造，温暖、互助、和谐或冷漠、疏远、拒绝，都对儿童的成长起着潜移默化的作用。父母对其子女温暖的照顾，并以合理的方式养育子女，其子女多形成安全型依恋风格。而父母如果存在行为与情绪问题，往往难以形成和谐温暖的家庭气氛，从而会使子女感到在需要时无法获得关爱，并因此认为人际关系是不可靠的，造成疏离感增强，产生回避型依恋风格。

家庭相对于周围人群的自尊状况也会影响儿童的依恋风格。家庭的自尊有两个相关因素：一个是家庭经济收入状况。在经济拮据的家庭中，儿童很少能够一致地依靠某个个体。因此，家庭经济困难与儿童的回避、焦虑正向相关。另一个因素是父母的受教育程度。这与儿童的焦虑负向相关。换句话说，随着父母教育水平的增加，儿童焦虑水平降低。

此外，在童年阶段，父母的自杀行为也会给儿童留下阴影，与不安全依恋有很大关系。

（三）社会文化背景

不同文化背景下的父母以不同的方式和孩子建立联系。研究表明，不同文化背景下的依恋类型的分布表现出文化差异。欧洲儿童回避型依恋分布较为普遍，日本儿童回避型依恋相对较少而反抗型依恋相对普遍。中非的阿卡猎人，父亲对孩子的照料时间比其他任何社会的父亲长。观察说明阿卡男子每天有一半以上的时间和孩子在一起。他们与孩子相伴的时间是其他非洲狩猎民族的5倍，因此，阿卡的孩子总是跟着父亲。

此外，文化还影响到评定依恋质量、性质和类型的方法、技术。因此，文化差异使参与者对陌生情境意义的认知与反应及实验的具体操作出现差异，势必影响到对依恋的客观评定。

第四节　依恋的主要理论简介

不同的心理学家对依恋的根源、实质以及内在的心理机制存在不同的看法，形成了精神分析理论、习性学理论等不同的依恋理论。这些理论的学习有助于我们深入地认识依恋的问题。

一、精神分析理论

精神分析理论把依恋看作早期儿童对能够满足其生理需要、提供快乐与舒适的父母形成的一种情感关系。虽然新精神分析学派较早期弗洛伊德主义者更强调人的社会存在性，但他们都强调儿童的生理因素在依恋建立和发展中的决定作用，都把喂养作为依恋形成的起源。

弗洛伊德认为，人心理的发展是受性本能的驱使与支配的。根据里比多投射的部位的不同以及由此导致的儿童需要的阶段性差异，他把儿童的成长过程分为一系列心理发展阶段。心理分析者认为婴儿出生后的头两年，嘴是满足本能需要的源泉。由于母亲为婴儿提供食物，于是母亲便成为与满足需要相连接的对象，也自然地成为依恋的对象。心理分析模式的一个关键概念是，依恋是由内部、直接的成熟过程所激起的自然现象，并以需要的满足为中介。

精神分析学派尤其是早期的依恋理论是建立在泛性论的基础之上的，具有强烈的生物决定论的倾向，存在局限性：过于强调儿童的生理需要满足意义，过分注重喂养与口腔经验在依恋形成中的决定性作用，而忽略了其他交往经验与抚养方式对于依恋形成的影响，割裂了儿童早期经验的完整性；把母亲在早期依恋关系中的地位与作用绝对化，而相应地贬低了其他人（如父亲）对儿童生活的影响，这并不符合儿童早期生活的实际，在现实中，儿童很早就能对个人建立依恋关系；过分强调了依恋的单向性，忽视了亲子间的相互影响与依恋的双向性；而且，精神分析学家们未能深入探讨影响依恋性质的父母的具体品质以及依恋形成的内在机制，显得过于笼统。但精神分析理论的贡献也不能抹杀。它在一定程度上揭示了依恋情感内涵，触及了依恋的本质；从需要的意义上讨论依恋的建立与发展，并以儿童需要的满足与否作为依恋确立、发展与转移的内在依据，具有重要的理论意义；把依恋的发生发展与特定阶段的任务并提，注重包括依恋在内的早期经验对于儿童未来发展的重要意义，对今天的有关研究与教育实践都有积极影响。此外，精神分析关于依恋的阶段性发展的思想也是难能可贵的。

二、习性学理论

以英国心理学家鲍尔比为代表的习性学理论是影响最大、综合性最强的一种理论系统。习性学家认为，依恋是物种普遍存在的现象，是一套对于种系的保护和生存的本能反应的结果。

习性学创立者之一的劳伦兹曾用“印刻”一词来描述小动物的依恋过程，即处于关键期的动物能形成对移动物体的依恋并产生跟随行为。习性学提出了一个基本假设：包括人类在内的所有生物，出生后都会表现出一些天生的有利于物种在进化过程中生存的行为倾向。

鲍尔比引用劳伦兹等人的研究，指出依恋的形成有着深刻的生物根源。人类婴儿对于抚养照料者的依恋是长期生物进化的结果，是基因所保留下来的人类进化和生存方式的信息，或者说人类在面对可能的威胁和意识到的危险时所采取的必然的、本能的反应方式。认为依恋是一套本能反应的结果。这些本能反应对于种系的保护和生存有着极为重要的意义。在远古时代，由于自然环境的恶劣尤其是食肉动物的威胁，客观上需要弱小的儿童与抚养者保持一种特定的亲近以保证自身的安全感，亲子间由此建立起相互寻求亲近的情感联系。儿童与父母保持本能的亲近，并运用哭、笑等行为信号表达自身的需要，而母亲也要对这些具有社会性的表达作出反应。由此可见，依恋的生物功能在于保护幼小的后代，而心理功能在于提供某种安全感。真正的依恋要在儿童生命的特定时期才能产生。鲍尔比认为，儿童的依恋是呈阶段性发展的，是其行为的组织性、目的性、适应性日益发展和成熟的过程。鲍尔比（1969）依据儿童行为的组织性、变通性与目的性发展的情况，把儿童依恋的产生与发展过程分为无差别的社会反应阶段、有差别的社会反应阶段、依恋形成的阶段、修正目标的合作阶段四个阶段。

儿童依恋的建立以认知发展的特点水平为基础，而其发展有与儿童从第二年开始逐步形成的“内部工作模式”（internal working model）紧密相连。鲍尔比（1980）认为，从第二年开始，儿童逐渐能够以符号的形式表征外部世界从而把客观世界符号化，这就使儿童能够在与特定的个体的交往经验基础上逐渐形成内部工作模式，即儿童对自我、重要他人（如父母或其他照看者）及自我与他人的人际关系的稳定的认知模式。这些内部工作模式是由儿童生活世界所有重要方面所构成，其中儿童的人际关系是其自我模型赖以形成的基础，因而是最重要的，而依恋关系在儿童的人际关系中有特别重要的意义。

习性学理论家把影响儿童依恋的客体选择的本能或生物因素置于至高无上的地位。儿童依恋特定个体的另一方面是对陌生人的谨慎或恐惧，即怯生。鲍尔比认为这是人类在进化过程中自然形成的一种机制，它与作为人体守恒机制之一的依恋系统对等存在，共同确保儿童适应由要求与养护者厮守、探索环境及躲避陌生人等行为动机所引起的紧张感。儿童就是运用这些控制系统避免可能的伤害，维护自身生存的。鲍尔比还强调了陌生谨慎赖以产生的认知前提。儿童第一年客体永久性的出现使儿童有可能把抚养者的核心表征与陌生人相比较以实现人的分化，而且内部工作模式开始建立，并受人体守恒系统调节控制，影响着儿童对信息的组织与对待。这都促进了儿童陌生谨慎的产生。

鲍尔比的依恋理论从人类进化与个体发展的意义上突出了依恋的情感内涵，这既是对精神分析理论的继承，又是对习性学理论本身的发展。它能够从认知等内部过程为依恋的情感特征提供更充分的解释，内部工作模式对于更好地理解儿童发展的内在机制有重要价值；能从整体意义上理解依恋的产生与发展，把依恋作为儿童整体发展的一部分，强调依恋与认知发展的紧密联系；整合了其他各派理论，兼顾了后天学习经验与先天的人体守恒机制的作用，较全面地论述了社会因素与生物因素对儿童依恋的综合影响；注重实验观察等现代研究方法与技术的运用，增强了其理论的科学性与影响力；对依恋发展阶段的划分奠定了今日依恋发展理论的基础；它还在总体上强调了亲子间依恋的双向性及儿童早期社会性表达的重要作用。所有这些都是难能可贵的。

习性学理论也存在着局限性。首先，其依恋理论是建立于习性学的基础之上的，因而高估了习性与生物本能的影响，过分强调了依恋生成的生物基础与进化起源，而相对贬低了人的社会性尤其是儿童的社会能力。在依恋的客体选择上，过分突出了母亲的地位，认为儿童有单恋倾向，甚至主张由一个人单独照看儿童，而反对多人照看。这既不符合儿童发展的实际，也不符合儿童教育与发展的规律。对于依恋选择的决定因素，习性学理论强调了亲子双方相互作用的数量的作用，而相应地对相互作用的质量不够重视；强调了亲子间身体联系的重要性，而相对忽略了相互反应尤其成人对儿童的反应的敏感性等行为品质的影响。另外，对于认知与情感之间的天然的生物联系也未能提供很好的解释（Cicchetti，1990）。

显然，无论精神分析理论还是稍后的习性学理论，都未能从根本上完美地解释和回答依恋的本质、依恋产生的根源及其影响因素、依恋发展的内在机制等一系列问题。精神分析理论与习性学理论虽然都在一定程度上触及儿童依恋的情感内涵，从不同角度对依恋的起源、依恋发展的基本进程进行了探讨，习性学的依恋理论显得尤为完整、系统，但习性学家过分注重依恋形成和发展的生物基础和进化根源，精神分析学家尤其早期弗洛伊德主义者则强调个体生物因素在依恋关系建立中的决定性地位，因而带有强烈的生物决定论的倾向；而且，他们对于依恋关系可能触及的范围的论述也有失偏颇。因此，如何客观地审视诸派观点，取各家之长，建构科学的依恋理论，仍然是当前儿童社会性发展研究的一个重要课题。

本章思考题

1. 谈谈你对依恋的认识。
2. 阐述测量婴儿依恋的主要方法。
3. 阐述鲍尔比关于依恋发展阶段的观点。

4. 论述影响依恋的因素。

5. 阐述习性学理论关于依恋的基本观点。

6. 结合自身经历谈谈依恋对个体心理发展的影响。

本章实践题

观察小班幼儿入园时分离焦虑的表现，并根据所学的理论知识制定有针对性的教育方案。

第十二章　儿童同伴关系的发展

随着儿童认知能力的增长，活动范围的扩大，他们与同伴交往的时间和机会越来越多。同伴关系在他们的生活中所占的地位越来越高，并对儿童个性、社会性发展起着日益重要的影响。

第一节　同伴关系概述

同伴关系，是指年龄相同或者相近的儿童之间的一种共同并相互协作的关系。同伴关系在儿童心理发展中具有其他人际关系无法替代的独特作用。

一、同伴关系的性质及其功能

（一）同伴关系的性质

儿童在成长过程中，主要与他人形成两种类型的关系——垂直关系和水平关系。

垂直关系就是指儿童与成人的关系，主要是与比自己有更多知识和更大权力的成人形成的关系。亲子关系和师生关系就是垂直关系。这种关系是非对称的、互补的，体现了成人和儿童之间的一种“权威—服从”的关系，在心理上、地位上是不对等的。儿童一般接受成人的命令，成人却很少去听从儿童的指令。儿童寻求帮助，成人提供帮助。垂直关系的主要功能是给儿童提供安全和保护，使他们能获得知识和技巧。

水平关系是指社会地位相当的个体之间的关系，儿童与同伴的关系就是水平关系。同伴，是指儿童与之相处的具有相同或相近社会认知能力的人。年龄相同或相近的儿童，在某种共同活动中体现出相互协作的关系，就构成了儿童的同伴关系。这种关系是平衡的、均等的，主要体现儿童和生理、心理方面处于相同地位的同伴之间的一种“平等—互惠”的关系。水平关系的功能是为了在平等的人那里学习到技巧。儿童从同伴那里学习到交往的技巧、分享的作用、对付成人的办法、合作与竞争的能力等。同伴关系在儿童社会化过程中产生重要作用。

（二）同伴关系的功能

同伴关系在儿童成长中具有多种功能，它不仅对儿童认知能力的发展、社会化、自我意识的发展、情感需要的满足等方面具有独特的作用，而且可以促进儿童心理理论的发展。

1. 同伴交往有助于儿童认知能力的发展

在同伴交往中，不同的儿童带着各自不同的生活经验和认知基础，他们在共同的活动中也会做出各不相同的具体表现。即使面对同样的玩具，也可能玩出不一样的花样。同伴交往可为儿童提供分享知识经验、相互模仿、学习的重要机会。他们在活动中不断地重新操作、组合玩具，从不同的角度去使用活动材料、建构物体。同时，同伴交往也为儿童提供了大量的同伴交流、直接教导、协商、讨论的机会，儿童常在一起探究物体的多种用途和问题的多种解决方式。这些都非常有利于儿童扩展知识、丰富认知，发展自己思考、操作、解决问题的能力。

2. 同伴交往有利于促进儿童社会化

社会化就是由自然人到社会人的转变过程，每个人必须经过社会化才能使外在于自己的社会行为规范、准则内化为自己的行为标准，这是社会交往的基础，并且社会化是人类特有的行为，是只有在人类社会中才能实现的。用弗洛伊德的话说，社会化就是个人学习控制天性的冲动，就是“把野兽关到笼子里”。报道所说的狼孩、猪孩等就是没有经过社会化的结果。皮亚杰认为，同伴关系中的合作与感情共鸣使儿童获得了关于社会的更广阔的认知视野。在儿童与同伴交往中出现的冲突将导致社会观点采择能力发展并促进社会交往技能的获得。他指出，非常年幼的儿童是自我中心的，他们不愿意意识到同伴的观点、意图、感情。然而随着游戏的开始，在平等互惠的同伴关系建立的同时，体验冲突、谈判或协商的机会亦随之出现。这种冲突和协商不论是指向物体还是不同的社会观点，在引发协调和平等互惠的观念中都起着重要作用。同伴交往使儿童意识到积极的、富有成效的社会交往是通过与伙伴的合作而获得的。没有与同伴平等交往的机会，儿童将不能学习有效的交往技能，不能获得控制攻击性行为所需要的能力，也不利于社会化的形成。

在哈洛的恒河猴实验中，一些自幼被隔离的幼猴产生许多病态行为。以后实验者让这些幼猴与比他们小的、正常的幼猴在一起生活，一段时期后，发现这些异常的猴子竟恢复了常态。这一方面说明早期剥夺刺激可以得到恢复，另一方面也说明了同伴的作用。此外，第二次世界大战中的一个实例也反映了同伴使儿童正常社会化的功能。当时，一批 6 个月大的儿童在集中营与父母分离，3 岁时他们被安排住进托儿所。这些儿童在托儿所里主要是与同伴生活在一起，长大后没有一个心身有缺陷，或有过失，都成为正常有为的成年人。这不能不说是同伴的力量使他们获得社会化。

3. 同伴交往有助于儿童自我意识的发展

同伴交往为儿童自我评价提供了有效的对照标准。心理学家詹姆斯在关于成人的自我的论著中，特别强调了社会关系的重要性。他相信，人们具有被自己所关注、被自己的同类所赞赏的本能倾向。在实际的交往中，儿童逐渐地认识到他人的特征以及自己在他人心目中的形象和地位，学会与他人共同参加活动，学会如何相互作用和如何处理与他人的矛盾，学会如何坚持自己的主张或放弃自己的意见。同伴的行为和活动就像一面镜子，为儿童提供自我评价的参照，使儿童能够通过对照更好地认识自己。在同伴互动的过程中，儿童确定了自己相对于同龄伙伴的角色和地位，并在平等的环境中认识到领导者与追随者的角色，这样可以帮助儿童去自我中心，从而有利于自我概念和人格的发展。

4. 同伴交往可以满足儿童情感的需要

归属和爱以及尊重的需要是人类的基本需要。儿童这种需要的满足更多地得从一般的同伴集体中获得。儿童在成长过程中会遇到无数的困惑与烦恼，比如在不熟悉或有威胁的环境中，或由于父母不在身边而无法得到抚慰时，他们会产生特别的焦虑和紧张。这时，儿童可以从同伴交往中得到宣泄、宽慰、同情和理解，他们相互帮助克服情绪上和心理上可能出现的问题，他们在感情上得到同伴的支持而产生安全感和责任感，从而获得良好的情感发展。

在一项名为同龄养育的特殊实验中，研究者将恒河猴幼体分群进行养育，并将其与母猴隔离，然后对幼猴的行为进行观察。当研究者让实验中的幼猴在亲密的同伴（幼猴养育过程中经常亲近的伙伴）、熟悉的同伴以及陌生的同伴之间进行选择时，发现幼猴与亲密的同伴在一起的时间最多。这里需要进一步说明的是，亲密的同伴在实验中扮演了安全感的提供者的角色，在减轻幼猴的不安全感上胜于其他伙伴（Higley，et al.，1992）。

5. 同伴交往可以促进儿童心理理论的发展

儿童心理理论（theory of mind）的研究已成为近 20 年来发展心理学的一

个研究热点。心理理论是指个体凭借一定的知识系统对他人的心理状态进行推测，并据此对他人的行为做出因果性的预测和解释的能力。布朗（Brown）等人的研究表明，同伴交往可以促进儿童心理理论的发展。他们认为，在与同伴交往过程中，合作的过程提供了一种理解他人心理状态的突出环境，从而有利于个体心理理论的发展。休斯（Hughes）和邓（Dunn）从同伴交往过程中心理状态指示词的使用频率角度入手，探讨同伴交谈与儿童心理理论之间的关系。研究结果表明，在与同伴交谈中频繁使用心理状态指示词的儿童，不仅在当时的错误信念任务（错误信念是儿童心理理论的起源性研究内容，是最重要的研究角度之一）上表现得更好，而且即使在一年后，这种高水平的反应也依然存在。皮特森（Peterson）等人从友谊角度入手探讨二者之间的关系，研究结果表明，不管是哪一类型的儿童（如受欢迎的儿童或被拒绝的儿童），那些拥有稳定友谊关系的儿童在 TOM 任务（TOM 是心理理论的缩写，TOM 任务是指个体对他人心理状态、他人行为与其心理状态的关系的推理或认知，个体借此可监控自己的情绪和行为，判断、解释和预测他人的行为）上的表现往往要好于同类型中其他友谊关系差的儿童。这些研究都表明同伴交往作为一种重要的环境因素对儿童心理理论的发展产生影响。

二、研究同伴关系的方法

研究同伴关系的方法主要有两种：同伴提名法和同伴评定法。

（一）同伴提名法[①]

在一个社会群体中（如某幼儿园中的一个班），让儿童根据所给定的同学名单或照片进行限定提名，即让每个儿童说出自己最喜欢与最不喜欢的同伴。如“你最（不）喜欢和谁玩”，根据每个儿童所获得的正负提名的多少来对儿童的同伴关系特点进行分类。

这种方法可以测量同伴地位的一些重要差异，但是方法本身又存在一些局限性：在测量过程中，有些儿童忽然忘记了最喜欢谁，这样获得的结果也就不准确了；而且这种测量不能给出关于那些处于最喜欢和最不喜欢之间——处于中间段的儿童的信息（Durkin，1977）。

---

① 桑标：《当代儿童发展心理学》，上海教育出版社，2003 年 6 月版，第 385 页。

（二）同伴评定法[①]

要求儿童根据具体的量表对同伴群体内其他的全部成员逐一进行评定。如问儿童“你喜欢（不喜欢）和××玩?”可以让儿童选择很喜欢、喜欢、一般、不喜欢等几个级别。

这种方法比较可靠有效，而且利用此方法获得的结果与实际同伴交往情况以及同伴观察获得的数据之间有较高的相关性。但是这种方法可能涉及一些个人隐私等道德问题，即让被试评价自己身边的人，被试可能会感到不舒服。尤其是用于年龄比较大的被试时，需要特别谨慎。

三、同伴关系的类型

（一）考依等(Coieetal,et al.)根据同伴提名法将儿童分为五类[②]

1. 受同伴欢迎的儿童，受到同伴正向的提名较多。

2. 被拒斥的儿童，受到同伴的负向提名较多。这类儿童又可被分为被拒斥的攻击儿童和被拒斥的退缩儿童两类。

3. 矛盾的儿童，又称为有争议的儿童。被正向提名和负向提名都较多。

4. 被忽视的儿童，被正向提名和负向提名都很少的儿童。

5. 一般的儿童。在幼儿园和小学中，大约有三分之二的儿童可以被划分到上述四种典型的类型中，剩余的约三分之一的儿童则属于一般的儿童。

（二）庞丽娟对同伴关系类型的研究[③]

庞丽娟（1991）采用“同伴提名法”对4～6岁儿童同伴交往的类型进行研究。她把儿童的同伴交往类型分为受欢迎型、被拒绝型、被忽视型和一般型四种基本类型。她还对各种类型的基本特征作了比较详细的描述，为我们对各类儿童采取针对性的教育培养措施提供了主要的心理依据。

(1) 受欢迎型：喜欢与人交往，在交往中积极主动，并表现出友好、积极的交往行为，因而被大多数同伴所接纳、喜爱。他们在同伴中的地位较高，具有较强的影响力。

---

① 桑标：《当代儿童发展心理学》，上海教育出版社，2003年6月版，第385页。

② 桑标：《当代儿童发展心理学》，上海教育出版社，2003年6月版，第386页。

③ 周念丽、张春霞：《学前儿童发展心理学》，华东师范大学出版社，2004年3月版，第243～245页。

（2）被拒绝型：在交往中活跃、主动，但常常表现出不友好的交往方式，如强行加入其他小朋友的活动、抢夺玩具、大声喊叫、喜欢推打等等，由于他们的攻击性行为较多，友好行为较少，因此被多数儿童拒绝。

（3）被忽视型：不喜欢交往，常常独处或一人活动，在交往中表现得退缩或畏缩，他们对同伴既很少友好、合作行为，也很少不友好、侵犯性行为。因此，没有多少同伴喜欢他们，也没有多少同伴讨厌他们，这类儿童实际上是被多数同伴忽视和冷落的幼儿。

（4）一般型：这类儿童在与同伴交往中表现一般，既不特别主动、友好，也不特别不主动或不友好；同伴有的喜欢他们，有的不喜欢他们，他们既不为同伴所特别喜爱，也不为同伴所讨厌，因此在同伴心目中的地位一般。

上述四种同伴交往的类型，在学前儿童群体中的分布也不相同。根据庞丽娟的研究，受欢迎型幼儿约占13.33％，被拒绝型约占14.31％，被忽视型占19.41％，一般型占52.94％。

从发展的角度看，在4～6岁范围内，随着儿童年龄的增长，受欢迎的儿童人数呈增多趋势，而被拒绝儿童、被忽视儿童的人数呈减少趋势。研究还发现，在性别维度上，以上四种类型的分布表现得颇为有趣。在受欢迎的儿童中，女孩明显多于男孩；在被拒绝的儿童中，男孩则明显地多于女孩；而在被忽视的儿童中，女孩又多于男孩（男孩也占一定比例）。

研究者一致认为，在各种测验中，被测儿童的社会地位已经开始分化，大致分为四种情况：（1）社交明星，这一部分儿童的正提名得分较高，负提名得分较低，他们被同伴团体中大多数成员接受，被个别成员拒绝；（2）可接受者，这一部分儿童正提名得分比社交明星要少，但从提名偏向上看，他们明显是被积极接受的；（3）被忽视者，这一部分儿童无论是正提名得分还是负提名得分都很少，既不受人欢迎也不被人讨厌，是被同伴忽视的个体；（4）被拒绝者，这一部分儿童负提名得分较高，正提名得分较低，多是同伴团体中最不受欢迎的人，在测量社会接纳性时，这一部分儿童的得分最低。

上述研究结果值得引起我们注意。许多心理学家认为，被拒绝和被忽视的儿童，他们被同伴接受的程度都很低。这类儿童在与同伴交往中处于不利地位，很少得到同伴的接纳和喜爱，难以与同伴进行合作、交流，这对其社会性和整个心理的发展都十分不利。有研究者认为：被忽视没有被拒绝那么糟糕。被忽视儿童并不像被拒绝儿童那样感到孤独，他们很可能比被拒绝者更有条件逐步被同伴接纳，或者在进入一个新的班级或新的游戏团体时，成为社交明星。而被拒绝者比被忽视者更易在今后的生活中遇到严重的适应问题。所有的这些都应引起教育者的注意，因为在实际的生活中，这两类儿童不仅客观存在，而且具有相当的数量（据庞丽娟的研究，这两类儿童合计33.72%，占被调查儿童总数的三分之一）。

第二节　儿童同伴关系的发展

儿童与同伴的互动首先表现出一种量上的增加，这也是儿童与同伴之间关系最明显的变化。这一量的变化是质的变化的基础。

一、婴儿期（2岁之前）

儿童很早就对同伴发生兴趣。最初的行为是注视和触摸，这大约出现在婴儿3个月的时候。把婴儿成对地放在育婴箱里，他们在3～4个月大的时候就会出现观察和触摸对方的现象。在6个月的时候婴儿就会对同伴微笑，向同伴发出“呀呀”的声音。1岁时，婴儿就会以微笑、出声的笑和模仿彼此的动作来进行双向的交流（Vandell & Mueller，1995；Vandell，Wilson & Buchanan，1980）。1岁之前婴儿的行为大多是单向的社会行为，缺乏互惠性。

1岁以后，同伴间相互协调的互动行为出现的频率明显增加，其中最主要的形式是在游戏中的模仿行为，比如跳跃、追逐、摔玩具等行为。在2岁左右，儿童开始使用语言来影响和谈论同伴的行为。在一个短期的纵向研究中对12～24个月的婴儿作反复的观察（每次间隔4～6周）。该研究的情境十分自然，让婴儿和自己的母亲、几个小同伴以及几个陌生成人（小同伴的母亲）在一起游戏，还有几样玩具。在游戏开始、中间和结束三个段分别取5分钟活动的样本，观察记录他们社会交往的情况，如微笑、一瞥、看、伸出手臂、说话等，观察到了一些极为有趣的结果。这个年龄的儿童极大部分的社会反应非常简短，3/4的社会反应不超过30秒钟，大部分社会接触不是真正的相互作用，往往是一个儿童产生了某种社会反应，但从另一个儿童那里引出的反应至多是凝视或瞥一眼。在头两年里，这种社会相互作用的性质很少变化。这个年龄的儿童很少有真正相互作用的游戏，只是到第二年末才有所增加。

真正的社会相互作用，即一种社会行动可以引出另一个人的社会行动，最经常的表现就是争夺玩具或占有玩具。在第二年，儿童为争夺玩具打架、咬人、抓头发的现象增多。

伊克曼（Eckerman C. O.，1975）和同事曾一起研究了儿童愿意与同伴玩而不愿与父母玩的转变情况。她选择了10～12个月、16～18个月、22～24个月的婴儿三组，让婴儿与自己的母亲及另一对母子在游戏房玩，观察婴儿究竟喜欢跟谁玩。结果表明，年龄大一点的婴儿比起年龄小一点的婴儿在社会性游戏方面所花的时间更多。所谓社会性游戏是指儿童在用非社会性的物体进行活动时，还包括其他人如母亲、同伴进行的游戏。另外，随着年龄的增长，儿童更喜欢与同伴玩，没有一个人愿意与陌生成人玩。

虽然，同伴对婴儿来说是一种有趣的可以为其带来快乐的社会对象，但同时有研究者指出，婴儿在2岁之前出现的社会交往行为源于早期的亲子关系。最为重要的是依恋，即与父母建立的情感联结，尤其重要的是母子关系。同时，依恋关系对于同伴关系也发挥着重要的影响。婴儿通过与敏感、细心的护理人员之间的交流学会了怎样与他们最初的伙伴传递和理解情绪信号（Vandell & Mueller，1995）。婴儿与同伴最初的互动方式，是在与母亲早期所建立的互动方式的基础上发展起来的。同时，婴儿与母亲的依恋质量也是影响他们与同伴互动的一个重要因素。安全依恋的儿童，在与同伴互动的过程中，更容易表现出自如与大胆。即他们可以将成人作为一个安全的基地，这个基地牢固了，儿童的行为自然就会更加随心所欲。

二、学前期（2～5岁）

2～5岁大的儿童同伴交往在数量和质量上都发生了很大的变化。在20世纪早期，米尔德雷德·帕特（1932）在幼儿园里对儿童进行的一项观察发现，儿童的合作—互动游戏会随着年龄的增长而增加。这一时期的儿童，随着运动能力和交流技能的发展，儿童的社会领域比婴儿期扩大了许多。儿童已经能够更好地表达自己的想法，理解他人的想法，并可以对不同的社会对象采取不同的行为，从而形成不同的同伴关系。

2岁以后，儿童与同伴的交往主要是游戏。游戏是儿童与同伴互动的主要方式，在儿童生活中有重要的地位。在游戏活动中，儿童实际上是通过社会角色的扮演来学习人际之间的交往，游戏角色的分配和游戏材料的使用，常常需要儿童学会调节，而这种协调能力正是在与同伴的交往中逐步学会的。从在对学前儿童同伴关系的研究中，许多研究者都将注意力集中于儿童的游戏。帕特（Mildred Parten，1932）通过长期对学前儿童的观察，发现幼儿期的游戏经历了三个发展步骤，这三个步骤又可以称为三种游戏类型。

第一阶段：非社会化的活动阶段。这一阶段的主要行为包括旁观他人游戏、单独游戏（自己一个人玩，根本不关注别人做什么）等。

第二阶段：平行游戏阶段。在其他儿童附近，用相近的方式来进行游戏，但他们并不试图去影响对方，彼此之间也没有真正的互动或合作。这是一种有限的社会活动。

第三阶段：联合游戏和合作游戏阶段。这一时期，儿童开始参与两类真正的社会互动—联合游戏和合作游戏。联合游戏，指的是儿童在一起玩同样的游戏，但彼此之间没有明确的分工或没有一个共同的目的。他们的互动行为主要是交换玩具和评价同伴的行为。合作游戏的特征是，儿童为了共同的目标而组织起来，各游戏者的行为服从于共同的团体目标。

这三个阶段是随着儿童年龄的增长而依次出现的，但并不意味着后者的发展要替代前者。在学前期，这三个阶段的游戏行为是共存的。虽然非社会性的行为随着儿童的年龄增加而递减，但是对于3～4岁的儿童来说，这仍是他们最常见的活动方式。甚至于在幼儿园，这种行为也占据了幼儿自由活动时间的三分之一。同样，尽管3岁的儿童出现了更高社会化水平的游戏行为，但是单独游戏和平行游戏仍然占据着重要地位。最近一项纵向研究发现，儿童在发展过程中的确会依次出现帕特所提到的几种游戏模式，但随后的儿童发展并不会出现由一种游戏模式取代另一种游戏模式的现象（Howes & Matheson，1992）。相反，各种模式的游戏在学龄前儿童的发展过程中是并存的（见表12－1）。

表12－1　儿童社会游戏模式的变化（3～6岁）①

游戏类型	3～4岁（%）	5～6岁（%）
非社会行为	41	34
无参与者和旁观者的活动	19	14

① 〔美〕劳拉·E. 贝克著，吴颖等译：《儿童发展》，江苏教育出版社，2002年12月版，第837页。

续表

游戏类型	3～4岁（%）	5～6岁（%）
独自游戏	22	20
平行游戏	22	23
合作游戏	37	43

有的研究者依据游戏所需要的认知努力，将幼儿的游戏行为分为四类。

（1）功能性游戏：简单的重复性地操作物体或不操作物体的肌肉运动。如摇拨浪鼓、跳跃类游戏。

（2）构造性游戏（或称创造性游戏）：带有一定目的，为了制作某个东西而操纵物体的游戏。如积木游戏、剪纸、画画。

（3）假装游戏（或称象征性游戏）：使用某一物体或某人来代替真实的不在身边的对象。如过家家、将一排凳子当作火车、警察和小偷等游戏。

（4）规则性游戏：按照事先制定的规则和限制的游戏，如棋类游戏。

可以看出，从简单的功能性的动作游戏到规则性游戏，儿童认知的复杂性在逐渐增加。可以想象，不同年龄儿童主导的游戏类型是不同的。年龄越大，主导游戏的认知复杂性就越高。功能性游戏主要出现于婴幼儿时期，并在这一时期占据主导地位；规则性游戏要到儿童入小学或将入小学的时期才可能出现；而假装游戏在学前儿童中则具有特殊的吸引力，居于主导地位。研究表明，假装游戏的复杂性和出现的频率在学前儿童中随着年龄的增加而增加。研究也发现，假装游戏对于儿童的认知发展和同伴关系的发展具有重要的意义。

三、儿童后期和青少年期

儿童进入小学后，他们接触的同伴在数量上和广泛性上都有了很大的拓展。儿童通过与更大范围的同龄人的比较，他们将会逐渐意识到别人观点与自己会有差异。反过来，学会接纳别人的观点又有助于同龄人之间的沟通。同伴互动的增加，导致儿童认知能力的自然发展，并使儿童的观点采择（perspective-taking）或角色采择（role-taking）能力得到了飞速的提高。这个年龄阶段的儿童能够更为准确地理解他人的情绪体验和意图，并据此来进行交流。另外，当他们获得了理解补偿性角色意义的能力后，在中学阶段会学会如何参与有规则的游戏。

表 12－2 同伴关系发展里程碑①

年龄	同伴交往	同伴社会化
出生至 2 岁	在 1 岁前单独的社会活动增加并逐渐为协同的交往所取代	在这一时期的末期，同伴之间的强化和模仿十分普遍
2.5～6 岁	1. 在这一时期的开始阶段，儿童开始使用语言来影响同伴关系 2. 平行游戏开始出现并在 3～6 岁期间保持稳定，认知方面更为成熟 3. 合作游戏开始增加，尤其是社会角色扮演游戏 4. 格斗游戏开始出现	同龄人之间的强化和模仿增加
7～11 岁	1. 同龄人之间的交流技巧有所提高，包括理解和回应他人的情绪和意图 2. 对游戏伙伴的补偿性角色的理解能力有所提高，能够进行有规则的游戏 3. 同龄人之间的交往变得更为亲社会，侵犯行为（主要是身体上的）减少 4. 格斗游戏变得更为常见	由于儿童对社会规范的内化，同龄人之间的模仿开始减少
12～20 岁	1. 同龄人之间的交往变得更加合作，格斗游戏逐渐减少 2. 同龄人之间有更多的时间共同度过	同龄人之间的从众压力持续增加，之后逐渐降低

【注】此里程碑仅表示儿童随年龄增长，同伴关系发展的总体趋势。在每一个阶段都存在个体差异。

第三节 影响儿童同伴交往的因素

同伴关系在儿童的发展和社会适应中起着重要作用，本节从儿童自身的特点、外部环境等方面来探讨影响同伴交往的因素。

一、儿童自身的特点

（一）行为特征

行为特征是儿童社会能力的重要体现。儿童个体之所以交往成败不同、

① 〔美〕劳拉·E. 贝克著，吴颖等译：《儿童发展》，江苏教育出版社，2002 年 12 月版，第 860、861 页。

同伴地位各异，主要是因为这些儿童具有明显不同的行为特征。通过社会测量技术，可以发现儿童有着各自不同的行为表现（见表12—3）。

表12－3 受欢迎儿童、被拒斥儿童和被忽略儿童的行为特征①

受欢迎儿童	被拒斥儿童	被忽略儿童
积极的、快乐的性情	许多破坏行为	害羞
外表上吸引人	好争辩和反社会	攻击少，对他人的攻击退缩
有很多双向交往	极度活跃	反社会行为少
高水平的合作性游戏	说话过多	不敢自我表现
愿意分享	反复试图社会接近	很多单独活动
能坚持交往	合作游戏少，不愿分享	逃避双向交往，花较多时间和群体在一起
被认为是好领导	许多单独活动	
很少有攻击性	不适当的行为	

由上表可以看出，受欢迎儿童是因为他们具有外向的、友好的人格特征，他们擅长双向交往和群体交往，而且在活动中没有明显的攻击性行为。被拒斥的儿童在同伴交往中是比较笨拙和不明智的，经常表现出许多攻击性甚至是反社会行为。被忽视儿童在同伴交往中的行为是笨拙的，他们往往逃避双向交往，而将更多时间花在更多的群体中，但是，由于他们害羞，他们中大多数人都自己玩，很少见到他们表现自己或对他人显示攻击性行为。

李（Lee，1973）曾研究儿童不同行为特点对同伴交往的影响，研究发现受欢迎儿童是通过看着或接近其他儿童来发动社交的，当其他儿童发出社交信号时，他会作出积极的反应。而不受欢迎的儿童则在行为上表现很专断，他通过抓住别人或抢别人的玩具来发动交往，当其他儿童发出社交信号时，他对这些信号不加以理睬或以不恰当的方式作出反应。

（二）认知能力

儿童的社会认知能力与其社交地位有着密切的关系。在美国和中国台湾的一些学龄前儿童游戏研究中，研究者们对儿童在非社会活动、平行游戏和合作游戏中的认知发展作了分析，得到的结果见表12—4。研究表明，随着儿

① 张文新：《儿童社会性发展》，北京师范大学出版社，1999年8月版，第153页。

童年龄的增长和认知的发展，儿童游戏的复杂性和规则性逐步加强，合作性的要求也不断提高。

表 12－4　不同类型游戏中的认知发展①

游戏类型	最常见的年龄	定　义	举　例
功能性游戏	1～2 岁	有意识或无意识的简单、重复的机械运动	在房间里绕圈跑、把玩具汽车推来推去、玩泥巴
建设性游戏（即构造性游戏）	3～6 岁	制造或建造物体	用积木搭房子、画画、拼图
角色扮演游戏（即象征性游戏）	3～7 岁	演绎日常生活场景或想象的角色	演绎家庭、学校或警察局的场景，扮演神话或卡通片里的角色
有规则游戏	6～11 岁	在理解并遵循规则的前提下进行游戏	下棋、打牌、跳房子、打棒球

不同的社会认知能力在一定程度上决定了不同的社交地位，并且也支配着不同的社会技能。受欢迎儿童大都倾向于成为优秀的社会问题的处理者、有效的协调者和对他人的支持者；被拒斥的儿童对同伴表现了更多的敌意、批评，更容易活动过度和过分离群，而且有强烈的孤独感；被忽视的儿童更多地参加一些认知不成熟的游戏和进行更多的以自我为中心的言语行为。这些儿童在遇到具体的社交情境时，表现出了很大的差异：受欢迎的儿童很自信地提出参加活动的要求，主动开始与群体中其他人交流，体现了良好的社交能力；被拒斥的儿童则在群体附近徘徊，或者以一种破坏性的手段比如硬抢某东西强行加进去；而被忽视的儿童则干脆呆呆地站在一边观望。

（三）身体的吸引力

在婴儿时期，儿童就开始显示出对身体外部特征的偏好。兰洛伊斯（Langloris，1981）研究认为一般儿童更喜欢漂亮伙伴，认为不漂亮者不容易接近，这一特点在女孩子方面表现尤其突出。如 3 个月的婴儿对认为有吸引力的成人面孔注视的时间更长一些。12 个月的时候，婴儿对“漂亮”的成人会表现出更多的积极情感，更愿意和他们玩。研究发现，3～5 岁的儿童就能区分漂亮和不漂亮的儿童，并且他们对身体特点的判断基础与成人相同。

在儿童早期和中期，儿童会对体貌特征不同的同伴有不同的判断，总是

① 〔美〕劳拉·E. 贝克著，吴颖等译：《儿童发展》，江苏教育出版社，2002 年 12 月版，第 838 页。

将那些看起来身体相貌好的儿童与积极的内在品质联系起来。如让儿童看一些照片，让他们对陌生人的个性进行猜测，他们往往会将积极的品质，如友好、聪明，更多地给予那些看起来比较“漂亮”的人。为了研究这种预期与现实的符合程度，莱歌罗伊斯等人（Judith Langlois & Chris Downs，1979）对3～5岁的儿童进行了调查，结果发现：在5岁时，“漂亮”的儿童的确具有许多人所期望的优秀品质，而“不漂亮”的儿童则表现出更多的攻击性行为。这一结果虽然看似证明了人们的预期，但是事实却并不完全如此。“漂亮”与“不漂亮”的儿童所表现出的这种差异在2～3岁的时候并没有被观察到，只是到5岁的时候才显现。综合以前的论述，可以看出，这更可能是另一种形式的“皮格马利翁效应”，即儿童是按照别人对他的反应而反应的。

（四）生物情绪因素

艾森伯格（Eisenberg）等人认为，在管理情绪和情绪驱使行为上有困难的儿童更倾向于将问题外化（如攻击），而且这种倾向夸大了他们所经历的情绪强度。进一步研究发现，消极情绪较少的儿童不太倾向于把问题外化，并且儿童管理情绪的能力减少了消极情绪对外部行为的影响。现有研究已揭示出大脑活动的模式（左右半球活化作用的不对称性），此模式反映了儿童情绪体验的个别差异，反过来儿童的情感反应也符合其社交型或羞怯型的行为模式。另有研究显示，儿童以外的力量，如关系情境和关系联盟也会影响儿童管理情绪的程度。在面对同伴挑衅时，若挑衅者是一个自己喜欢的同伴而非不喜欢的同伴，年幼儿童更少生气并更多地控制对生气的表达。

二、外部环境

（一）父母的影响

父母对儿童的同伴关系有着重要影响，他们能够安排和控制儿童与同伴的游戏，能够传授和示范各种有效的社会交往技能。父母的影响主要体现在三个方面。其一，为儿童彼此间的接触提供便利的条件。有时同伴居住的地方相隔较远，或是被高层楼房包围着，他们的来往很少，这时父母就必须扮演“经纪人”的角色来为儿童安排一些社会活动，如在家里安排游戏活动，带着儿童到图书馆或游泳池去，或者送儿童进学前班，尽量让儿童多参加社会交往活动，为他们提供接触同龄人的机会（Parke，et al.，1994）。其二，通过提供建议和指导影响孩子的社会交往。父母如果对儿童使用的言语是积极而且礼貌的（像“请”“能不能……”之类的语言而不是“不要”“不，你不能……”），那么，他们的孩子表现出的攻击性行为就少得多，而且更容易获取影响同伴行为的能力。同时，父母对于儿童如何解决同伴交往中的问题的指导与学龄前儿童的社会交往能力、同龄人的接受程度也有密切关系（Laird，et al.，1994；Mize & Petti，1997）。其三，父母自身的不同风格对儿童社会化的影响。亲子之间游戏的身体接触的亲密程度对儿童早期的同伴关系有着密切的影响。相互之间的协作以及经常进行积极的情感交流能培养儿童良好的社会交往技能和同龄关系；而父母对儿童的高度控制、冲突不断、教养方式前后不一致以及消极的情感会导致儿童出现攻击行为、交往障碍以及孤独感（Barth & Parke，1993；Gottman，Katz & Hooven，1996；Harrist，et al.，1994；Mize & Pettit，1997）。

（二）早期亲子交往经验

早期亲子之间的依恋关系对今后同伴关系有预告和定性的作用。依恋理论的创始人约翰·鲍尔比认为儿童与母亲（或者代替母亲的其他监护人）之间建立的依恋关系将成为儿童与其他个体建立关系的内部工作模式，并决定儿童与其他个体之间的关系的特质。与母亲依恋关系安全性高的儿童，那么他与同伴也容易建立具有相同特质的依恋关系。所以，良好的亲子关系对儿童与同伴的社会交往能力有积极的影响。根据美国发展心理学家哈杜普（Hartup）的研究，父母在儿童的社会能力和性质积极的同伴关系发展中至少起到三个作用。第一，亲子交往是一种环境，在这个环境中许多社会交往所必需的能力得到了发展。第二，亲子关系构建了一个安全网络，使得儿童可以自由地研究社会宇宙，从而提高了社会能力的发展。第三，正是在亲子关系中，儿童开始发展跟他人主动交往和建立关系的预期和推断。

（三）教师的影响

一个儿童在教师心目中的地位如何，会间接地影响到同伴对这个儿童的评价。如果某个儿童经常受到教师的表扬，这一儿童在集体中社会的地位就会无形中提高；如果某个儿童经常受到批评，则他在集体中的地位就会无形中降低。米勒等人回顾了几项相关研究发现，教师对一个儿童的认可程度会通过一种复杂的方式影响着其他儿童对这个儿童的接纳性。社会心理学家认为，在同伴群体中的评价标准出现之前，教师是影响儿童最有力的人物。教师对儿童行为问题的处理方式、对儿童的信任程度都会影响儿童在同伴中的社会地位和受欢迎的程度。因此，作为教师，在教育过程中必须注意自己的言行对儿童的影响。

（四）玩具及电视

玩具在儿童的生活中扮演着重要角色。玩具的数量是影响儿童伙伴关系的主要因素之一。一旦儿童的活动空间过小或者没有足够数量的玩具，打架和吵嘴的现象就会更容易发生（Smith & Connolly，1980）。儿童同伴行为的类型也会因所提供的玩具而异。艺术、建筑类的玩具，积木和拼图游戏，往往和独立游戏以及平行游戏有关；开放性的、非构造类的玩具与合作性游戏有关（Farver，Kim & Lee，1995）。

儿童喜欢看电视，无论在哪个国家，几乎都是一个普遍的现象。虽然电视节目大受欢迎，但我们仍然有必要来关注电视对儿童的影响。较长时间看电视，使得儿童的活动范围变小了，与周围客体交互作用的机会减少了，这种单向的灌输形式，一定程度上阻碍了儿童的思维活动，并且容易形成刻板的、模式化的行为方式。同时，越来越多的研究表明，观看暴力电视节目与青少年的反社会行为有关。在一项特殊的研究中，研究者对加拿大一个小镇上的居民进行了研究。这个小镇的居民以前没有收看过电视节目，研究者让他们连续两年收看电视节目，然后和以前的情况进行比较。结果发现，学龄前阶段的儿童在看电视节目两年以后表现出了阅读能力和创造思维能力的衰退，而其性别意识以及游戏中语言和身体上的攻击现象则有所上升。此外，由于收看电视节目，青少年参加社区活动的时间急剧下降。

1999 年美国儿科学会通过一项指导性意见，认为 2 岁以下的儿童不应该看电视，而任何儿童的房间里都不应该放有电视机。该学会公共教育委员会成员希博士认为："也许这条意见的措辞还应该再强烈一些，最好让儿童最大限度地自由活动，最大限度地相互游戏以及最大限度地和父母面对面交流。"

（五）游戏活动

游戏是儿童最初的社会实践活动，对儿童身心的发展起到促进的作用。游戏对儿童同伴交往的影响主要表现在以下几个方面。

1. 游戏的材料和场地

游戏的开展总是需要一定数量和各种各样的游戏材料。儿童在游戏中最初的交往活动往往是从使用材料开始的。比如，在游戏中，儿童经常要就游戏材料的使用方法进行交流；当很多人都想使用同一种游戏材料时，儿童彼此之间又必须进行协商；当游戏缺少某种材料时，儿童又要共同讨论寻找替代物的问题。游戏场地为儿童游戏中的交往提供了一定的空间，但场地过分狭窄或太大都不利于游戏中儿童的交往活动。

因此，在日常生活中，教师要注意为儿童创造、提供一定数量的有利于儿童开展合作、轮流、分享活动的大型玩具；当游戏材料是大型玩具时，教师应多鼓励、引导幼儿进行分享、交流，以有效地促进儿童积极交往行为的发生。

2. 游戏角色和情节

游戏中角色的准确定位以及儿童对角色的理解是游戏交往活动的前提。游戏中，角色的执行是通过游戏情节的展开而完成的，因此，游戏活动中，儿童的同伴交往离不开游戏情节的发展。游戏情节丰富多彩，游戏中儿童的交往内容和形式就会丰富、多彩。反之，如果儿童想象力不丰富，游戏情节总是简单、重复地操作着游戏材料，那么，儿童游戏中的交往就显得内容枯燥、形式单调。

3. 游戏的语言

言语是个体借助语言进行交际的过程，是儿童进行游戏构思的基本手段之一。游戏中同伴交往也要借助语言进行。比如，游戏前，儿童要通过言语商讨游戏的主题，分配游戏的角色；游戏中，角色的执行、情节的发展、同伴之间的交往，都离不开言语的活动。因此，儿童的言语能力直接影响游戏中儿童同伴交往的水平。

（六）文化价值观

文化价值观对儿童的同伴间协调交流的质和量都有影响。儿童交往以及游戏等行为是以社会文化为背景的。不同文化对于儿童游戏重要性的认识也将影响儿童合作行为的质和量。有的人仅仅将游戏视为娱乐，而有的人则重视游戏中的认知和教育价值。前者比起后者来就缺乏对游戏的支持和鼓励（Farver & Wimbarti，1995a，1995b）。在美国，韩国裔的父母比起白人父母就更看重儿童的学习成绩，将其视为评价儿童成功与否的重要指标，他们的孩子在幼年就很少玩“过家家”一类的游戏，相反，更多的时间是花在单独的游戏和平行游戏上。这种文化观念中对个性和自我价值的忽视，或许是促使美籍韩裔儿童很少参加社会性游戏的原因之一（Farver，Kim & Lee，1995）。

本章思考题

1. 阐述研究儿童同伴关系的主要方法。
2. 阐述同伴关系的主要类型。
3. 阐述同伴关系的发展阶段。
4. 阐述同伴关系的影响因素。
5. 结合自身经历谈谈同伴关系对个体心理发展的重要性。

本章实践题

用同伴提名法测量某大班幼儿同伴交往的类型。

第十三章　学前儿童性别角色的发展

性别角色发展是儿童自我意识和社会化发展的主要表现之一。每个社会对男性和女性都会提出种种不同的要求，小到服饰、言谈举止、兴趣爱好、性格特性，大到家庭分工、社会分工，形成一套男女性别有意无意必须遵守的刻板的性别模式。不同的社会有不同的性别模式，并且随社会的变革、发展而发生某些变化。

第一节　性别角色及其发展

性别角色是社会按照个体的性别而分配给个体的社会行为模式。学前儿童性别角色的发展是其在后天的社会生活中在与社会环境的相互作用中发展起来的。

一、性别角色

（一）性别角色及其标准

性别是根据生物学特征对人类群体的基本界定，就是我们通常所称的"男性"或"女性"。所谓性别角色，是指特定社会对男性和女性社会成员所期待的适当行为的总和。[①] 相对于以生物学特征划分的性别，性别角色实质上是一种社会性的划分。儿童性别角色是在其性别角色社会化即性别化的过程中获得与发展的。[②]性别化是指在特定文化中儿童获得适合于某一性别（男性和女性）的价值观、动机和行为的过程。[③]它是儿童个性和社会化发展的一个重要方面。

性别角色标准是指社会成员所公认的适合于某一性别的价值、动机、行为方式和性别特征等。[④] 它体现了一种社会文化对男性和女性的不同期望，反映了社会区分男性与女性、以不同方式对待男性与女性的一般标准。许多社会文化（虽然不是所有的社会文化）中都存在社会标准和性别角色要求

---

①②③　杨丽珠、吴文菊：《幼儿社会性发展与教育》，辽宁师范大学出版社，2000 年 9 月版，第 165 页。

④　〔美〕David R. Shaffer 著，邹泓等译：《发展心理学——儿童与青少年》第十三章，中国轻工业出版社，2005 年 2 月版，第 473 页。

(Williams & Best，1990)。在同一社会文化之间，公认的性别角色行为标准有着相当大的一致性，即所谓的“性别相适行为”，它是指我们的文化中被认为更具男性或女性的特点的行为。人们期望男性在社会和两性关系中具有独立、果断、支配、自信、竞争的特点与强烈的成就动机，女性则具有敏感细腻、富有柔情、友好合作、服从、谦和等品质。在一项大型研究中，赫伯特·巴里、玛格丽特·培根和欧文·蔡尔德（Herbert Barry，Margaret Bacon & Irving Child，1957）分析了110个非工业社会的儿童性别特征形成的过程。他们探讨了五种心理品质在社会化过程中的性别差异。这五种心理品质是：善于照料他人、顺从、责任心、学业、自立。如表13－1所示，社会看重男孩们的学业和自立品质，而期望女孩是善于照料他人的、有责任心和顺从的。生活于现代工业社会中的儿童也同样面临着性别特征形成的压力，只是压力的程度和形式与非工业社会的儿童可能有所不同。例如，西方国家的父母们通常在学业问题上对男孩和女孩有着同样的要求（Lytto & Romney，1991）。另外，表13－1的数据也不能说明女孩的自立是不被鼓励的，或者男孩对父母的反抗是可以为父母所接受的。事实上，巴里和他的合作者（1957）所研究的这五种心理品质对男孩和女孩都是鼓励的，只是在一些品质上对男孩的要求更高，而在另一些品质上对女孩的要求更高。因此，社会化的首要目标是鼓励儿童形成那些可以使他们成为品行端正的良好公民的特征；第二个目标才是通过向女孩强调关系取向的（或是表达性的）品质的重要性，向男孩强调个人主义的（或是工具性的）品质的重要性，使儿童完成性别特征的发展任务。

表13－1　110种社会文化中五种心理品质社会化过程的性别差异①

心理品质	男　孩	女　孩
善于照料他人	0	82%
顺　从	3%	35%
责任心	11%	61%
学　业	87%	3%
自　立	85%	0

① 〔美〕David R. Shaffer著，邹泓等译：《发展心理学——儿童与青少年》，中国轻工业出版社，2005年2月版，第474页。

【注】每一种心理品质的累计百分比都没有达到100%，这是因为对于每一种心理品质而言，都有一些社会文化没有强调男性或女性的一方。以“善于照料他人”这一心理品质的社会化过程为例，在能收集到相关数据的社会文化中，有18%的社会文化没有在该种心理品质上更为强调男性或女性的一方。

由于社会文化的准则特别要求女孩承担表达性角色、男孩承担工具性角色，人们可能倾向于认为，在实际生活中，女孩和妇女是富于感情的，而男孩和男子则是具有实干精神的。可能你会认为这样的性别刻板印象已经由于妇女权利的提高以及更多妇女走出家门参与工作的事实而消失，但事实并非如此。虽然一些变化已经发生，但是今天的少年和青年仍然认可许多传统的性别模式（Bergen & Williams，1991；Twenge，1997）。

二、性别角色发展

（一）学前儿童性别恒常性的发展

科尔伯格首先提出“性别恒常性”（gender constancy）概念并把它定义为“对性别基于生物特征的不变特征的认识，它不依赖于事物的表面特征，不会随着人的发型、衣着、活动的变化而变化”。主张儿童的性别特征形成服从于一般的认知发展规律。他认为儿童性别恒常性的发展与物理守恒概念的发展是一致的，只有当儿童达到具体运算阶段（6、7岁），获得了守恒概念发展之后，他们才获得性别恒常性。儿童性别恒常性经历了三个阶段的发展。

1. 性别标识（gender labeling）（2～3岁）

儿童的性别认识包括对自己性别和对他人性别的认识。儿童对他人性别的认识是从2岁开始的。但这时还不能准确说出自己是男孩还是女孩。大约到2岁半到3岁左右，绝大多数儿童能准确说出自己的性别。同时，这个年龄的儿童已经有了一些关于性别角色的初步知识。但是当问及这样的问题：“你（一个小姑娘）长大了，会做爸爸吗”或者“如果你想的话你会是男孩子吗”，儿童会轻松地回答“是”（Slaby & Frey，1975）。另外，出示一个洋娃娃，并且在儿童的面前改变它的发型和衣服，儿童则认为洋娃娃的性别与以前不同了（McConaghy，1979）。

2. 性别固定（gender stability）（3～4岁）

这个阶段的儿童能够认识到，随着年龄的增长，人们的性别是稳定不变的，男性还是男性，女性还是女性。已经能明确分辨出自己的性别，并对性别角色的知识逐渐增多，如男孩和女孩在穿衣服和游戏、玩具方面的不同等。

但这个时期的儿童能接受各种与性别习惯不符的行为偏差，如认为男孩穿裙子也很好。但是即使他们知道男性和女性的儿童最终会变成男孩和女孩以及男人和女人时，他们还会像小时候那样继续坚持认为：改变发型、衣服或者“性别适宜的”行为也会导致一个人转换性别（Fagot，1985；Slaby & Frey，1975）。

认识性器官有助于性别认同的稳定性。皮姆设计了这样一个实验来研究性别同一（根据身体结构和功能来确认自己的性别）的发展。他首先给3～5岁的儿童看一张裸体幼男和裸体幼女的照片，了解儿童对性器官的认识情况；而后，给儿童看刚才照片上的幼男和幼女穿了衣服的照片。有的照片上的儿童穿了与性别相符的照片，有的则穿了相反性别的衣服。他发现，在看过前后两种照片的孩子中有40%的幼儿能正确辨认出穿上男孩衣服的女孩或穿上女孩裙子的男孩照片；在能认识性器官差异的儿童中有60%能正确回答这个问题，而在无法认识性器官差异的儿童中仅10%能正确回答。

3. 性别一致性（gender consistency）（5～7岁）

这个阶段儿童已经认识到性别不会随着外界的条件（如服饰、发型、活动等）的改变而改变，这意味着已完全获得了性别恒常性。他们不仅对男孩和女孩在行为方面的区别认识越来越清楚，同时开始认识到一些与性别有关的心理因素，如男孩要胆大、勇敢等。但对性别角色的认识也表现出刻板性。他们认为违反性别角色习惯是错误的。如一个男孩玩娃娃会遭到同性别儿童的反对等。他们知道即使一个人决定穿“性别倒错的”衣服或者从事非传统的活动，他的性别是保持不变的（Emmerich，1981；McConaghy，1979）。

（二）学前儿童性别行为的发展

儿童的行为很早就显示出性别的差异。2岁左右是儿童性别行为初步产生的时期。在儿童的活动兴趣、选择同伴及社会性发展等方面均有体现。14～22个月的男孩在各种玩具中更喜欢卡车和小汽车，而这个年龄的女孩则更喜欢洋娃娃或其他比较柔软的玩具（Smith & Daglish，1977）。实际上，18～24个月的儿童通常拒绝玩异性儿童的玩具，即便是在没有其他选择的情况下也是如此（Caldera，Huston & O’ Brien，1989）。儿童对同性别玩伴的偏好也出现得很早。托儿所里，2岁的女孩喜欢与其他女孩玩（La Frebiere，Strayer & Gauthier，1984）；3岁的时候，男孩们稳定地选择男孩而不是女孩作为玩伴。这种性别分离（儿童喜欢与同性伙伴交往，而将异性伙伴看做是圈外人的倾向）现象在许多社会文化中都存在（Leaper，1994；Whiting & Edwards，1988），而且会随着儿童年龄的增长逐渐显著。6 岁半时，儿童与同性别同伴相处的时间超过与异性同伴相处的时间 10 倍以上（Maccoby，1998）。

进入幼儿期后，儿童之间的性别角色差异日益稳定、明显，具体体现在以下三个方面：（1）游戏活动兴趣方面的差异。在学龄前期男女孩的游戏活动中，已经可以看出明显的差异。男孩更喜欢有汽车参与的运动性、竞赛性游戏，女孩则更喜欢“过家家”的角色游戏。（2）选择同伴及同伴相互作用方面的差异。进入 3 岁以后，儿童选择同性别伙伴的倾向日益明显。研究发现，3 岁的男孩就明显地选择男孩而不是选择女孩作为伙伴。在幼儿期，这种特点日趋明显。研究发现，男孩和女孩在同伴之间的相互作用方式也不相同。男孩之间更多打闹，为玩具争斗，大声喊叫，发笑；女孩则很少有身体上的接触，更多通过规则协调。（3）个性和社会性方面的差异。幼儿期已经开始有了个性和社会性方面比较明显的性别差异，并且这种差异也在不断发展。一项跨文化研究发现，在所有文化中，女孩早在 3 岁时就对照看比她们小的婴儿感兴趣。还有研究显示，4 岁女孩在独立能力、自控能力、关心人与物三个方面优于男孩；6 岁男孩的好奇心和情绪稳定性优于女孩，6 岁女孩对人与物的关心优于男孩，6 岁男孩在观察力方面也优于女孩。①

表 13－2　学前儿童性别特征形成概览②

年龄（岁）	性别认同	性别刻板印象的形成	性别特征行为
0～2.5	区分男性与女性的能力出现并不断增加	出现一些性别刻板印象	开始偏好自己所属性别群体的典型游戏和玩具，出现对同性别玩伴的偏好（性别分离）
3～7	性别恒定的观念（关于个体性别不可改变的认识）出现	性别模式化的兴趣、活动和爱好变得十分僵化	明显偏爱自己所属性别群体的典型游戏和玩具，特别是男孩性别分离现象进一步显著

第二节　性别角色发展理论

儿童性别角色的发展是儿童社会化进程中的重要组成部分，因而历来是

① 陈帼眉：《学前心理学》，北京师范大学出版社，2000 年 6 月版，第 369 页。

② 〔美〕David R. Shaffer 著，邹泓等译：《发展心理学——儿童与青少年》，中国轻工业出版社，2005 年 2 月版，第 487 页。

发展心理学家关注的一个问题。发展心理学家对儿童性别角色发展提出过种种理论，如生物学理论、生物社会理论、社会学习理论、认知发展理论、性别图式理论、群体社会化理论等。

一、生物学理论

生物学理论的基本观点是两性的遗传、解剖及激素的不同导致了人们性别角色的差异，也就是说几乎所有的性别差异在相当大的程度上都可归因于两性的生理差异。最早持这种生物决定论的代表人物是弗洛伊德。在他看来，男女不同的心理状态、行为模式都是由其不同的生理解剖特点决定的，即男女是天生的。他的基本理论的轴心是无意识和本能过程，或者说是由于男女两性所具有的不同的生理解剖结构而决定的心理成熟过程。他相信个体的性别认同和对某种性别角色的偏好是从性器官开始的。在性器官期，个体开始模仿并认同他们同性别的父母。男孩在这一阶段的重要发展是"恋母情结"的形成，此时，男孩发现了两性差别和乱伦禁忌。为了满足社会性别角色的要求，男孩在对父亲的认同过程中，将父亲所代表的社会戒律变成自己个性的一部分，并逐渐获得性别自认，继承父亲的角色规范。女孩在这个阶段形成"恋父情结"，以母亲的角色自居，弗洛伊德认为女孩的恋父情结不如男孩的恋母情结那样解脱得彻底，故女性的超我发展是不成熟的。他认为女性人格有"被动性、受虐性和自恋性三种特征，只是男性人格的一种不成熟的变种"。

生物学理论近期的实验研究包括对双胞胎人格特质遗传性以及荷尔蒙——化学物质与人格特质的相关研究等，研究发现，控制欲和攻击性方面的性别差异是由性激素的差异造成的。近年来，研究者还发现，晚熟的男女儿童都比早熟者在空间测验中成绩更好（Meyer Bahlherg，et al.，1985；Sanders & Soares，1986）。原因是：大脑两半球在进入青春期之前会发生功能分化。大脑右半球侧重空间功能的过程会持续到青春期。所以早熟者大脑的空间能力不如晚熟者。该理论还假设染色体的差异使得女性表现出与男性不一致的人格特征，如女性更压抑、更焦虑。但有些研究者认为"染色体假说"需要进一步的研究（Huston，1983；linn & Peterson，1985）。该理论认为，若把性别差异归于生物因素必须符合四个标准：(1) 儿童早期有性别差异出现，而且表现更多的是生物特征。(2) 差异必须是普遍的，而且许多文化中的性别刻板观念（即人们对社会所赋予男女以不同的特征框架的相对固定的看法）是相似的。如果不同社会性别角色及其刻板观念是相似的，说明性别差异主要是由生物性因素造成的。（3）要看在与人类相近的动物种属中是否有生物性因素所支持的类似的性别差异的存在。（4）看性别差异是否与男女不同的荷尔蒙成正比。如男性攻击性强就是由于男性荷尔蒙这种性激素强于女性造成的。

显然，生物决定论观点过分强调了生物学因素对人类行为的决定作用，而忽视了社会因素对行为的塑造作用，甚至荒谬地将性别歧视合理化。

二、生物社会理论

生物社会理论的基本观点是生物基础会引导并制约男孩和女孩的发展，但它也认同早期的生理发育会影响到人们对于儿童的反应，而这些社会因素在儿童逐步形成某一特定性别角色的过程中有举足轻重的作用。该理论的代表人物是约翰·莫尼（John Money）和安克·艾哈德特（Anke Ehrhardt，1972），他们认为生理和社会因素交互地决定着个体的行为和角色偏好。这种交互性在提出的生物社会理论中有非常明显的表现。他们指出一系列关键性的经历或事件会影响到个体最终形成的男性或女性偏好。第一个关键性事件即在母亲受孕时儿童从父亲那里继承的是 X 还是 Y 染色体。新形成的性腺将决定着第二个关键性的结果。第三个关键时期，即受孕后的 3～4 个月，睾丸分泌酮将导致阴茎和阴囊的生长。婴儿一旦出生，社会因素即开始发挥作用。父母和其他人根据儿童生殖器官的外观判断他的性别，对他作出反应。如果儿童的生殖器官异常，他就会被错误地归入另一个性别群体，这一错误会影响到他未来的发展。该理论强调出生之前的生理发展以及生理因素对儿童社会化过程的影响。男性化女性的行为特点说明胎儿期的雄性激素水平可能会促进游戏风格的性别差异，而且男性较高的睾丸酮水平会促进攻击性的性别差异。但是那些被当作另外一种性别抚养长大的儿童（如有睾丸女性化综合征的儿童）的发展说明，社会标签和性别角色社会化对于个体的性别认同和角色偏好具有非常显著的影响。

三、社会学习理论

社会学习理论认为儿童通过直接教导（或分化强化）形成最初的对性别典型玩具和活动的偏好。在学前儿童对两种性别的榜样都给予关注并对性别角色刻板印象有越来越清楚的认识的时候，观察学习也促进着儿童性别典型特征的形成。该理论的代表人物是班杜拉（Albert Bandual）。

在班杜拉之前，人们仅用直接学习，即通过直接强化巩固或消除某种行为来解释行为中的性别差异现象。这种观点认为，那些在儿童的早期生活中受到了父母和社会赞许、奖励的行为会保留下来，而那些受到惩罚和阻挠的行为则会减少以至消失。在父母和社会的直接强化下，儿童学会了按社会所约定的性别行为方式举手投足，逐渐形成男女不同的性别角色。我们承认，直接学习的确是儿童性别角色获得的途径之一。但是，儿童在短短几年内获得大量的与性别有关的行为方式，仅仅依赖于亦步亦趋、被动的直接强化学习是远远不够的。这就需要儿童对成人行为的主动模仿与观察学习。班杜拉称这两种方式为间接学习。间接学习在儿童的性别角色行为塑造中起着决定性的作用。班杜拉认为人的注意、记忆、动机变量等因素会影响观察和模仿的结果。观察、模仿同性模式的学习过程可以没有强化的参与，但特定的强化过程使其习得的行为模式得以巩固、定型。此外，社会学习理论还强调行为受情境制约，同一儿童在不同的情境中会有不同的行为表现，这也是学习的结果。

社会学习理论把性别角色当作一套行为反应，男女两性的行为由强化和惩罚形成，性别角色的基础是社会环境而非机体，如果学习条件变化了，行为也很快发生变化。社会学习理论的性别角色发展观虽然取得了一定的实验支持，但是却存在着无法克服的局限。如果像社会学习理论所强调的那样，观察学习在儿童性别角色获得中有着如此重要的作用，那么，大多数儿童就会在发展早期形成对女性角色的认同，因为无论在家庭中还是在幼儿园中，儿童的照顾者大多为女性，因此他们所观察到的榜样行为绝大多数是女性行为，但事实并非如此。社会学习理论还忽视了人类认知成分在性别角色定型过程中的重要作用。

四、认知发展理论

该理论主要强调儿童的性别概念而非行为。其代表人物是科尔伯格。科尔伯格的基本观点源于皮亚杰的发生认识论，并将其应用于性别角色的研究。他的主要观点是：（1）性别角色的发展依赖于认知的发展。儿童必须对性别特征有一定程度的了解之后，才能够被社会经验所影响。（2）儿童积极地参与自身的社会化过程，他们并不只是社会影响的被动承受者。他认为，儿童能够对其自身发展水平和个人目标信息作出积极选择并运用，其性别恒常性对认识与了解性别起着组织和调节作用。性别恒常性是儿童模仿的先决条件而不是模仿的结果。只有在获得性别恒常性后，儿童才喜欢模仿同性榜样。性别恒常性由三种对性别理解的不同成熟度组成，即性别标识、性别固定和性别一致性。性别恒常性的发展不是一种全或无的现象，并不存在严格的年龄界线。

认知发展理论集中于儿童对性别概念的理解和获得，没有很好关注儿童如何获得性别概念以及性别知识如何转化成性别行为的机制。虽然该理论把性别恒常性作为控制性别发展的因素，视其为儿童进行仿效同性行为的先决条件，但缺乏充分的实验支持。因为在获得性别概念以及理解偏好与性别联系之前，儿童就表现出了偏好。显然，性别恒常性不是性别角色发展的前提，存在其他动机和调节机制调控着性别行为。

五、性别图式理论

性别图式理论的代表人物是卡洛尔·马丁（Carol Martin）和查尔斯·霍尔沃森（Charle Halverson）。该理论是在认知发展理论的基础上提出的，强调性别图式作为一种预期结构，为搜索和同化性别知识和信息作好准备。与科尔伯格一样，马丁和霍尔沃森相信，儿童总是非常积极主动地获得与他们的男孩或女孩自我形象相一致的兴趣、价值观念和行为方式。但与科尔伯格不同的是，他们认为这种“自我社会化”的过程在儿童 2.5～3 岁形成了基本的性别认同之后，就会开始并持续到 6～7 岁，即儿童获得了对性别恒常性理解的时候。

性别图式理论是那些与社会学习和认知发展有关的性别刻板印象的一种信息处理方式，它也是性别特征形成过程中的各种元素——刻板印象、性别认定和性别角色采纳整合成一幅统一的男性和女性倾向是如何出现以及如何经常得到维持的画面（Bem，1981，1983；Martin，1993；Martin & Halverson，1987）。此理论着重于性别图式发展和机能的发展方面，即儿童如何获得性别知识，如何形成定型和合适的性别脚本。他们认为，性别图式的发展始于儿童获得性别同一性。一旦形成，图式就会扩展，包括对活动的兴趣和社会属性等。马丁和霍尔沃森的性别图式理论阐述了性别图式的加工如何影响有关性别信息的注意、组织和记忆。性别图式表征了关于男性和女性的一般性的知识结构。性别图式越突出，就越能利用性别信息。

性别图式理论是看待性别特征形成过程的一个有趣的新的视角。这一模式不仅描述了性别角色模式是如何形成并随着时间延续的，也指出了这些形成中的性别图式是如何远在儿童能够理解性别是一种无法改变的特征之前，就能够促进稳固的性别角色偏好和性别特征行为的发展。但是，该理论存在一定的局限性。一方面它难以解释男女儿童拥有的性别知识增加后其性别偏好未见明显增加。另一方面该理论强调性别图式的作用，没有很好探讨性定型知识转换成性别行为的机制，也没有涉及性别行为的动机。

六、群体社会化理论

这是目前关于儿童性别角色发展较新的理论观点。哈里斯认为对儿童的性别角色发展起重要作用的是同伴群体而不是家庭，以“双性化”方式教养儿童并不能减少儿童具有相应性别特征的行为和态度。

群体社会化理论预测，当另一性别不在场时，性别分化的行为减少。一项研究证明了男孩在场对女孩行为的影响。女孩单独玩球时表现得很有竞争性，但当男孩加入后，女孩的行为发生了很大变化，她们显得比较害羞而且没有竞争性。又据美国的一项调查显示，那些就读理工科专业的女大学生往往都是从女子学校出来的。另外，德国汉堡的奥默中学和诺伊斯的一家中学自从在情报学课程和企业经济管理学课程上尝试让女生单独学习以来，发现男女混合班中对上述课程兴趣索然的女生，在分班学习中表现了前所未有的兴趣。

第三节　性别角色的影响因素

人们普遍认为，男女两性行为上的差异是由两个方面的因素造成的。其一是生物因素，主要受性激素和大脑功能分化的影响；其二是社会因素，包括父母、教师及社会舆论的影响。

一、生物因素对学前儿童性别行为有一定影响

由于性别本身是一种生物学的特征，因此男女性别差异是全世界普遍现象。有些研究人员主张影响学前儿童性别行为的生物因素主要是性激素（荷

尔蒙)。人们已经发现，由于雄性激素的影响，男孩比女孩更喜欢活动性强的游戏，攻击性也更强。因此，男孩生来就有共同的兴趣，如喜欢室外各种活动游戏：跑、跳、攀登，互相追逐、玩“打仗”等等。而女孩却喜欢较安静的活动，如做手工、跳房子、跳皮筋等。研究发现，在胎儿期雄性激素过多的女孩，在抚养过程中虽然按女孩来养，但仍然具有典型的假小子的特征。她们喜欢消耗较多精力的体育活动，如玩球。这种女孩在幼儿期也不喜欢玩娃娃。由于不同的性别有不同的兴趣爱好，儿童进入幼儿园后，男孩更乐意找男孩玩，而女孩则找女孩玩。有研究材料表明，4 岁儿童与同性别伙伴玩的时间 3 倍于与异性别伙伴玩的时间，随着年龄的增长，选择玩伴的性别偏爱越来越明显，到 6 岁时，两者的时间比率高达 11∶1（Benenson，1993）。

在承认生物因素对学前儿童性别行为影响的同时，我们都不应过分高估遗传因素的作用。人们普遍认为，任何生物遗传因素对发展的影响必须通过环境才能表达出来，如家庭因素、教师因素、同伴因素、文化因素等等，正是在各种环境因素的影响下，儿童逐渐认识了自己的性别，并作出各种符合自己角色的行为，最后形成了性别特征。

二、父母对儿童性别角色形成的影响

（一）父母的性别行为期待

在孩子还没出生的时候，有的父母希望生一个男孩，而另一些父母则希望生一个女孩，这反映了成人对不同性别价值观的期望。孩子出生以后，大多数父母对孩子房间的布置、玩具的选择、衣服的式样与颜色的安排都是根据孩子的性别决定的。随着孩子年龄的增长，父母就更加明显地用男孩或女孩的行为模式来约束自己的孩子。如父母对男孩的教育着重于获取成功和控制自身情绪这两方面，认为男孩应该勇敢、像个男子汉，长大后能成为一个拿得起、放得下的男子汉，在事业上也要更有成就。对于女孩子，父母则给予了更多的爱抚和身体接触，认为女孩应该温柔、文静、听话、做事更加认真。父母通过自己的态度和行为期待着孩子朝着符合自己性别的行为方向发展。

（二）父母的性别行为强化

父母对儿童性别行为的强化是儿童性别社会化的重要因素。家长经常对儿童适合性别角色的行为加以鼓励和强化，这有助于儿童对性别角色的认同。

例如，与女儿相对照，当儿子玩汽车和卡车、跑以及爬或者试图从别人那里拿到玩具时，他们就更加积极反应。相比之下，与女儿交流时，他们却常常指导游戏活动、提供帮助、鼓励她们参与家务劳动并且讨论情感（Fagot，1978；Fagot & Hagan，1991；Kuebli，Butler & Fivush，1995）。在我们中国的传统社会中，当女儿做出女性行为（如安静、不淘气）时，家长就会作出积极的反应；而当女儿作出男性行为（淘气、爱活动）时，家长会作出消极的反应。父母的这种强化在儿童形成性别行为过程中起着重要作用，使他们逐渐形成符合自己性别的行为。

通过父母的性别行为期待，对父母行为的模仿及父母对儿童行为的强化，儿童的性别行为逐渐定型。

研究认为，父亲在儿童性别化过程中具有独特的作用，甚至具有比母亲更为重要的影响作用。父亲对于儿童的性别化发展具有以下的影响作用：(1) 父亲独特的行为方式和态度是儿童性别化发展的基础。那种有力度又具男性风格的游戏方式和爱抚方式不仅对儿童有一种特殊的吸引力，而且使儿童产生对父亲强烈的心理依恋，这种依恋能使儿童摆脱情绪上的失调和纷乱，弥补其社会性发展的不足。(2) 父亲性别行为榜样的作用是促使儿童性别化健康发展的根本保证。关于男孩性别角色的形成，精神分析理论、社会学习理论和认知发展理论都比较一致地强调了父亲在男孩性别化中的特定作用。高度男性化的男孩，其父亲在奖惩上是果断并具有支配性的。至于女孩的女性化发展，不仅与父亲的男性化有关，还与父亲对女儿模仿母亲、参与女性活动的赞扬有关，而与母亲的女性化发展无关。有的研究甚至还指出，女孩成年后的性别行为和婚姻关系也更多地受早期与父亲的关系以及父亲独特的性别行为的影响。(3) 父亲的行为是儿童性别化发展的象征模式和参照，是推动儿童性别化发展的决定性因素。父亲向男孩提供一种男人的基本行为模式供他们去模仿；对于女孩来说，父亲身上的男性品质使她在今后的生活中有了一个参照，她们更加依赖父亲，从父爱中去获得安全感和特有的保护性心理。相反，没有父亲或缺少父爱对儿童性别化发展会产生不利影响。儿童越小失去父亲或得不到父爱，对儿童的消极影响就越严重。西方心理学家发现，5 岁前就与父亲分离或失去父亲的儿童，由于缺乏适当的性别行为榜样，其行为缺乏男子汉气概。这类男孩在幼儿期的进攻性要比正常家庭中的男孩少些，依赖性多些；游戏中也表现出较多的女子气动作模式，吵架时更多地是用言语攻击而较少用身体攻击。没有父亲或缺少父爱对女孩的影响不太明显，其影响主要反映在青春期的女孩如何与异性交往的问题上。

总之，父母对幼儿性别化发展都有较大的影响，但父亲在这方面的作用要比母亲更大。

三、幼儿园对儿童性别化的影响

儿童从家庭进入以游戏活动为主的幼儿园后，其社会生活发生了质的变化。幼儿园是儿童接触并适应社会生活的第一个重要场所，其中教师和同伴则是影响儿童性别化的两个最重要因素。

（一）教师对儿童性别化的影响

儿童离开家庭进入幼儿园后，男孩和女孩受到了教师的不同对待。学龄前的教师强化两种性别的儿童“女性化的”而不是“男性化的”行为。在教室中，听话常常会得到重视，果断则受到阻碍——男性和女性的教师是一样的（Fagot，1985；Oettinfen & Canaday，1978）。男孩的与性别不符的行为会受到教师和同伴的批评，而女孩的跨性别行为则较少受批评。由于幼儿园教师几乎都是女性，作为母亲替身的女教师更懂得体贴学生，不像男教师那样容易引起恐慌，她们更能帮助儿童顺利地适应幼儿园的学习生活。但由于女教师倾向于奖励整洁和顺从，抑制攻击性，这很适合女孩在家中的经历，而不同于男孩的经历，从而造成男孩对幼儿园生活、学习的不适应和逃避倾向。教师在组织教学和游戏活动时也考虑到男孩、女孩的性别差异。如在与学习任务有关的活动中，幼儿园教师对男孩的指导和反应要比对女孩多。当女孩回答错问题的时候，教师常常会让另一个学生来回答同一个问题；而当男孩回答错的时候，教师常常启发他找到正确的答案并给予鼓励。在学习过程中，教师总是认为女孩应保持安静，她们是被动的学习者；而男孩应具有主动积极的学习精神。

（二）幼儿园同伴的影响

在幼儿园的游戏活动中，同伴常常能加强社会的性别角色标准。研究表明，到3岁时，性别相同的同伴会通过表扬、赞同、模仿或者加入到同伴的活动中来积极地强化相互的“性别适宜”的活动（Fagot & Patterson，1969；Langlois & Downs，1980）。在游戏中，如果男孩的行为模式违背了性别角色标准，就会受到同伴的强烈指责；而女孩的与性别角色标准不一致的行为则往往被忽视而没有受到指责。研究也发现，同伴惩罚是阻止儿童跨性别活动的有效途径。另外，性别角色相符行为受到同伴奖赏的儿童更能长期地坚持这一行为。这说明早在幼儿园，同伴就指导着适当的性别化游戏，儿童就在奖励与指责的两种指导中进行着性别角色的获得与发展。

四、电视对儿童性别化的影响

电视有助于儿童认识社会角色，学习并掌握相应的社会行为规范。电视向儿童提供了许多社会角色模式和相应的价值观念及行为规范，使儿童在了解、认识这些社会角色的同时，也初步了解了每种角色具有的行为特点和行为规范，并在模仿各种社会角色的过程中体验了各种行为规范。男性往往是从事专门职业、作重要决定、应对紧急情况、占据领导位置的中心人物；而女性则是相对被动和情绪化的人物，她们操持家务或是从事服务、看护等女性化职业（Liebert & Sprafkin，1988）。儿童会以电视中的人物为模仿与参照对象，并在看电视的过程中将社会对性别角色定型的看法内化到自己的认知系统中，在无形中接受了关于性别角色的定型观念。

五、社会文化对儿童性别化发展的影响①

在不同文化之间，人们对于男性和女性的期望有着巨大的差异（Whiting & Edwards，1988）。玛格丽特·米德（Margaret Mead，1935）对巴布亚岛新几内亚的三个部落社会的经典研究中发现，在阿拉佩什部落中，男性和女性都被教导形成合作、不侵犯他人、能敏感觉察他人需要的特点。西方文化会将这样一些行为特征看做是表达性的，或是女性化的。与此相对，蒙杜鲁古部落中的男性和女性都被期望是坚定的、好斗的、对人际关系漠不关心的——这是西方社会典型的男性化行为模式。最后楚加蒙布拉部落中的性别角色模式与西方社会中的恰好相反：男性是被动的、情感依赖的和敏感的，而女性则是支配的、独立的和坚定的。可见，这三个部落成员的性别发展遵循他们各自的文化所认同的性别角色模式——其中没有一种性别角色模式与西方社会中的女性/表达性—男性/工具性模式一致。显而易见，社会因素对性别特征有着重要影响。

---

① 〔美〕David R. Shaffer 著，邹泓等译：《发展心理学——儿童与青少年》，中国轻工业出版社，2005 年 2 月版，第 491、492 页。

本章思考题

1. 什么是性别角色、性别化及性别角色标准？
2. 阐述学前儿童性别恒常性的发展。
3. 比较生物学理论和社会学习理论异同点。
4. 结合自己的经历，谈谈父亲在个体性别角色发展中的作用。
5. 结合自身经历谈谈影响儿童性别角色的因素。

本章实践题

观察在园某男、女幼儿的性别行为，比较男女性别行为差异。

第十四章　学前儿童亲社会行为的发展

学前儿童的亲社会行为是道德发展的一个重要方面，也是儿童社会性发展的重要标志之一，它对儿童的成长发展具有重要作用。

第一节　亲社会行为及其发展

儿童的亲社会行为在生命早期即已出现。随着儿童年龄的不断增长，在社会强化的影响下，儿童的亲社会行为呈逐渐增加的趋势。

一、亲社会行为的定义

亲社会行为是指一切有益于他人和社会的行为。社会交往中所表现出来的谦让、安慰、合作、分享、帮助、营救、捐献等行为都属于亲社会行为。[①] "亲社会行为"一般与"援助行为""积极性行为""利他主义行为"在同样的意义上使用，指个体帮助或打算帮助其他个体或群体的行为趋向。

亲社会行为可能由利他主义引起。利他主义通过分享、合作、帮助等亲社会行为表达对他人的无私关注，换句话说就是关心他人的利益而不考虑自己的利益。利他行为者之所以帮助他人只是为了促进他人的幸福，使他人得益，而不是出于获得物质或社会的奖赏的目的。利他可能伴随良好的情感，诸如减少移情悲伤，唤起积极的移情情感。而亲社会行为是一个比利他行为更宽泛的概念。它不一定都由利他主义引起，它也包括为了某种目的、有所企图的助人行为。任何对他人或群体乃至社会有好处的行为都属于亲社会行为，这种行为可能是直接的，也可能是间接的。

二、亲社会行为的发展趋势

（一）3岁前儿童的亲社会行为

20世纪20年代，心理学家已经开始注意到儿童早期的亲社会行为。大部

---

① 李丹：《儿童亲社会行为的发展》，上海科学普及出版社，2002年9月版，第1页。

分研究主要集中于儿童对他人情绪的敏感性及其原始的外显行为，包括儿童对他人情绪及情感激起反应和儿童区分他人不同情感表现的能力。例如，婴儿听到其他婴儿的哭声会跟着哭，但听到自己哭声的录音却没有此反应，这表明婴儿已经具备了基本的移情能力。大约 6 个月左右的婴儿有时会用哭叫对另一个婴儿的哭叫进行回应，但他们经常忽略或仅仅朝向同伴（Hay，Nash & Pederson，1981）。在一项研究中，母亲对着她们 9 个月的婴儿表达了忧伤或快乐的情绪，在母亲的忧伤情绪下婴儿表现更多消极的情绪，并倾向于把他们的视线从母亲身上转移开来；当看到母亲快乐的情绪表达时，婴儿也表达更多快乐的情绪（Termine & Izard，1988）。这些结果表明，非常幼小的儿童就会受到他们观察到的他人情绪的影响。大约 12～18 个月的时候，儿童已能清晰地对他人的消极情绪作出反应（经常对忧伤情绪作出反应），有时也能以关注和亲社会行为的方式回应别人的痛苦，包括积极的碰触和口头的安抚（Zahn－Waxler，Robinson，et al.，1992）。这些形式在与母亲（Zahn－Waxler，Robinson，et al.，1992）、同胞（Dunn，1988）、同伴（Denham，1986；Howes & Farver，1987）和陌生人（Johnson，1982）的相互作用中都已见到过。到了 38～61 周的时候，儿童有时会以朝向或悲泣对其他人的痛苦作出反应，但有时他们又会表现出积极的情感，诸如微笑或大笑（Zahn－Waxler & Radke－Yarrow，1982）。

20 世纪 80 年代的一些研究发现，年龄不足 2 岁的儿童时而有分享和安慰他人的行为出现。如 12 个月的儿童会与别人分享他感兴趣的活动，偶尔还会把玩具给同伴玩。将玩具出示和递给不同的成人（母亲、父亲或陌生人）在 18 个月的儿童中是很常见的行为。18 个月的儿童已经能够试图帮助成人做一些家务。一系列的实验室研究，将儿童与父母玩耍时的分享行为定义为以下三种：（1）指向玩具或举起玩具以吸引父母的注意；（2）将玩具递给父母；（3）将玩具递给父母并与父母一起玩。结果发现，所有被试均有分享行为，年龄稍大的儿童三种行为都会出现。

（二）3～6 岁儿童亲社会行为的发展

格鲁塞克（Grusec，1982）考察了 4～7 岁儿童的亲社会行为，他要求母亲在为期 4 周的时间内用摄像机记录下他们的孩子试图帮助另一个孩子的一切行为（规定的任务除外）。结果（见表 14－1）显示，当母亲看见自己的孩子做出助人行为时，很少有人不对此作出反应。大多数儿童的这些行为都获得了母亲语言“报偿”：或受到赞扬，或被报以微笑，或被拥抱。同样，表中另一半数据表明，如果母亲认为孩子应该助人，而孩子并没有表现出助人行为时，那么母亲就很少接受孩子的这种行为。①

表 14－1 母亲报告的对儿童行为的反应②

	儿童自发做出助人行为（%）	
	4 岁组	7 岁组
承认、感谢、表示赞赏	33	37
微笑、热情感谢、拥抱	17	18
赞扬行为或赞扬儿童	19	16
无外在反应	8	9
道德告诫	26	30
利他要求	22	30
责备、皱眉	18	15
移情训练	6	5
指导或强迫性训练	6	5
接受利他的缺失	8	5

我国学者王美芳、庞维国对学前儿童在幼儿园的亲社会行为进行了观察研究。结果表明：（1）儿童亲社会行为主要指向同伴，极少数指向教师；（2）儿童的亲社会行为指向同性伙伴和异性伙伴的次数存在年龄差异，小班儿童指向同性、异性同伴的次数接近，而中班和大班儿童的亲社会行为指向同性伙伴的次数不断增多，指向异性伙伴的次数不断减少；（3）在儿童的亲社会行为中，合作行为最为常见，再次为分享行为和助人行为，安慰行为和公德行为较少发生。③

（三）四种典型的亲社会行为的发展

1. 助人行为

① 王振宇：《学前儿童发展心理学》，人民教育出版社，2004 年 10 月版，第 247 页。

② Eisenberg，N. The Development of Prosocial Behavior. New York：Academic Press，1983：140.

③ 王美芳、庞维国：《学前儿童在园亲社会行为的观察研究》，《心理发展与教育》，1997 年第 3 期，第 23～26 页。

助人行为起源于婴幼儿时期。瑞哥德（Rheingold，1982）曾对儿童早期出现的助人行为进行过研究。在该研究中她对年龄分别为18个月和30个月的儿童在父母和陌生人做家务（包括摆桌子、整理散乱的杂志和扑克、叠衣服、扫地和整理床铺）时的表现进行了观察。结果发现，半数以上的18个月儿童和所有的30个月的儿童帮助成人做了大部分家务。这些儿童表现得很愉快，而且他们知道自己要完成什么（他们并不只是在玩）。婴幼儿通过上述活动可以得到成人的认可，可以与成人打交道并练习自己的活动技能。可见，助人行为是儿童期望参加社会互动的结果。助人行为随着年龄的变化表现出不同的发展趋势。斯陶布（Staub，1971）认为，儿童的助人行为是随着年龄的增长而变化的，并且有其他儿童在场时，儿童会由于恐惧减少而增加助人行为。其研究结果表明，对于年龄在5～12岁的儿童来讲，5～8岁期间儿童的助人行为是随着年龄的增长而增加的，而9～12岁期间的助人行为则是呈下降趋势的。也就是说，从幼儿期到小学中期，儿童的助人行为呈增长趋势并且逐渐达到最高峰，到了青少年早期，则呈下降趋势，到成年早期开始又有所增加。

2. 合作行为

合作行为是指两个或两个以上的个体为达到共同的目标而协调活动，以促进某种既有利于自己又有利于他人的结果得以实现的行为①。儿童在出生后第二年，合作行为开始发生并迅速发展。交往的同伴开始能够围绕共同的主题进行角色转换和角色轮流，绝大多数18～24个月的儿童可进行合作游戏。同时，他们也表现出更多的与成人合作的倾向。随着年龄的增长，交往经验的增多，儿童间合作的目的性、稳定性逐渐增强，他们能够为实现共同目标而努力。研究者对64名年龄分别为12～15、18～21、21～27、30～33个月的儿童的合作与儿童区分自我—他人的能力之间的关系进行了研究。其研究结果同样发现，儿童的合作性有显著的年龄差异。12个月的儿童基本上不能合作解决问题；在24～30个月的儿童中，大多数能够相互协调，并且能够围绕共同的任务相互配合。研究结果还表明，那些具有较高水平区分自我—他人能力的儿童更善于和同伴合作。另外，他们的合作范围不断扩大，逐渐由两人间的合作发展到三四人之间乃至更多的人之间的合作。

---

① 张文新：《儿童社会性发展》，北京师范大学出版社，1999年8月版，第309页。

3. 分享行为[1]

分享行为指个人拿出自己拥有的物品让他人共享从而使他人受益的行为。分享行为的特点是使交往双方共享物品拥有者的资源并使双方受益。儿童12个月时就已表现出指向动作的分享行为，例如，他们会把物体放在人们的手上或大腿上，然后继续操纵这个物体，这是分享行为的萌芽。研究者认为，儿童通过分享真实物品来保持与他人的积极交往，当他们能够以其他方式与他人交往时，分享行为就不突出了，所以，12～24个月儿童的分享行为随年龄的增长增加很快，24～36个月儿童的分享行为则随年龄的增长而下降。还有研究发现，学龄儿童由于自我意识增长的需要，越来越关注教师和他人的评价，因此，分享行为又开始增多，7～10岁儿童中有77％愿意和人分享，11～16岁的儿童100％愿意和人分享。还有研究发现，小学低年级儿童的物品分享和游戏分享最重要，学习分享次之，心理分享最少；到了高年级，物品分享和游戏分享逐渐让位于学习分享和心理分享。

4. 安慰行为

安慰行为指个体觉察到他人的消极情绪状态，如烦恼、哭泣等，并试图通过语言或行动使他人消除消极情绪状态，变得高兴起来的亲社会行为。[2]研究发现，在儿童出生的第二年初，当别人表现出明显的难过时，儿童不仅能够以相似的情绪作出哭泣的反应，而且还会为对方提供如拥抱或轻轻拍打的行为。在第二年中期，儿童的这种行为不仅在频率上增加了，而且在表达方式上也更丰富了，如给哭闹的婴儿一个奶瓶或寻找看护人等。赞·威克斯勒、瑞德克·亚罗（Zahn－Waxler，Radke－Yarrow & King，1979）及其同事对10～29个月儿童真实情境下和模拟情境下对于他人的悲伤情感的反应进行了研究。他们训练这些儿童的母亲观察并记录儿童在这两种情境下对于他人悲伤情感作出的反应。所得结果见表14－2。从该表可见，儿童早期对他人悲伤情感所作出的反应形式主要包括注视悲伤者、哭泣、呜咽、大笑和微笑。这些反应随年龄增长而增加，并逐渐被其他一些反应所代替，如寻找看护人、模仿和明显的具有利他性或亲社会性的干预的意图。随着年龄的增长，安慰行为变得越来越复杂，如果他人的痛苦和悲伤是个体自己造成的，那么安慰行为就较少，反之，安慰行为就多。有研究者认为，儿童随着年龄的增长，

①② 赵章留、寇彧：《儿童四种典型亲社会行为发展的特点》，《心理发展与教育》，2006年第1期，第117～121页。

安慰行为的质量和数量都有增加的趋势，而且女孩比男孩的安慰行为更明显。

表 14－2 儿童对他人痛苦所做的反应（百分比）

		年龄（周）					
		38～61	62～85	62～85	86～109	86～109	110～134
		A 组(%)	A 组(%)	B 组(%)	B 组(%)	C 组(%)	C 组(%)
在自然状态下儿童观察到的悲伤	没有反应	10	11	7	7	11	10
	情感定向	26	33	21	16	8	5
	悲伤哭泣	28	14	16	12	5	10
	寻求照顾	2	10	26	25	11	18
	积极爱抚	7	5	9	5	5	4
	攻击	4	10	12	11	8	13
	模仿	4	14	16	19	14	12
	亲社会干预	11	11	16	30	39	32
在模拟状态下儿童观察到的悲伤	没有反应	15	10	11	14	21	23
	情感定向	19	33	9	11	6	4
	悲伤哭泣	5	4	9	3	4	2
	寻求照顾	19	30	48	29	22	26
	积极爱抚	29	24	19	9	7	6
	攻击	4	6	6	10	9	2
	模仿	12	13	22	22	26	12
	亲社会干预	4	5	19	30	33	33

三、亲社会行为的性别差异

通常认为女孩比男孩更喜欢帮助别人，更喜欢表达关怀与慷慨。但研究发现，儿童的亲社会行为倾向并没有性别差异。女孩通常会比男孩更多地用面部和言语方式表达同情（Hastings，et al.，2000），然而大多数研究发现，在自我报告体验到的同情数量方面，以及对他人进行安慰、帮助或者分享资源的意愿方面，女性和男性几乎没有什么差别（Eisenberg & Fabes，1998）。也没有很多证据表明女孩比男孩更倾向于寻求帮助。

第二节 亲社会行为发展理论

我们为什么要帮助他人？在什么情况之下助人，怎样助人？对此社会心理学家提出了不同的理论解释。亲社会行为的发展理论主要有四种理论：精神分析理论、认知发展理论、社会学习理论、社会生物学理论。

一、精神分析理论

根据精神分析理论的观点，亲社会准则只是在超我发展的童年期间被内化了的许多准则、规范和价值观。在弗洛伊德的精神分析理论中，儿童一出生就具有指向自我满足（本我）的天生的、无理性的、攻击性的冲动。他们大约4～6岁的时候发展了道德感（超我），用以解决自我的敌对冲突冲动和性冲动与害怕父母的敌意或失去父母的爱之间的冲突。超我是认同的结果，据此儿童内化了他们的同性父母的价值观并融合这些价值观。亲社会行为发展的必要条件是儿童在与父母们的抚养关系中接触他们的价值观。一旦亲社会原则被内化并成为自我理想的一部分，儿童就努力帮助那些需要帮助的人，以避免因为没有这样做而受到良心的惩罚。内疚、自我破坏的倾向和性驱力是利他的基础。亲社会行为经常是超我（个性理性部分）使用的防御机制，用来解决超我非理性的要求。

二、认知发展理论

以科尔伯格（Kohlberg）和艾森伯格（Eisenberg）为代表的道德认知发展观主要关注道德推理和其他社会认知过程而不是道德行为。在20世纪80年代艾森伯格等人对该理论进行了补充和修正。他们的中心观点是：随着儿童智力的发展，他们能够获得重要的社会技能，并影响到他们对于亲社会问题的推理和为他人利益着想的动机。

科尔伯格创立了亲社会行为的认知发展理论，认为儿童亲社会行为的发展经历了四个阶段：(1) 1～2岁，儿童开始出现分享和移情能力，对别人的痛苦有了反应，别人难过时他自己也会难过，或者试图去安慰别人，以儿童区分自己与他人的能力为基础。(2) 3～6岁，相当于皮亚杰的前运算阶段。这时的儿童相对地以自我为中心，他们关于亲社会问题的思考通常是为自我服务的。在给他人做好事时，会考虑到是否给自己带来好处。(3) 7～11、12岁，相当于具体运算阶段。这个阶段的儿童自我中心思维减少了，同时学会了角色扮演技能，开始把别人的合理需要当作亲社会的主要依据。这时移情和同情也在行为中起到重要作用。(4) 青少年期，相当于形式运算阶段。这时青少年开始理解并尊重抽象的亲社会规则的意义，他们的行为指向亲社会行为接受者的利益，一旦违背了亲社会规则，他们就会产生负疚感和自责。

艾森伯格在科尔伯格道德发展理论的基础上，运用亲社会两难故事进行了大量的横向和纵向研究，总结概括出儿童亲社会道德判断的五个阶段（五种水平或称五种模式）。

阶段一：享乐主义，只关注自我的水平。个体只关心给自己带来的后果而不是出于道德上的考虑。这种水平大概出现于学前期和小学低年级。

阶段二：以他人需要为定向的水平。个体表现出对他人身体的、物质的和心理需要的关心，尽管有时这种需要与自身的需要相矛盾。出现于学前期和小学期间。

阶段三：以对他人的刻板印象及他人赞成与否为定向的水平。个体在决定是否作出亲社会性举动时，以对人或事好坏的刻板印象及他人赞同或接受与否为原则。出现于小学和中学。

阶段四：移情为定向的阶段。个体判断时依据同情心、角色扮演反映的对他人的关心以及行为后果所带来的负疚感或积极情感。出现于小学高年级和中学。

阶段五：深度内化的水平。个体以内化的价值观、准则、义务、责任感以及保护他人权利与尊严的需要来决定是否帮助他人。这种水平在高中学生中出现。①

三、社会学习理论

与认知发展理论相反，社会学习理论不关心儿童的内部倾向和推理，而重视儿童外显的可观察的社会行为。他们认为儿童可以通过观察和语言习得社会行为。模仿被看作道德行为和标准社会化的一个关键过程。社会学习理论重视自我强化在亲社会行为发展中的作用，而不是具体的强化。自我强化

---

① 杨丽珠、吴文菊：《幼儿社会性发展与教育》，辽宁师范大学出版社，2000 年 9 月版，第 152 页。

包括提升自尊和享有好名声等。他人具体的指导和儿童自己的观察学习，都会增加儿童亲社会行为的发生频率，其中社会经验起重要作用。社会学习理论认为认知—情感变量和自我强化是行为的控制机制，通过自我控制的奖赏和处罚来调节行为。社会学习理论既重视外部环境的作用，又注意个体的内部因素，这对于全面解释人的行为是富有启发性的。

四、社会生物学理论

20世纪60～70年代出现的社会生物学为亲社会行为提供了新的解释，试图以进化概念解释亲社会行为。生物学家唐纳德（Donald，1965）认为亲社会行为是本能的——人类天性的基本组成部分。他的观点基于这样的假设：无论动物还是人，如果个体生活在一个合作的社会里，可能得到保护和满足他们的基本需要。如果这个假设是正确的，那么合作的、利他的个体将最有可能生存下来，并把“利他基因”传给他的后代。这样，几千年的进化过程将选择利他行为的发展。该理论的证据是：新生儿有移情的能力，听到其他婴儿的哭声会跟着哭；但听到自己哭声的录音时他们并不哭。

社会生物学在物种的水平上解释亲社会行为的生存价值。威尔逊（Wilson，1975，1978）和其他人提出了亲缘选择的概念，这是自然选择的一个更宽泛的观点。他们主张通过自我牺牲和合作行为，亲社会动物增加与其共有基因的亲族生存和繁衍的可能性。因此，即使这个动物死了，其基因也会通过其他生存下来的亲族传递给下一代，不论这一代携带动物基因的个体如何，通过进化选择的基因也能使他们代代相传。如果个体亲社会行为的对象与其具有血缘关系，则个体的基因直接得到保护，因为他们带有部分共同的基因；如果没有血缘关系，个体所属的物种的基因仍然从亲社会行为中受益。可见，重要的是物种基因库的保存，而不是个体或家族的保存。

强调遗传基因的重要性，社会生物学家也不否定文化和学习对亲社会行为所起的作用。他们认为，作为一种有机体机能的亲社会行为，不仅受到环境影响，而且存在个别差异。人类亲社会行为的形式和强度在很大程度上由文化决定。

第三节　亲社会行为发展的影响因素

影响儿童亲社会行为或道德行为发展的因素有很多，具体分为内部因素和外部因素。

一、内部因素

（一）认知因素的影响

个体在做出某种亲社会行为时，首先必须对有关的信息进行认知加工。亲社会行为的发生不仅涉及知觉、推理、问题解决和行为决策等一系列基本的认知过程，而且与个体认知能力尤其是社会认知能力的发展有着直接的关系。这些社会认知能力中最重要的是观点采择能力和移情。

1. 观点采择能力

社会观点采择是个体对特定情景中他人思想、情感、动机、需要的认知理解。① 具有观点采择能力的儿童，才能充分理解他人的需要，并做出助人行为。我国学者李丹（1994）设计了一个“儿童角色采择能力和利他行为发展的相关研究”，他对5～7岁儿童的角色观点采择与分享行为、捐献行为进行了相关研究，结果表明：（1）不同儿童的角色采择能力有显著差异；（2）儿童的角色观点采择能力与其分享行为之间的相关没有显著意义；（3）角色采择能力与其捐献行为有一定相关，角色观点采择能力强的被试有更多的捐献行为。② 然而观点采择能力也并不必然导致儿童的助人行为，因为观点采择只是一种信息收集的过程，它只能为儿童更好地理解情境和他人的需要及情感提供认知前提。儿童的亲社会行为还受社会规范和社会期望的调节引导，主要包括社会责任规范、相互性规范和应得规范。

2. 移情

移情是体验他人情绪、情感的能力，是个体觉察到他人的情绪反应时所产生的与他人相同的情绪体验。根据马丁·霍夫曼（1981，1993）的观点，移情是整个人类都具有的一种反应，有神经学的基础，可以因后天环境的影响而发展或被压抑。霍夫曼认为，移情唤起最终能够成为亲社会行为的中介。例如，一些年幼儿童在看到他人悲伤或不幸时自己也会有类似的情绪体验（这可能是生命早期的一个突出反应），不过，他们可能会为了消除自己的不

---

① 张文新：《儿童社会性发展》，北京师范大学出版社，1999年8月版，第327页。

② 李丹：《儿童角色采择能力与利他行为发展的相关研究》，《心理发展与教育》，1994年第2期。

适而忽略或离开需要帮助的人（Young，Fox & Zahn-Waxler，1999）。艾森伯格等人认为，移情是产生同情他人的动机的基础，通过“移情—同情—亲社会行为”这一模式，实现对助人行为的影响。大量的研究表明，移情与各种形式的亲社会行为都呈正相关，移情能力越高，个体做出亲社会行为的可能性越大。例如，一些儿童（甚至包括一些年幼儿童）倾向于将移情唤起转变为对悲伤者的关心，这种同情式的移情唤起而非自我定向的悲伤将最终促进亲社会行为的发展（Batoson & Eisenberg，1991）。

（二）个体心境的影响

个体的心境与其亲社会行为密切相关。一般情况下，愉快的心境有利于亲社会行为发生，而挫折感、焦虑、烦躁等消极心境则容易诱发攻击行为。安德差（1971）曾做过一项实验，让一组被试阅读描述“兴高采烈”心境的文章，另一组被试阅读描述“抑郁”心境的文章，结果发现，前一组被试更可能做出助人行为。这是因为愉快的心情具有扩散作用，个体更可能回忆起积极的思想、情感和经验，从而激发个体的亲社会行为，而且亲社会行为又能延长这种好心情。当人们心情不好时，会将注意局限于自身，一方面降低助人的愿望，另一方面又渴望改变不良心境，因而也会做出亲社会行为，这是因为亲社会行为具有自我奖励的意义。为此，研究者们提出了许多理论模式来解释积极心境的助长作用。这些理论认为，个体在积极的心境下，会减少对自己的关注，更多地去了解他人的需要，把亲社会认知转化为亲社会行为。消极心境与亲社会行为的关系比较复杂，既可能阻碍利他行为的发生，也可能促进利他行为的发生。

（三）个性特征的影响

儿童的个性特征与亲社会行为的关系非常密切，儿童良好的个性特征能够有效促进亲社会行为。性格开朗外向、爱社交、容易对周围事物表现出关心的儿童，其助人行为多于害羞的儿童；具有爱心、自制力强、能够根据活动的进展调整和控制自己行为的儿童，能更好地与他人合作；慷慨大方的儿童比吝啬的儿童更容易获得同伴的接纳和赞许，与同伴的分享行为也较多。如斯陶布（1972）研究发现，助人者具有如下特点：（1）具有强烈的社会动机；（2）相信自己对事情有影响力；（3）有适合于情境需要的特殊能力；（4）同情、理解他人，有责任感。相反，焦虑、神经过敏性与亲社会行为较弱有关。

二、外部因素

（一）旁观者效应的影响

旁观者效应是指个体在面对紧急事态时，单个人与同他人一起时的反应不一样。由于他人的在场，会抑制或激发个体利他行为。有研究表明，在紧急助人事件中，旁观者会分散个体助人的责任，旁观者人数越多，每个人就越少认定自己具有援助的责任，个人见危不救时产生的内疚感也会减轻。而另有研究发现，紧急事件中，若旁观者都表现积极，现场人数越多则导致的积极干预行为越多。可见，人们活动的共同性可以直接增加人们的相互认同感，使之更容易产生情感共鸣，增加亲社会行为。

（二）人际关系对儿童亲社会行为的影响

亲社会行为发生于人际交往中，人与人之间的熟悉性，个体之间是否具有适宜、有效的交往技能和策略，对于亲社会行为的产生具有重要的意义。人际交往主要体现在父母、同伴和教师之间。

1. 父母教养方式对儿童亲社会行为的影响

根据社会学习理论，年龄较小的儿童经常因为父母、教师奖励亲社会行为而学会分享和帮助他人，所以在亲社会行为的社会化过程中，父母的直接教育和对亲社会行为的强化起了重要作用。霍夫曼的抚养儿童的研究表明，温和养育型的父母趋向抚养利他儿童，父母与儿童温和养育关系对儿童亲社会行为有重要的作用。① 父母教养方式中的民主、鼓励、爱心、保护和惩罚等指标与亲社会行为相关。特别是，父母对儿童的民主公正的态度，有助于儿童在与父母的相互探讨中获得观点采择的机会，学会设身处地为他人着想；父母爱心的流露，以及对儿童攻击性的制止，将促使儿童更懂得关心和帮助别人；父母的过度保护促使儿童行为退缩，父母的惩罚取向会让儿童感觉到生活的无奈，因此这两个指标与亲社会行为成负相关。

父母如果既作出了亲社会行为的榜样，同时又为儿童提供了表现这些亲社会行为的机会，则更有利于激发亲社会行为。海和墨瑞（Hay & Murry，1982）观察 4 组 12 个月的儿童，成人向他们提供物品（示范目标行动）、成

---

① Hoffman，M I. （1975）. Altruistic Behavior and the Parent － child Relationship. Journal of Personality and Social Psychology，31：937～943.

人向他们索要物品（补偿性行动）、既提供又索要物品（试图做一种“给予—获取”游戏）或只与父母说话而不表现任何行动。仅仅看到成人的亲社会方式还不足以增加儿童的亲社会行为，只有看到榜样索走物品和玩过“给予—获取”游戏的被试才能比控制组的儿童更多地向榜样提供物品，并且“给予—获取”的经验促进了日后儿童与其母亲之间的分享。①

2. 同伴关系对儿童亲社会行为的影响

同伴关系对儿童的亲社会行为具有重要的影响。美国心理学家对此有较为一致的看法，即在儿童的安慰、帮助、同情等能力形成过程中，同龄人起着决定性的作用。泰松、卢科威茨和比格洛（Tesson，Lewko & Bigelow，1987）发现，在6～13岁儿童所报告的用于同伴关系的社会规则中，诸如互惠、真诚和信任、帮助与问题解决以及对他人情感的敏感性之类的亲社会主题是显而易见的。另外，拥有至少一段互惠性友谊的儿童，他们的亲社会行为水平较高（Wentzel，Barry & Caldwell，2004）。对儿童亲社会行为的发展来说，同伴关系是一个非常重要的变量，其影响主要体现在三个方面：同伴关系的质量；儿童在同伴中的地位，通常表现为受欢迎水平；人际信任。同伴关系质量越高的儿童不仅越多地做出利他行为，而且更容易形成亲社会价值观。亲社会的儿童往往是受欢迎的，换句话说，儿童在同伴群体中的地位往往是由其行为的性质即是否具有亲社会性所决定的。可见，同伴关系良好，人际信任度较高，亲社会行为亦较多；同伴关系不良，人际信任度通常较低，亲社会行为亦少。

3. 教师对儿童亲社会行为的影响

教师是否有意识地进行亲社会性的培养和训练，对儿童亲社会行为的发展非常关键。在教学过程中，教师创设的平等、友好、互助的课堂气氛，鼓励儿童亲社会的生活和学习理念，让儿童体验快乐和成功，这些对儿童亲社会的培养极为重要。作为一个成人的榜样，教师的个人行为是否具有亲社会性，将在很大程度上影响儿童对亲社会行为的认知判断和行为习得。如果教师是富有同情心的、乐于助人的、关心和维护他人利益的，对儿童的态度是真诚的、友好的、关爱的，那么儿童也会积极仿效。

---

① 杨丽珠、吴文菊：《幼儿社会性发展与教育》，辽宁师范大学出版社，2000年9月版，第163页。

（三）电视媒介对儿童亲社会行为的影响

电视对儿童亲社会行为产生影响。电视不仅使人们能够有效了解社会，分享经验，增长知识，促进人们接受社会所公认的价值观和行为方式，而且是全体成员进行社会化的“第二课堂”。普里德瑞奇（Preidrich，1975）等人进行了一项研究来评定观看“罗杰斯先生的邻居”节目片段所产生的效果，这是一个集中表现理解他人的情感、表达同情和援助的电视节目①。让5岁和6岁儿童观看亲社会的电视节目或中性节目，每天一次共看4次。看了“罗杰斯先生的邻居”的儿童不仅懂得了这一节目的特定亲社会内容，而且能将其应用到其他的情境。与看中性节目的儿童相比，看亲社会节目的儿童学会了一些有关亲社会行为的一般规则。研究者设计了两种程序来增加儿童的学习和保持。第一种是语言—标签训练，将节目的主题在故事书中写下来。看完每一个节目后让儿童阅读故事，重复故事中的语言，举例说明故事中提到的情感或行为。这类似于语言复述策略。第二种是让其他儿童进行角色扮演训练，将节目主题用手动木偶来复演一遍。最后，让一部分儿童接受两类训练。由听故事和复述组成的语言—标签训练对以言语测量的学习产生了最大的影响，特别是对于女孩。为了测查观察行为和接受行为训练所产生的影响，设计了一种援助情境，让儿童有机会帮助另一名儿童完成被碰翻的拼贴画。角色扮演和观看亲社会节目一起共同进行，能增加男孩和女孩的援助行为，但角色扮演对于男孩最为有效。

（四）文化对儿童亲社会行为的影响

不同的文化对亲社会行为的认同和鼓励显然是不同的。比如东方文化中强调群体和谐，因而鼓励亲社会行为。这种倾向使亚洲国家的人们重视在儿童早期就鼓励儿童的亲社会行为，从而使儿童的游戏和儿童之间的社会互动为儿童进入成人社会打下了基础。在一项有趣的跨文化研究中，比特丽斯·怀汀和约翰·怀汀（Beatrice Whiting & John Whiting，1975）对六种文化背景（肯尼亚、墨西哥、菲律宾、日本、印度及美国）中3～10岁儿童的利他行为进行了观察。如表14－3所示，表现出更多利他行为的儿童往往来自非工业化的社会中。在这种文化中，人们通常生活在大家庭中，儿童通过做家

① 杨丽珠、吴文菊：《幼儿社会性发展与教育》，辽宁师范大学出版社，2000年9月版，第164页。

务或者照看年幼的弟妹等方式促进家庭的良好运转。尽管西方工业社会中的儿童较少参与家务劳动，但是与主要进行自我服务（如打扫自己的房间）的同龄儿童相比，那些在家中被分配做一些家务或其他为家庭成员服务的事务的儿童更具有亲社会倾向（Grusec，et al.，1996）。

表 14－3 六种文化中的亲社会行为：每种文化中利他行为得分高于整体样本平均分的儿童百分数①

社会类型		得分高于平均分的百分比	社会类型		得分高于平均分的百分比
非工业化	肯尼亚	100	工业化	日本	29
	墨西哥	73		印度	25
	菲律宾	63		美国	8

本章思考题

1. 什么是亲社会行为？
2. 阐述 3～6 岁儿童亲社会行为的发展。
3. 阐述学前儿童合作行为的发展。
3. 阐述科尔伯格关于亲社会行为发展的观点。
4. 阐述影响儿童亲社会行为发展的因素。

本章实践题

观察大班幼儿的合作行为，并分析其特点。

---

① 〔美〕David R. Shaffer 著，邹泓等译：《发展心理学——儿童与青少年》，中国轻工业出版社，2005 年 2 月版，第 526 页。

第十五章　学前儿童攻击性行为的发展

在儿童成长发育的过程中产生攻击性行为是一个普遍现象，不足为奇。但儿童攻击性行为的持续不断、次数增多、强度增大，既会影响儿童当前的生活和学习，更会影响儿童一生的发展。

第一节　攻击性行为及其发展

儿童的攻击性行为是由愤怒情绪表现出来的用言语或身体向一定对象攻击的行为，具有明显的性别差异和年龄差异。

一、攻击性行为的定义

攻击性行为又称“侵犯性行为”，不同的理论流派在给攻击性行为下定义上存在着一些分歧。争论的核心是以观察得到的结果还是以表现这种行为的人的意图来下定义。被广泛接受的一种定义认为，攻击性行为是任何对生物体有意的伤害的行为，且被伤害者会力图避免这种行为（Coie & Dodge，1998）。① 这一定义是按照行为者的意图而非行为的后果来界定攻击性行为的。因此，这种意图定向的定义将所有试图伤害他人但并未实施的行为也都划入攻击性行为的范畴（如没有击中目标的踢打行为、未被对方意识到的冷落怠慢行为），而那些意外伤害或者是参与者没有伤害意图且乐在其中的混战打闹游戏则不纳入攻击性行为之列。儿童的许多攻击性行为并非对对方有明确的敌意，而是为了其他目的而对他人造成伤害。

该定义涵盖了两种不同的攻击性行为。当动物发怒时，它们展示典型的社会性攻击行为；而当掠食者潜行在猎物之后时，它们表现的是静息的攻击性行为。社会性和静息性攻击行为分属不同的脑区。对于人类，心理学家把攻击性行为分为“敌意性”和“工具性”两种。如果行为者的主要目的是伤害对方，他的行为就属于敌意性攻击；与此相对，工具性攻击是通过伤害别

---

① 〔美〕David R. Shaffer 著，邹泓等译：《发展心理学——儿童与青少年》，中国轻工业出版社，2005 年 2 月版，第 508 页。

人而达到其他目的，他们的主要目标在于赢得物品、空间或权力。①

二、攻击性行为的发展

（一）儿童早期攻击性行为的发生

从经验上来看，我们经常能看到很小的婴儿显得非常生气和愤怒，并击打别人，然而并不能确定他们有攻击的意图。皮亚杰（1952）举了一个事例：当7个月的劳伦试图够取一个感兴趣的物体时，皮亚杰用自己的手挡在了物体的前面，于是劳伦就拍打他的手。对劳伦来说，这只手似乎代表着一个需要移开的障碍物。这看起来好像是一种“工具性”攻击行为，然而劳伦并没有吓唬或伤害他父亲的意图。

然而，这种情境在1岁左右就会发生改变。这一时期与正在出现的个体对自己财产、自己活动的控制以及同伴交流这些兴趣相符。马琳·卡普兰（Marlene Caplan）和她的同事（1991）发现，当一个婴儿抓住了另一个婴儿也想要的玩具时，这两个婴儿之间的态度会非常强硬。这些婴儿总是觉得别人手里的玩具更有价值，即便那儿还有一个，甚至自己手里已经有了一个，也是如此。6个月大的儿童看起来并不会受到来自同伴的抢夺他们的物品、侵占他们的空间的烦扰（Hay，Nash & Pederden，1983）。12个月大的儿童，总是不管其他的玩具，而去制服拿着玩具的儿童，以便控制他们手中的玩具。很明显，这些儿童的行为可以称为工具性的攻击行为，因为他们有了明确的攻击意图。对12～18个月的儿童来说，接近一半的同伴互动中包含冲突（Holmberg，1977）。海伊和罗斯（Hay & Ross，1982）发现，在四段持续15分钟的实验室同伴群体的观察片段中，有87%的21个月大的儿童至少参与过一次冲突。

与1岁相比，2岁儿童因玩具产生的冲突数量有增无减，但在有些情况下（尤其是玩具资源不足时），他们已经能够较多地采用协商和共享而非攻击的方式解决冲突（Caplan，et al.，1991）。随着年龄的增长，儿童之间的冲突行为呈现下降趋势，到2岁半，儿童与同伴之间的冲突行为只有最初的20%。这可能反映了儿童有效解决冲突的能力在提高，可以用和平的方式，而非武力攻击解决冲突。

---

① 〔美〕David R. Shaffer著，邹泓等译：《发展心理学——儿童与青少年》，中国轻工业出版社，2005年2月版，第508页。

（二）攻击性行为的发展趋势

儿童的攻击性行为特征会随着年龄的增长而发生很大的变化。在一项关于学前儿童攻击性行为发展的经典研究中，佛罗伦萨·古德伊纳夫（Florence Goodenough，1931）要求2～5岁儿童的母亲在日记中记录自己的孩子愤怒时的详细情况。通过对资料的分析，古德伊纳夫发现，没有具体对象的发怒在2～3岁之间出现得越来越少，他们已经开始在玩伴妨碍或攻击自己的时候，运用躯体行为（打或踢）进行反击，此时儿童很少会出现发脾气的现象。但是，身体攻击会在3～5岁之间逐渐下降，取而代之的是嘲笑、说坏话、诽谤、起外号以及其他形式的语言攻击。尽管在2～4岁之间的身体攻击在减少，但伴随着表达性词汇的增多，语言攻击也会增加（Cairns，1979）。语言的产生也为儿童提供了一种新的攻击手段（如通过辱骂、威胁和起外号），而且父母普遍认为这一阶段儿童的问题行为增多。詹金斯、巴克斯和哈特普（Jenkins，Bax & Hart，1980）发现，在儿童3岁时父母对其行为问题的关注和管教达到高峰。另外，流行病学的研究揭示，儿童3岁时发脾气、同伴打架、挫折耐力等问题出现的频率高达13%，此后则会下降。此外，当学龄前儿童提高的延后享乐能力帮助他们避免去抢夺别人的东西时，工具性攻击就不经常发生了。相比之下，敌意性的、带有个人倾向的爆发增加了，尽管讽刺、批评以及嘲笑很少能激起4～5岁儿童的攻击性行为，但是却能激起6～7岁儿童的攻击性行为（Hartaup，1974）。总而言之，在童年中期，由于个体已经学会了用友好的方式解决大多数争端，身体攻击和语言攻击的总体发生率有所下降（Loeber & Stouthamer-Loeber，1998）。但是，这一时期敌意性攻击却有轻微上升的趋势（Hartup，1974）。

三、攻击性行为的性别差异

攻击性行为的发展趋势适合于所有的儿童，但是来自200多个国家和地区的资料显示，男性的身体攻击、语言攻击的平均水平一般都高于女性（Harris，1992；Maccoby & Jacklin，1974）。我们可以注意到：男孩比女孩更易进行公开性的攻击。从学龄期开始，他们就进行更多身体上和口头上的攻击；到青少年期，他们参与反社会行为和暴力犯罪的可能性要高出10倍。然而，最近研究表明，年龄很小的男孩并不比女孩更具有攻击性（Hay，Castle，&Davies，2000）。例如，马琳·卡普兰及其同事（1991）发现，在以女孩为主的游戏群体中，1岁儿童对玩具争执多采用强制和攻击性的解决方式。2岁以前，在玩具资源不足的情况下，男孩为主的群体会比女孩为主的群体更倾向于采用协商和分享的方式解决问题。如图15－1所示，关系性攻击类型（经常散布谣言以及有社会排他性）的女孩和公开性攻击类型（经常直接进行攻击）的男孩子几乎一样多（Crick & Grotpeter，1995）。因为大多数的研究注重身体上和口头上的攻击，它们低估了女孩子的攻击性。

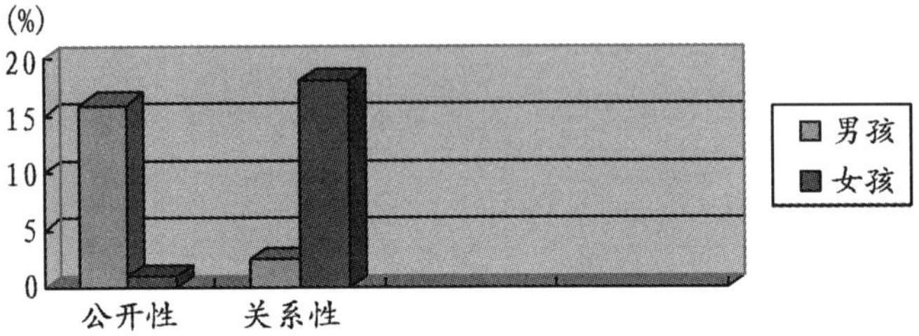

图15－1 在一项从对三年级到六年级的学生的研究中，经常使用公开性侵犯或者关系性攻击的男孩和女孩比例①

男孩子通过身体上和口头上的攻击直接表达他们的敌对性，相比之下，女孩使用间接的攻击形式，这些攻击目的在于破坏另一个人的同伴关系。当考虑到两种类型的攻击时，女孩同男孩一样爱攻击。

为什么攻击行为存在性别差异呢？可以从生物的、社会文化的两个角度来解释。麦克比和杰克林归纳了四点原因，以说明生物因素对攻击性行为性别差异的影响：（1）在各种社会条件下的研究都显示男性比女性更富有攻击性，可见不是文化背景在起决定作用。（2）攻击性的性别差异从很小（大约2岁多）就开始显露出来，这就很难归因于社会学习和育儿方式。（3）与人类进化相近的那些动物，如狒狒、黑猩猩等都是雄性比雌性更富有攻击性。（4）在人类和动物中，雄性激素与攻击性有关。而从社会文化的角度来看，成人对男女儿童的不同期望可能是导致攻击性性别差异的原因。例如，父母与男孩的游戏比与女孩的游戏更粗犷，他们对女孩表现出攻击性行为的反应比对男孩的反应更消极（Mills & Rubin，1990；Parke & Slaby，1983）。而且家长通常鼓励男孩玩机枪、坦克、导弹发射台以及其他象征性的暴力玩具，这种以攻击为主题的演练活动会在一定程度上促进攻击行为的发展（Feahbach，

---

① 〔美〕劳拉·E. 贝克著，吴颖等译：《儿童发展》，江苏教育出版社，2002年12月版，第766页。

1965；Watson & Peng，1992）。诚然，更好的理解问题的方式，应该是把生物的和社会的观点结合起来理解攻击性行为的性别差异。

第二节　攻击性行为发展的理论

解释攻击性行为的理论很多，具有代表性的理论归结起来主要有四大派：本能论、挫折—攻击理论、社会学习理论、社会信息加工理论。

一、本能论

本能论的代表人物是精神分析学派的创始人弗洛伊德和著名的奥地利习性学家、诺贝尔生物学奖获得者洛伦茨。本能论强调攻击是人的本能，具有先天性。

弗洛伊德早期理论认为人的一切活动来源于性本能，攻击是被压抑的性冲动的发泄，是里比多的释放，是天生的、本能的。他说，人类不是希望被爱的友好的动物，相反，他们具有很强的攻击本能。弗洛伊德在其后期阶段，渐渐把攻击性看作为死亡的本能：死的一种表现。寻求破坏表现的本能冲动被看作为人的无意识力量的精神平衡的重要决定因素。弗洛伊德认为社会不可能完全挫败攻击性冲动，而只能将它们的表现朝更加可以接受的方向引导。社会学的实证研究似乎证实了这种假说的正确性。有研究表明，一个地区如果自杀率高，则他杀案件的百分率就低。弗洛伊德认为，为了发泄人的本能的冲动，人类采取一切社会许可的方式，如竞技、争论、冒险等，这些活动使人的本能的冲动得以释放，又不会对社会造成危害。

洛伦茨根据他对动物行为的观察，认为攻击是人和动物的一种本能，它在获得所需要的资源（如配偶或事物）时能够很好地起作用，它同吃食、逃跑、生殖一起构成了人类和动物的四大本能系统。人和动物攻击的驱动力来自有机体内部，而与外界刺激无关。随着个体攻击的能量在有机体内不断积累，他必须借助于适当的外部刺激周期性地进行释放。而且他也认为这种发泄可以通过社会许可的方式如体育、冒险、负重等消耗体力的活动，以代替攻击、侵犯、战争等破坏性的发泄途径。与弗洛伊德不同的是他不认为攻击指向毁灭，认为是具有生物保护意义的生的本能的体现，类似于生物进化论过程中的自然淘汰法则，自然淘汰法则就赋予攻击性强的个体优越的条件。

现代的一些研究揭示攻击性的确具有一定的先天倾向。1986 年鲁世敦

(Rushton) 等人对同卵双生子和对异卵双生子进行了敌意和攻击性行为的追踪测量发现同卵双生子的攻击性相关程度明显高于异卵双生子。说明了人的攻击性倾向在某种程度上受遗传因素的影响。但本能论是很难进行评价的，人身上是否具有攻击本能，很难证实或证伪。这种理论陷入了一种循环解释：人为什么具有攻击本能，因为人有攻击性。人为什么具有攻击性，因为他具有攻击本能。这在逻辑上和科学上是一个死结。而洛伦茨的理论的依据是动物实验，从动物推演到人，这中间难免有其局限性。本能理论过分强调本能因素在动物和人类攻击中的作用，对学习因素重视不够。另外，本能论无法解释个体之间的差异和文化差异。

二、挫折—攻击理论

20 世纪 30 年代，多拉德 (J. Dollard) 等人曾提出过一种关于攻击性行为的理论，称为“挫折—攻击假说”(frustration aggression hypothesis)。这个理论认为攻击行为不是来源于攻击本能，而是由挫折所致。多拉德提出：“攻击性行为的发生总是以挫折的存在为必然前提。”后来，随着大量资料的积累，人们越来越感到最初的挫折—攻击观点过于简单、概括，对许多同挫折和攻击有关的现象不能提供满意的解释。许多人受挫后没有发生攻击性行为。为了解释这个现象，梅厄斯 (Miller) 等人调整他们的立场，他们提出了挫折有时导致一种间接表达的攻击。间接攻击能用多种形式表达。一种就是将攻击迁移到一个新的目标上，比如将工作中的挫折发泄到配偶身上。另一种方式是用间接的方式攻击，例如，我们不能大骂自己的老板，但是却可以在工作中作梗或散布谣言。最后一种方式是升华从精神分析的理论中采用的一个概念，例如，一个人受挫后要跑几里路或打一场篮球，才把紧张消耗掉。就是说，挫折总是要导致攻击，但不一定用明显的方式。这个理论模型如图 15—2。

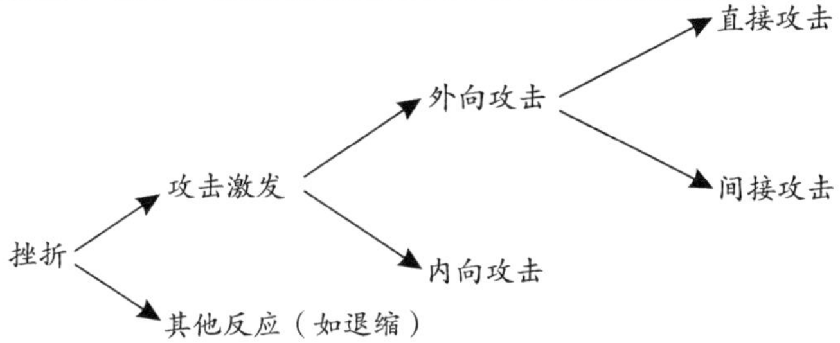

图 15－2

19 世纪 60 年代贝科维茨（L. Berkowitz）在原来的“挫折—攻击假说”基础上提出了新的经修正的模型。贝科维茨认为：挫折并不直接导致攻击，它只为攻击性行为的实际发生创造了一种唤醒状态或准备状态。攻击性行为的实际发生还需要一定的外部引发线索。攻击性行为这个模型解释了为什么不是所有的挫折都会导致攻击，和为什么一定的看法会增加或减少攻击的可能性。研究者发现，一个人因另一个人而受挫，他的行为中攻击性的多少依据他认为那个人的行为是故意的、敌对的还是无意的。贝科维茨对多拉德“挫折—攻击假说”进行修正，引入了情绪唤醒这一中介变量，这在一定程度上克服了后者完全把中介过程排除在外的致命缺陷。但这种进步仍没有跳出行为主义的窠臼，因为它同样没有考虑到认知过程中攻击性行为的调节作用，也没有对情绪唤醒产生的机制作出清楚的说明。

总之，“挫折—攻击假说”引发了长达五十多年的研究，但是从实验和调查的情况看，只是部分的支持，视挫折为攻击的起因有一定的可能性，但是有时挫折并不一定引起攻击，有时引起攻击的不是挫折而是别的来源。有些情况下，攻击使紧张得到释放，但是攻击性行为又可能引起更多的攻击。贝科维茨修订的“挫折—攻击假说”解释了一些现象，考虑了中介变量在攻击性行为中的作用。正如社会理论学家班杜拉所言：“离开了对人类心理活动的解释，就无法真正理解人类行为。”（Crusec & Lytton，1988）对于像攻击性行为这样复杂的社会行为的研究而言，离开了对认知中介过程的深入探讨，就永远无法作出令人信服的解释。

三、社会学习理论

社会学习理论也称模仿论，是由著名的心理学家班杜拉提出来的。他既不同意攻击行为是由先天本能决定的，也不同意“挫折—攻击假说”认为的行为由环境决定。他认为儿童的攻击是一种习得的社会行为，是通过社会化和文化适应以及观察学习的结果。根据社会学习理论的基本观点，儿童对攻击的社会学习过程由获得机制、启动机制、保持机制、自我调节机制这四个子机制构成（Bandura，1983）。

攻击性的发展被看作是个体生活史中的一系列习得经验。行为的习得涉及个体全部信息处理以及各种综合能力，而某一系列特定行为的表现则取决于当时环境中更为直接的、对习得行为起强化作用的偶然因素。根据这一理论，个体在其发展过程中遇到的一系列经验，这种经验形成了该个体将在未来作出攻击性反应的可能性，并且贯穿于个人的能力期望和信息处理等方式的发展之中，而这些又会影响日后的攻击性行为。社会学习理论预言，当儿童第一次展示被称为攻击性的行为时便获得了强化，成人给予一定的赞扬或默许。儿童观看暴力电视节目和游戏中攻击无生命的玩具等，都使儿童从中学习了如何进行攻击。

班杜拉（1977）的研究认为，榜样对人们的行为能施加强大的影响。他说，人们不仅通过自己的行为直接获得奖赏进行学习，而且通过观看他人获得奖赏而进行间接学习。[①] 班杜拉及其同事完成了一系列的研究后指出，儿童很容易模仿他人的攻击性行为[②]。他在研究中让一组儿童观看描述儿童攻击性行为的电影，另一组儿童观看没有这种内容的电影，结果表明，前组儿童比后组儿童在班级中表现了更多的攻击性行为。社会学习理论还探讨了惩罚对儿童攻击性行为的影响，提出了惩罚在制止被惩罚的行为时是有效的，但是无意中又为后来的侵犯性行为提供了模式。

班杜拉提出的社会学习理论有一定的合理性和影响，他强调环境的影响和个体的作用，他认为行为是由外因和内因相互作用的结果，这一点比强调内因的本能论和强调外因的环境论改进了一大步。同时也对人类尤其是儿童控制和矫正攻击性行为提供了理论支持，具有很大的现实意义。而且毫无疑问，攻击性行为与媒介暴力有一定的相关。但是以班杜拉为代表的模仿论只能部分地解释他们之间的相关，而且许多攻击性行为并非完全由模仿得来。另外，对于模仿的个体内部的心理过程也未加以说明。

四、社会信息加工理论

社会信息加工理论以信息加工模式为基础，解释个体的行为，因此提出了攻击行为的社会信息加工模式。该模式以道奇（K. A. Dodge）为代表，他于20世纪80年代初提出了一个颇有影响的儿童攻击性行为的信息加工模式。

该模式认为，儿童从面临某一社会线索到作出攻击反应的整个信息加工过程包括五个步骤和环节。第一步是对输入信息的译码（decoding）。在这一

---

① 唐征宇：《浅谈体育运动中的攻击性行为》，《心理科学》，1997年第3期，第276、277页。

② 季浏：《儿童攻击性行为的原因与矫正》，《大众心理学》，1994年第2期。

环节上，儿童必须通过感知精确接受来自环境的线索，与此相联的是儿童搜索环境中的有关线索并把注意集中到适宜线索上的能力。第二步为解释过程。在儿童知觉了环境中的线索之后，他首先必须把这些信息与他对过去事件的记忆、他的目标任务相整合，然后为这些线索寻找可能的解释。例如，一个儿童被同伴打了之后，他就要推测同伴的意图，同伴打他是和他开玩笑抑或出于敌意。最后他把从环境中获取的信息与他的程式化的规则相匹配。例如，这个儿童的规则可能是：如果同伴打了我以后又得意地笑了，那么我就知道他是有意打我的。第三、四步是寻找反应、决定反应的过程。在儿童对某一情境作出解释之后，他便去寻找可能的行为反应，而行为反应的确定又与儿童对规则的运用密切地联系在一起。例如一个儿童可能会运用这样的规则：如果同伴有意伤害我，那么我就还击。最后，儿童进入执行自己选择的反应阶段。①

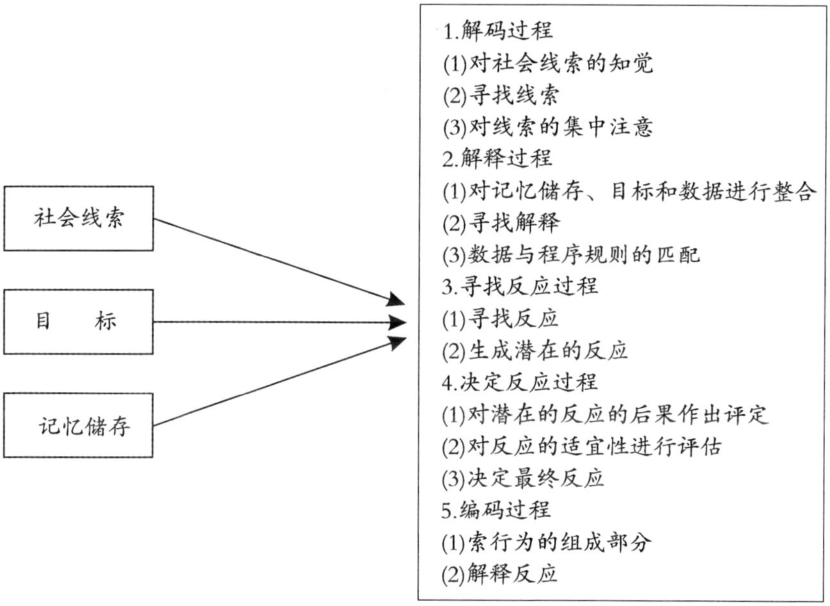

图 15－3　攻击的社会信息加工模型

根据这一模式，个体在面临一个社会情境时，他在记忆中储存了一些反应模式并有一个程序化的认知加工方向。个体从环境中输入信息依次通过上述五个认知加工阶段而作出反应。如果个体没有按顺序对输入的信息进行加工

---

① 张文新：《儿童社会性发展》，北京师范大学出版社，1999 年 8 月版，第 149 页。

或在某个加工环节出现偏差，就有可能导致异常行为即攻击性行为的发生。这种模型认为个体的社会信息加工模式以及由过去经验所形成的内部认知结构与攻击性行为之间有密切的关系。该模型强调了攻击性行为的个体因素包括个体认知风格和个体原有的知识经验，这对于大量的实验研究所得出的攻击性行为与个体的个性、个体的受教育情况和个体早期经验之间的相关有很好的解释作用，而且这种模式也为攻击性行为的矫正提供了方法基础。近些年来的一些实验分别探查了不同加工阶段上的儿童与攻击行为相联系的认知缺陷。结论主要包括以下四个方面：(1) 攻击性儿童对敌意性线索表现出有偏向的注意；(2) 攻击性儿童对他人行为的解释中存在归因偏见；(3) 攻击性儿童的行为反应搜索和问题解决策略上存在缺陷；(4) 攻击性儿童对攻击性行为的后果抱乐观态度。

第三节　攻击性行为发展的影响因素

影响攻击性行为的因素是多方面的，有先天的原因，但更多的是与后天的教育及环境因素有关。

一、攻击性行为发展的影响因素

(一) 影响攻击性行为发展的个体因素

1. 生物因素（或激素和气质类型）

个体的攻击性行为有一种相当稳定的特征，这种稳定性可能是出于基因或生物学的原因，如激素和天生的气质类型等。

有研究提出，睾丸素是影响人类攻击性的一个重要因素。动物学的研究也报告了相似的结论，在实验中将雄性动物的激素注射到雌性动物体内，这时雌性动物的厮打等攻击性行为会明显增多。瑞士一项著名的研究表明，15～17岁男孩血液中的睾丸素含量与同伴对他的攻击性评价显著相关，特别是他们的报复性攻击（Olweus, et al., 1988）。但目前还不能说明睾丸素是直接作用于行为还是通过大脑里的神经递质起作用的。神经类型的差异带来了儿童气质上的不同。有的爱哭爱闹，难以照看。有的则易于相处，适应性强。人们发现“难带的婴儿”（即不稳定、不可预测、难以抚慰的婴儿）在日后更容易发展攻击性行为模式。曾有一项研究要求一组母亲在婴儿6个月时填写气质量表，由此来确定婴儿的气质类型；随后的5年里，这些母亲定期评估儿童的攻击性行为。结果发现，早期的气质类型确实能很好地预测哪些儿童会有更多的攻击性表现（Bate，et al.，1991）。

生物因素对攻击性行为的影响在少年发展时期仍然存在，研究表明，激素水平与攻击性之间存在着联系。但这并不意味着激素之类的生物因素能独立于社会之外单独起作用，它们只是表明激素在某个发展时期和某些条件下可能具有突出的影响。

2. 社会认知缺陷和歪曲

社会认知缺陷和歪曲增加了攻击性行为的维持。在一项纵向研究中，有偏见的社会认知已经出现在身体受虐待的4岁儿童中间，这些儿童在进入幼儿园6个月以后显示出高频率的攻击性行为（Dodge，Bates & Pettit，1990）。具有攻击性行为的儿童，往往对攻击性行为的后果有一种错误的认知。在他们看来，攻击性行为能有效地减少他人的挑逗、取笑和其他令人不愉快的行为。因此他们倾向于利用攻击性行为来作为保护自己的常用手段。

对许多攻击性儿童社会认知的另一个有偏见的特点是很强的自尊心。尽管他们在学业上和社会上失败了，长期的攻击者一般认为他们是优秀的、有能力的。当他们傲慢、自负的行为不可避免地向他们膨胀但很脆弱的自我形象产生挑战时，他们就会生气地作出反应并且攻击他人（Baumeister，Smart & Boden，1996）。

3. 挫折

攻击性行为产生的直接原因主要是挫折。根据多拉德的定义，挫折是“对目标作出的反应受到干扰时产生的状态”。也就是说挫折是人在活动过程中遇到障碍或干扰，使自己的目的不能实现、需要不能满足时的情绪状态。他认为，挫折总会导致某种形式的攻击，攻击总是某种挫折的结果。

根据挫折—攻击理论，剧烈的挫折可能激发直接的、指向知觉到的挫折来源的攻击性行为；而较弱的、来源不明的挫折则只引起间接性的、替代性的攻击性行为。例如，儿童在犯错误时，成人对周围人说“不理他”，使儿童丢了脸，或戏弄他、经常对他大声嚷嚷等，就会导致攻击性行为的发生。研究认为，一个受挫折的儿童很可能比一个心满意足的儿童更具攻击性。他们受挫折的原因有很多且不明确，因此会产生这种间接性的、替代性的攻击。对于儿童来说，家长或教师的不公正是挫折感产生的主要原因之一。有研究表明，当全体儿童都没有玩具可玩时，没有一个儿童会有挫折感，也就不会表现出攻击性行为；但当一部分儿童得到有趣的玩具可以尽情玩耍，而另一部分却无端遭禁止时，他们会怒气冲冲，并表现出摔打玩具等攻击性行为。因此，教师和家长在处理问题时，要保持公正的态度和方式。

（二）影响攻击性行为发展的背景因素

上面讲的外部因素都是直接与攻击性行为有关的因素，此外，还有一些外部因素对攻击性行为起着间接的、背景性的影响作用。如父母的教养方式、家庭系统环境、暴力电视和游戏、文化和亚文化因素。

1. 父母的教养方式

父母的教养态度和教养技巧，对儿童攻击性倾向的形成有重要作用。有研究表明，冷淡和拒绝的父母常常是武力、专断而且喜怒无常的，会体罚儿童或者放纵儿童表达自己的攻击性的冲动，这样的父母，其子女很可能发展成充满敌意和攻击性的个体。一个在家里因侵犯性受到严厉惩罚的儿童，比惩罚不怎么严厉的儿童，在外边有更大的侵犯性。惩罚在家里限制了侵犯行为，但似乎在外面鼓励了他，儿童模仿的是父母的侵犯行为。因而，惩罚不仅教他在家里老老实实，而且还等于告诉他，如果干了坏事不被发觉，侵犯行为还是可取的。这样做不是减少了侵犯，而是加剧了这一行为。因此，父母对待儿童的态度、方式对儿童攻击性行为的形成具有直接的影响。家庭对儿童过分溺爱，对儿童行为放任不管，都会导致儿童较高的攻击性行为发生率。因为在这种环境下培养的儿童，道德观念薄弱，是非不清，没有正确的行为准则与规范，以自我为中心，自控能力差，为所欲为，社会适应困难，在学校与同学不能建立良好的人际关系，常常导致学习困难。

2. 家庭的系统环境

家庭的情感氛围会影响儿童的适应。父母关系紧张、冲突不断，儿童通常会有情绪障碍和品行问题，包括攻击性行为。卡明斯及其同事的一项实验研究证实了这一点。一组 2 岁的儿童在一起玩耍，然后让他们看两组成人交往的录像：一对成人愤怒相向；另一对成人温情相对。实验者记录了儿童的情绪反应和攻击性倾向，结果发现，观看成人的冲突，会使儿童情绪烦乱，而且增加了他们的攻击性倾向。高攻击性儿童似乎生活在反常的家庭环境中，其家庭氛围对攻击性的形成有不可忽视的作用。与多数家庭中成员之间的相互支持和关爱不同，高攻击性儿童通常生活在争吵不断的家庭氛围中，家庭成员之间不愿意相互交流，即便发生交流，也往往是采用嘲笑、威胁或其他激进的方式而不是亲切交谈。

3. 暴力性的大众传媒和游戏

儿童接触的主要传媒是电影和电视，尤其是电视进入每一个家庭后，儿童每天用于看电视的时间很多，电视中的暴力场面，无疑为儿童提供了攻击样板，使儿童不知不觉模仿，学习了攻击性行为。

班杜拉的社会学习理论认为，通过观看电影或电视上的暴力行为，即使是年幼的儿童也会习得攻击他人的种种方式。他曾经在实验室中对电视的影响问题进行了研究。在研究中先让儿童观看一部描述一个成人对一个充气娃娃施以各种暴力行为的实验影片，然后再将儿童带到一个有充气娃娃和其他物品的实验室，并通过单向玻璃观察记录他的行为。研究结果表明，观看了有攻击性行为影片的儿童比控制组儿童表现出更多的攻击性行为。约瑟夫森（W. D. Josephson）的研究结果也表明，大众媒体中的暴力情节，与那些攻击倾向较弱的人相比，更多地助长本来就有强烈攻击倾向的人的攻击性行为。而且与没有接触大众媒体中暴力或攻击情节的被试相比，接触到暴力节目或攻击情节的被试表现出更高程度的攻击性行为。而近年来，随着暴力游戏的泛滥，学者们日益关注它所产生的不良影响。

4. 文化和亚文化因素

个体的攻击性行为和反社会行为倾向，在一定程度上受到其所处的文化或亚文化的影响。跨文化研究和人种志的研究一致表明，某些社会和亚文化群体会比另外一些社会和亚文化群体更具有暴力倾向和攻击性。像巴布亚新几内亚的阿拉佩什人（Arapesh）、锡金国的雷布查人（Lepchas）以及中非的俾格米人（Pygmies）都使用武器狩猎，但他们却很少表现出对人的攻击性行为。当这些爱好和平的社会群体遭受外族侵犯时，其成员就会撤退到外人难以接近的地区而不是进行抵抗和反击（Gorer，1968）。

社会经济地位也会影响个体产生攻击性行为和违法行为。大量研究表明，社会经济地位较低的青少年（尤其是男孩）相对于中产阶级的同龄人有更多的攻击性表现和犯罪行为，相应的解释是这些青少年缺乏家庭温暖以及来自经济方面的压力。例如，来自低收入家庭的父母比中产阶级的父母更倾向于靠体罚来压制儿童的攻击和反抗行为，在采取这些压制措施时，实际上他们反而为儿童的攻击行为提供了榜样（Dodge，Pettit & Bates，1994）。低社会经济阶层的父母也更倾向于采用攻击的方式解决冲突，并且会在儿童受到同伴侵犯时鼓励他们以强制性的方式作出反应（Dodge，et al.，1994；Jagers，Bingham & Hans，1996），这些都可能促进高攻击儿童敌意归因偏见的发展。

本章思考题

1. 阐述攻击性行为的涵义。
2. 阐述儿童攻击性行为的发展趋势。
3. 阐述道奇的儿童攻击性行为的信息加工模式。
4. 阐述影响儿童攻击性行为发展的因素。
5. 谈谈你对社会学习理论的评价。

本章实践题

观察大班男、女幼儿的攻击性行为，并分析攻击性行为的性别差异。

第五篇　学前儿童个性的发展

第十六章　学前儿童个性形成的理论

第一节　弗洛伊德的个性发展性欲理论

精神分析学派的创始人——弗洛伊德在对精神病人的治疗过程中，运用自由联想的方法发现，这些精神病症状的病因大都能追溯到他们童年时的创伤性事件。基于这些发现，弗洛伊德作出了大胆的推断，认为儿童是有性欲的，童年时他们被允许表达这种冲动的方式影响了成年后的生活。弗洛伊德在成人回忆的基础上提出了个性发展的心理性欲理论。他特别强调儿童早期（5 岁前）父母对儿童性欲和攻击行为的管理方式是以后儿童形成健康人格的关键。由于弗洛伊德特别重视性动力在人格发展中的作用，因此他的理论又被称为心理动力学。

一、人格结构

弗洛伊德理论的人格结构是由本我（亦称伊底）、自我、超我三个部分组成。他认为这三个部分是在意识、无意识活动的机制下，在里比多（libido）发展的关系中形成起来的。

本我是人格的生理成分，是人格三个部分中所占比重最大也是最重要的成分。它是与生俱来的出生时就有的人格成分。本我是个性发展的动力，里面充满了里比多。里比多是个性发展的能量，由基本的生物需要和欲望组成。本我寻求生理冲动的立即满足。如婴儿在饥饿、寒冷时会号啕大哭，只有在这些需要直接得到满足时才会停下来。弗洛伊德指出，本我是通过两种方法来满足肉体需要的：反射作用和愿望满足。因此，本我的行动原则就是快乐原则。弗洛伊德对性的理解是广义的，简单地说，就是快乐、快感。因此，弗洛伊德被认为是泛性论者。

自我是人格的心理成分，代表人格中的理性成分。它出现在儿童早期，其所具有的心理能量大部分消耗在对本我的非理性的冲动的压抑和排除上，它建立起防御线，应用各种防御机制来对付本我。在自我的帮助下，稍大一点的婴儿在看到母亲撩起衣服准备喂奶或拿起奶瓶时，就会不再哭闹。再大一点的儿童就会想办法搞点吃的，而不是哭闹。自我担负着在本我与超我之间进行调和的任务，遵循现实原则。

超我是人格的社会成分，是社会价值观的代表，常常与本我的欲望相背。超我在3岁时开始出现，在较大程度上依赖于父母的影响，在与父母的互动中，将父母的要求内化后形成的。一旦超我形成后，自我就负担起更加复杂的任务，即要在本我与超我之间寻求平衡。例如，当儿童想要抢别的小朋友手中的玩具时（本我的欲望），超我会警告他，那样的行为是不允许的。自我就必须在本我的欲望与超我的要求之间寻求一种可能同时满足两者的方案。如在上例中，采用相互交换的方式获得自己想要的玩具或许是可行的。总之，超我是社会规则的代表，遵循至善原则。弗洛伊德认为，在童年期间形成的人格是在本我、自我、超我三者之间。

二、个性发展的阶段

弗洛伊德是个本能决定论者，他认为人格发展的基本动力是本能，尤其是性本能。因此，人格的发展就是性的发展，或称心理性欲的发展。从每个阶段的命名中我们可以看出，弗洛伊德提出的人格发展阶段是以身体的某个部位来命名的。为什么选择身体的某个部位来命名呢？弗洛伊德认为，里比多作为一种能量，总要选择某种渠道释放出来，其实就是选择某种渠道来获得快感。对于儿童来说，引起快感的部位主要是口腔、肛门和生殖器。它们在儿童心理性欲的发展中相继成为兴奋中心，弗洛伊德将这一部位称为性感带（erogenous zone），于是随着性感带的转移产生了相应的发展阶段。弗洛伊德观察到，儿童从出生到成人，在不同时期的生活中，某个身体部位对于儿童生活的意义非常大。这个部位的活动是儿童生活中非常重要的方面。根据这一思路，弗洛伊德将个性的发展分为五个阶段，并选择身体部位来命名这些阶段。

在每一阶段中，父母对儿童的基本需要满足得过多或过少，都不利于儿童人格的健康发展，都可能引起里比多的固着或倒退。太多的满足会使儿童留恋某一阶段，而不情愿发展到下一个阶段，太少的满足可能导致儿童继续寻求受挫欲望的释放。只有父母在二者之间求得平衡，才能使儿童成长为一个适应良好、有着成熟的性行为、具有建立家庭和抚养后代能力的成人。

表 16－1　弗洛伊德的心理性欲发展阶段①

阶段	年龄范围	性感带	性的活动
口腔期	0～18 个月	嘴、唇、舌、牙齿	吸吮、吞咽、咀嚼、咬
肛门期	18 个月至 4 岁	肛门、屁股	排除或保留排泄物
* 性器期 （俄狄浦斯情结）	3～7 岁	生殖器	手　淫
潜伏期	5～12 岁		
生殖期 （俄狄浦斯情结）	12～20 岁	生殖器	手淫、性交、对其他人的感情

【注】按照弗洛伊德的说法，俄狄浦斯情结（此术语源自古希腊悲剧家索福勒斯所写的悲剧《Oedipus Rex》）出现在性器期，男孩产生了与母亲乱伦的观念，女孩产生了与父亲乱伦的观念。后来发觉这种愿望犯了社会禁忌，而且是注定不能实现的，于是便把这些社会禁令内化，产生内疚的超我，以控制这类危险的冲动和幻想。此后自我便能观察自己，自己惩罚自己。

（一）口腔期

这时期的活动主要是口腔的活动。儿童从吸吮、吞咽、咀嚼等口腔活动获得对基本需要的满足，因而口腔一带成为快感的中心。弗洛伊德认为，口腔期的儿童依赖于世界，故又称“口腔依赖期”。如果这时期的基本需要得到了满足，以后就会乐观、信任、有信心。如果这时期口腔活动受到过分限制，就会发生“滞留现象”。儿童长大以后将会保留“口腔性格”，倾向于悲观、依赖、退缩、猜忌、苛求，甚至对人仇恨。有些人养成咬手指甲、吃手指、吸烟、酗酒、贪吃等不良行为习惯。

（二）肛门期

这时期主要从排泄获得快感。肛门一带成为快感的中心。父母正是在这时期训练儿童养成便溺的卫生习惯。如果处理不当，儿童将会形成“肛门性格”，或是不整洁、浪费、无条理、放肆，或是过分尖刻和倔强、过度爱整洁、过分注意小节等等。

① 李丹、刘金花：《儿童发展心理学》，华东师范大学出版社，1993 年 3 月版，第 430 页。

弗洛伊德观察到，儿童这一阶段十分喜欢玩“释放与控制类”的游戏。如儿童喜欢将球扔出去再捡回来，重复很多次。这些活动在大人看来没有多大意思，但对于儿童来说，游戏过程可使他们体验到个人的力量和控制，这与控制大小便有异曲同工之处。弗洛伊德认为这种游戏对于儿童的心理发展有重要意义。①

（三）性器期

这时期儿童出于无意识的好奇心，对自己性器官产生兴趣，性器官成了获得性满足的主要来源。这一时期儿童主要处于幼儿园阶段。他们开始注意到男女在生理上的差异，并对这些差异很感兴趣，出现了许多对性特征的探究行为。儿童在行为上开始出现性别之分，儿童产生所谓“恋母情结”或“恋父情结”，一方面以父母中的异性者为恋爱对象，另一方面对父母中的同性别者产生嫉妒和憎恨心理。于是出现本我和自我的冲突。本我是受唯乐原则支配的，趋向于立即寻求满足，以发泄原始的本能。自我则受现实原则支配，是有意识的、理智的。它要调节本我的原始需要，压制其冲动，使之符合现实环境的要求。冲突的结果往往是儿童去模仿同性父母，并使之内化成为自己人格的一部分。比如，男孩将形成男子气的性格。性器期发展的停滞，会导致后来的有如攻击性或各种“性偏离”的人格。因此，这时期冲突的解决是否顺利，对未来人格的健康发展极为重要。由此可见，这一时期在弗洛伊德的理论体系中有着重要的地位，它是儿童性别认同、超我形成、人格特征形成的重要时期。

（四）潜伏期

在此阶段几乎没有明显的性发展表现，里比多处于休眠状态。弗洛伊德认为此阶段在儿童的个性形成中是极为重要的。此阶段最突出的特征是儿童失去了对与性相联系的活动的兴趣。总是躲避着异性，男女儿童界限清楚，团体活动也常常男女分开进行，在游戏中以同性者为伴，甚至男女同学间不相往来。他们把能量集中在其他的事情上，如学校里的功课学习上、良好的习惯形成上，他们把自己局限于全部是女性或全部是男性的群体里。这一时期儿童的超我获得了进一步的发展，儿童从成人和同性别的同伴那里获得了新的社会价值观。不过这一时期只是一个积蓄力量、积蓄里比多的时期。很

① 桑标：《当代儿童发展心理学》，上海教育出版社，2003年6月版，第331页。

快，儿童进入青春期后，性的能量就以更大的程度涌现出来。

（五）生殖期

这是人格发展的最后阶段，发生在随之而来的青春期，男女儿童在身体上和性上趋于成熟，性的能量和成人一样涌现出来，异性恋的行为明显。个体在这个时期的最重要任务是力图从父母那里摆脱出来，必须与父母分开，以建立自己的生活。如果前几个阶段都发展顺利的话，这一阶段就会走向婚姻、成熟的性生活，以及繁育和教养后代。在此阶段，性活动是由自发性欲所引起的，儿童一直追求的是肉体的愉快。在潜伏期之后即青春期，产生了第二次性欲的冲动，这种生理的压力使儿童感到了这种冲动的作用，弗洛伊德认为此时的性本能通过性高潮而得以满足，而且里比多开始投射于所爱的事业上，人们开始产生了性爱。这时，性本能因对更有价值的目标的追求而减弱了自己的紧张。但此方式仍受下意识的本能所控制，如其他的创造性活动和社会活动也都有无意识的根源。

三、简评弗洛伊德人格发展理论①

我国学者李丹、刘金花等人就弗洛伊德的人格发展理论提出几点看法。

1. 弗洛伊德人格发展理论特别强调人格形成与儿童早期经验有关，与父母对儿童的教养态度有关。人格发展理论的提出对推动心理学界重视并积极开展儿童早期经验、早期教育和儿童心理卫生问题的研究有极大的影响。

2. 弗洛伊德把人格结构划分成三个部分，即本我、自我和超我。它们之间的矛盾斗争在某种意义上反映了人格发展中人的本能、现实环境和社会道德要求之间的矛盾斗争。通过对这些斗争的描述使人们开始看到了动机、情绪在心理发展中的作用，并把人格发展的过程看作是动态变化的过程。这对开创心理动力学，对改变传统心理学中重理念轻意欲、重视意识轻视或无视无意识的倾向是个重大的贡献。

3. 弗洛伊德是性本能决定论者，他把人格发展的基本动力归之于性本能或里比多。认为性本能的满足与否直接影响人格的发展。弗洛伊德把性的作用强调到如此不恰当的程度，致使其在观察中发现的许多重要的心理学事实

---

①　李丹、刘金花：《儿童发展心理学》，华东师范大学出版社，1993 年 3 月版，第 432、433 页。

在上升到理论时变成了谬误。

4. 作为弗洛伊德人格发展理论依据的资料，主要来自弗洛伊德个人的诊断经验和自我分析，缺乏科学的实验依据，很难重复验证。其中有些重要的理论观点已被一些研究所否定。如弗洛伊德认为超我是因为儿童害怕父母的惩罚而形成的，但一般的研究认为，一个害怕惩罚的儿童是难以形成真正的道德观念的。又如"恋母情结"的观点也已被交叉文化的研究而否定了它的普遍意义。人类学家马利洛斯基（Malinowski）在屈比安德（Trobriand）岛上调查发现，那里的男孩不存在恋母情结。因为这个岛上的儿童主要是由舅舅管束的，文化中最严的乱伦禁忌不在父母和子女之间，而是在兄弟姐妹之间。因而，他们压抑和渴望的东西与弗洛伊德所说的并不一致。

第二节　埃里克森的人格发展理论

埃里克森（Erik Homburger Erikson）是现代精神分析学派代表人物之一。他的代表作《童年与社会》（Childhood and Society，1950）有广泛影响。埃里克森通过自己的临床观察和实际经验，对弗洛伊德的理论作了修正，建立了代表新精神分析派的个性形成理论，提出人格发展八阶段的理论。

一、埃里克森人格发展阶段理论与弗洛伊德人格发展阶段理论的区别①

1. 弗洛伊德特别强调本能的作用，本我的力量，自我只是本我和超我的奴仆；埃里克森则更强调自我的作用，理智的力量，相信超我能引导心理性欲向着社会所规定的方向发展，超我可以协助自我监督本我。

2. 弗洛伊德在研究儿童人格发展时仅把儿童限于母亲—儿童—父亲这个狭隘的三角关系中；埃里克森则把儿童置于更加广阔的社会背景上，重视社会对发展的影响。

3. 弗洛伊德对儿童人格发展的研究只到青春期就终止了；埃里克森则把个性发展的阶段扩展到八个阶段，贯穿人的一生。

4. 弗洛伊德认为人的本性是恶的；而埃里克森则认为人的本性既不是善

---

① 李丹、刘金花：《儿童发展心理学》，华东师范大学出版社，1993 年 3 月版，第 434 页。

的，也不是恶的，儿童出生后都存在向善的或恶的方向发展的可能性，对形成和发展良好的个性品质抱着较为乐观的态度。

埃里克森把儿童人格的发展看作是一个逐渐形成的过程，一定要经过几个顺序不变的阶段。每个阶段都有一个普遍的发展任务，这些任务都是由成熟与社会文化环境、社会期望间不断产生的冲突或矛盾所规定的。如当儿童由于性的冲动产生乱伦观念时，社会就要引导他们进入性禁欲期，于是个体的生物本能就与社会的期望发生了冲突。如果儿童解决了冲突，完成了每个阶段上的任务，就能形成积极的个性品质，完成得不好就会形成消极的品质。每个儿童完成任务的程度各不相同，一般都介于积极和消极的两个极端之间，健康的个性品质应倾向于积极的那一端。上一个阶段任务的完成有助于下个阶段任务的完成。但是，埃里克森不像弗洛伊德那样悲观，他认为一个阶段的任务虽未完成，仍有机会在以后的阶段继续完成，并不一定导致像弗洛伊德所说的那种病理性后果。同时，埃里克森也指出，即使一个阶段的任务完成了，也不等于这个矛盾不复存在了，在以后的发展阶段里仍有可能产生先前已解决的矛盾。

二、埃里克森人格发展阶段的基本观点①

1. 心理发展是一个连续的、渐进的过程，可以分为八个社会心理阶段。

2. 每个发展阶段有一种新的主要冲突（社会心理危机）。冲突是阶段的标志。他用辩证的动态的观点，说明每个阶段质的区别。

3. 每个阶段发展的顺序是不变的，所标明的冲突是先天预定的，是生物性成熟的表现。但是冲突的形成是渐进的，每个阶段的主要冲突都在前面的阶段发生，在关键时间到来之前已经以某种形式存在，在特定阶段变为主要冲突，得到充分表现，然后又合并到后来的阶段中。例如，争取自主的奋斗，从初生时就有表现，当婴儿的手臂被捆绑得很紧时，他会活动手臂去争取自由，但是在正常情况下，2～4 岁左右是自主性发展的典型阶段。2 岁以后儿童开始体验到作为一个自主的个体或依赖别人的个体这两种东西的对立，这时他才作好了去同环境作决定性斗争的准备。

4. 每个阶段的冲突如果处理得好，儿童能够恰当地对付下一发展阶段将

---

① 陈帼眉：《学前心理学》，人民教育出版社，1989 年 5 月版，第 380～382 页。

会遇到的危机和问题；反之，则将产生危机或出现情绪障碍，出现病态。例如，个性成熟的关键是“同一性”，它的形成过程是个性整合的过程，儿童以周围人物的个性自居（“同一”）而形成自己的个性。如母亲是富于感情的，父亲是安静的，儿子取母亲的富于感情和父亲的安静，变成外表能控制自己、内心是胸怀宽广的人。青年期是发生个性整合的时期，是实际的整合过程的决定性阶段。如果在这阶段没有完成整合过程，个体就会走向冲突的反面，要经历“角色混乱”，并遭受缺乏完整个性的折磨。

5. 每个人达到每个阶段的方式可能有所不同。原则上按预定步骤发展，但从一个时期向另一个时期转变的速度和道路可以不同，从表 16－2 看，发展可以先向上再向横或者先向横再向上。对角线以上是每种冲突的先兆出现之处，对角线以下是所形成性格的派生性格特点出现之处，空格因人而异地填补。

表 16－2 埃里克森的人生八大阶段

Ⅷ成熟期								完善对失望
Ⅶ成年期							繁殖对停滞	
Ⅵ成年早期						亲密对孤独		
Ⅴ青少年期					同一对角色混乱			
Ⅳ潜伏期				勤奋对自卑				
Ⅲ移动—性器期			主动对内疚					
Ⅱ肌肉—肛门期		自主对羞怯、怀疑						
Ⅰ感觉—口腔期	基本的信任对不信任							
	1	2	3	4	5	6	7	8

可见，埃里克森发展了弗洛伊德的人格发展阶段论。他不像弗洛伊德那样以具体集中于身体的某个区域为阶段的标志，而推广到普遍性的问题，例如，他认为“口腔期”的关键在于与世界交往的口唇方式，在于“接受”和对抚养者的信任感。

三、埃里克森人格发展的八个阶段

（一）第1阶段：基本的信任对不信任（婴儿期）

所谓的基本的信任感，就是“由人生第一年体验而获得的对一个人自己和对世界的普遍态度。所谓‘信任’，我指的是对别人的一种基本信赖，也是对一个人自己的一种基本信任感”，它是建立人际关系、形成健康个性品质的基础。关键是要使儿童的生活有一定的规律，使儿童建立一种感觉：能够预期父母的活动和自己需要的满足，并且是生活在安全的环境中。婴儿若得不到及时的抚慰或被抱得过紧时，会产生不信任感。这一时期婴儿最早获得的同一性可以被很好地表达为：“我就是我所希望自己占有的和给予的。”婴儿期的社会性信任表现在胃口好，睡得深，大小便通畅。社会性信任的最初成就是能够让母亲离开视线而没有焦虑或愤怒。信任与不信任是通过母亲的照料而形成的，其中主要不是依靠营养的数量，而在于和母亲关系的质量。这个阶段的儿童对成人依赖性最大。母亲对儿童细心照顾，敏感地满足他的需要，便造成儿童的信任感；如果母亲拒绝他们的需要或以非惯常的方式来满足他们的需要，儿童就会形成不信任感。基本的信任和不信任感的冲突要保持终生，人总是要和离别、被遗弃等感情作斗争。但是人生最初阶段建立了信任感后，将来在社会上可以成为易于信赖和满足的人；否则，容易成为不信任别人和苛求、贪得无厌的人。在这个阶段中，如果儿童具有基本信任感超过基本不信任，就会形成“希望”的美德。得到信任的儿童对未来怀有希望，这是一个注重未来的过程，而缺乏信任的儿童不可能怀有希望，因为他们必须为需要是否能够得到满足而担忧。

（二）第2阶段：自主性对羞怯和怀疑（幼儿期）

埃里克森把弗洛伊德的“肛门期”加以扩展，认为其基本是保持与排除、坚持与放弃。由于社会要求儿童学会自我控制，这些方式的活动不只是在肛门区域，不仅在于控制自己的括约肌，也包括控制自己的双手和双足。这阶段儿童学会各种动作，学说话、做事，要求独立，渴望探索新世界，从而产生自主感，他们不仅把这些能力应用于物体，而且还应用于控制和排泄大小便的训练。另一方面，儿童又本能地觉得依赖过多而感到羞怯，同时担心越出自身和环境的范围，由此而感到疑虑。埃里克森提出，当环境要求儿童独立时，要保护他，否则他将产生羞怯和疑虑，其早期表现是想埋着脸或想钻到地里去。如果过多地让儿童感到羞怯，将会导致暗地逃避，形成慢性的心境。羞怯是怕被人看见的意识，怕被暴露，产生退缩之感。怀疑是意识到“一前一后”，特别是后面，后面是可能被神秘地控制的地方，排泄坏东西的地方。这时期儿童便开始介入到自我意愿与父母意愿相互冲突的矛盾之中，是爱与憎、合作与专断、自由表现或控制自己的决定性时期。这时期有了自信心，将会变成永久的自豪；否则，失去自我控制或遭受外来过度控制将会变成永久性羞怯与怀疑。因此，这时期对儿童的态度要掌握分寸，一方面要利用其信任感，在某些方面给予适度的自由，另一方面，要加以适度的控制。在这个阶段中，如果儿童形成的自主性超过羞怯与疑虑，便形成意志的美德。这一阶段形成的同一性可以用一句话表达为：“我就是我所能自由意欲的。”

（三）第3阶段：主动性对内疚（童年期）

主动与内疚是自主与羞怯的进一步发展。主动意味着向前的运动，揭露新东西的倾向。主动性使自主地完成任务和计划行动的水平得以提高。这时期儿童开始积极地探究和涉猎周围世界，能更多地进行各种具体的运动神经活动，更频繁地运用语言，更生动地运用想象力，变得活泼，有更大的能量，自己能作出判断，并且提出很多问题。这时期又是好学的时期，渴望把事情做得更好，和同伴结合起来进行构造或计划，愿意从教师那里学到东西，愿意赶上学习的榜样。这些技能使儿童萌发出各种思想和行为，以及规划未来的前景。他们检验各种各样的限制，以便找到哪些是属于许可的范围，而哪些又是不许可的。内疚是羞怯的发展，羞怯是怕别人看见，内疚则有如总是听见一种声音在说自己的坏话。如果成人无心回答儿童的问题，嘲笑或讨厌他，主动就变成内疚。如果这时期某些最美好的愿望或幻想被压抑，以后就没有主动性。这时期是儿童的游戏期，游戏在解决各种矛盾中体现出自我治疗和自我教育的作用。儿童在独自扮演角色或共同游戏中表现出内心的矛盾，其冲突就得到缓和，并且借此可以解决先前遗留下来的问题。

这时期开始意识到性别差异。儿童以同性别的父母自居，要争夺异性别父母。如果失败，则导致内疚、服从、焦虑、沉迷于幻想。同时，儿童产生道德责任感，能够管好自己，会发现使用工具和摆弄有意义的玩具中的愉快，照顾小婴儿。儿童还会寻找机会和同性别父母一起做事，以共同的经历和体验达到真正的同一，而不是过多的稚气的冲突。如果儿童形成的主动性超过内疚，便会形成目的的美德。在埃里克森看来，这是一种不管前面有多大危险，不管失败与否，执着追求个人目标的美德。这一阶段儿童的同一性成就可以用一句话表达为："我就是我所能想象的我，所能成为的我。"

（四）第4阶段：勤奋对自卑（学龄儿童）

儿童最初要解决的上述三个危机，其社会背景主要是家庭或最亲近的人。然而，从这时开始，正规教育开始了，儿童最关心的是教师与社会所要求掌握的知识和技能，学习各种必要的谋生手段以及能使他们成为社会生产者所具备的专业技巧。这就需要儿童以稳定的注意和孜孜不倦的勤奋来完成工作。否则的话，他们就会形成一种对其能力缺乏信心的自卑感。

埃里克森所指的勤奋感是儿童由于生理和心理的发展，对原有游戏的厌倦并追求"一种能够制造并且制作精美的感觉"。这种勤奋感会在儿童与同伴的竞争中得到发展。但与此同时，还包括着害怕失败的情绪，或者说儿童经历了过多的失败，前一阶段的发展还没有为本阶段的发展做好充足的准备，这一切都会使儿童产生一种"对自己和自己任务的疏远"——自卑感。这种勤奋感与自卑感的矛盾构成了本阶段的危机。勤奋取决于儿童所处的环境是充满关注和鼓励的环境，而自卑则是由儿童生活中十分重要的人物对他们的嘲笑和漠不关心造成的。教师在儿童发展的这一阶段应起到重要的作用，敏感、教导有方的教师会有助于学生勤奋感的形成和自卑感的消除。在这一阶段，如果儿童形成的勤奋感超过自卑感，便会形成能力的美德。这一时期对同一性的直接贡献可以用一句话来表达："我就是我所能学会进行工作的我。"

（五）第5阶段：同一性对角色混乱（青少年期）

这是一个至关重要的阶段，此时青少年积极地整合自己的经验，以便对人格的同一性形成稳定的认识。他们必须仔细考虑全部积累起来的有关他们自己和社会的知识，最后致力于某一生活策略。同一感是指个人的内部和外部整合的适应之感。同一性的混乱或角色混乱是内外不平衡和不稳定之感，同一性的形成是个性的形成，即获得一致的、良好的、完整的个性。

自我同一性的形成与先前各阶段中建立起来的信任感、自主感、主动感、勤奋感有直接关系。如果先前各阶段的发展任务完成得比较顺利，自我同一性的建立也就比较容易。青年期的自我同一性必须在七个方面取得整合，才能使人格得到健全的发展。

（1）时间观对时间混乱（如急躁、拖拉）；

（2）自我肯定对冷漠无情（如缺乏信心）；

(3) 角色试验对角色固定（如不能正确认识自己或出现一种超人感）；

(4) 训练对工作瘫痪（如对成就不抱期望）；

(5) 性别极化对性别混乱（如疏远异性或性生活随便）；

(6) 领导和服从对权威混乱（如盲目反上、盲目服从）；

(7) 意识形态信奉对价值混乱（如信仰危机）。

价值观和职业目标的确立标志着同一性的建立。相反，则会导致同一性混乱。如果青少年获得的同一性超过角色混乱，便会形成忠诚的美德。这种忠诚的美德能使青少年无视与自己价值相违的观念系统而保持一种既定的承诺。这一时期的同一性可以概括为："我知道我是个什么样的我。"

（六）第 6 阶段：亲密对孤立（青年期）

这个时期，个体应自觉地将自己的同一性与他人的同一性结合起来。他们已具备了与别人亲密相处的能力，也就是说具备了成为协会会员和伙伴关系所必须承担义务的能力，具备了为遵守这些义务而发展道德力量的能力。为了寻求人与人之间的相互交流，他们常常开诚布公。如果这种人际关系顺利的话，个体就会形成亲密感；如果个体在人际关系中常遭伤害或挫折，他便会离群索居，回避与别人亲密交往，从而无法建立与他人的亲密关系，导致孤立感。在这一阶段，如果个体获得的亲密感超过孤立感的话，他就会形成爱的美德。用一句话可以概括这一阶段的同一性增长——"我们就是我们所爱的"。

（七）第 7 阶段：繁殖对停滞（中年期）

这一阶段，人们将努力实现业已形成的并与同伴分享着的同一性。同时抚育后代和创造是这一时期的主题。这里说的繁殖，不仅仅包括养儿育女，还包括从事有创造性的工作，创造事物或思想，产生新观念，从事产业生产等等。生育过儿童的成人通过养育、管教儿童来表达他们对别人的关心，也可以通过加强与儿童直接的交往，或者通过生产或创造能提高下一代生活水平的那些东西来达到同样的目的。没有繁殖感的人，其人格是以停滞和人际贫乏为特征的。如果一个人的繁殖比率比停滞高，那么这个人便会形成关心的美德。用一句话描述这时期的同一性——"我就是不断创造生活的我。"

（八）第 8 阶段：自我完善对失望（晚年期）

在最后一个发展阶段中，人们将度过或圆满完成自己的一生。当意识到死亡将临时，他们是绝望还是害怕？是张开双臂迎接死神的到来，还是认识到大千世界中自己仅此一次的生命的秩序与意义？按照埃里克森的理论，只有回顾一生感到满足和幸福的人才不会惧怕死亡。这种人具有一种自我完整感，即对自己的一生具有一种圆满感和满足感，包括长期锻炼出来的智慧感和人生哲学。相反，那些一生充满挫折和失败的人在其回顾一生时，则体验到失望和沮丧，产生失落感，对人生感到厌恶和失望。如果自我完整感超过失望感，就会形成智慧的美德。智者们懂得生命的现实性，并接受这样一个现实：人的一生必须按其既定的轨道运行，根本不存在“假如”的结局。这一阶段的同一性可以概括为：“我就是我所能活过来的我。”

四、简评埃里克森的人格发展理论①

1. 埃里克森对儿童发展的研究着眼于把儿童看作是一个整体，从情绪的、道德的和人与人关系的整体发展过程来研究人格的发展，而不是单从某个心理过程的发展来研究儿童。这种整体性研究的观点值得借鉴。

2. 埃里克森的理论中有一些辩证法的思想。如他认为发展是有阶段的，每个阶段都有一对由自我与社会期望之间的冲突构成的矛盾或危机；儿童的发展始终存在着两种可能性，或者是解决矛盾，形成积极的个性品质，或者解决不了矛盾，形成消极的个性品质；发展不是一次便能完成好，一个阶段的任务未完成好，虽然也会影响以后的发展，但它可以通过自我补偿作用和自我教育作用继续解决，已经解决了的矛盾在以后的阶段仍要接受新的考验。

3. 埃里克森比较重视教育的作用，不仅指出了每个发展阶段的任务，还提出了解决矛盾、完成任务的具体教育方法。教育中既强调了父母的作用，也十分重视同伴、教师、社会的作用。还对游戏的作用作了专门的研究与论述。

4. 埃里克森虽然对弗洛伊德精神分析理论作了重大修改，把人格发展的基本动力由本我移向自我，并十分重视自我与外部环境的作用，但是，从总体上以及从某些具体的问题来看，埃里克森仍未完全摆脱弗洛伊德的本能说。

5. 埃里克森描述了个性发展各个阶段中社会要求与自我的冲突。这些社会要求究竟是现代资本主义社会向儿童提出的要求，还是不分时代、不分民

① 李丹、刘金花：《儿童发展心理学》，华东师范大学出版社，1993 年 3 月版，第 441、442 页。

族、不分社会向儿童提出的要求？儿童与社会发生的冲突是资本主义社会的特殊产物，还是各个社会、各个民族的儿童普遍皆有的冲突？对第一个问题的回答应当作具体分析。每一个社会为使儿童从一个软弱无能的生物体成长为一个独立的、自主的社会成员必然要向他们提出一些共同性的要求，这是一些儿童得以成长为社会中一员的最起码的、基本的社会要求，如一个人要有自信，要有独立自主精神，要勤奋学习。但是各个国家、各个民族、各种社会由于历史的和现实的条件不同，向各个时期儿童提出的要求可能并不完全相同。因此，可以说社会向发展中的儿童提出的社会要求中，有一些具有普遍意义，而有些只具有特殊的意义。至于第二个问题，埃里克森所提出的各个阶段的社会要求与冲突是否具有普遍意义或仅仅是资本主义制度的产物，应当通过交叉文化的研究进一步加以检验，不能作简单的肯定或否定。

从上述两种个性发展理论中可以看到，个性或人格的发展要经过一系列连续又不连续的阶段，这些发展阶段的推移与个体内部生物学因素的成熟有关，与儿童所处的社会环境的变化有关，与社会向儿童提出的要求变化有关。

从以上可见，埃里克森比较强调社会对人格发展的影响，强调个体和环境的相互作用。他不像弗洛伊德那样单纯研究生物性的影响，而从生物的、心理的和社会的影响三个方面进行了分析。

总的来说，精神分析学派比较注重早期发展对以后人格形成的影响。弗洛伊德和埃里克森列举了儿童个性形成中带有规律性表现和阶段特征，值得参考。他们的观点中的错误和不足，属于对儿童心理发展的基本理论范畴。

第三节　其他个性发展理论简介[①]

个性发展理论除了弗洛伊德的个性发展性欲理论和埃里克森的人格发展理论以外，卢文格、凯根、列昂节夫、包若维奇等人也对个性发展提出自己的观点。

一、卢文格的理论

卢文格（Jane Loevinger）提出了发展的类型学，将自我的发展分为八个

① 桑标：《当代儿童发展心理学》，上海教育出版社，2003 年 6 月版，第 339～341 页。

阶段。(1) 前社会阶段：典型是刚出生的婴儿，尚不能将自己与周围环境区别开来。(2) 共生阶段：儿童了解了客观世界的稳定性之后，仍然认为他与母亲或生活中的一些玩具有着共生的关系。(3) 冲动阶段：儿童急于表现自己的意志，经常会说"不"，后来会说"让我来做"等。这时的儿童会根据对自己的有用程度（而非道德意义）将他人分为好与坏两类。(4) 自我保护阶段：这时儿童认识到规则的存在。对于儿童来说，主要规则就是"不要挨打"。他们能够通过自我控制冲动的方式迈出自我保护的第一步。自我保护的人具有责备的概念，但是他们只是从他人或外部因素上来理解责备的，自我批评不是该阶段的特征。(5) 遵奉阶段：这时的儿童开始寻求同伴群体的归属，遵奉就是对群体规则的采纳。但是他们对规则的理解是绝对化的，他们是根据依从规则与否而不是根据后果来把活动确定为正确的与错误的。遵奉者重视与其他人的友好、帮助和合作。(6) 公正阶段："良心"出现，规则的内化就是在这一阶段完成的。但是，这时的规则不是绝对的，而是灵活的。他们能够根据个性和动机等模式而不是表面的活动来理解行为。这时自我批评、责任心开始出现。(7) 自主阶段：能承认和处理内部冲动是这一阶段的一个独特标志。即自主的人有勇气承认和处理冲突，而不是忽视它或者把它投射到环境中。(8) 整合阶段：这是自我发展的最高阶段，意指一个人超越了自主阶段的冲突。

卢文格在确定自我发展的阶段时，首先考虑了两个问题："年龄与阶段一致吗"和"划分阶段是否一定要求助于数字"。对于第一个问题，卢文格认为，由于从一个特定的年龄中得出的平均阶段不同于从一个特定的阶段中得出的平均年龄，因此对这个问题有两种不同的答案，卢文格选择了回避这个问题，而将注意力集中于描述能够用于一系列年龄的每一个阶段所共有的特征，而不管人们的年龄。对于第二个问题，卢文格选择了名称，认为常用的"第一阶段""第二阶段"等说法是不科学的。因为阶段之间有过渡期，阶段不是绝对的。因此，卢文格所提出的这八个阶段，又可以视为八种人格类型。个人可能达到某一阶段就停滞了，但每个人所能发展到的阶段是不同的。这八种类型，都可以在成人中找到原型。

总体看来，卢文格更加注重个性发展的多样性，并且不讲究年龄和特定阶段的相对应，这样就使她的理论更加灵活。

二、凯根的理论

凯根（Robert Kegan）提出了“结构—发展”理论（constructive－developmental theory），这一理论直接来源于皮亚杰的结构论和罗杰斯的发展论。其核心思想是“意义建构”（meaning making），即认为自我是在建构社会意义和生活意义的过程中发展起来的。从这个定义中，我们可以看出，凯根的理论更强调理性成分在个性发展中的作用。

凯根认为，自我的发展经历了下述几个阶段和过渡：从一体化自我向冲动性自我的过渡；从冲动性自我向唯我性自我的过渡；从唯我性自我向人际性自我的过渡；从人际性自我向法规性自我的过渡；从法规性自我向个人间自我的过渡。每一阶段都有相应的文化植入，每一阶段的平衡都面临着两大挑战：控制和放手。每一阶段都有相应的危机。所有这些，都有可能导致个体失衡，导致一个阶段向另一阶段的过渡，导致自我的发展。

下面以一体化自我阶段为例对凯根的理论进行简要的说明。这一阶段的婴儿刚从羊水的世界中走了出来，在自己的生活与他人的生活之间不作区分，在发源于自己的情绪和发源于他人的情绪之间不作区分。婴儿认为他与他的环境具有共生的、一体的关系。这时植入的文化是哺育者的抚养方式。这种文化的“控制”表现在亲密的身体接触、亲子之间的目光交流，以及婴儿听不懂但哺育者却喋喋不休的言语表达上。这种文化的“放手”表现在不让儿童的需要随心所欲地得到满足、中止哺乳、减少怀抱、承认独立的表现、摆脱身体接触、鼓励学步等等。这一阶段的主要危机是，父母在婴儿该整合时分离，在该分离时整合。简单地说，就是父母在婴儿需要提供温暖、爱、依恋时没有提供足够的安全感，或者是随着儿童的成长，儿童需要独立时，父母却仍然不能摆脱身体接触的模式，没有鼓励儿童的独立行为。一体化自我只是自我发展的一个阶段，随着控制与放手这对矛盾的出现，失衡也随之而来。儿童意欲挣脱母亲的怀抱，而母亲也开始中止哺乳，而且不再让儿童的需要及时得到满足，所有这些都表明，儿童开始摆脱一体化的植入文化，向冲动的自我这一阶段过渡了。

三、列昂节夫的儿童个性形成理论[①]

列昂节夫是苏联儿童心理学领域中有很大影响的代表人物，他指出："幼儿期是个性最初开始实际形成的时期"。他认为，个性的发展有两个重要时期。第一个时期是幼儿期，这是个性自发形成的时期。第二个时期是青年初期，是自觉地积极地锻炼自己的个性的时期。他认为个性形成的标志是：形成了个性倾向，心理活动成为统一体。形成个性倾向的原因，是动机之间建立了最初的联系。这种联系的特点，一是出现了主要动机和次要动机的主从关系，二是自觉控制自己的行为动机。

列昂节夫认为，1～3岁时期的儿童，动机之间没有内部联系，只有由机体需要引起的联系。例如，非常饥饿的儿童当然并非对一切刺激都作出同样的反应，需要睡觉的儿童什么也不做，只是发脾气。学前儿童的动机之间的联系是内部的联系，是高级的关系，有主要的动机，它们压倒其他动机。列昂节夫举了一些实验事例证明这种论点。例如，有一个儿童没有完成实验中的任务，实验者为了不使他伤心，仍然说他是好孩子，并且和其他儿童一样，给了他一块糖。这个儿童坚决拒绝吃糖。列昂节夫把这种糖称为"苦糖"，由于失败，糖对他来说不是甜的，是苦的。在另一实验中，当儿童厌弃了镶嵌板活动时，给他一个好玩的机械玩具，如火车头，但是要求他先把小球收拾好。为了好玩的玩具，儿童能够收起很多小球，并按颜色把它们放回盒子里。又如，滑雪橇是很有趣的，滑下来时很舒服，但是为此必须带着雪橇爬上山。也就是说，儿童为了一个目的，可以去做一些没有兴趣的事情；为了获得重要的东西，或者为了避免不愿意得到的后果，可以放弃直接使他愉快的目的。这种从属关系的最初象征，在3岁时开始出现，7岁时已经完全地表现出来。

四、包若维奇的个性形成阶段的理论

包若维奇提出了在个体发展中个性形成阶段的理论。他认为，在个体发展过程中，心理机能整合成为相对稳定的系统，即个性。这种整合一旦形成，具有不可分的完整性。只有到老年或在病人身上才会分开。他认为，个性形成可分为若干阶段：

---

① 陈帼眉：《学前心理学》，人民教育出版社，1989年5月版，第376、377页。

1岁前，心理机能不分化，不能独立，直接依赖于知觉，在意识中占优势地位的是知觉。

1～3岁，即从生后第二年开始，记忆占优势。这阶段儿童的意识结构受到改造，儿童不再恭顺地服从成人，他自己的表象对其行动发生作用，出现“动机性表象”。它使儿童“摆脱”具体情景，出现“我”这个词，出现自我意识。儿童从实际上已成为行动主体向意识到主体（自我）转变。

3～6、7岁时动机的从属关系相对稳定。在这种关系中，人类特有的间接动机处于最高层次，以“应该”压倒其他愿望。但这并不是自觉支配自己的行为，而是以成人行为榜样作为中介。大班儿童有一种特殊的“不随意的随意性”。道德感比其他动机的激发力要大，它保证行为的稳定性和个性的统一性。

包若维奇强调，6～7岁，心理发展成为稳固的整合体系，儿童从意识到自己是行动主体向意识到自己是人类关系中的主体转变。他开始理解自己在人类社会关系中的地位。动机的相对稳定的有层次的结构，使儿童从一个“情景性”的实体（服从直接刺激的实体）转变为有了一定内部统一性的、有组织的实体。这样，儿童的意识已不是简单地充塞着个别的孤立的形象、表象和零碎的知识，而是有了某些完整的态度，这种态度不能称为世界观，而可以用俄国生理学家谢切诺夫的提法，称为“完整的世界感”。

本章思考题

1. 简述弗洛伊德的个性发展的阶段理论。
2. 谈谈对弗洛伊德个性发展阶段的看法。
3. 简述埃里克森个性发展理论的基本观点。
4. 阐述埃里克森关于人生个性发展阶段的观点。
5. 简述凯根“结构—发展”理论的基本观点。

第十七章　学前儿童自我意识的发展

心理学中关于自我意识的定义并不统一。一般说来，人格心理学家、精神分析学派和社会心理学家习惯于用“自我”，发展心理学家倾向于使用“自我意识”这一术语。通常将自我意识理解为是个体对自己的意识。要认识自我，必须同时区别非我。也就是说，只有在自己与别人的关系中才能认识自己。自我意识的结构划为认知、情感、意志三部分。在具体研究中，自我意识的认知方面主要考察自我评价，情感方面主要考察自我体验，意志方面主要考察自我控制。

第一节　自我意识发展概述

自我意识，也称自我，是人对自己以及自己与客观世界关系的一种意识，是儿童社会化的重要组成部分，“儿童社会化的目标就是形成完整的自我”①。自我也是“个性成熟水平的标志，是整合、统一个性各部分的核心力量，也是推动个性发展的内部动因”②。

一、关于自我的研究③

自从人类文化产生以来，自我就一直是哲学、文学等学科研究的对象。19 世纪末，由于美国心理学家詹姆斯的杰出工作，使自我正式进入心理学的研究领域。

美国心理学家詹姆斯认为，自我包含着认识者和被认识者，两者统一于自我之中。遵循这一思路，自我分为主体自我和客体自我。主体自我是人类认识自我的过程和对自己行为的调节机制。客体自我是主体作为客观存在的个体所认识到的自我，是个体在与环境、他人之间的作用中产生的，是主体通过客观反映和评价而认识的自我。客体自我体现为物质自我、社会自我、

---

① 王振宇等：《儿童社会化与教育》，人民教育出版社，1992 年 12 月版，第 26 页。

② 桑标：《当代儿童发展心理学》，上海教育出版社，2003 年 6 月版，第 389、390 页。

③ 王振宇：《学前儿童发展心理学》，人民教育出版社，2004 年 10 月版，第 142～144 页。

精神自我等。20世纪初，库利（C. Cooley）和米德（G. H. Mead）提出著名的“镜映自我”理论，即我们是通过接受他人对我们的评价而形成自我评价的，他人评价是认识自我的一面“镜子”。

尽管自我这个概念本身在古典精神分析和新精神分析中含义并不一致，但他们创立的自我心理学，对研究自我作出了杰出贡献。自20世纪60年代起，心理学的不同分支从不同角度研究自我。其中，社会心理学继承了库利、米德的观点，着重研究自我是如何在人际间相互作用的过程中产生和发展的，强调社会因素的作用。认知心理学基于结构主义的哲学观点，研究的焦点在主体方面。他们将自我看做一个主观的结构。这个结构有选择地、能动地修正个体所感知、储存和回忆的经验。认知学派的自我理论强调主观因素的作用以及自我结构的整体性和组织性，强调主体结构与外界信息的相互作用。人格心理学将自我概念和自尊作为人格的变量，认为自我受特定的社会情境的影响，并对行为起调节作用。临床心理学家继承了新精神分析学派和现象学派的传统，并吸收了认知学派的思想，把主要兴趣放在自我的机能方面，如自我认知歪曲的机制和作用，自我在个体心理平衡和社会顺应中的作用，正常个体与适应不良个体在自我操作方面的差异等。发展心理学家研究个体自我的发展，包括自我结构的发展过程和阶段特点，自我发展的机制和影响因素，如自我发展与认知发展的关系、文化对自我的影响等。不少发展心理学家还从不同角度建立了各自的自我发展理论。如勒温（K. Lewin）的自我理论着眼于个体与环境相互作用的方式。他认为自我发展的一般趋势是个体从盲目冲动到回避式被动应付环境，再到主动处理矛盾以达到目的。塞尔曼（R. Selman）以社会视角转换能力（即观点采择）的水平作为划分自我发展的标准。诺曼（G. Norman）吸收了塞尔曼观点的合理因素，形成一个自我的多维发展理论，认为每一阶段都有特殊的发展潜力和局限性，并且可能出现不同的发展结果。这一模式既适合于解释自我的正常发展，也适用于异常发展。哈特（P. Harter）的自我主体发展模式包含内容和结构的发展，主体自我和客体自我的发展。卢文格认为自我的发展既不是唯序列的，也不是唯类型的，而是两者兼备，于是提出了“发展的类型学”。

二、婴儿自我意识的发展[①]

刚出生的新生儿没有自我。他们的第一个发展任务是将自己与周围环境区别开来。在儿童发展过程中，主体自我先于客体自我而出现。一个实验，向3个月的婴儿播放一段该婴儿与其他小朋友在一起的录像，结果发现婴儿对同伴录像的注视时间更长，表明3个月的婴儿能区分自己与他人。这是婴儿自我的萌芽。儿童在与成人和物理世界的相互作用中，认识到自身的作用，如啼哭能引来母亲并得到安慰和满足，一个推拉的动作能引起玩具移动等，从而逐步学会将“我”与非我区分开来。随着儿童认知的发展，出现了客体永久性，儿童逐步形成一个不同于外部世界的主体的自我。

婴儿出生的第二年，客体自我开始出现。其标志表现在“点红鼻子实验”中。这是研究儿童自我发展的一项经典实验。阿姆斯特丹对照镜子的方法作了改造：不让婴儿观察，在他们的鼻子上用胭脂点上个红圆点，然后让婴儿照镜子，观察他们对镜中映像的反应。阿姆斯特丹假设，如果婴儿在照镜子后，能利用镜中的映像立即去摸自己的鼻子或脸，那就表明婴儿已能把映像与自己的脸联系起来，认识自己的形象了。根据这个自我认识发展的标志，阿姆斯特丹对3～24个月的88名婴儿作了研究，其中包括2个从第12个月开始追踪到24个月的婴儿。研究发现婴儿自我认知的发生要经历三个不同的阶段：第一阶段——游戏伙伴阶段。婴儿看到镜中自己的映像后，对着映像微笑、发声、拍打镜中映像，还会到镜子后面去找那个不存在的人。第二阶段——退缩阶段。婴儿见到镜中的映像似乎感到害怕，从镜前退缩。此时，有些观察家认为婴儿的自我认知迹象已初露端倪，有的婴儿见到映像似乎显得害羞、窘迫，有的像是在自我赞赏（self-admiration）。但是阿姆斯特丹认为，婴儿的这些表现很可能是在模仿成人照镜子时的模样，不能说就有了自我意识。第三阶段——自我认知出现。婴儿一见到镜中的映像立即去摸自己鼻子上的红点子，而不去碰镜中映像的鼻子。根据阿姆斯特丹的研究结果发现24个月的婴儿几乎都有这样的表现。这是婴儿出现自我意识的自我认识的表现（Amsterdam，1972）。

哈特总结了大量的研究，将婴儿自我意识的发展分为五个阶段，前三个

---

① 王振宇：《学前儿童发展心理学》，人民教育出版社，2004年10月版，第144、145页。

阶段是主体自我的发展，后两个阶段是客体自我的发展。这一结论受到学术界的公认。

第一阶段（5～8 个月），无我状态。婴儿对镜像感兴趣，但对自己的镜像或他人的镜像并不分化，说明这一阶段的婴儿不能区别自己与他人。

第二阶段（9～12 个月），初步的主体自我。婴儿以自己的动作引起镜像的动作，主动将自身动作与镜像匹配，表明婴儿对自己作为活动主体有了初步的认识。

第三阶段（12～15 个月），主体自我发展。婴儿能区分由自己作出的活动与他人所作活动的区别，对自己镜像与自己活动之间的联系有了明确分化，主体自我得到明显发展。

第四阶段（15～18 个月），客体自我初步发展。婴儿开始把自己作为客体来认识，认识到客体特征来自主体特征（如自己的鼻子上的红点与镜像中的红鼻子的关系），对主体特征有了稳定的认识，客体自我得到初步发展。

第五阶段（18～24 个月），客体自我形成。婴儿开始用语言表示自我，如使用代词“我”“你”来区别自己与他人，是客体自我形成的重要标志。这时的儿童已经能意识到自己的独特特征，能从照片中认识自己，用语言表达自己。

主体自我和客体自我的形成，是婴儿与物理世界和社会环境相互作用的结果。自我的发展有助于儿童妥善处理自己与环境、与他人的关系，如认识到人的态度、体验他人的情感、建立平等关系、共享社会经验、实验共同目标等。这对于一个生活在高度社会化条件下的个体是十分重要的。自我意识的发展，是儿童社会化的转折点，也是个性最终形成的必要条件。

三、儿童自我意识的发展①

自我意识的对象包括自己的身体、自己的动作和行动、自己的心理活动。

（一）对自己身体的认识

儿童认识自己的身体，需要经过一个比认识外界事物更为复杂、更为长久的过程，经历以下几个阶段。

1. 不能意识到自己的存在。儿童最初不能意识到自己，不能把自己作为

---

① 陈帼眉：《学前心理学》，人民教育出版社，1989 年 5 月版，第 386～389 页。

主体去同周围的客体区分开来。几个月的婴儿甚至不能意识到自己身体的存在，不知道自己身体的各个部分是属于自己。婴儿最初对自己身体的感觉也是毫无意识。尽管他痛了会哭，饿了会喊，但他并不意识到自己有这些感觉和反应。

2. 认识自己身体各部分。随着认识能力的发展和成人的教育，婴儿1岁后逐渐认识自己身体的各部分。比如，儿童开始学说话时，成人往往指着他的身体某部位教他“鼻子”“耳朵”“嘴巴”等等。婴儿通过自己的触摸觉和动作，逐渐认识身体的各个部分。但是，1岁儿童还不能明确区分自己身体的各种器官和别人身体的器官。当妈妈抱着儿童问他的耳朵在哪儿，儿童用手去摸摸自己的耳朵，又立即去摸妈妈的耳朵，摸完一只耳朵，又摸妈妈的另一只耳朵，如此来回反复，玩起耳朵来了。

3. 认识自己的整体形象。婴儿对自己的面貌和整个形象的认识，也要经过一个较长的过程。最初婴儿在镜子里发现自己时，总是把镜中形象作为别的小孩来认识。在我们的观察中，一个1岁2个月的孪生子用他的孪生兄的名字称呼自己在镜子里的形象。1岁左右甚至较大一些的儿童，喜欢和镜子里的儿童玩，摸他，亲他，拍他，对着他笑，持续相当长的时间。

至于对自己的影子，儿童认识更晚。有的报告指出，2岁半至3岁时，儿童还难以理解自己的影子，常常指着自己的影子叫“小孩”，追着影子试图用脚去踩。

对自己身体的认识，既是儿童认识自我存在的开端，也是儿童认识物我关系（即物体和自己的关系）的开端。儿童意识到自己对物的“所有权”，似乎是从这里开始的。

4. 意识到身体内部状态。对于自己身体内部状态的意识，大约到2岁左右才开始发生，比如会说“宝宝饱”或“宝宝饿”是最初的表现。

5. 名字与身体联系。婴儿长时间不能把自己的名字去和自己的身体联系。八九个月的儿童，当成人用他的名字问：“××在哪呢?”他已经能够作出正确的回答，当然还不是用语言，而是用微笑或动作作出反应。但是直到3岁左右，儿童还倾向于用名字称呼自己，不用代名词“我”，似乎是把自己和自己以外的人或物同等对待。

（二）对自己动作和行动的意识

动作的发展是儿童产生对自己行动的意识的前提条件。1岁左右，婴儿通过偶然性的动作逐渐能够把自己的动作和动作的对象区分开来，并且体会到自己的动作和物体的关系。比如，婴儿无意识中碰到了小车，小车就向前移动，婴儿从这里似乎感受到自己的存在和力量。以后，婴儿便主动去推车，用手去拍打东西，嘴里念着："宝宝打打。"

1岁左右，婴儿出现了最初的独立性。在许多场合下，他们拒绝成人的直接帮助，而要"自己来"。比如吃饭，他要抢着自己吃。两三岁的儿童，成人喂他吃药，他紧闭着嘴，不断摇头。但是如果让他自己吃，他果真吃下去了。

在无意中学会了的自动化动作，刚开始儿童并不能意识到。皮亚杰曾用实验研究儿童对自己爬行动作的意识。发现4岁儿童虽然会爬行，但并不意识到自己是怎样运动的。5～6岁，能意识到自己的行动。7～8岁，对自己的爬行动作有明确的掌握或认知。实验：让儿童慢爬，边爬边察看自己的动作；按口头描述行动；爬行中令其中断动作，并对当时的动作进行描述。实验证明，这些方法有助于儿童培养对自己动作的意识。

培养儿童对自己的动作和行动的意识，是发展其自我调节和监督能力的基础。

（三）对自己的心理活动的意识

对自己内心活动的意识比对自己身体和动作的意识更为困难。因为自己的身体是看得见、摸得着的，自己的行动也是具体可见的，而内心活动则是看不见的。对内心活动的意识要求较高一些的思维发展水平。

儿童从3岁左右开始，出现对自己内心活动的意识。比如，儿童开始意识到"愿意"和"应该"的区别。以前他只知道"我愿意"怎样做就怎样做，现在，开始懂得了"愿意"要服从"应该"。实际上，这也是自觉的动机从属关系的萌芽。

4岁以后，开始出现对自己的认识活动和语言的意识。他们开始知道怎样去注意、观察、记忆和思维。比如，上课时老师说："注意了!"自己就应该眼睛看着老师，双手停止活动等等。这也是开始有了认知的方法。他们也比较清楚地意识到假想和真实的区别，意识到正确与错误的思想和行为的区别。有时故意做错事坏事，是为了引起成人的注意，同成人开玩笑。

学前儿童往往只停留在意识到心理活动的结果，而不意识到心理活动的过程。他能作出判断，但不知道判断是如何得出来的。因此往往知其然而不知其所以然。在许多思维实验中反映了这种情况。比如他们能区别有生命和无生命的东西，但是说不出自己为什么这样判断。

学前儿童甚至不能意识到自己判断中的矛盾。比如问：皮球在水里会浮还是会沉？答：会浮起来。问：为什么？答：它轻。问：小钉子会浮还是会沉？答：会沉。问：它也轻，为什么会沉？儿童不能正确回答。

掌握“我”是自我意识形成的主要标志。婴儿从知道自己名字发展到知道“我”，意味着从行动中实际地成为主体，发展到意识自己是各种行动和心理活动的主体。

四、儿童自我意识发展的特点

我国心理学家韩进之对 3～6 岁的儿童的自我意识发展做了大规模的研究。①

1. 我国学前儿童自我意识（自我评价、自我体验、自我控制）的发展是随年龄的增长而发展的。自我评价就是一个人在对自己认识的基础上对自己的评价；自我体验是一个人通过自我的评价和活动产生的一种情感上的状态，如自尊心、自信心、羞愧感等；自我控制反映的是一个人对自己行为的调节、控制能力，包括独立性、坚持性和自制力等。自我意识各因素的发生具有时间性。如自我评价发生在 3～4 岁，自我体验发生于 4 岁左右，发展相对较平稳，趋于渐变状态，自我控制发生的年龄为 4～5 岁。

2. 我国学前儿童自我评价的发展首先是依从性评价，即根据成人的评价作为自我评价的依据。他们往往不加考虑地轻信成人对自己的评价，自我评价只是简单地重复成人的评价。如 3 岁儿童在回答自己是好孩子的原因时说“妈妈说我是好孩子”。然后，儿童开始根据某一个方面的行为对自己进行评价，进而能从多方面进行自我评价。如 4 岁儿童从个别方面或局部评价自己，说自己是好孩子的原因是“我不打人”或“我帮老师收积木”；5 岁儿童说“星期天我帮妈妈扫地、抹桌子、刷碗”；6 岁儿童的自我评价表现出多面性，如“我是好孩子，客人来了我主动问好，我上课发言好，帮老师……”等。

在行为评价上，儿童主要是对外部行为作评价，还不能深入到内在品质的评价。只有 6 岁组中的少数儿童处于过渡状态，涉及一些内在品质，但不属于真正的对内在品质的评价。如一个 6 岁儿童说自己是好孩子，因为“我

---

① 朱智贤：《中国儿童青少年自我意识发展与教育》，中国卓越出版公司，1990 年 4 月版，第 433～446 页。

不撒谎，上课坐得好，我不欺负小朋友”。

学前儿童已经有了一定的道德评价的能力，从具有强烈情绪色彩的评价发展到根据简单的行为规则的理智的评价。4岁组72%的儿童开始能够运用一定的道德行为规则来评价自己和他人行为的好坏。到了5～6岁，几乎所有的儿童都能运用一定的道德行为规则评价自己和他人行为。当然，这时他们对道德概念的理解依然不深刻，较笼统，不分化。

学前儿童基本上能正确地评价自己的身高，但尚不能概括地评价自己身体的好坏。4岁组儿童能从自己的饭量上评价自己身体的好坏。5岁组儿童能从自己的胖瘦来评价自己身体的好坏。6岁组儿童则能从自身的体力和健康情况来评价身体好坏。如认为自己身体好，是因为“有力气，能干活，跑得快”。这与儿童认知发展中概括水平的发展趋势是一致的。

3. 我国学前儿童自我情绪的体验，有一个不断深化的发展过程。社会情感的自我体验逐渐丰富，并有一定的顺序。同时，自我体验又容易受暗示。

儿童自我体验的不断深化表现为从与生理需要密切联系的愉快，向社会性体验诸如自尊、羞愧发展。3岁组儿童的愉快自我体验占23%左右，有羞愧感的儿童只占3%左右，6岁组97%儿童都具有愉快感和羞愧感。同时从初步的内心体验发展到较强烈的内心体验，3岁左右的儿童基本上不会用语言来表达自己的内心体验；到了4岁以后，儿童会用语言来表达自己内心的感受，如“我不高兴”“我生气”；而到了5、6岁，儿童则会用一些修饰词如“很”“太”等来表达自己内心较强烈的体验。

学前儿童的自我体验容易受成人的暗示。年龄越小，表现越明显，尤其是3岁组儿童，只有在成人的暗示下才会有羞愧感。如当成人问3岁儿童“如果在游戏中违反游戏规则又被老师发现，觉得难为情吗”，有27%的3岁儿童给予肯定回答，但当实验者改用“你觉得怎样”的笼统提问，只有3%的3岁儿童有自我体验。而随着年龄的增长，儿童自我体验的受暗示性会逐渐降低。如对6岁左右的儿童的研究表明，暗示与否对儿童羞愧感的产生已不产生影响。

4. 我国学前儿童有一定的自我控制能力。但3～4岁儿童的坚持性、自制力都较弱，只有到了5～6岁时，儿童才有一定的坚持力和自制力。5～6岁组女孩的控制力比男孩高。这可能与女孩心理成熟水平比男孩高有关。总的说来，水平都不高。

学前儿童的自我控制能力从主要受他人控制发展到自己控制。3 岁左右的儿童，其自我控制的水平是非常低的。在遇到外界诱惑时，主要受成人的控制，而一旦成人离开，则很难自己控制自己，很快就会违反行为的规则。如设计一个情境，给每个儿童一个包起来的盒子，里面有礼物，告诉儿童等 10 分钟后教师回来时才能打开。当老师离开后，小班的儿童多数会很快打开盒子，而大班的儿童坚持的时间会较长，并有更多的儿童按要求坚持到教师回来。

在策略使用上，从不会自我控制发展到使用控制策略。控制策略是影响儿童控制能力的一个重要因素。对于年龄小的儿童来说，他们还不会使用有效的控制策略。随着儿童年龄的增长，他们逐渐学会使用简单的控制策略进行自我控制。如关于延迟满足的研究表明，有少数 4～5 岁的儿童能运用许多分心的策略而不去碰终止等待的信号。例如，小声地唱歌，把手藏在手臂里，用脚敲打地板或睡觉等，而 5、6 岁的儿童已懂得如何将诱惑物盖起来。

国外有学者认为，3～4 岁儿童的自我控制能力水平，与 15～20 年以后所测的自我控制能力水平之间有极显著相关，而且男孩的相关高于女孩，具有更大的预测性。这一现象可能表明男性的自控发展受内源性因素（如气质）影响较大，而女性受环境中的外源性因素影响较大。

第二节　学前儿童自我评价的发展

幼儿期自我意识的发展主要表现在自我评价、自我体验及自我控制的发展三个方面。自我评价就是一个人在对自己认识的基础上对自己的评价。

一、儿童自我评价发展特点

自我评价可以包括三种形式：掌握别人对自己的评价；社会性比较，即从与别人比较中对自己作出评价；自我检验，或狭义的自我评价。2 岁左右儿童开始产生自我形象，能够把主体和客体分开，在与人交往中，在他人评价过程中学会自我评价。儿童自我评价的发展和儿童认知及情感的发展密切联系。韩进之、杨丽珠（1986）研究儿童自我评价发展有以下特点。①

---

①　幼儿自我意识发展研究协作组：《我国学龄前儿童自我意识发展初探》，《心理发展与教育》，1986 年第3 期。

1. 儿童自我评价表现为从依从性的评价发展到对自己个别方面的评价，再到对多方面的评价

儿童开始只能以他人的评价为自己的评价，即以成人的评价作为对自己的评价，我们称之为依从性自我评价。特别是儿童初期，儿童往往不加考虑地轻信成人对自己的评价，自我评价只是简单重复成人的评价。例如，当儿童在回答他们是好孩子的原因时说“老师说我是好孩子”“妈妈说我是好孩子”等。这种依从性自我评价还不属于真正的自我评价，乃是“前自我评价”。苏联心理学家安南耶夫也认为儿童评价自己和自己的行动最初是教育者评价的直接表现。这种对待自己的方式，实际上还不是自我评价。进而儿童可以进行自我评价，但主要是从个别方面或局部评价自己。例如在他们回答是好孩子的原因时，有的儿童说：“我不打人。”有的儿童说：“我帮老师收本子。”在此基础上儿童发展到从几个方面进行自我评价，表现了自我评价的多面性。例如，有的儿童说：“我是好孩子，客人来了我主动问客人好，上课发言好，帮老师收拾积木。”由此可见儿童自我评价的发展，首先是依从于他人的评价，将其作为对自己的评价，然后是从某一个方面进行自我评价，进而能从多方面进行自我评价。

2. 儿童自我评价的发展明显地表现为对自己外部行为的评价上，同时也表现了有从外部行为向内心品质转化的倾向

根据调查材料，儿童的自我评价基本上表现为对自己外部行为的评价，还不能深入到对内心品质进行评价。只有大班极少数儿童在自我评价中涉及内心品质，但仍属于过渡的中间状态，还不是真正的对自己内心品质进行自我评价。例如，儿童在回答他是好孩子的原因时说：“我不撒谎，上课坐得好，我不想欺负小朋友。”不过也可以看出一点苗头，儿童自我评价是从外部行为向内心品质转化的。

3. 儿童评价与自我评价的道德感

学前儿童已具有一定的道德性评价能力。4 岁组儿童开始能初步以一定的道德行为规则来评价自己和他人行为的好坏，同时能够尊敬长者，但评价带有一定的情绪性。儿童只有到了大班才能够自觉模仿成人从社会意义上来评价道德行为的好坏，但对道德概念的理解能力是很肤浅的，没有分化，比较笼统，还不能很好地理解道德概念。

4. 儿童对自己身体的评价

儿童基本上能正确地评价自己身体的高矮，但全面地、概括地评价自己身体的好坏的能力还较差。儿童评价自己身体的能力符合一般认识能力的发展，是由局部的、具体的向全面的概括的水平发展的。

5. 儿童自我评价发展趋势

儿童自我评价随着年龄的发展而发展，3～4 岁之间均数差异最大，发展速度较之 4～5 岁要快。

6. 儿童自我评价的性别差异

儿童各年龄组在自我评价方面无男女性别差异。

二、儿童自我评价的恰当性[①]

自我评价是一种主观判断，它与客观实际相符的程度即是自我评价的恰当性。恰当的自我评价是个体行为的积极调节因素。仇佩英（1991）探讨了 3～6 岁儿童在能力、品德与他人关系方面的自我评价恰当性发展，及外部因素对评价的影响。[②]

（一）儿童自我评价恰当性发展研究

仇佩英在上海市宝山区选取不同类型幼儿园四所（城市公办、农村乡办、厂办等），从中随机抽取 3 岁 5 个月至 3 岁 11 个月 176 名，4 岁 5 个月至 4 岁 11 个月 176 名，5 岁至 5 岁 11 个月 183 名，共 535 名儿童接受五方面内容测查，以考察儿童自我评价的恰当性。

1. 跳远能力。借鉴苏联丽西娜的跳远研究手段，为避免不同玩具对儿童的影响，取消玩具标记，改用数字或用手指点。具体做法：用粉笔画好五级跳远标准线，测试前先让儿童练习三次，提醒儿童“看自己能跳到哪一条线”。测试时，先请儿童估计自己能跳到哪一级（5 岁组用数字回答，其他两组用手指点），然后让其跳远，观察他实际跳到哪一级。

2. 一般能力（聪明能干）。参考苏联舒尔等人的阶梯图谈话法。[③] 具体做

---

① 杨丽珠、吴文菊：《幼儿社会性发展与教育》，辽宁师范大学出版社，2000 年 9 月版，第 79～88 页。

② 仇佩英：《幼儿自我评价恰当性的研究》，《心理科学》，1991 年第 3 期。

③ 陈学超、余强基：《适当的自我评价是学前儿童道德教育的条件》，《外国教育动态》，1988 年第 2 期。

法是先告诉儿童“肯动脑筋，老师教的本领都能学会，是聪明能干的小朋友”。接着出示阶梯图说：“这是一座楼梯，它表示小朋友聪明还是不聪明，最聪明能干的儿童在最高一级，就是第5级；比较聪明能干的儿童在第四级；有时聪明能干、有时不聪明能干的儿童在第三级；不太聪明能干的在第二级，最不聪明能干的在第一级。你想想，你应该在哪一级?”

同时向教师发问卷，内容与儿童谈话相同。

3. 纪律行为（遵守规则）。方法同一般能力的测查方法。

4. 一般行为（好孩子）。方法同一般能力的测查方法。

5. 教师对自己的态度（教师喜欢自己）。方法同一般能力的测查方法。

对上述五项内容，把儿童对它们自我评价恰当性程度分为三级：恰当、过高、过低。标准如下：（1）跳远能力以儿童自评与实际跳的成绩作比较，两者一致或差1级为恰当；自评比实跳高2级或以上者为过高；自评比实跳低2级或以上者为过低。（2）其他4个项目均以儿童自评与教师评价作比较，评定标准与跳远项目相同。将各年龄组全体儿童对五项内容的恰当评价发生频数之和占总数的百分率，作为该年龄组自评恰当率。

研究结果表明，幼儿期自我评价的发展趋势是：3岁组儿童倾向于自评过高，随年龄增长自评恰当率提高，过高率下降；4岁组儿童自我评价由偏高向恰当转折，恰当自评开始占主要地位；5岁组儿童恰当自评已占主导地位，自评过低率有一定增加，与评价过高率趋于一致。这也许是因为5岁儿童已产生初步的自我理想，由此会引起他们对现实自我的不满；同时，他们随着心理发展，自我意识中的保护机制开始发挥作用，有些儿童会以过低的自评来保护自尊或取悦于成人；加上幼儿园教育，成人、同伴的影响，部分儿童可能形成谦虚或自卑的性格倾向。这些都会影响儿童自评的恰当性。

儿童对不同内容自评恰当性水平有差异，跳远项目由于它有具体、明确的直观标准，符合儿童认知特点，因而自评恰当性水平较高；其他几个项目的标准较抽象，儿童不易掌握，所以自评恰当性水平较低。对自己的聪明才能自评恰当性水平最低，对纪律行为、一般行为及教师对自己的态度自评恰当性水平居中。

（二）影响儿童自我评价恰当性的因素研究

仇佩英根据苏联心理学家科恩关于自我性认知图式的四条基本规律——A. 内化（接受他人评价）、B. 社会比较、C. 自我定性（选择）、D. 生活体验意义整合①，假设影响儿童能力自评和品德自评的因素评价、同伴评价、客观标准和同伴行为比照，以此进行了两方面实验。

1. 影响儿童对能力自评的因素实验

【实验一】

对象：仍以跳远为研究手段，对第一部分四所幼儿园中的所有 5 岁 5 个月至 5 岁 11 个月儿童，进行跳远能力自评恰当性的诊断测试，取自评“跳得远”（在无标准和其他因素影响的跳远活动后，儿童自评跳得“远”还是“近”）的 125 名儿童为被试，分成 5 组，每组 25 人。

方法与过程：五组中第一组为客观标准组，主试画一条清晰的、每个儿童都不可能超过的标准线，告诉儿童：跳过这条线为远，反之为近。第二组为同伴参照组，在无标准线的跳远活动中，让一个能跳得比他更远的同伴（假被试）与他一起跳，说“你与××一起跳，看看他和你跳得一样吗”。第三组为同伴评价组，被试在无标准的跳远活动后，由同班一权威同伴（有威信的儿童）作“你跳得近”的低评价。第四组为教师评价组，被试在无标准的跳远活动后，班主任老师作“你跳得近”的低评价。第五组为对照组，不施加影响。然后请各儿童自我评价，问语是“你刚才跳得远还是近”，测定其有否改变原来的高评价。

【实验二】

对象：同实验一，50 名儿童，分成 2 组，每组 25 人。

方法与过程：事先画好儿童只能达到中级的三级跳远标准线。实验前，主试讲明评定标准“今天请你跳远，老师已画好线，跳到第一块是近，第二块是当中，第三块是远”。儿童跳远后，第一组由儿童班主任逐个作高评价“你跳得很远”，同时班级权威同伴作低评价“你跳得很近”。第二组则相反：班主任作低评价，权威同伴作高评价。然后请儿童对跳远能力作自我评价，问语是：“你刚才跳得远？跳得近？还是当中？”

2. 影响儿童对品德行为自评的因素实验

对象：被试来源同上，但把诊断性测试内容改为儿童利他行为。做法是：给儿童两张手工纸，一张是花纸，另一张是废报纸，让他分一张给小班朋友玩，然后暗察其分物行为。请不具有利他行为（即自留花纸）的儿童自我评

---

① 杨丽珠、吴文菊：《幼儿社会性与教育》，辽宁师范大学出版社，2000 年 9 月版，第 83 页。

价，问："你刚才把手工纸分给小班朋友了吗？哪一张分给他？这种分法对吗？"取自评不正确（即认为分得对的）儿童125名为被试，分成5组，每组25人。

方法与过程：五组中第一组是社会标准，社会标准即谦让规范，平时已进行这方面教育，实验时通过成人间谈话，予以强化。做法是：儿童在一边坐着休息，两位教师谈话。甲："好孩子都关心别人，分东西时，把好的分给别人。"乙："是的，把好东西分给别人的儿童是好孩子，把不好的东西分给别人，自己留下好的，不是好孩子。"谈话必须让被试听到。第二组是同伴参照组，自然情景下，让被试看到同伴（假被试）把花纸分给小班朋友，自己留废报纸。第三组是同伴评价组，请一权威同伴对被试的行为作否定评价"你自己留好看的花纸，把废报纸分给小班朋友，这种做法不对"。第四组是教师评价组，由班主任作否定评价。第五组是对照组，不施加任何影响。然后再请儿童自评，问句是："你刚才分纸给小朋友玩了吗？这种分法对不对？"

研究结果表明，教师评价、同伴评价、社会标准、同伴参照等外部因素都对儿童的能力自评和品德自评有一定影响。其中以教师评价的影响最大。但是在各种情境下，都有一定数量的儿童坚持原评价，这说明儿童的自我评价还受到自身内部因素的影响。它们影响着儿童思考问题的出发点和方式。

认知心理学对自我的关注主要表现在与自我有关的信息是如何接受、组织、加工、贮存和提取的。马库斯认为，人们形成关于自我的认知结构与形成其他形象的认知结构并无区别，这种认知结构叫做自我图式。"自我图式是关于自我的认知性概括，来源于以往的经验，它负责组织与指导包括个体社会经验在内的与自我有关的信息的加工过程。"自我图式影响到外来信息是否被注意，如何被组织以及是否有助于对这一信息的记忆。① 儿童自我评价可能受到自我图式的制约。

第三节 学前儿童自信心的发展

自我体验是一个人通过自我的评价和活动产生的一个情感上的状态，如自尊心、自信心、羞愧感等，其中自信心是自我意识的重要组成部分，我国

---

① 孙庆民：《美国学者关于自我的认知研究简介》，中国人民大学复印报刊资料《心理学》，1990年第9期。

教育领域高度重视儿童自信心这一心理品质的培养。

一、研究学前儿童自信心发展的意义

自信心（又称自信感），是指个体对自身行为能力与价值的认识和充分评估的一种体验。自信心是人的自我意识的重要组成部分，他影响人的整个个性、社会性的健全发展，具有自信心是一个人迈向成功的第一步。自信心是一种强大的内部动力，能激励人坚持不懈地运用自己的智慧完成任务，追求既定目标，实现自己的理想。自信心对于儿童心理健康和认识能力具有十分重要的意义。它能促使儿童产生积极主动的活动愿望，大胆探索，思考问题，乐于与周围人交往，经常保持愉快的情绪。他们在获得更多知识和技能的同时，也能逐渐发展乐观、勇敢、独立性强等良好的性格特征。缺乏自信心的儿童，稍遇到困难就退缩，不敢自由地表达自己的爱好和愿望，怯于与周围人交往，参加活动的积极性、主动性差，不能充分发挥自己的能力去认识和探索事物，而且容易形成胆小、懦弱、依赖性强、优柔寡断等不良的性格特征。①

二、儿童自信心结构及其发展②

（一）儿童自信心结构研究

姜立君、杨丽珠③运用开放式问卷调查法选取大连市内幼儿园四所，集中教师，讲述自信心定义并列举表现，让每名教师分别写出本班自信心强、弱各 3 名儿童的典型行为表现和特征，男女各半。进行个案追踪观察。在大连市一所幼儿园——红旗镇幼儿园中让幼儿园教师分别选出自信心强、弱儿童各 3 名，观察时间为 10 周，教师观察儿童在游戏及日常生活中的自信行为表现，并做记录。一周观察 3 次，每次 10 分钟。从幼儿园中选 6 名教师，每人观察 6 名儿童，共观察 36 名儿童。借鉴和吸收国内外研究成果，采用理论推导方式，结合开放式问卷调查资料和个案追踪观察记录的资料，将儿童自信

① 陈帼眉：《学前儿童发展与教育评价手册》，北京师范大学出版社，1994 年 9 月版，第 574 页。

② 杨丽珠、吴文菊：《幼儿社会性发展与教育》，辽宁师范大学出版社，2000 年 9 月版，第 89～92 页。

③ 姜立君：《幼儿自信心发展的研究》，辽宁师大硕士学位论文，2000 年 6 月。

心概括为六个因素，即自我评价、自我有效感、独立性、自我表现、主动性、敢为性，以此作为编制问卷的理论构想。在此基础上编制出儿童自信心发展教师评定初始问卷。进行预测，经信度、效度检验和经校正的题总相关做项目分析，编出儿童自信心发展教师问卷，进行正式施测和个案追踪记录，其结果表明此问卷可信有效。又采用 Bartle 球形检验和 Kaiser-Meyer-Olkin 度量，分析变量的相关矩阵的目的在于考察所有的条目是否适宜因素分析。结果表明，变量的相关矩阵差异显著，不是单位矩阵，本研究的数据可以进行因素分析。用主成分分析法提取主要因素，采用极大方差旋转和正交旋转，得出自信心结构包括自我评价、自我表现、独立性和主动性四因素。

1. 自我评价。自我评价主要体现为儿童对自己能力的评估以及对自己是否能够完成某种任务所做出的推测。儿童对自己能力的评价与是否能够完成某一任务的经验紧密相联系，这一结论符合学前期儿童的思维特点，说明自我评价体验在儿童自信心结构中占有重要地位，是儿童自信心的力量源泉。另外，儿童的自我评价具有不同于成人的一面：学前期儿童自我评价主要体现在对自己外部行为的评价上，这一研究结果与韩进之、杨丽珠对我国儿童自我意识所进行的研究结果一致。①

2. 自我表现。研究表明，自我表现是儿童自信心结构中的一个重要因素，它主要是指儿童个体在个人能力、智慧、思想方面的自我表达能力。儿童在大约 1 岁半到 2 岁左右开始了人生的第一次分化，自我意识开始发生。3～4 岁的儿童自我意识进一步发展，当儿童做出自我表现的行为时，如果成人给予积极的认可和鼓励，儿童便会强化对该行为的认识，肯定自己的能力水平，自信心会在这一过程中得到加强；反之，如果成人对儿童自我表现的行为予以否定，则会减少儿童类似行为的发生，使儿童对自己的能力产生怀疑，从而削弱儿童的自信心。

3. 独立性。独立性是指儿童所具有的一种强烈的独立行事、独立表达、独立解决问题的心理特点。儿童自身的动作和躯体移动动作的发展，为儿童独立活动提供了可能。这种可能性使得儿童能够自己独立去做一件事，摆脱成人的帮助。这种独立做事的经历一方面提高了儿童的活动能力，另一方面则增强了儿童的自信心。本研究结果表明：儿童随年龄的增长、自信心的增

---

① 刘范：《心理发展的近期研究》，北京师范学院出版社，1990 年 7 月版。

强，独立性也逐渐增强。增强的原因与儿童自身独立活动经验的积累有不可分割的联系。

4. 主动性。因素分析的结果表明：主动性也是儿童自信心结构中的一个重要成分。它主要体现在儿童对外界活动的积极参与上，例如，“对于任何活动都有一种主动参与的积极性”“主动尝试去做较难的任务”等。这其中既包含了任务技能等能够实地操作的外显内容，同时也包含了一些个人情感和性格特征等难以操作的内隐特征，所以，在了解了主动性在自信心中的重要地位之后，从多方面入手提高主动性对于儿童自信心的发展具有重要意义。

（二）儿童自信心的发展

姜立君、杨丽珠研究结果表明，儿童自信心各因素随着年龄的增长而发展，并表现出年龄的差异（年龄组间差异显著）。儿童自信心总的增长趋势，也表现出随着年龄的增长而发展。儿童自信心在3～4岁之间较之4～5岁之间发展更为迅速，见表17－1。

表17－1　儿童自信心发展水平的年龄差异

	3岁 N＝60	4岁 N＝60	5岁 N＝60	F
自我评价$\overline{X}$	1.9854	2.9146	3.2479	206.688＊＊＊
S	0.2734	0.3653	0.4057	
自我表现$\overline{X}$	1.9690	2.8500	3.1452	147.838＊＊＊
S	0.3607	0.3931	0.4138	
独立性$\overline{X}$	1.9889	2.8981	3.1722	154.029＊＊＊
S	0.3635	0.3701	0.4234	
主动性$\overline{X}$	1.9583	2.8917	3.1883	158.225＊＊＊
S	0.3688	0.3841	0.4303	
总分$\overline{X}$	1.9770	2.8948	3.2004	203.454＊＊＊
S	0.3911	0.3559	0.2812	

＊＊＊$P<0.001$　$\overline{X}$表示平均数　S表示标准差　F表示F检验

根据以上的统计结果，结合个案记录，我们发现儿童自信心的发展状况如下。

1. 自我评价。3岁组儿童多以成人的评价为自我评价，称之为依从性评价，例如在个案调查时问儿童：“你为什么是一个好孩子?”他的回答常常是

“老师说我是好孩子”；4 岁组儿童能够从个别方面对自己进行简单评价，在回答上一问题时，有的儿童说“我能够拼好地图板块，所以我是好孩子”；5 岁组的儿童多数能够从几个方面对自己进行评价，“因为我比别人多得了小红旗，因为我帮老师发作业本，所以我是好孩子”。

2. 自我表现。3 岁组儿童的自我表现多为转述他人的原话或模拟他人的表情，并不加入个人意愿，也不带有任何个人感情色彩；4 岁组的儿童则往往渗入了一些简单的个人思想，如“我爱上幼儿园是因为老师对我好”；5 岁组的儿童在自我表现时则是语言和动作的共同表达，这时的儿童开始通过朗诵诗歌表现自己。

3. 独立性。3 岁组儿童多数不能够独立思考，模仿或重复他人的能力极强，受暗示性也很强，缺乏主见；4 岁组的儿童则开始联系自己的生活进行简单的思考，生活上逐渐摆脱来自成人的帮助，自我服务能力提高，出现了个人思想；5 岁组的儿童则更多的有自己的思想、主张，尽管这种思想和主张不一定符合现实。

4. 主动性。3 岁组儿童多数不能够主动参加游戏，需教师的提醒和督促；4 岁组儿童则由能够主动参加游戏，积极进入角色；5 岁组儿童不但进入角色，还能够主动做游戏的领导者或改变游戏方式以获得更大的满足。

三、影响儿童自信心的因素

（一）体验的作用

美国心理学家马尔兹认为，绝大多数的自我信念都是依据过去的经验——成功与失败、屈辱与荣耀，特别是童年时的经验而不自觉地形成的。儿童阶段已产生了对成就的追求和愿望。成功体验是一种驱使儿童主动行动，克服活动中的困难并坚持下去，直到取得满意活动成果的强大内部力量。它对儿童自信心发展水平的提高起着极其重要的促进作用。儿童在成长过程中所经历的事情是多种多样的，儿童在进行活动的过程中，会产生种种成功或失败的体验，从而对自己的能力有所认识。成功体验的积累，使儿童的自信心得到增强；失败体验的积累，使儿童的自信心减弱。例如，在荡秋千的运动中，起初，儿童坐在秋千上两脚着地，身体向后使劲儿，这样秋千就可以悠荡起来。当儿童发现这一原理，并能运用这个原理使秋千荡得更高时，就会产生一种成功的体验，这种成功的体验就导致了自信心的初步形成。接着，儿童开始站起来，试着把秋千荡得更高些。秋千荡得比较好的儿童，就开始对其他活动发生兴趣。如果有两三种活动都搞得较好，那么他就会对更多的活动产生兴趣。成功的体验积累较多，儿童就会形成一种自信心，有了这种自信心，儿童就会把偶然的失败看作是因为“自己没留心”或“身体失去了平衡”等因素导致的。他能够自觉地查找原因，并且仍旧保持活动的积极性。儿童在体育活动方面形成的自信心，还能影响他们在诸如绘画、朗读等活动中的自信心。

（二）活动的积极性

儿童活动的积极性、主动性是受他对活动本身的兴趣所左右的。而儿童对活动的兴趣如何又是受他的自信心所支配的。由于儿童对他感兴趣的事物会倾注其全部注意力和聪明才智，这样成功的概率往往大些。儿童对自己感兴趣的事物也常是抱有自信心的。可见，儿童活动的积极性可以作为考察儿童自信心的一个指标。总之，自信心激发兴趣，引起活动的积极性，并使活动获得成功；而成功的体验又扩大和增强了儿童的自信心，从而更加激发起儿童对活动的兴趣和积极性。

（三）家庭因素

1. 父母的影响。父母亲的教养方式和教育态度与儿童自信心的发展有密切联系。父母对儿童性别的期望也会对儿童自信心的发展产生影响。父母的婚姻状况是影响儿童自信心发展的一个较为直接而又十分重要的因素。国外的研究发现，由于离异而失去父亲的状况对学前儿童自信心的发展产生不利的影响。母亲的工作性质与儿童自信心发展有一定影响。母子关系与儿童自信心发展有密切关系。奥托尼（R. E. Authony，1995）的研究表明，在儿童企图进入一个无预期的独立世界中时，母子关系提供了自信心和道德力量的来源。母亲在怀孕期间和分娩后，情感和态度的不同对儿童自信心的发展产生一定的影响。

2. 家庭结构及环境的影响。国内研究表明，自信心强的儿童家庭类型主要是三代同堂，其次是三口之家的小家庭，最差的是缺损家庭。国外的研究则有不同的结果。认为家庭结构简单的类型使人容易产生自信心、自主性。由搬家造成的环境改变，对儿童的自信心发展有某种程度的影响。在宁静愉快、和谐的气氛中生活的儿童与在气氛紧张、冲突环境下成长的儿童自信心发展表现明显不同。

（四）幼儿园教育

1. 专家们在幼儿园实施对儿童自信心培养的各项研究促进了儿童自信心的发展。例如：国外的研究者在对“学龄前及低年级儿童的行为与自信心的评估”研究中，实施了一项改进他们自信心的训练计划。在关于“促使儿童充分施展才能的7项课程特别专题思考”的研究中，通过7项课程来帮助儿童增进自信心。① 在“利用游戏和运动技能的发展，建构儿童的自信心和自尊”等研究中表明，通过特定的训练，可以提高人的某一方面的自信心水平。国内的研究表明：儿童学习数学的自信心可以通过在学习中不断获得成功体验来提高，而这种成功的体验来自于特定的课程设计，必须通过长期的培养才能使自信心获得相对的稳定性。

2. 幼儿园适宜的教育活动对儿童自信心的培养起着强大的推动作用。国内研究者的研究表明，通过游戏活动不仅可以发展儿童智力，还可以培养儿童的动手能力及自我服务能力，从而有助于儿童形成积极的自我评价，产生愉快感受，并使儿童逐渐获得影响与控制环境的能力，建立起对自己的信心。在小班儿童绘画教学中，通过为儿童创造条件，使每个儿童在力所能及的范围内制作出一件小作品，可以使儿童看到并真正感受到自己的能力，从而增强自信心。体育活动对儿童自信心的培养有极大的影响力。由此可见，在幼儿园的各方面活动中培养儿童的自信心是完全可行的，而且也是行之有效的。

第四节　学前儿童自我控制的发展②

自我控制是自我意识的重要成分，是以自身为对象的高级心理活动，是儿童社会化的重要特征。它是个人对自身的心理与行为的主动掌握，是个体自觉地选择目标，在没有外界监督的情况下，抑制冲动，抵制诱惑，延迟满足，控制、调节自己的行为，从而保证目标实现的一种综合能力，即对优势反应的抑制和对劣势反应的唤起的能力。它表现为意识对自我的

---

① Williams, W. M.; Sternberg, R. J.: Sevenlessons for helping children make the most of their abilities. Special Issue: Thinking, Educational Psychology, 1993, V01, 13(3～4): 317～331.

② 杨丽珠、吴文菊：《幼儿社会性发展与教育》，辽宁师范大学出版社，2000年9月版，第102～115页。

协调、组织、监督、校正、调节的作用，使自己整个心理活动系统作为一个能动的主体，与客观现实相互作用，以成功地适应社会。

一、学前儿童自我控制发生与发展

（一）学前儿童对动作和运动、认知活动、情绪情感的控制

儿童是在生理不断成熟的条件下，在成人的指导教育下，通过与外界环境的不断交往发展各种心理能力，并逐渐克服其冲动性，学会控制自己的活动的。儿童自我控制能力的获得是通过一步一步的学习过程完成的。儿童的行为缺乏思考，冲动性是儿童行为的主要特点。西方心理学者主要从动作和运动的控制、认知活动的控制和情绪情感的控制来研究儿童如何从冲动性向自我控制过渡的。

1. 对动作和运动的控制。对机体自身动作运动的控制是自我控制发展的第一步。普莱尔就儿童意志的发展与儿童出生以后如何发展对动作的有意抑制进行了描述。他强调了儿童对动作有意抑制的发展与表象和观念的发展有关。儿童首先要学会停止、抑制某些行动，这对年幼儿童来讲并非易事。研究发现，让2～4岁儿童对某种信号不作反应比让其作出反应要困难得多（鲁利亚，1961）。实验者让儿童看到绿灯亮就挤压手中的橡皮球，红灯亮不要挤压，结果无论什么灯亮，儿童都倾向于挤压橡皮球，表明儿童抑制行动的能力不强。有人重复了这个实验，也证明儿童在抑制行动上还存在困难。但同时也发现，儿童从3岁2个月到4岁11个月，对行动的抑制能力有很大的进步（Mille，Shelton & Flavell，1970）。儿童自我控制能力的发展不仅包括对动作行为的简单抑制，还包括更进一步地根据需要调整自己的活动节奏和速度。儿童相对来说能快速地进行某种活动，但让其慢慢地进行活动却困难得多。当研究者要求学前儿童尽可能慢慢地去画一条线时，发现许多儿童在开始时能慢慢地去画，但在快结束时会突然加快速度。儿童只能在很短的时间内控制运动的速度（Maccoby，1980）。沃德（Ward）利用“慢画测验”和“慢走测验”追踪研究了儿童控制自己运动能力的发展，发现年幼儿童对自己运动速度的控制能力相当差，但又确实在不断进步。5岁儿童比起4岁儿童来讲已有很大进步，而6岁儿童又比5岁儿童有相当大的进步（Ward，1973）。

2. 对认知活动的控制。凯根（Kagan）等人在20世纪60年代将人的认知方式用冲动—熟虑这一维度加以区分。根据在一种不确定的认知情境中是

缺乏深思而轻率地作出反应还是经过深入地思考审慎作出反应，将人划分为冲动型和熟虑型。冲动型的人很快作出反应，错误率很高；熟虑型的人作出反应的时间相对较慢，但错误率低。冲动型的人在认知活动中缺乏自我控制，而熟虑型的人具有较好的认知控制能力。他们设计了“匹配熟悉图形测验”（MFFT）。MFFT 的基本内容是提供给被试一个标准图形、若干个只在个别细节上与标准图形不同的测试图形和一个与标准图形完全一样的测试图形，让被试从测试图形中选择一个与标准图形一模一样的图形，并记录被试第一次反应的时间和错误次数。共有 12 套不同的图形（如剪子、房子、小船等）供被试选择。计算所记录每套图片的平均反应时间和平均错误次数。若被试的反应时间超过他所在样本中的平均数而错误次数却少于样本平均数，就称该被试为熟虑型；若被试的反应时间少于样本平均数而错误次数却大于样本平均数，则该被试被称为冲动型。自 MFFT 问世以来，不少人以它为工具对人在认知活动中的自控行为进行研究。但也有人对这个测验提出尖锐的批评，如布洛克等人对它的结构效度提出质疑。总之，这个测验还有待进一步完善。此外，儿童自我控制能力的提高可以通过成人对其自我概念施加影响而实现。如果成人帮助儿童在自我形象上确信自己是有耐心的、正直诚实的或其他自律的个体的话，那么便可以促进儿童自我控制能力的发展。

3. 对情绪情感的控制。20 世纪 50 年代到 70 年代期间，伯顿（Burnton）、阿伦史密斯（Allinsmith）、麦克比（Maccoby）等人在这方面做了许多工作，如儿童如何忍受各种挫折，克服冲动和焦虑，怎样抗拒诱惑，延迟满足等。米歇尔等人设计了“延迟满足”的实验，即为了得到以后更有价值的东西，愿意延缓立即得到的奖励。例如，让儿童在两者之间作一种选择：一种是立即可以得到的、但不太有吸引力的东西；另一种是需延缓一段时间才能得到的更有吸引力的东西。测验者认为选择立即要得到东西的儿童缺乏自我控制力。有关延迟满足研究的结果主要有两点：①对于学前儿童，抵制眼前奖励的诱惑而有耐心地等待是相当困难的；②学龄期儿童延迟满足的能力逐渐提高。10～12 岁的儿童表现出很强的等待延迟奖励的意愿。道奇的研究发现儿童情绪调节的能力存在个体差异，重大的生活事件影响情绪的发展。一般有自控能力的儿童和能延迟满足的儿童相对比较成熟，有责任感，有较高的成就动机，即使在无人监督的情况下也能遵守规则。

（二）儿童自控能力发展的趋势

宋辉、杨丽珠对儿童自控能力发展趋势进行了研究。① 首先运用开放式问卷，通过教师对儿童自控能力特征的描述和个案观察资料，借鉴国内外研究成果，归纳分类，形成儿童自我控制理论建构。在此基础上经专家审核，编制出儿童自我控制教师评定初始问卷。经预测，再运用经校正的题总相关和变量多重相关的平方和作为项目区分度指标，进行项目分析，编制出正式的儿童自我控制能力教师评定问卷。施测后，此问卷信度、效度具有统计学意义。再采用 Barlett 球形检验和 Kaiser-Meyer-Olkin 度量，表明本研究的数据可以进行因素分析，进而采用主成分分析法提取主要因素，再用正交旋转，得出如下结果。

1. 儿童自我控制能力结构包括自觉性、坚持性、自制力和自我延迟满足四个方面②

（1）自制力，表现为通过抑制直接的、短期的欲望而控制冲动的能力。婴幼儿的中枢神经系统尚未发育成熟，很多的刺激都不被加工，致使他们的行为受冲动和欲望的影响很大，缺少自我控制和调节的能力。因此，缺乏思考、容易冲动是儿童行为的重要特征。随着注意机制的不断成熟和心理能力的发展，儿童逐渐学会对自己的冲动行为、冲动情感进行控制和调节。儿童正是在抑制冲动中逐渐积累了对自己行为、情感控制的体验。因此，自制力是儿童自我控制能力的重要组成部分。

（2）坚持性，表现为在某种困难情境中，为达到某一目的而坚持不懈地克服困难，并在此过程中表现出持续或持久的一种行为倾向。只对冲动的短期控制是不够的。父母和教师在生活中更多地要求儿童在一段时间内维持某种感到厌烦的活动或抵制某种有诱惑力的事物吸引。这一过程表现的就是坚持性，它是对自制力的深化和发展，它和意志力有明显的相关。这一过程需要儿童不断地控制和调节自己的情绪、行为以符合外界的要求。它是自我控制的重要内容，也是我们平常理解的狭义的自我控制能力。

（3）自觉性，表现为在无人监督的情况下，对禁止体验的认识和与看护

---

① 宋辉：《幼儿自我控制能力发展的研究》，辽宁师范大学硕士学位论文，2000 年 6 月。

② 杨丽珠、董光恒：《3～5 岁幼儿自我控制能力结构研究》，《心理发展与教育》，2005 年第 4 期，第 10、11 页。

人期望相一致的动机及相应的行为上。阿尔泰（Harter）认为，儿童自我控制的形成必须具备价值内化和技能获得两个条件。价值内化的表现就是儿童能认识规则并根据规则的要求主动地控制自己的行为和情感。在这一过程中儿童的行为是主动的，不需要外界的指导和督促，它在儿童所表现出的自我控制过程中起着监督和提醒的作用。它是儿童自我控制能力的高级形态，也是儿童道德发展的重要目标。

（4）自我延迟满足，一种为了更有价值的长远结果而放弃即时满足的抉择取向，以及在等待中展示的自控能力。米契尔（Mischel）最早提出自我延迟满足的概念，并将其作为儿童自我控制的主要研究范式。米契尔等认为自我延迟满足不仅是儿童自我控制的核心成分和重要技能，也是社会化和情绪调节的重要成分，更是伴随人一生的积极的人格力量。在自我延迟满足的过程中，儿童自己做选择并在延迟的过程中不断地控制、调节自己的情绪，抵抗诱惑。因此，它也是儿童自我控制中不可或缺的内容。

2. 儿童自我控制发展具有年龄特征（见表 17—2）

表 17－2 儿童自我控制发展水平的年龄差异

	3 岁 N＝100	4 岁 N＝100	5 岁 N＝100	F
自制力 $\overline{X}$	2.4147	3.3645	3.8829	142.297＊＊＊
S	0.7560	0.5126	0.4057	0.5739
自觉性 $\overline{X}$	2.3090	3.1450	3.3080	62.206＊＊＊
S	0.8145	0.5698	0.6302	
坚持性 $\overline{X}$	2.2238	3.1225	3.3938	97.104＊＊＊
S	0.7780	0.5482	0.5030	
延迟满足 $\overline{X}$	2.3700	3.2000	3.4333	55.778＊＊＊
S	0.8461	0.6882	0.7003	
总分 $\overline{X}$	2.3432	3.2347	3.5932	119.443＊＊＊
S	0.7522	0.4899	0.4845	

＊＊＊$P<0.001$　$\overline{X}$表示平均数　S 表示标准差　F 表示 F 检验

从总体上看，3～5 岁儿童的自我控制能力随年龄的增长而呈上升趋势，且这种发展的关键年龄明显在 3～4 岁之间。从各因素的情况来看，其发展趋势也是随着年龄的增长而呈上升趋势，3～4 岁的年龄差异尤为明显，4～5 岁的年龄差异除了自觉性没有达到显著外，其余三因素都达到显著水平。3 岁儿童其大脑皮质抑制机能尚未完善，兴奋过程占优势，因此，表现为活泼好动，自我控制力较差。加之刚进幼儿园，对幼儿园的规章制度还处于一种同化顺应的适应阶段，因此，3 岁儿童的自我控制能力较低。随着年龄的增长，大脑皮质的抑制机能逐渐完善起来，兴奋与抑制过程逐渐平衡，同时，随着儿童认知能力的发展，对行为规则的理解和掌握逐渐深入，这就为儿童自我控制能力的发展提供了生理基础。另外，随着儿童在幼儿园时间的延长，一些外在的教育因素、强化手段和训练也使得儿童对行为规则的理解不断深入，逐渐内化，形成一种自觉的规则意识，进而来约束控制自己的行为，达到行为与规则的统一。因此，与 3 岁儿童相比，4～5 岁儿童自我控制能力的发展出现了迅速飞跃的时期。而 3～4 岁之间恰恰是规则逐渐内化的转型时期，因此表现出自我控制能力的发展异常迅猛。

谢军研究表明，3～9 岁儿童的自我控制能力随年龄增长而呈上升趋势，且这种发展的关键年龄明显在 3～5 岁之间。①

3. 儿童自我控制发展水平具有性别差异，女孩高于男孩。这一研究结果与谢军的 3～9 岁儿童自控能力的发展研究结果一致，与个案追踪观察记录一致。为什么女孩的自控能力高于男孩呢？这一方面是由于受激素等生物因素的影响。由性别染色体差异导致了个体发育毕生的生物机理差异。以第一性征、第二性征为代表的身体差异和男女在大脑机能、内分泌机能方面的差异已经构建了男性化和女性化的心理和生物倾向，都将直接或间接地影响制约儿童行为的表现。研究者曾对怀孕母猴在其孕期前半段的后期注射睾丸激素，结果出生的假两性雌猴不仅生殖器官发生了改变，而且社会行为模式也具有雄猴的特征，如做出更多威胁性姿势、更多攀爬行为、更多嬉戏。可见睾丸激素与攻击性之间关系密切。因此，男孩表现出更多的攻击性行为，自控能力较差。另一方面是由于受社会文化因素的影响。在大多数文化中，绝大多数人认为女性应在情感、关心他人和被动性方面高于男性，而男性则应在攻击性、独立性、能力的支配性方面高于女性。攻击性是更强的男性特征，而人际敏感性则多见于女性。正是由于受到这些性别角色标准的影响，使得成人在对儿童进行教育时有意地遵循这些原则，提供给男女儿童不同的环境和

---

① 谢军：《3～9 岁儿童自我控制能力的发展》，《心理发展与教育》，1994 年第 4 期。

榜样行为，并对儿童所表现出来的性别行为进行监督和纠正。随着儿童自我意识的发展和社会认知水平的提高，儿童在认知上对性别角色形成一定的概念和规则，把自己归于某一概念之中并按规则去行动。这样一来，儿童就表现出与性别相适行为，男孩更热衷于一些冒险、攻击性的游戏，而女孩则喜欢一些安静、情境性的游戏。因此，在让教师对儿童自控能力进行评价时，无论从主观意识上还是从儿童的具体表现上，都表现为女孩自控能力高于男孩。

二、儿童自我控制发展影响因素

（一）生理因素

神经系统的发育直接影响着人的自我控制能力的形成和发展。东西方心理学家对此都有论述，集中表现在对大脑皮质发展的研究上，其中尤以鲁利亚的研究较为系统。他认为：儿童生下时只有成熟的皮下组织结构和最简单的皮质区（第一级区或投射区），比较复杂的第二级和第三级皮质区还不完全成熟。在儿童个体发展中最简单的皮质区（第一级区）没有什么重大发展，但是比较复杂的皮质区（第二级区和第三级区）却发展得非常迅猛。皮质区的发展，与对信息的加工、译码过程的复杂化、自我调节水平及复杂的整合直接联系。随着大脑皮质的迅速发展，大脑皮质的抑制机能也逐渐发展起来，这是儿童认识外界事物和调节控制自身行为的生理前提。儿童刚一出世时，大脑皮质抑制机能还很不成熟，大脑皮质兴奋过程占据很大优势。因此，儿童表现出极大的冲动性。约从 4 岁起，由于神经系统结构的发展，内抑制开始蓬勃发展起来，儿童开始逐步学习控制自己的活动和情绪。随着儿童的皮质抑制机能的逐渐完善，儿童的兴奋和抑制逐渐趋于平衡，使得儿童逐步能够在一定程度上控制自己的行为（林崇德，1995）。由此可见，神经系统的发育水平直接影响着儿童自我控制的水平。

（二）父母控制模式

麦克比把父母控制概括为五种基本形式：严厉控制、限制控制、要求控制、干涉控制和专断控制。帕克（Parker）等人认为，除以上五种控制模式外还有三种典型的父母控制模式：过度保护控制、接受控制、忽视或放任控制。另外一些研究者认为父母控制模式可由这些基本的控制模式复合而成，如鲍姆令特的“权威型”控制是由严厉控制和接受控制复合而成的。不同的父母控制模式形成了儿童不同的自我控制特征。勒温（Lewin，1957）等人和布洛克等人对要求控制的研究发现，父母要求少或要求低的儿童有高攻击性特征。爱德华兹（Edwards，1971）的研究认为，父母要求高的儿童有较好的自我控制。帕特森（Patterson，1986）等人通过对过度保护及忽视或放任控制的研究指出，这两类父母控制下的儿童都有消极的自我控制特征，易出现情绪和行为上的控制问题。布洛克研究认为，严厉控制下的儿童有情绪压抑、盲目顺从等过度自控的特征。贝克（Becher）等人也指出，限制控制下的儿童多有退缩和攻击性行为；而接受专断控制的青少年罪犯、攻击和反社会行为显著。另外鲍姆令特在复合型父母控制模式的研究中发现，儿童自我控制特征不仅与父母控制模式的性质有关，而且与其他因素也有某种联系，如家庭内部的心理环境及儿童的某些个性特征等。研究表明，母亲温暖的话语和体贴的关怀对儿童的依从和合作有很大影响（Londenrille，1989）。Kremen和Block在一项长达20余年的追踪研究中，对抚养方式与自控（ego-control）之间的关系进行了深入细致的研究。[①] 他们指出，相同的抚养方式对于男孩和女孩有不同的影响。对于女孩来说，其母亲的抚养方式有两个维度，一个为成绩定向—儿童中心（performance-oriented versus child-focused），另一个为限制—表达（constraining versus expressive）。其父亲的抚养方式有一个维度，限制—表达。即着眼于女儿发展的内在需要，赋予女儿学习和实践的机会，允许并接受女儿的情感表达，这种抚养特征有助于培养女儿良好的自我控制能力。反之，限制、反感女儿的情感表达，着眼于女儿的成绩，而忽视女儿的内心世界和发展需求，则容易造成女儿的过分控制。对于男孩来说，其母亲的抚养方式有一个维度，儿童中心—敌意（child-focused versus hostile）。其父亲的抚养方式有两个维度，一个为限制—表达，另一个为熟练—无效（competent versus ineffective）。即着眼于儿子发展的内在需要，允许并接受儿子的情感表达，能为儿子提供有效的支持与指导，这种抚养特征有助于培养儿子良好的自我控制能力。反之，对儿子抱着敌意与放任的态度，限制、反感儿子的情感表达，不能为儿子提供有效的支持与指导，则容易使儿子缺乏自控能力。

（三）语言指导

主要包括两个方面：儿童自我言语指导和成人语言指导。维果茨基通过

---

① 陈伟民、桑标：《儿童自我控制研究述评》，《心理科学进展》，2002年第10卷第1期，第69页。

对学前儿童的观察发现，儿童经常在游戏或从事一项活动时自言自语，他称之为“自我言语”，这种自我言语可以帮助儿童控制自己的行为，以便最大限度地达到目标。许多研究证实，自我言语是重要的自我调节手段之一，它可以帮助儿童监督和控制自己的思想和行为。鲁利亚研究发现，3 岁以下儿童还不能对他们自己的言语指导作出恰当的反应，直到 5 岁，儿童才能像成人那样对自己的言语作出恰当的反应。她认为，这一年龄是儿童自我言语调节成为自我控制有力手段的阶段。鲁利亚还认为，年长儿童比年幼儿童更能有效地控制自己的行为，因为他们更精通于通过自我指导来解决手头的问题。利里（Leary）的研究证明了 R. M. 利伯特（1983）关于儿童自我言语指导有利于其控制自己的行为的结论。成人的语言指导对儿童自我控制能力也有影响。米歇尔在延迟满足实验中发现，如果儿童得到成人的语言指导——“想有趣的事”来分散其对奖品的注意力，即使奖品在场的条件下，也能极大地促进儿童的延缓。梅肯鲍姆（Mechenbaum）等人的实验也有类似结论：在父母控制中，父母如给儿童有效的语言指导，可增强儿童自我控制的能力。我国心理学者的研究表明，成人给予儿童明确具体的语言指示对 3 岁儿童自控能力不起什么作用，对 4 岁以上儿童才逐渐起作用（许政援，1987）。这与维果茨基和鲁利亚认为的“4 岁之前言语还不能用作心理组织的内部模式或用来自我调节”的观点相吻合。此外，不同语言指导对调节儿童运动控制的效力也是不同的。成人及时不断的语言指导对儿童运动控制水平的发挥效果最好，但随着年龄的增长其效力进步不显著。儿童自我言语的指导作用迅速增强，但对运动控制的影响力还没有达到成人语言指导水平（肖晓滢，1989）。

（四）其他因素

心理学家还就其他影响自我控制发展的因素进行了研究。如班杜拉等人研究了社会模仿对儿童自控能力的影响以及环境教养等因素对儿童控制自己行为能力的影响。阿特伍德（Atwood）等人的研究证实了社会学习理论中认为榜样模仿是儿童自控行为的一个突出决定因素的观点（Atwood，1978）。国内有人研究了物质诱因对儿童自控能力的影响，结果表明，诱因对 4 岁儿童的自控行为有较明显的激励作用，4 岁儿童的自控能力有了很大发展，但不稳定，诱因对 5、6 岁儿童自控行为起了很明显的作用（张丹华，1989）。国外也有研究发现儿童与诱因关系之间的紧密程度影响儿童的自我控制能力（Kanfer，1981）。

本章思考题

1. 简述哈特关于婴儿自我认识发展阶段的观点。

2. 简述儿童自我意识发展的特点。

3. 简述儿童自我评价发展的特点。

4. 简述儿童自我控制能力发展的趋势。

5. 举例说明影响儿童自信心发展的因素，谈谈培养儿童自信心的有效方法。

本章实践题

访谈幼儿，了解幼儿自我评价的特点。

第十八章　学前儿童气质、性格和能力的发展

心理过程在每个人身上产生时，又总是带有个人的特征，表现出每个人不同的心理特点，即个性心理特征，如气质、性格、能力等。学前儿童气质、性格、能力的发展是在个人生理素质的基础上，在一定社会历史条件下，通过实践活动逐渐形成和发展起来的。

第一节　学前儿童气质的发展

儿童个体差异最早表现是气质决定的。气质是一个人所特有的心理活动的动力特征，是一个人个性和社会性发展的生物基础，影响儿童的社会性发展程度，而社会性发展也对气质产生一定影响。

一、气质的概念

气质是一个人所特有的、主要是生物决定的、相对稳定的心理活动的动力特征，主要表现在心理活动的强度（反应的大小）、平衡性（兴奋或抑制的优势）及灵活性（转换的速度）、指向性方面。它使人的整个心理活动带上个人独特的色彩，制约着心理活动进行的特点。

气质具有以下三方面的特点。

1. 天赋性。气质是出生就有的，在新生儿期就有表现。

2. 遗传性。气质与人的神经系统联系密切，因此，和其他心理现象相比，气质和遗传的关系更为密切。关于双生子的研究表明，同卵双生子比异卵双生子在气质上要相似得多。即使把同卵双生子和异卵双生子分别放在两种不同的生活环境和教育下培养，他们仍然保持原来的气质特点，变化不大。

3. 稳定性。气质与性格、能力等其他心理特征相比，更具有稳定性。俗话说的“禀性难移”指的就是气质稳定的特点。但气质也不是完全不能改变的，在环境、教育影响下，在一定程度上是可以改变的。如给羞怯的人创造机会，让他进行锻炼，会逐渐出现主动、独立和不怕困难等心理特征。

二、学前儿童的气质类型

气质类型是指表现在某一人身上的类共同的或相似的心理活动特性的典型结合。由于在气质定义、内容和生理基础等问题上存在着各种不同的理论或流派，对气质的类型划分也各不相同。

(一) 传统的气质类型——以高级神经活动类型为标准

传统的气质类型是古希腊医生希波克拉底（Hippocrates）提出的。他把气质分为四种类型。

1. 抑郁质：感受性很强，反应性和主动性弱。刻板，内倾。兴奋性强，情绪抑郁，反应速度缓慢，不灵活。

2. 胆汁质：感受性低，反应性和主动性很强，兴奋比抑制占优势。刻板，外倾。情绪兴奋性强，反应速度很快，不灵活。

3. 粘液质：感受性低，反应性很弱，主动性很强。不灵活，内倾。情绪兴奋性弱，反应速度缓慢。

4. 多血质：感受性低，反应性、兴奋性、平衡性很强。可塑性大，外倾，爱交际。灵活性高，反应速度快。

虽然，希波克拉底用体液来解释气质成因有点儿缺乏根据，但他把人的气质分为四种基本类型却比较切合实际。

(二) 巴甫洛夫的高级神经活动类型说

巴甫洛夫（I. P. Pavlov）发现的四种高级神经活动类型，与传统的类型相吻合。他根据高级神经活动三种基本特性的结合，划分气质类型。

1. 高级神经活动的三种基本特性如下。

(1) 神经过程的强度。这是指兴奋和抑制的强度，即神经细胞所能承担的刺激量，以及神经细胞工作的持久性。

(2) 神经过程的平衡性。这是指兴奋和抑制两种神经过程之间强度的对比。如果兴奋强于抑制或抑制强于兴奋，都是不平衡的表现。

(3) 神经过程的灵活性。这是指神经细胞的两种神经过程转换的速度。

2. 高级神经活动基本特性结合的不同，可以形成四种高级神经活动类型。其中三种是强型，一种是弱型。强型又可分平衡型与不平衡型。平衡型再可分为灵活型与不灵活型。

(1) 弱型：兴奋和抑制过程都很弱，感受性高，难以承受强刺激，因而使他的精力迅速消耗，难以形成条件反射。

（2）兴奋型：强而不平衡的类型。兴奋占优势，容易形成阳性条件反射，但难以形成阴性（抑制性）条件反射。

（3）安静型：强而平衡而不灵活的类型，条件反射容易形成而难以改变，反应迟缓而有惰性。

（4）活泼型：强而平衡又灵活的类型，条件反射形成或改变均迅速，且动作灵敏。

3. 高级神经活动特性在人的心理活动和行为中的表现，可以从下列几个方面看：

（1）敏感性：即对刺激物的感受性，是神经过程强度的表现。强型的人，其敏感性比弱型者低。

（2）耐受性：即对外界刺激作用时间和强度的耐受程度。如注意集中的持久性，对长时间智力活动或操作活动的坚持性，对强刺激的耐受性等。弱型的人耐受性较差。神经过程平衡和有一定惰性的人耐受性较强。

（3）敏捷性：包括不随意动作的反应速度和一般心理反应和心理过程进行的速度，如说话的速度、记忆的速度、思维的敏捷程度等。神经过程强和灵活的人，反应速度较快。

（4）灵活性：即对外界环境适应的难易程度，如对新事物是否容易接受、情绪的转变、注意的转移、在接触新环境和陌生人时是否拘束等。

（5）外向或内向：反映了神经过程平衡性问题。兴奋强的人容易外向，抑制强的人容易内向。

从上述几个方面的表现，可以把儿童划分为各种气质类型。下表简要说明四种气质类型的特点（表18－1）。

表18－1 四种气质类型

神经类型	气质类型	心理表象
弱	抑郁质	敏感、畏缩、孤僻
强、不平衡	胆汁质	反应快、易冲动、难约束
强、平衡、惰性	粘液质	安静、迟缓、有耐性
强、平衡、灵活	多血质	活泼、灵活、好交际

人类特有的气质类型，即艺术型、思维型和中间型发展较晚，到4～5岁才开始形成，5～6岁才有明显表现。

（三）托马斯、切斯的气质类型学说——根据基本生活活动模式划分

20世纪50年代，托马斯（A. Thomas）和切斯（Chess H.，1967）领导纽约纵向研究计划（NYLS）开创了儿童气质研究和应用领域的先河。他们通过对大量儿童的考察和追踪，发现有一些行为模式是从出生开始贯穿到整个儿童时期的。

表18－2　托马斯、切斯划分婴儿气质的主要维度①

名　称	表　现
活动水平	在睡眠、饮食、玩耍、穿衣等方面身体活动的数量
规律性	机体的功能性，在睡眠、饮食、排便等方面
常规变化适应性	以社会要求的方式调整最初反应的难易性
对新情境的反应	对新刺激、食物、地点、人、玩具或玩法的最初反应
感觉阈限水平	产生一个反应需要的外部刺激量
反应强度	反应的能量内容，不考虑反应质量
积极或消极情境	高兴或不高兴行为的数量
注意分散度	外部刺激（声音、玩具）干扰正在进行活动的有效性
坚持性和注意广度	在有或没有外部障碍的条件下，某种具体活动的保持时间

他们根据活动水平等九项指标把儿童的气质分为三种类型。

1. 易带的儿童。多数儿童属于这一类，约占40%，他们吃、睡等生理机能活动有规律，节奏性强。他们容易适应新环境，容易接受新食物和不熟悉的人。他们总是情绪愉快，爱玩，对成人的招呼反应较强。他们对成人的抚养活动提供大量的积极强化，因而在整个儿童时期都受到成人的极大关怀和注意。

2. 难带的儿童。这一类儿童人数很少，约占10%。他们总是在哭，不容易抚慰，进食时烦躁不安，睡眠不规则。对新刺激畏缩，接受变化难。他们的心情总是不好，在游戏中也不愉快。成人需要费很大气力才能使他接受抚爱。由于成人的抚爱经常得不到正面反馈，成人和儿童之间的关系往往较不

① 〔英〕艾森克著，闫巩固译：《心理学——一条整合的途径》（上册），华东师范大学出版社，2005年1月版，第465页。

密切，儿童缺乏教养。

3. 迟缓的儿童。这一类儿童约占15%。他们不像前一类那样总是哭闹。他们常常是安静地退缩，对新事物适应缓慢。如果坚持和他积极地接触，他们会逐渐产生良好的反应。在没有压力的情况下，对新刺激缓慢地发生兴趣，慢慢地活跃起来。随着年龄增长，这一类儿童的发展情况因成人抚爱和教育情况之不同而分化。

除了以上三类气质外，还有35%的婴儿属于混合型气质。

（四）巴斯的活动特性说

巴斯和普罗敏（Buss & Plomin，1984）根据婴儿在各种类型活动中的不同倾向性，划分为活动性、情绪性、社交性和冲动性四种气质类型，并各具有不同的行为特征。

1. 情绪性婴儿

这类婴儿常通过行为或心理生理变化而表现出悲伤、恐惧或愤怒的反应。与其他婴儿相比，他可能对更细微的厌恶性刺激作出反应并且不易被安抚下来。他们的恐惧水平和愤怒水平之间存在负相关。其中，有一部分情绪性婴儿的主导情绪也许是恐惧，并伴随一般的唤起水平或悲伤水平；而另一部分婴儿的主导情绪也许是愤怒，同时较少恐惧和悲伤。

2. 活动性婴儿

总是忙于探索外在世界和做一些大肌肉运动，乐于并经常从事一些运动性游戏。其中，有一些活动性婴儿会显得很霸道，经常与人争吵；而另一些婴儿则常从事一些有益而富有刺激性、启发性但不带攻击性的活动。活动性婴儿比其他类型婴儿更易引起与他人的冲突而导致成人对其采取限制、干预或强制性行为。巴斯认为，活动性婴儿在幼儿期表现为坐不住、爱活动，而到青年期则表现为精力充沛、活动能力强、有事业心、竞争心强等。

3. 社交性婴儿

这类婴儿常愿意与不同的人接触，不愿独处。在社会交往中反应积极，在追求家庭成员或不相关人员的接纳上都同样积极。但是他们这种强烈的社交要求常会受到挫折或伤害，有时甚至被作为神经过敏而遭拒绝。

4. 冲动性婴儿

突出表现为在各种场合或活动中极易冲动，情绪、行为缺乏控制，行为反应的产生、转换和消失都很快。这类婴儿的活动、情绪不稳定，多变化，冲动性强。

（五）凯根的抑制—非抑制说

凯根（J. Kagan，1987）经过长期追踪研究后认为，在婴儿期气质特质中只有“抑制—非抑制”这一项内容可以保持到青春期以后而不变。这表明“抑制—非抑制”才有可能是划分婴儿气质的真正的、实质性的内容，才有可能是划分婴儿气质类型的可靠标准。凯根（1984）是这样描述抑制和非抑制型儿童的：在面对一个不熟悉的人、物或情境的最初几分钟内，意识要对闯入的信息进行理解，这时个体处在“对不熟悉事物的不确定”心理状态。个体以不同的方式对不确定状态作出反应。有的儿童非常安静，中断他们正在进行的活动，退回到熟悉人身边，或离开不熟悉事件发生的地点。与这类儿童具有相似智力和社会背景的另一些儿童的反应则大不相同。他们正在进行的活动没有明显改变，甚至可能会主动接近不熟悉事件。前者被称为行为抑制儿童，后者则被称为非抑制儿童。① 就是说，在面临陌生情境的最初一小段时间内（大约 10～15 分钟），儿童所表现出的敏感、退缩、胆怯的行为，即凯根所说的抑制行为，在类似情况下稳定地表现出这种特征的儿童即行为抑制型儿童；反之，在这段时间内儿童所表现出的不怕生、善于交往、主动接近陌生情境的行为，即非抑制行为，而稳定地表现出这种行为的儿童即行为非抑制型儿童。婴儿的这种不同的行为反应主要并集中地体现在他们对“不确定性”的反应中。

在日常生活中，父母常把抑制性儿童称为小心谨慎的、胆小的儿童，把非抑制性儿童称为胆大的儿童。如果不熟悉事件是一种新事物或环境的改变，抑制性儿童就被称为敏感的儿童，非抑制性儿童则被称为适应的儿童。如果不熟悉的是一个人或一群人，抑制性儿童被称为是害羞的儿童，非抑制性儿童则被称为是好交往的儿童。

凯根的经典研究是对 117 名智力水平相当的中产阶级白人儿童进行的一项追踪研究。从 14 个月开始，分别于 14、20、32、48、66、89 个月时进行实验室观察和母亲访谈。实验室观察主要采用陌生情境法，让母亲和儿童一起来到实验室，观察儿童在面对陌生环境、陌生人（成年女性、同年龄同性

① 陈会昌、张越波：《气质研究的新进展》，《心理科学》，2000 年第 23 卷第 2 期，第 214～218 页。

别的同伴）、陌生物体（如机器人、面具、玩具隧道）时的行为反应。在 14 和 20 个月时的测查主要根据三项指标：（1）离开母亲的潜伏期（从实验开始时呆在妈妈身边到离开妈妈的时间）；（2）第一次接触陌生物体的潜伏期；（3）儿童在母亲一臂距离之内的时间。对每个情境的行为表现进行编码，确定其抑制性或非抑制性的类型，在以后的测查中，除了对抑制性的再次测查外，还加入了可能与抑制性有关的一些测验，如考察两类儿童的认知能力、社会交往能力等。凯根对每次实验程序都进行录像，并有现场观察编码记录。他们还采用问卷法和 Q 分类方法向父母调查儿童日常生活中与抑制有关的行为。

研究发现，在 14 个月时，样本中抑制和非抑制的儿童各占 20%～30%。但追踪研究的结果表明，14 个月时的抑制性指标与 4 岁时的抑制性指标之间呈相关低且不显著。14 个月时处于分布曲线的 20%～40%位置上的儿童与处于 60%～80%位置上的儿童，在 4 岁时的行为没有显著差异。但如果选择 14 个月时处在极端抑制和极端非抑制的儿童（大约占总样本的 15%～20%），则发现他们各自的行为特征一直稳定地保持到 7.5 岁。尽管总体样本缺乏稳定性，但是 1～2 岁时属于极端类型的儿童到 7.5 岁时的差异仍然非常显著。凯根的研究是继 Alexander Thomas 和 Stella Chess 之后气质研究的重大突破。从研究技术的角度，他采用了在实验室条件下有控制的观察和测量法以及追踪设计。与问卷法相比，这种方法效度更高。从理论角度，他重新回到生理层面，通过生理指标测查，揭示行为抑制—非抑制的生物学基础。虽然在描述被试气质特征时凯根使用了巴甫洛夫描述狗的术语——抑制，但凯根的研究是针对人类本身的，其研究技术也有本质的进步。

我国学者杨丽珠、刘文等人采用教师评定问卷的方法，进而采用先进的数据聚类分析方法，研究出我国儿童气质的五种类型，因而具有一定的可靠性和价值，3～9 岁儿童气质可以分为五种类型：活泼型、专注型、抑制型、均衡型和敏感型。[①]

三、学前儿童气质的稳定性和发展变化

（一）学前儿童气质的变化

在人的各种个性心理特征中，气质是最早出现的，也是变化最缓慢的。

---

① 杨丽珠、刘文、邹萍：《3～9 岁儿童气质类型研究》，《心理与行为研究》，2004 年第 2 期，第 603～609 页。

儿童出生时已经具备一定的气质特点，这些特点在整个儿童时期是相对稳定的。

但是，气质也不是不变的。人的高级神经活动的特点是有高度的可塑性。气质随着年龄的增长有所变化。3～7 岁的儿童，神经活动最易兴奋，5 岁时更明显。儿童天生带来的活动或行为模式是可以改变的。学前儿童的神经系统正处在发育过程中，其气质的形成也往往是先天和后天的“合金”。有研究证明，消极特征的纠正和积极特征的发展导致整个气质类型的改变。儿童进入幼儿园后，某些早期形成的气质类型的消极特征，由于教师和父母的教育逐渐得到改正，甚至完全消除。例如胆汁质儿童的急躁、任性，粘液质儿童的孤独、畏怯，往往在教师的指导和集体生活的影响下逐渐改变。另一方面，儿童气质类型的各种积极特征，例如行动的敏捷性、注意的稳定性、乐于和别人交往等，往往由于成人的积极引导和鼓励表扬而逐渐巩固和支展。

但是，也应注意儿童在不良教育或坏榜样的影响下，也可形成气质的消极特征。例如，西方心理学对于儿童攻击性的研究表明，有些儿童因为自己常常受到父母的打骂，因而出现了攻击性行为，而且性情暴躁、不能控制自己。又发现另有儿童因为经常观看充斥暴力内容的电视，结果对生活中攻击性行为减少了敏感性，变得无动于衷。

生活环境可以改变儿童的气质，使其可能发生“掩蔽”现象：就是指一个人的气质类型并没有改变，但形成了一种新的行为模式，表现了一种不同于原来类型的气质外貌。从高级神经活动看，即后天形成的条件反射系统掩盖了原来的神经活动类型特征。如研究者曾发现一个女孩，她的行为表现明显属于抑郁质，但神经活动类型检查结果却是“强、平衡、灵活型”。原来，她处在十分压抑的生活条件中，以致形成的条件反射系统掩盖了原有的高级神经活动类型，而表现了委顿、畏缩和缺乏生气等行为特点。幼儿期是个性初步形成时期，所以要重视儿童气质的变化发展。

（二）儿童气质的发展及影响因素

关于儿童气质的研究，波兰心理学家简·斯特里劳曾从反应性角度，制定了幼儿园儿童反应评定量表。杨丽珠、刘文根据简·斯特里劳的这一量表对 3～6 岁儿童的气质进行了研究，结果如下。

1. 幼儿期儿童的气质随年龄的增长而发展

研究发现，儿童气质的反应性特质随着年龄增长而发展，但儿童气质反应性水平也存在明显的个体差异（离差较大）。例如，6 岁儿童平均分为 3.45 分，而有的儿童只得 1.61 分，有的儿童却得 4.89 分。

2. 儿童气质具有稳定性

儿童各种气质特征虽然随年龄的增长而发展，但发展的速率渐趋缓慢，逐渐平稳（各年龄组均数差异随年龄增长而递减）。5 岁与 6 岁儿童气质发展已相当稳定。

3. 3～4 岁为儿童气质发展的关键期

3 岁与 4 岁儿童气质均数差异最大，发展变化最快。同时，从行为特质的等级发展方面，4 岁已达到 3 级水平（中等程度）以上。因此，可以认为 3～4 岁为儿童气质发展的关键期。

近年来，人们越来越重视儿童社会化过程中个体的能动作用，认为在儿童社会化过程中，成人和儿童之间的影响往往是双向的。近年出现的“母子相互作用”这个概念，强调的就是儿童的个性或行为对母亲育儿心理、态度和方式的影响。而气质类型是儿童影响母亲育儿态度和方式的主要因素。

最近有研究进一步探讨了 3～5 岁儿童气质的不同方面在影响母亲教养方式中所起的作用。结果表明，儿童气质的不同方面在影响母亲教养方式中所起的作用是不同的，有的是影响母亲教养方式的积极气质因素，有的是影响母亲教养方式的消极气质因素，有的则为没有显著影响作用的中间型气质因素。

影响母亲教养方式的积极气质因素包括：较高的适应性、积极乐观的心境和较高的注意持久性。这三者的得分越高，母亲教养方式的民主性表现越突出。此研究结果与托马斯的研究结果基本一致。

影响母亲教养方式的消极气质因素包括：较高反应强度、高活动水平、较低的适应性、高趋向性及较高的注意力分散度等。高反应强度易于引发母亲的溺爱性、放任性或专制性；高活动水平和较低适应性都容易引发母亲的放任性；高趋向性儿童的大胆、无规矩则易导致母亲的专制性；较高注意力分散度会导致母亲教养方式的混乱，缺乏始终如一的要求和态度。

反应阈限属中间型的气质特征，似乎对母亲的教养方式不产生直接影响。

由于儿童自身的气质对母亲教养方式有直接影响，因此母亲应正视这个问题，并在日常生活中注意避免儿童气质对母亲教养方式的消极影响，自觉调节自身的情绪及教养态度，促进儿童气质的良好发展。

四、研究儿童气质的意义——根据儿童的气质类型进行教育

气质无所谓好坏，但是由于它影响到儿童的全部心理活动和行为，如果不加以正确对待，将会成为形成不良个性的因素。研究儿童气质的意义在于：第一，使成人自觉地正确对待儿童的气质特点。第二，针对儿童的气质特点进行培养和教育。

成人对于儿童气质的教育要注意下列几点。

（一）了解儿童的气质特点

成人对儿童的抚养和教育措施，必须充分考虑到每个儿童的气质特点。成人可对儿童在游戏、学习、劳动等活动中的情感表现、行为态度等进行反复细致的观察。例如，进行活动能否坚持，注意是否稳定持久，跟别人是否热情亲近，脾气是否急躁，情感是否容易激动，对新环境或陌生人能否很快适应，旧的生活习惯是否容易改变，活动时有没有信心，在集体中是否容易羞涩、退缩等。把观察结果和气质类型的典型特征相对照，以确定儿童的气质特点。

（二）不要轻易对儿童的气质类型下结论

儿童虽然表现出各种气质特征，但成人不应轻易下结论，断定一个儿童属于某种气质类型。这是由于：第一，在实际生活中纯粹属于某种气质类型的人是极少的；第二，某一种行为特点可能为几种气质类型所共有。例如情绪敏感、易于激动、容易改变，既可能是胆汁质的表现，也可能是抑郁质的表现。另外，儿童虽然表现出气质的个别性，但他们的气质还在发展之中，还未稳定，还能改变。成人必须经过长期的反复观察，比较综合各种行为特点，再审慎地确定儿童的气质是接近或属于某种类型，以免引起教育上的失误。

（三）要善于理解不同气质类型儿童的不足之处

尽管我们说气质类型无所谓好坏，但作为个体的行为特征，在社会生活中会表现出适宜或不适宜的情况。例如，黏液质的儿童自制力较强，有耐心，但不够活泼，迟缓，执拗；抑郁质的儿童细致，但怯懦，易退缩；多血质的儿童显得活泼开朗，机敏灵活，但有时不够踏实；胆汁质的儿童倾向于大胆、

坦率、热情，但又有些爱逞能，易粗心，莽撞。

成人要善于利用每一气质类型的积极方面，给儿童提供充分表现的机会。同时，对于儿童气质中所表现出来的不尽如人意之处，也要表现出充分的理解，并考虑采取更策略的方法来对待。

（四）针对儿童气质特点，采取适宜的教育措施

教师进行教育和教学工作时，要针对儿童的气质特点，提出不同要求，采取适当措施，区别对待。例如，对于容易兴奋、不可遏制的儿童，不宜针锋相对地去激怒他们，要教会他们自制，午睡时能够安静躺着，不喊叫、不吵醒别人，养成安静遵守纪律的习惯。对于容易抑制、行动畏怯的儿童，要多表扬他们的成绩，培养他们的自信心，激发他们活动的积极性。对于热情活泼、难以安定的儿童要着重培养其专心工作、耐心做事的习惯。对于反应迟慢、沉默寡言的儿童，要鼓励他们多参加集体活动，引导他们多和其他儿童交往，而且教会他们各种活动技能和工作方法。使每个儿童能够在教育的积极影响下发扬气质的积极方面，改变气质的消极方面，使儿童的气质特征继续发展。虽然这些道理容易被人接受，但要巧妙地加以运用还是一门教育的艺术。

第二节　学前儿童性格的形成

性格是个性中最重要的心理特征，它表现在对客观现实的稳固态度和惯常的行为方式中。幼儿时期是儿童性格形成和稳定时期，了解幼儿性格特点，采用适当的方式对幼儿性格加以塑造，将会使儿童受益无穷。

一、性格的概念

性格是个性中最重要的心理特征。它表现在人对现实的态度和惯常的行为方式中的比较稳定的心理特征。有人把性格归纳为两个方面，即“做什么”和“怎样做”。前者表明一个人追求什么，拒绝什么，反映人对现实的态度；后者表明一个人如何去追求他所要得到的东西，如何去拒绝他所唾弃的东西，反映人的行为方式。性格和气质有密切联系，二者相互渗透，相互制约。不同气质类型可以形成相同的性格特征，相同气质类型也可以形成不同的性格特征。

（一）性格的特征

1. 对现实稳定的态度

在日常生活中，人们对待周围的人与事的态度是各式各样的。如有的人待人热情，善于关心别人；有的人冷漠等等。这种一个人经常表现的对人、对己及对事的态度方面的差异是人的性格的一个主要方面。

2. 惯常的行为方式

所谓惯常的行为方式就是区别于一时的、偶然的行为方式。如某人勇敢、坚强，如果只是在一个偶然的场合表现出胆怯的行为，不能据此就说他有怯懦的性格特征。

稳定的态度和惯常的行为方式是统一的。人对现实的态度决定其行为方式，而惯常的行为方式又体现着人对现实的态度。

（二）性格的结构①

人的性格是非常复杂的，它是由各种各样的性格特征有机结合组成的统一体。具体包括性格的态度特征、性格的意志特征、性格的情绪特征和性格的理智特征。

1. 性格的态度特征

表现在人对现实态度方面的特点，由以下三方面组成。

（1）对社会、集体和他人的态度（集体主义、同情心、诚实、正直等）；

（2）对工作和学习的态度（勤劳、有责任心、认真、创新性等）；

（3）对自己的态度（谦虚、自信等）。

2. 性格的意志特征

表现在人自觉调节自己行为方面的特点，由以下四方面组成。

（1）对行为目的的明确程度（冲动性、独立性、纪律性等）；

（2）对行为的自觉控制水平（主动性、自制力等）；

（3）在长期工作中表现出来的特征（恒心、坚韧性、顽固性等）；

（4）在紧急或困难情况下表现出来的特征（勇敢、果断、镇定、顽强等）。

3. 性格的情绪特征

表现在人受情绪影响的程度和情绪受意志控制的程度，由以下四方面组成。

（1）情绪的强度（是否易受感染及反应强度）；

---

① 陈帼眉：《学前心理学》，北京师范大学出版社，2000年6月版，第344、345页。

(2) 情绪的稳定性（波动与否）；

(3) 情绪的持久性（持续时间长短）；

(4) 主动心境（愉快与否）。

4. 性格的理智特征

也称人的认知风格，表现在人的认识活动方面的特点，表现在以下四个方面。

(1) 感知（观察的主动性、目的性、快速性及精确性）；

(2) 想象（想象的主动性和大胆性）；

(3) 记忆（记忆的主动性和自信程度）；

(4) 思维（思维的独立性、分析型还是综合型）。

二、影响儿童性格形成的因素

儿童的性格是在儿童与周围环境相互作用过程中形成的。影响儿童性格形成的主要因素有以下几方面。

（一）母子关系

在婴儿的环境中，最主要的客体是照顾他的成人。一般来说，母子关系在婴儿性格的萌芽过程中起着最重要的作用。母亲的良好照顾，使婴儿从小得到安全感，形成对母亲的信任和依恋，为以后良好性格的形成打下基础。

（二）儿童的气质特点

气质差异对婴儿性格的萌芽有所影响。比如性急的儿童饿了立刻大哭大闹，这使成人不得不马上放下一切其他事情，急忙给他喂奶。而对那些饿了只是断断续续地细声哼哼唧唧的婴儿，成人则可把手头的事情做完，再去喂奶。日积月累，前一种儿童可能形成不能等待别人、自己的要求必须立即满足的态度和行为习惯；而后一种儿童则可以培养成自制的性格特征。

（三）成人的抚养方式和教育

成人的抚养方式和教育在儿童性格的最初形成中有决定性意义。比如，东西总是放得整整齐齐，衣服扣子总是扣好，手脏了立刻去洗等。这种耳濡目染的环境使婴儿在潜移默化中形成了逐渐稳固起来的态度和行为习惯，也就是好整洁、爱劳动性格特征的萌芽。又如，婴儿看见糖就拿起来吃，甚至大把地抓到自己身边。这时如果不加以教育，反而报以赞赏的表情和语言，那么就会使“独占”的种子得以孕育。反之，如果经常注意引导婴儿同众人分享，则可以为良好的性格特征打下基础。

三、婴儿性格的萌芽

儿童的性格是在先天气质类型的基础上，在儿童与父母相互作用中逐渐发展起来的。2岁左右，随着心理过程、心理状态和自我意识的发展，出现了最初性格方面的差异，主要表现在以下几方面。

（一）合群性

在儿童与伙伴的关系方面，可以看出明显的区别。如有的儿童比较随和，富于同情心，看到小伙伴哭了会主动上前安慰，发生争执时较容易让步；而另一些儿童存在明显的攻击行为，如在托儿所，一般每个班里都有几个爱咬人、打人、掐人的儿童。

（二）独立性

独立性是婴儿期发展较快的一种性格特征。独立性的表现大约在2～3岁变得明显。独立性强的儿童可以做很多事情，如有的儿童在2岁多时就可以用筷子吃饭，自己洗手等，而有些儿童吃饭还得大人追着喂，有些儿童可以独自睡觉，而有些儿童离不开妈妈，表现出很强的依赖性。

（三）自制力

到3岁左右，在正确的教育下一些儿童已经掌握了初步的行为规范，并学会了自我控制。如不随便要东西，不抢别人的玩具，当要求得不到满足时也不会无休止地哭闹。而另一些儿童则不能控制自己，当要求得不到满足时就以哭闹为手段，要挟父母。

（四）活动性

有的儿童活泼好动，手脚不停，对任何事物都表现出很强的兴趣且精力充沛；而有的儿童则好静，喜欢做安静的游戏，一个人看书或看电视等。

儿童最初性格的差异还表现在坚持性、好奇心及情绪等方面。

进入幼儿期后，在正常的教育条件下（没有大的环境变化），这些萌芽逐渐成为儿童稳定的个性特点。

四、幼儿性格的年龄特点

（一）活泼好动

活泼好动是儿童的天性，也是幼儿期儿童性格的最明显特征之一。不论是何种类型的儿童都有此共性。儿童总是不停地做各种动作，不停地变换活动方式。在一般情况下，儿童并不因为自己的不断活动感到疲劳，而往往由于活动过于单调和枯燥感到厌倦。健康的儿童如果在活动方面得到满足，则易形成良好、愉快的情绪状态。好动的性格特征，在幼儿期逐渐和其他品质相结合。好动的特征本身，使儿童较易形成勤快、好劳动的良好性格倾向。

（二）好奇好问

儿童有着强烈的好奇心和求知欲。他们什么都要看看、摸摸，许多事物对儿童来说都是新奇的。他们对新鲜事物非常感兴趣。在好奇心的驱使下，儿童渴望试试自己的力量，试验去做大人所做的事情。一些被禁止的事情，儿童往往要去试试看。

好奇心导致思考和探索的倾向。儿童的好奇心往往表现在探索行为和提出问题。儿童的探索行为比较外露，一般不仅用视线来回地观察，而且加上用手去摆弄。

好问，是儿童好奇心的一种突出表现。儿童天真幼稚，对于提问毫无顾虑。他们经常要问许多个“是什么”和“为什么”，甚至连续追问，所谓“打破砂锅问到底”。他们总想试探着去认识世界，弄清究竟。

儿童的好奇心和成人的榜样和强化有密切关系。据恩德斯累（1979）的研究，母亲本身比较好奇，并且鼓励儿童好奇的，其子女的好奇心较强。在该研究结果中，母亲的发现行为、好奇定向行为、回答问题数量等与儿童对新物体的发现行为和提问成中等或强的正相关。母亲权威性强，较少引导儿童去发现，较少和儿童交往的，儿童的好奇心也较差。

儿童好奇、好问的特征，如果得到正确引导，很容易发展成为勤奋好学、进取心强的良好性格特征。反之，如果指责或约束过多，甚至对儿童的提问采取冷漠或讥讽的态度，则会扼杀良好性格特征的幼芽。

（三）好模仿

好模仿是儿童突出的性格特点，小班儿童表现尤为突出。儿童最喜欢模仿别人的动作和行为。儿童模仿的对象可以是成人，也可以是儿童。对成人模仿更多的是对教师或父母的模仿，希望通过对成人行为的模仿而尽快长大，进入成人的世界。儿童间的模仿内容主要是社会性行为，还有一部分是学习知识方面的模仿。

儿童好模仿的原因：

1. 儿童好模仿与他们的能力发展有密切关系。模仿可分为动作模仿和智力模仿。动作的模仿在婴儿期已经发生。随着动作的发展，儿童模仿动作也逐渐复杂化。幼儿期的多种多样的模仿动作和他的运动能力的发展有关。智力的模仿是较高级的模仿。据皮亚杰的研究，儿童在1.5～2岁之间开始出现“心理表象”时也出现了“延迟模仿”。幼儿期随着智力的发展，智力的或心理的模仿也较以前增加。皮亚杰认为2～7岁儿童往往出现“自我中心现象”。这主要是一种认识上不分化的表现，即混淆了自己的看法和他人的看法，混淆了自己的活动和他人的活动，由此造成不自觉的模仿。比如有的儿童，虽说不想去模仿别人，自己要做另一个样子，而所做的仍然和模仿的完全一致。甚至有一个6岁儿童，责怪一个7岁儿童模仿他，实际情况恰巧相反。这些事实说明，模仿是内部表象的继续。

2. 儿童的模仿和他们的受暗示性有关。儿童往往没有主见，常常受外界环境影响而改变自己的意见，受暗示性强。比如，当成人问小班儿童：“好不好?”儿童回答：“好。”接着问：“坏不坏?”他会回答：“坏。”当儿童讲述或回答问题后，如果成人提出疑问，他们会立即改变原来的意思。

3. 儿童的好模仿也和他们的自信心不足有关。儿童一般缺乏自信心。小班儿童更常常表现为胆小，甚至在陌生人或全班小朋友面前不敢大声说话。于爱娟（1987）的实验研究表明，小班儿童很容易受成人示范的影响，比如成人在操作实验中故意作“示范失败”时，小班儿童多数表现情绪消沉，经再三鼓励才敢去尝试操作，而且动作非常犹豫；中、大班儿童则多数仍然相信自己的力量。有的大班儿童会说“我想试一试”“我能做”。

利用模仿作为一种教育手段，获得良好的成效，也证明儿童具有好模仿的特点。有经验的教师特别注意为儿童树立良好的榜样，让儿童在模仿中学习。例如，上课时教师说：“看，小刚坐得多直!”顿时就有许多儿童挺起腰来，不必逐个点名叫他们坐直。班杜拉（Bandura Albert）的许多研究都证明“观察学习法”，即让儿童模仿观察到的榜样，是非常有效的。

由于儿童的好模仿和受暗示性强，有时也会模仿一些不良榜样。因此，成人决不能在儿童面前做出错误榜样，不能说反话，否则将引起极其不良的后果。

培养儿童的认知分化能力和辨别是非的能力，加强他们的自信心和独立性，将会使儿童形成善于学习正确榜样而不去模仿不良行为的性格特点和习惯。否则，其性格将会向受暗示性强和缺乏自信心的方向发展。

（四）好冲动

情绪易变化，自制力不强，是儿童性格的情绪和意志特征。和好冲动的特征相联系的是缺乏深思熟虑。比如儿童喜爱做事，但做事时急于完成任务，常常比较马虎，粗心大意，不大计较成果的质量。又如儿童常常从情绪出发提出问题，为提问而提问，并非经过认真思考。

儿童的思想比较外露，喜怒形于色。这种性格特征常常被认为是天真幼稚。它的优点是对人真诚，坦率，诚实，不虚伪。在此基础上，如果得到正确诱导和培养，儿童将会养成既善于思考和处理问题，又胸怀坦荡的性格特征。

我们再次强调，独特性是个性的基本要素。儿童的性格虽然有共同性，每个儿童仍有个人的性格特征。比如，同属活泼好动，有的儿童相对好静一些；同属受暗示性强，有的又相对有些主见。

随着年龄的增长，性格的典型性将发生变化。有许多年长儿童已经不带有上述特点，例如变得相对沉着稳重，能自制。但是有些人直至成年，仍然具有易冲动、不善于自制的性格特征。这些已经构成了他个人特有的稳固的性格心理特征。

五、学前儿童性格特征的稳定性与变化

学前儿童的性格已经开始形成，出现了相对的稳定性。关于学前期性格特征对后来性格的影响，即儿童性格特征的稳定性和变化问题。曾有过一些长期追踪研究，所得结果不完全一致。例如，凯根和莫斯（Kagan & Moss，1962，1964）的报告中，对 36 名男婴和 35 名女婴追踪至成年的研究表明，攻击性的性格特征，男性发展比较稳定，从童年到成年表现相似，而女性则不稳定，变化较大。被动和依赖性的特征，则女性比较稳定。坚持性的特征，在幼儿期已基本稳定（Bloom B. S.，1964）。

邹晓燕（1987）的追踪研究发现，4 岁到 6 岁儿童坚持性的个人特征已趋向稳定。4 岁儿童在不同动机、不同任务、不同环境下的活动中，坚持性水平在群体中所处地位基本不变。同一批被试在 4 岁时参加初测，到 6 岁时参加复测，两次测验的结果表明，儿童坚持性水平在群体中的地位也基本不变。也就是说，在各种不同条件下，一些儿童坚持性总是比较强，而坚持性较差

的儿童也总是比别人差。值得注意的是，该研究追踪的2年内，被试儿童的生活环境有较大变化，其中有的儿童曾从一个幼儿园转到另一幼儿园，有的进入过学前班，全部被试儿童在复测时都已分别进入不同的小学，但在同一测验条件下，其坚持性特点变化不大。

关于学前儿童内外控制点倾向的稳定性研究，也有相似的结果。我们知道，控制点（Locus of Control，简称 LOC）是指人对行为原因的不同认识倾向。内控型的人倾向于认为事情是自己行动的结果，自己可以控制；外控型则倾向于认为事情都是外部条件控制的，自己无能为力。麦克尔等人（Mischel，M.，et al.，1974）用他们编订的《斯坦福学前内外控制点量表》对3～5岁儿童进行测量，向儿童提出一些问题，如"如果你高兴，是因为（a）你做了好玩的事，还是（b）有人对你好?""如果有人说你好，是因为（a）你真的表现好，还是（b）那个人是好人?"等。采取强迫选择方法让儿童回答。他们的研究结果表明，学前儿童没有稳定的控制点倾向。但是，斯蒂芬斯等（Stephens & Delys，1973）的研究，则认为学前期控制点倾向已相当稳定。

性格发展的稳定性与变化，主要受环境的影响。和气质特征紧密联系的性格特征，更多受遗传的影响，是比较稳定的。如凯根（Kagan，1965）指出，反应性和冲动性是相当稳定的。一般说来，儿童性格特征的稳定性和环境的影响有关。周围环境（特别是成人的态度）使儿童形成某种性格特征（如男孩的攻击性、女孩的依赖性等），而儿童初步形成的性格特征又反过来影响周围成人（比如要求成人屈从于他的攻击性或依赖性），由此形成儿童与周围环境相互的循环性影响，使最初形成的性格特性不断得到加强而逐渐稳固。

可见，最初形成的性格特征对儿童的个性形成起重要的作用。这时性格虽然还没有定型，但它是未来性格形成的基础。在一般情况下，性格比较容易沿着最初的倾向发展下去。例如，性格比较顺从的婴幼儿，容易遵照成人的吩咐和集体规则行事，以后将仍然稳定形成与人和睦相处、守纪律的性格。比较任性的婴幼儿，要求别人处处依从自己的意愿，成人如果不迁就他，就会发生许多麻烦和不愉快，成人在"无可奈何"中纵容这种性格的发展，任性的性格特征也将日益巩固而最终定型。但是，如果环境和教育条件发生重大变化，儿童的性格也会发生变化。许多事例反复证明，性格是随外界环境和教育的影响而产生和变化的。因此，我们必须重视对儿童性格的培养。

第三节　学前儿童能力的发展

能力是一种重要的心理特征，它能够保证各项活动的顺利进行，都是通过人的活动体现出来的，反过来，这些能力又是人成功完成某种活动的必备条件。

一、学前儿童能力的结构

（一）运动、操作能力和智力

1. 运动和操作能力。运动能力是一种与生俱来的能力。半岁左右，四肢和身体的运动能力逐渐发展，手的运动能力也开始发展成为操纵物体的能力，即操作能力。在婴幼儿能力的发展中，运动能力和操作能力居重要地位。

2. 智力。运动和操作能力的发展与智力的发展是不可分割的。智力的发展需要通过运动和操作来表现，而运动和操作的发展水平越高，越是依靠智力的支配。特别是在 2 岁以前，智力发展与动作的发展难以区分。

（二）一般能力和特殊能力

1. 一般能力是指在各种活动中都经常表现出来的能力，是人所共有的最基本的能力，符合多种活动的要求，并保证人们比较容易和有效地掌握知识，包括一般的运动，操作能力和智力。记忆力、观察力、注意力、想象力和思维力都是一般能力。一般能力的综合体就是通常说的智力。

2. 特殊能力是指从事某种专门活动所需要的能力，如音乐能力、绘画能力、数学能力、组织能力等。

成功地完成某种活动，需要多种能力的结合，而多种能力的有机结合，称为才能。有的儿童在幼儿期已经显露出领导才能的萌芽，善于指挥和团结小朋友进行活动。

（三）主导能力和非主导能力

主导能力又称优势能力，非主导能力又称非优势能力。在一个人各种能力的有机结合中，往往有一种能力起主要作用，另一些能力处于从属地位。例如，据捷普洛夫对学前儿童音乐才能的研究表明，同是音乐才能较强的儿童，有的区分声音旋律和表达情绪色彩的能力（曲调感）较强，有的则听觉表象能力较强，还有的人感受和再现音乐节奏（节奏感）的能力较强。

二、学前儿童能力发展的特点[①]

（一）多种能力的显现与发展

1. 操作能力最早表现，并逐步发展

运动能力与生俱来。半岁左右，四肢和身体的运动能力逐步发展，手的运动能力也开始发展成为操纵物体的能力即操作能力。从 1 岁开始，儿童操作物体的能力逐步发展起来，开始进行各种游戏活动。同时，儿童走、跑、跳等能力逐渐完善。到了幼儿期后，儿童的各种游戏在儿童一日生活中逐渐占据主要地位，儿童的操作能力在活动中逐渐发展、表现。

2. 语言能力在婴儿期发展迅速，幼儿期是口语发展的关键时期

儿童的语言能力是在婴儿时期开始发展起来的。从 1 岁左右开始，短短的两三年时间里，儿童的语言经历了非常迅速的发展变化。儿童的语言开始具有了称谓、概括及调节的功能。进入幼儿期后，儿童的语言表达能力逐渐增强，特别是语言的连贯性、完整性和逻辑性迅速发展，为儿童的学习和交往创造了良好的条件。

3. 模仿能力发展迅速，是儿童学习的基础

儿童模仿能力的发展是随着延迟模仿一起发展起来的。延迟模仿大约发生在 18～24 个月左右。儿童的延迟模仿既可以发生在语言方面，也可以发生在动作方面。模仿能力的发展对学前儿童心理的发展具有重要的意义。

4. 认识能力迅速发展，是儿童学习的前提

从儿童出生到儿童末期的发展，我们可以看到人类个体的认识能力发生、发展的过程。儿童出生时只具备基本的感知能力。例如，对于声音刺激的感受方面，2～3 个月的婴儿听到声音时表现出倾听，3～4 个月会寻找声源。5 个月的婴儿出现认生的现象，正表明儿童已经记住过去印象。随着年龄的增长，各种认知能力逐渐发生、发展。到了幼儿期，儿童的各种认识能力都迅速发展起来，逐渐向比较高级的心理水平发展，认识活动的有意性也开始发展起来，为儿童的学习、个性发展提供了必要的前提。

---

① 罗家英：《学前儿童发展心理学》，科学出版社，2007 年 9 月版，第 236、237 页。

5. 特殊能力有所表现

幼儿期儿童在接受教育和参加游戏、学习等活动的过程中积累了知识，学会了一些技能，同时也进一步发展了能力。尤其是有计划、有目的的学前教育指导儿童观察事物，认识事物，讲述故事，进行计算、音乐、美术、体育等活动，有意识地培养儿童的能力，并且促使儿童的能力不断发展。

在幼儿期，有些特殊才能已经开始有所表现，如音乐、绘画、体育、数学、语言等。据统计，音乐的才能在学前期出现的比以后年龄出现的更多。

6. 创造能力萌芽

儿童的创造能力发展较晚，但到了儿童晚期，确实出现了创造力的萌芽。这种创造能力明显地表现在儿童的绘画作品中。

（二）智力结构随着年龄的增长而变化

儿童智力结构是随着年龄的增长而变化发展的，其发展趋势是越来越复杂化、复合化和抽象化，不同的智力因素有各自迅速发展的年龄段。这就提醒我们，要根据不同年龄儿童心理的特点，在不同的阶段对儿童智力培养的内容有所侧重。总的来说，幼儿期应该特别重视儿童观察力、注意力及创造力的培养。

（三）主导能力的萌芽和明显的类型差异

学前期儿童已经出现了主导能力的差异。在幼儿园的教育工作中应该特别注意分析不同儿童的能力特点，发挥其主导能力，加强对较弱的能力方面的培养。

（四）智力发展迅速

人生头几年是智力发展非常迅速甚至是最迅速的时期，由此形成先快后慢上升的儿童智力发展曲线。本杰明·布鲁姆（Benjamin Bloom，1960 年）搜集了 20 世纪前半期多种对儿童智力发展的纵向追踪材料和系统测验的数据，进行了分析和总结，发现儿童智力发展有一定的规律：假定 17 岁所达到的普通智力水平为 100%，儿童的智力从出生到 4 岁发展最快，发展了 50%，4～8 岁获得了 30% 的智力，最后的 20%的智力则在 8～17 岁时获得。

布鲁姆提出的只是一个理论的假设，但关于学前期是儿童智力发展关键时期的观点已经被许多心理学家所认可。7 岁前儿童脑发育的研究也证明了学前期是儿童智力发展的关键时期。

三、学前儿童能力的差异

学前儿童在能力发展和表现上存在各种个别与群体差异。

（一）能力类型的差异

人通过运用各种能力与客观的环境建立联系，而每个人在运用能力时有各自的特点。在日常观察中就可以发现，有的儿童记忆力较强，很长的儿歌、快板词等很快就能记住；有的儿童理解能力较好，对故事的内容、计划的方法可以很容易了解。在记忆时，有的儿童善于视觉记忆，有的长于听觉记忆，有的人对形象的东西能过目不忘，另一些人则最能记住抽象的逻辑性强的东西。有的儿童具有动手能力，搭积木、运用劳动工具等比较灵巧，有的儿童具有语言表达才能，说话清晰连贯，能够完整地表达自己的思想。在一些特殊能力上也存在明显个别差异，如有的儿童绘画能力突出，而另一些儿童则长于动手操作各种机械及器具，还有的能歌善舞，对音乐、韵律特别敏感。个体间的能力差异是一个普遍的现象。

（二）能力发展水平差异

除了能力类型差异之外，儿童在能力发展水平上也存在不均衡现象，呈现正态分布的态势。它的分布特点为，处在中间位置上即中等水平的人居多，处在极高或极低这两个极端水平上的人数较少。

推孟曾按智商的高低将智力分成 9 类（见表 18－3 ）。

表 18－3　智力的分类

智　商	类　　别	智　商	类　　别
140 以上	天才（genius）	70～80	近愚（borderline case）
120～140	极优（very superior）	50～70	愚鲁（moron）
110～120	优秀（superior）	25～50	痴愚（imbecile）
90～110	中智（average intelligence）	25 以下	白痴（idiot）
80～90	迟钝（dull）		

虽然当时推孟的这种分类界限只是为了说明的方便，但是后来在实际运用中反映了这个理论上的分布及分类与实际情况颇为一致。所以时至今日，除了两端稍有变更外，智力按智商的基本分类仍沿用至今。如表 18－4 是韦克斯勒根据智商分布所列的智力等级。

表 18－4　韦克斯勒对智力的分类

IQ	类别	比率 1%	
		理论正态曲线	实际样组
130 以上	极优秀	2.2	2.3
120～129	优秀	6.7	7.4
110～119	中上（聪颖）	16.1	16.5
90～109	中等（一般）	50.0	49.4
80～89	中下（迟钝）	16.1	16.2
70～79	低能边缘	6.7	6.0
69 以下	智力缺陷	2.2	2.2

在能力发展水平的差异中，有两类儿童需我们给予特殊的关注。

1. 智力超常儿童

智力超常儿童的智力发展水平显著地超越同龄正常儿童的发展水平。我国研究者根据对智力超常儿童的跟踪研究，指出超常儿童有下列心理特点。

（1）浓厚的学习兴趣，好问，旺盛的求知欲。

（2）智能发展较早较好，有较好的记忆力、敏锐的感觉力。两三岁就能分辨汉字音形的细微差异；三四岁已能区别上下左右等方位。尤其突出的是分析概括能力、理解能力强，思维敏捷。

（3）主动性强，有独创精神。

（4）全神贯注，专心入迷。进取心强，有坚持性。

上述结果表明智力超常儿童在智力因素和各种“非智力因素”上均有特点，这些特点保证他们在学习、操作等活动中获得优异成就。

2. 智力落后儿童

智力落后儿童的智力发展水平明显地低于同龄正常儿童的发展水平。智力落后儿童观察事物时感知迟钝，内容贫乏；记忆力差，不论形象的或语词的材料都不易记住，且又难于回忆。他们不会作逻辑的识记，所记住的东西错误多。智力落后儿童的言语出现迟、发展慢，词义含糊，词汇量小，言语表达缺乏连贯性。智力落后儿童特别在思维方面更表现出能力的异常，分析综合水平低，不能区分意义相近的概念，不能发现事物的本质特点。他们常常根据一些偶然的、表面的特征进行分类概括，更不能解决新问题、适应新环境。

（三）能力表现早晚的差异

人们能力表现早晚的差异可以分为人才早慧、中年成才、大器晚成。我们常把能力早期表现的儿童称之为早慧、早熟及天才儿童。智力超常儿童往往在年幼时就展现出非凡的才能。

属于能力发展水平超群的儿童虽然是少数，但却时常因为他们在很小的时候就显示出卓越的成就而受到人们的关注并着力加以特殊培养。比如，一些人的音乐、绘画、写字、体育、数学、语言等才能在幼儿期已开始显露锋芒。古今中外均有这样的例子：我国大文学家杜甫 5 岁就能作诗；王勃 6 岁善文辞；奥地利音乐家莫扎特 5 岁就开始作曲，8 岁时试作交响乐；等等。

关心那些特殊、优异的儿童，对于教育工作者来说是必须的。在这些儿童中经常会出现一些日后对社会卓有贡献的人物。例如，大音乐家莫扎特、科学家维纳、数学家高斯等都是在儿童时期即展露出超群不凡的才华。由于现有的科学认识尚不能有效地诊断人的真正才能，这就要求教师在关注对英才的培养之外，更要注意在平凡的儿童身上寻找闪光之处，不可因为仅仅关注一部分早慧或超常儿童而忽视了其他大多数平常儿童。

四、学前儿童智力结构的变化与发展

对儿童智力结构变化发展的趋势，人们从不同的角度提出了不同的理论。

（一）智力分化论

有的研究者认为，儿童的智力最初是混沌不分化的。儿童智力因素的数量随年龄增长而增加。起先是一般化的智力，后来逐渐发展为一些智力因素群。这种“智力分化论”的代表人物是格雷特（Garrett）。他认为斯皮尔曼的“二因素”适用于婴幼儿，所谓的“二因素理论”即所有的心智测验都探测一种“一般的能力”（g 因素），同时每一种心智测验也探测其他测验所不及的某种特殊的能力（s 因素）。而塞斯顿的“群因素”或吉尔福特的大量智力因素则适合年长儿童或成人。

另一些人对青少年智力因素数量的研究也证明，初中生、高中生、大学生智力因素的数量是越来越增多的。

（二）智力复合论

有的研究者认为，儿童的智力最初已经是复合的，多维度的，其发展趋势是各种智力因素的比重和地位不断变化，复合性因素的比重越来越大。这种“智力复合论”的代表人物是霍夫斯塔特（Hofstatter，1954），他指出婴儿智力结构变化的三个时期：0～20 个月前，在智力活动中占最重要地位的是感知运动能力和感知敏锐性，包括：感知活动中的高度注意力，运动行为的敏捷性，感觉协调和运动的准确性；20 个月至 4 岁左右，占主要地位的是坚持到底的能力。包括坚持性和刚强性；4～13 岁，理解和使用象征性符号的能力或抽象行为，即语言思维能力占主要地位。

霍夫斯塔特据此指出，聪明的儿童在婴儿期表现为活泼，3 岁时表现为倔强，以后则变得含蓄。

贝利（Bayley）提出相似的观点，并更具体地列出各年龄的主要能力：10 个月以前，在婴儿智力中比重最大的是视觉跟踪，社会性反映能力，感觉的探求，手的灵活性；10～30 个月，最大比重变为知觉的探求（这种早期的能力将继续保持下去），语言发声交际能力，对物体的有意义接触，知觉辨别力；30～50 个月，最重要的是与物体的关系，形状记忆，语言知识；50～70 个月，最重要的是形状记忆，语言知识；70～90 个月，语言知识、复合空间关系和词汇占重要地位，而形状记忆的重要性减弱。

斯托特（Stott）等按吉尔福特（Guildford）的智力结构模型对 1 926 名 8 个月至 5 岁儿童分 14 个年龄组进行智力测验，发现吉尔福特提出的许多智力因素是婴幼儿所没有的，婴幼儿只有该智力模型中的 31 种因素，其中某些因素又只在一些年龄出现，另一些年龄则没有。年幼儿童（特别是 1 岁前的儿童）有些智力因素也是吉尔福特模型中所没有的，如感知运动能力等。由此说明对不同年龄儿童的智力应作不同分析。

（三）智力内容变化论

有的研究者着重指出同一智力因素本身随着年龄增长而发生变化。同是智力的一般因素，在婴儿期，其内容是感知动作性质的，以后则是认知性质的。这种“智力因素内容变化论”的研究者，更多地把注意力放在一般（共同）因素的变化上。即各年龄儿童的智力都有共同因素，但什么是共同因素，则在不同年龄会发生变化。

麦柯尔等人根据对婴儿的长期追踪研究，认为各年龄儿童智力的共同因素是：6 个月，视觉指导的知觉接触；1 岁，感知运动和社会性模仿的混合物，最初步的发声语言行为；2 岁，语言命名，语言理解，语言流畅，语法掌握。

麦柯尔等人后来又提出早期智力发展的五个阶段：第一阶段（0～2 月），主要是对某些有选择的刺激作出反应；第二阶段（3～7 月），更积极地探索环境，但还不能作出客观的探索；第三阶段（8～13 月），根据事情的结果区分活动方法；第四阶段（14～18 月），能够不用动作而去把两个物体在头脑中联系起来；第五阶段（21 个月以上），掌握符号关系。

综上所述，婴幼儿的智力结构是随着年龄的增长而变化发展的。其发展趋势是越来越复杂化、复合化、抽象化。不同的智力因素有各自迅速发展的年龄。教育工作应针对智力发展的年龄特点加以引导。

本章思考题

1. 结合实例谈谈儿童性格的特点。
2. 简述托马斯划分婴儿气质的主要维度。
3. 简述学前儿童能力发展的特点。
4. 简述凯根对儿童气质的经典研究。
5. 阐述学前儿童能力差异的表现，谈谈教师应如何对待不同能力的儿童。

本章实践题

连续三天观察记录某儿童在园的言行，并分析其个性特点。

参 考 文 献

1. 曹日昌：《普通心理学》，人民教育出版社，1963年1月版。

2. 〔美〕黛安·E. 帕普利等著，曹秋平等译：《儿童世界》，傅统先校，1981年1月版。

3. 利波特等著，刘范译：《发展心理学》，人民教育出版社，1983年5月版。

4. 北京市科学教育研究所：《陈鹤琴教育文集（上卷）》，北京出版社，1983年12月版。

5. 〔苏联〕伊·谢·科恩著，佟景韩等译：《自我论》，三联书店，1986年12月版。

6. 李丹：《儿童发展心理学》，华东师范大学出版社，1987年6月版。

7. 陈帼眉：《学前心理学》，北京师范大学出版社，1989年5月版。

8. 孟昭兰：《人类情绪》，上海人民出版社，1989年6月版。

9. 朱志贤：《中国儿童青少年心理发展与教育》，中国卓越出版公司，1990年4月版。

10. 刘范：《心理发展的近期研究》，北京师范大学出版社，1990年7月版。

11. 陈帼眉、冯晓霞：《学前心理学参考资料》，人民教育出版社，1991年11月版。

12. 〔英〕伊丽莎白·劳伦斯著，纪晓林译：《现代教育的起源和发展》，北京语言学院出版社，1992年1月版。

13. 董奇：《创造性思维》，浙江教育出版社，1993年10月版。

14. 杨丽珠：《教育科学研究方法》，辽宁师范大学出版社，1995年1月版。

15. 《心理学百科全书（上卷）》，浙江教育出版社，1995年8月版。

16. 林崇德：《发展心理学》，人民教育出版社，1995年11月版。

17. 白学军：《智力心理学的研究进展》，浙江人民出版社，1996年12月版。

18. 林崇德、沈立德：《认知发展心理学》，浙江人民出版社，1996年12月版。

19. 刘金花：《儿童发展心理学》，华东师范大学出版社，1997年6月版 。

20. 孟昭兰：《婴儿心理学》，北京大学出版社，1997年7月版。

21. 〔美〕卢文格著，韦子木译：《自我的发展》，浙江教育出版社，1998年7月版。

22. 张燕、邢利娅：《学前教育科学研究方法》，北京师范大学出版社，1999年1月版。

23. 张文新：《儿童社会性发展》，北京师范大学出版社，1999年8月版。

24. 白爱宝：《幼儿发展评价手册》，教育科学出版社，1999年10月版。

25. 王振宇：《儿童心理学》，江苏教育出版社，2000年1月版。

26. 杨丽珠、吴文菊：《幼儿社会性发展与教育》，辽宁师范大学出版社，2000年9月版。

27. 梁志燊：《学前教育学》，北京师范大学出版社，2000年9月版。

28. 王振宇：《儿童心理发展理论》，华东师范大学出版社，2000年11月版。

29. 华东师范大学教育系、浙江大学教育系：《西方古代教育论著选》，人民教育出版社，2001年1月版。

30. 郭力平：《学前儿童心理发展研究方法》，上海教育出版社，2002年3月版。

31. 刘爱伦：《思维心理学》，上海教育出版社，2002年5月版。

32. 〔美〕劳拉·E. 贝克，吴颖等译：《儿童发展》，江苏教育出版社，2002年12月版。

33. 方富熹、方格、林佩芬：《幼儿认知发展与教育》，北京师范大学出版社，2003年6月版。

34. 桑标：《当代儿童发展心理学》，上海教育出版社，2003年6月版。

35. 彭聃龄：《普通心理学》，北京师范大学出版社，2004年3月版。

36. 周念丽：《学前儿童发展心理学》，华东师范大学出版社，2004年3月版。

37. 董奇、陶沙：《动作与心理发展》，北京师范大学出版社，2004年5月版。

38. 沈德立、白学军：《实验儿童心理学》，安徽教育出版社，2004 年 7 月版。

39. 王振宇：《学前儿童发展心理学》，人民教育出版社，2004 年 10 月版。

40. 董奇：《心理与教育研究方法》，北京师范大学出版社，2004 年 11 月版。

41. 〔美〕S·A·米勒著，郭力平、邓锡平等译：《发展的研究方法》，华东师范大学出版社，2004 年 12 月版。

42. 〔美〕David R. Shaffer 著，邹泓等译：《发展心理学——儿童与青少年》，中国轻工业出版社，2005 年 2 月版。

43. 方富熹、方格：《儿童发展心理学》，人民教育出版社，2005 年 4 月版。

44. 〔英〕鲁道弗·谢弗著，王莉译：《儿童心理学》，电子工业出版社，2005 年 9 月版。

45. 〔美〕戴维·迈尔斯：《社会心理学》，人民邮电出版社，2006 年 1 月版。

46. 〔美〕罗伯特·西格特、玛莎·阿利巴利著，刘电芝等译：《儿童思维发展》（第 4 版），世界图书出版公司，2006 年 9 月版。

47. 罗家英：《学前儿童发展心理学》，科学出版社，2007 年 9 月版。

48. 林崇德、李其维、董奇：《儿童心理学手册（社会、情绪与人格发展）》第三卷（下），华东师范大学出版社，2009 年 3 月版。

49. 朱曼殊等：《幼儿口头言语发展的调查研究》，《幼儿简单陈述句句法结构发展的初步分析》，《心理学报》，1979（3）。

50. 李洪增、胡荣萱等：《5～6 岁幼儿有意注意稳定性的实验研究》，《心理学报》，1983（2）。

51. 张增会、林仲贤：《3～6 岁儿童颜色及图形视觉辨认实验研究》，《心理学报》，1983（4）。

52. 查子秀：《3～6 岁超常和常态儿童类比推理的比较研究》，《心理学报》，1984（4）。

53. 王益明：《儿童对与格和工具格句的理解及使用的策略》，《心理科学》，1986（2）。

54. 幼儿自我意识发展研究协作组：《我国学龄前儿童自我意识发展初探》，《心理发展与教育》，1986（3）。

55. 陈学超、余强基：《适当的自我评价是学前儿童道德教育的条件》，《外国教育动态》，1988（2）。

56. 华红琴：《5～7岁儿童语用技能调查》，《心理科学通讯》，1990（2）。

57. 仇佩英：《幼儿自我评价恰当性的研究》，《心理科学》，1991（3）。

58. 季浏：《儿童攻击性行为的原因与矫正》，《大众心理学》，1994（2）。

59. 谢军：《3～9岁儿童自我控制能力的发展》，《心理发展与教育》，1994（4）。

60. 荆在京、王兰花：《幼儿能力判定及培养系列之十一 幼儿想象能力检测及培养》，《独生子女健康》，1995（5）。

61. 王美芳、庞维国：《学前儿童在园亲社会行为的观察研究》，《心理发展与教育》，1997（3）。

62. 唐征宇：《浅谈体育运动中的攻击性行为》，《心理科学》，1997（3）。

63. 陈会昌、张越波：《气质研究的新进展》，《心理科学》，2000（2）。

64. 李丹：《影响儿童亲社会行为的因素的研究》，《心理科学》，2000（3）。

65. 宋辉：《幼儿自我控制能力发展的研究》，辽宁师范大学硕士学位论文，2000年6月。

66. 姜立君：《幼儿自信心发展的研究》，辽宁师大硕士学位论文，2000年6月。

67. 宋辉：《幼儿自我控制能力发展的研究》，辽宁师范大学硕士学位论文，2000年6月。

68. 缪小春：《近二十年来的中国发展心理学》，人大复印资料《心理学》，2001年5月版。

69. 陈伟民、桑标：《儿童自我控制研究述评》，《心理科学进展》，2002（1）。

70. 李雅琴：《发展心理学研究方法的新进展》，青海师范大学学报（哲社版），2002（1）。

71. 陈伟民、桑标：《儿童自我控制研究述评》，《心理科学进展》，2002（1）。

72. 万晶晶、周宗奎：《国外儿童同伴关系研究进展》，《心理发展与教育》，2002（3）。

73. 宋淑娟：《攻击行为理论研究综述》，《社会心理科学》，2002（4）。

74. 赵妙林、许百华：《儿童性别角色发展有关理论述评》，《应用心理学》，2002（4）。

75. 宋海荣、陈国鹏：《关于儿童依恋影响因素的研究述评》，《心理科学》，2003（1）。

76. 寇彧、王磊：《儿童亲社会行为及其干预研究述评》，《心理发展与教育》，2003（4）。

77. 单中惠，《西方现代儿童观发展初探》，《清华大学教育研究》，2003（4）。

78. 陈红：《儿童性别角色发展理论述评》，《徐州师范大学学报（自然科学版）》，2003（12）。

79. 姚端维、陈英和、赵延芹：《3～5岁儿童情绪能力的年龄特征、发展趋势和性别差异的研究》，《心理发展与教育》，2004（2）。

80. 杨丽珠、刘文、邹萍：《3～9岁儿童气质类型研究》，《心理与行为研究》，2004（4）。

81. 杨丽珠、董光恒：《3～5岁幼儿自我控制能力结构研究》，《心理发展与教育》，2005（4）。

82. 斯蒂夫·平克：《为什么先天和后天问题还不销声匿迹》，《心理学》，2005（10）。

83. 徐琴美、李庆功、林洁：《4～6岁儿童对梦的起因和可控性的理解》，《心理学报》，2006（1）。

84. 赵章留、寇彧：《儿童四种典型亲社会行为发展的特点》，《心理发展与教育》，2006（1）。

85. 桑标、徐轶丽：《幼儿心理理论的发展与其日常同伴交往关系的研究》，心理发展与教育，2006（2）。

86. 周宗奎、赵冬梅、孙晓军、定险峰：《儿童的同伴交往与孤独感：一项2年纵向研究》，《心理学报》，2006（5）。

87. 钟鑫琪：《儿童依恋的研究现状》，《中国儿童保健杂志》，2007（2）。

88. 曾守锤、李其维：《学前儿童现实性监测的发展变化》，《心理科学》，2007（3）。

89. 曹亮、马伟娜：《依恋研究简述》，《社会心理科学》，2007（3）。

90. 魏明丽：《依恋研究进展及其影响因素》，《河北大学成人教育学院学报》，2008（2）。

91. 马小亮、段春媛：《依恋研究述评》，《怀化学院学报》，2008（2）。

92. Walk R D. Perceptual Development. Monterey：Brooks/Cole Publishing Company，1981.

93. Skolnick A S. The Psychology of Human Development. San Diego：Harcout Brace Jovanonich Publishers，1986.

94. Bornstein M H，Lamb M E. Developmental Psychology：An Advanced Textbook. Hillsdale：Lawrence Erlbaum Associates Publishers，1992.

95. Hetherington E M，Parke R D. Child Psychology：A Contemporary Viewpoint. 4th ed. New York：McGraw-Hill Inc.，1993.

96. Rosser R. Cognitive Development：Psychological and Biological Perspectives. Boston：Allyn and Bacon，1994.

97. Slater A，ed. Perceptual Development：Visual，Auditory，and Speech Perception in Infancy. Hove East Sussex：Psychology Press Publishers，1998.

98. Shaffer，D. Developmental Psychology. Belmont，CA：Wadsworth/Thomson Learning，2002.

99. Eimas P D，Siqueland E R，Jusczyk P W，Vigorito J. Speech Perception in Infants. Science. 1971.

100. Condon W S，Sander L W. Neonate Movement Is Synchronized with Adult Speech：Interactional participation and language acquisition. Science. 1974.

101. Chi M T，Klahr D. Span and Rate of Apprehension in Children and Adults. Journal of Erperinmental Child Psychology，1975.

102. Hoffman，M I. Altruistic Behavior and the Parent-child Relationship. Joural of Personality and Social Psychology. 1975.

103. De Casper A J，Fifer W P. Of Human Bonding：Newborns Prefer Their Mothers' Voices. Science. 1980.

104. Williams，W M，Sternberg，R J. Seven Lessons for Helping Children Make the Most of Their Abilities. Special Issue：Thinking，Educational Psychology，1993，13：3-4.